高等职业教育“十四五”规划教材

作物栽培

（南方本）

李正祥　王　丽　主编

中国农业大学出版社
·北京·

内 容 简 介

本书以农林类专业高素质技术技能型人才培养目标为基础，采用课程标准设置模式，设置了13个教学项目，每个教学项目/任务从知识、技能、素质3个维度相对固化了学习目标、学习内容、学习产出与评价。相对固化的教学标准有利于学校内部质量的稳定提升，更有利于学生专业核心能力的形成。本教材分为3大部分。第一部分为总论：包括项目1,2,3,4,5；第二部分为各论：包括项目6,7,8,9,10,11,12,13；第三部分为实践教学：包含27个实训项目任务书。从内容结构上做到作物栽培理论和作物栽培技术实践的有机结合，适合"学、教、训、评"一体化教学。

本教材可供南方自然条件相似的职业院校专科、本科学历教育及成人教育作为专业教材使用，也可供农业科技工作者使用。同时，本教材为纸数融合型教材，数字化融入知识拓展、前沿科技、三农人物、知识体系图等，有利于培养学生农业科研素质。

图书在版编目(CIP)数据

作物栽培：南方本 / 李正祥，王丽主编. --北京：中国农业大学出版社，2024.8.

ISBN 978-7-5655-3266-5

Ⅰ. S31

中国国家版本馆 CIP 数据核字第 2024PV5469 号

书　　名　作物栽培(南方本)

作　　者　李正祥　王　丽　主编

策划编辑　康昊婷　　　**责任编辑**　康昊婷

封面设计　郑　川　李尘工作室

出版发行　中国农业大学出版社

社　　址　北京市海淀区圆明园西路2号　　　**邮政编码**　100193

电　　话　发行部 010-62733489,1190　　　读者服务部 010-62732336

编辑部 010-62732617,2618　　　出　版　部 010-62733440

网　　址　http://www.caupress.cn　　　**E-mail**　cbsszs@cau.edu.cn

经　　销　新华书店

印　　刷　北京溢漾印刷有限公司

版　　次　2024年10月第1版　　2024年10月第1次印刷

规　　格　185 mm×260 mm　　16开本　　21印张　　523千字

定　　价　65.00元

编写人员

主　编　李正祥（大理农林职业技术学院）

王　丽（大理农林职业技术学院）

副主编　李　淼（大理大学）

张志忠（玉溪农业职业技术学院）

吴　娟（遵义职业技术学院）

王国琴（贵州农业职业学院）

张丽梅（德阳农业科技职业学院）

参　编　赵　燕（云南农业职业技术学院）

赵　颖（大理农林职业技术学院）

普　匡（玉溪农业职业技术学院）

陈士伟（广东省农垦南亚热带作物科技中心）

主　审　张政利（辽宁农业职业技术学院）

前 言

党的二十大报告指出，教育、科技、人才是全面建设社会主义现代化国家的基础性、战略性支撑。本书的编写紧紧围绕这一要求，以培养高素质技术技能型人才为目标，注重学生职业技能、实践能力、学习能力和创新创业能力的培养。根据农林类学生就业岗位的任职要求，参照职业资格标准，结合本课程的特点和多年的教学经验，开发了基于作物生长过程的课程体系和教学内容，并按照课程教学标准制定学习内容。一是突出培养学生能力本位，强调学生技术技能的形成和学农爱农情感的形成。二是从知识、技能、素质三个维度相对固定了学习目标、学习内容、学习产出与评价。三是从学习者角度出发，相对固化教学标准。与传统教学大纲不同，课程标准在序化好教学内容后，每个项目或任务设有相对固定的学习目标、学习内容、学习产出与评价3个部分。相对固化了教与学的标准，避免了师生的随意性和盲目性，保证了内部教学质量的稳定。

我国地域辽阔，种植业发展呈现多样化，教学条件与人才需求也不尽相同，因此各院校使用时应根据课程标准来完成教学任务。对于课程标准规定的内容务必按质按量完成。标准以外的各地特色作物部分，应因地制宜视具体情况及时调整与更新，以便有针对性地解决生产中的问题。

本书导论、项目1～5由李正祥、李淼编写；项目6由吴娟、张丽梅、李正祥编写；项目7由赵燕、赵颖、李正祥编写；项目8由普匡、王国琴、李正祥编写；项目9由张志忠、李正祥编写；项目10由王丽编写；项目11由王丽编写；项目12由陈士伟编写；项目13由王丽编写。全书由李正祥统稿。

在教材编写过程中,辽宁师范大学职业技术教育研究所徐涵教授,大连经济技术开发区中等职业技术学校李芳华教授级高级讲师,中国农业大学出版社康昊婷等老师提出了不少建议,在此表示衷心感谢。

由于编者水平有限,本教材可能还有不足之处,敬请广大师生和读者批评指正。

编　者
2024 年 4 月

目　录

总　论

各 论

数字资源索引

总论

导　论

学习目标

知识目标：①会解释农业、现代农业、作物及作物栽培；②能叙述世界及我国作物生产现状及发展趋势；③能阐述作物栽培学的性质与任务；④能陈述作物栽培学研究的方法要点。
技能目标：学会作物的观察方法。
素质目标：①关注粮食安全的丰富内涵，积极主动融入乡村建设，激发大国“三农”情怀；②学习并体会中国农业的百年变革。

内容提要

介绍农业、现代农业、作物等概念，作物栽培学的性质和任务，作物生产的特点及重要性等基本内容。分析作物栽培的历史与现状以及未来作物栽培技术的发展趋势。

主要内容：农业与现代农业；作物生产；作物栽培。

1　农业与现代农业

1.1　农业与农业生产

农业是通过生产劳动，利用土地等自然资源获得农产品的产业。狭义的农业是指种植业、养殖业。广义的农业(大农业)是指农、林、牧、渔、加工、生产服务等。农业生产的本质是经济再生产(获得农产品)和自然再生产(光合作用)。农业生产的特点：

(1)农业生产的波动性。气候因素、市场因素等。

(2)农业生产的地域性。光、热、水资源分布不均。

(3)农业生产的综合性。多要素、多部门、多环节。

(4)农业自然资源的有限性。不可再生资源。

(5)农产品的特殊性。长期需求，难以保存。

1.2　农业的起源与发展

(1)原始农业(新石器时期)。是采用刀耕火种等极其简单的生产技术和生产工具进行生产的农业。原始农业虽然能源消耗少，但生产水平和生产效率极低。

(2)粗放农业(公元前2000—公元前770年)。是采用粗放简作的经营方式进行生产的农业。粗放农业是对一定面积的土地投入较少的生产资料和劳动，实行广种薄收的农业。

(3)传统农业(夏商以后—1840年前)。是采用犁耕、施用有机肥料、实行田间管理等措施进行生产的农业，基本上依靠人工劳动进行农业生产，虽然产量有所提高，但劳动生产率较低，农产品商品率也比较低。目前世界上一些发展中国家的农业仍处于传统农业阶段。

(4)近代农业(1840—1949年)。是指从手工工具和畜力农具向机械化农具转变、由劳动者经验向近代科学技术转变、由自给自足的生产向商品化生产转变的农业。近代农业随着社会经济的发展和科学技术的进步逐步转变为现代农业。

(5)现代农业(1949年以后)。工业革命以后，欧美一些发达国家的工业化带动了农业的机械化，并在农业生产中大量使用化肥、农药、除草剂，极大地提高了劳动生产率和农作物产量，这曾经被定义为近代农业的发展模式。但是到了20世纪中叶以后，这种农业消耗能源多和污染严重等问题开始显露出来。因此，对现代农业的理解，不仅应该是劳动生产率高、科技含量高和商品率高的农业，还应该是能源、资源利用率高，环境友好和产品质量高的农业。

1.3 农业发展方向

(1)加快发展现代农业。增强粮食安全保障能力，推进农业结构战略性调整，加快农业科技创新，健全农业社会化服务体系。

(2)拓宽农民增收渠道。巩固提高家庭经营收入，努力增加工资性收入，大力增加转移性收入(良种补贴、农机具补贴、养老保险、医疗补助)。

(3)改善农村生产生活条件。提高乡镇村庄规划管理水平(因地制宜、尊重村民意愿、突出地域与农村特色、科学编制乡镇村庄规划)；加强农村基础设施建设(农田水利、农村能源、沼气等)；强化农村公共服务(公共财政覆盖农村、学前教育、医疗卫生)；推进农村环境综合整治(农药、化肥、农膜、畜禽养殖污染)。

(4)完善农村发展体制机制。坚持和完善农村基本经营制度(承包长久不变)；建立健全城乡发展一体化制度(公共资源城乡统配、提高征地补偿)；增强县域经济发展活力(扩大县域自主权、扩权强县改革试点、投资审批、工商管理权限下移)。

1.4 现代农业

现代农业是相对于传统农业而言，用现代工业装备的、用现代科学技术武装的、用现代组织管理方法来经营的社会化、商品化农业。一是农业生产的物质条件和技术的现代化，利用先进的科学技术和生产要素装备农业，实现农业生产机械化、电气化、信息化、生物化和化学化；二是农业组织管理的现代化，实现农业生产专业化、社会化、区域化和企业化。

(1)现代农业的基本特征。生产过程机械化，生产技术高新化，产、供、销、加社会化，经营管理科学化，农业主体知识化。现代农业与传统农业的差异见表0-1。

(2)现代农业的主要类型。都市型现代农业、工厂化农业、生态农业、特色农业、有机农业、立体农业、精细农业、订单农业、可持续农业、物理农业、信息农业、绿色农业、休闲农业、观光农业、数字农业、循环农业等。

表 0-1　现代农业与传统农业的差异

现代农业	传统农业
内涵更为丰富	局限于传统的种植业、养殖业
技术密集型产业	主要依赖资源的投入
具有多种功能和多样形式	主要功能是提供农产品的供给
以市场为导向	以自给为主
重视生态环保	不重视生态环保
组织形式是产业化组织	以农户为基本生产单元

1.5　先进国家建设现代农业模式与借鉴

(1)两种模式。在推进农业现代化过程中,世界上有两种典型模式:一是人少地多的美国模式;二是人多地少的日本模式。

(2)三条经验。一是政府支持,工业反哺农业;二是土地制度的变革是农业现代化的前提(所有权、使用权、经营权分离);三是不管农业的地位多么特殊,它总是一个产业,应该按照产业的特性来发展,充分发挥资源优势,以市场为导向,搞好产业规划和建设。

知识拓展 1

农业生产

2　作物生产

2.1　作物、作物生产及其重要意义

作物是人类为了各种目的,并经过长期驯化后,在大田中进行大面积人工栽培的一类植物,又称"大田作物"。而作物生产是涉及种植作物的全过程及"种－收－加工－贸易"的全过程,是确保生产能实现农业经济再循环并从中获取利润的过程。其核心是"种－收"的过程,又称之为作物栽培。

作物生产的意义:狭义上是指食物、饲料工业原料及其他用途及其在中国的特殊性。广义上是指农业的作用。世界主要谷物生产量及三大作物,粮食生产是作物生产的核心,三大作物占绝对优势,经济作物的微观经济效益很高,使多熟制利用具有可能。

2.2　世界粮食生产形势及稻谷生产变化

1970 年,世界谷物产量为 12.14 亿 t,1980 年为 15.68 亿 t,1990 年为 19.47 亿 t,2000 年为 20.58 亿 t,到 2017 年,产量已经增加到 29.80 亿 t。进入 21 世纪,世界粮食生产形势趋好,全球粮食总产呈增长趋势,近期增速放缓;全球三大主要粮食作物单产波动增长,增速趋缓;全

球人均粮食产量总体趋增，中期增幅较小。同期，世界人口总数已从 1970 年的 36.94 亿增加到 2017 年的 75.3 亿，翻了一倍还多；而人均谷物占有量也从 1970 年的 328.5 kg 增加到 2017 年的 395.8 kg。谷物产量排名前 15 位的国家中，印度、孟加拉国、澳大利亚、越南、巴基斯坦等国的增产率在 30%～50%，中国、印度尼西亚等国增产 50%～80%，俄罗斯、巴西、阿根廷、乌克兰等国增产一倍以上。

另据联合国粮农组织数据库的数据显示，2017 年稻谷产量排名靠前，与我国有贸易往来的国家有印度、印度尼西亚、孟加拉国、越南、泰国、缅甸、菲律宾、巴西、巴基斯坦、柬埔寨、尼日利亚、日本、美国、埃及和老挝。经对这 15 国和产稻大国中国自 1961 年以来的稻谷生产情况进行分析发现，部分国家粮食收获面积有所增加，各国单产普遍增加，总产大幅增加，详见表 0-2。

表 0-2 主要产稻国 2017 年与 1961 年生产情况比较

国别	面积/hm^3			单产/kg			产量/万 t			增加率/%		
	1961	2017	增加量	1961	2017	增加量	1961	2017	增加量	面积	单产	产量
中国	2 625.0	307 407	449.7	2 043.4	6 917.0	4 873.6	5 364.0	21 267.6	15 903.6	17.1	238.5	296.5
印度	3 469.4	4 378.9	909.5	1 541.9	3 848.0	2 306.1	5 349.5	16 850.0	11 500.5	26.2	149.6	215.0
印度尼西亚	685.7	1 578.8	893.1	1 762.3	5 154.7	3 392.4	1 208.4	8 138.2	6 929.8	130.3	192.5	573.5
孟加拉国	848.4	1 127.2	278.9	1 700.5	4 345.3	2 644.8	1 442.6	4 898.0	3 455.4	32.9	155.5	239.5
越南	474.4	770.9	296.5	1 896.6	5 547.6	3 651.0	899.7	4 276.4	3 376.7	62.5	192.5	375.3
泰国	612.0	1 061.5	449.5	1 658.5	3 145.0	1 486.5	1 015.0	3 338.3	2 323.3	73.4	89.6	228.9
缅甸	425.4	674.5	249.2	1 606.6	3 798.9	2 192.3	683.4	2 562.5	1 879.1	58.6	136.5	275.0
菲律宾	317.9	481.2	163.3	1 229.9	4 006.1	2 776.2	391.0	1 927.6	1 536.6	51.4	225.7	393.0
巴西	317.4	200.8	−116.6	1 698.9	6 209.6	4 510.7	539.3	1 247.0	707.7	−36.7	265.5	131.2
巴基斯坦	121.5	290.1	168.6	1 391.5	3 852.5	2 461.0	169.0	1 117.5	948.5	138.8	176.2	561.2
柬埔寨	218.2	295.1	76.9	1 092.1	3 507.5	2 415.4	238.3	1 035.0	796.7	35.2	221.2	334.3
尼日利亚	14.9	491.3	476.4	892.6	2 007.9	1 115.3	13.3	986.4	973.1	3 197.1	124.9	7 316.5
日本	331.2	146.6	−184.6	4 879.4	6 671.2	1 791.8	1 616.0	978.0	−638.0	−55.7	36.7	−39.5
美国	64.3	96.1	31.8	3 822.7	8 414.7	4 592.0	245.8	808.4	562.6	49.4	120.1	228.9
埃及	22.6	68.6	46.0	5 053.1	9 301.5	4 248.4	114.2	638.0	523.8	203.5	84.1	458.7
老挝	62.0	95.6	33.6	871.0	4 225.1	3 354.1	54.0	404.0	350.0	54.2	385.1	648.1

数据来源：联合国 FAO 数据库。

2.3 我国作物生产历程

主要经历：

1984 年前为适应人口的急剧增长，采取以粮为纲政策。

1984 年人均粮食达 400 kg，接近世界平均水平，基本解决温饱问题。

1984 年后开始抓“大农业”。

1984 年后的“产业结构调整”运动。

加入 WTO 后面临的新问题：粮食问题在我国相当长一段时间内既是一个重大经济问题，也是一个重大政治问题。经济问题表现为农村的稳定与发展，而“三农”问题是国民经济的基础产业。政治问题事关社会稳定，政府政权稳定。粮食问题与作物生产的关系多表现为与人口、耕地、环境、技术的关系，是粮食生产的集中体现，人口不断增长，耕地不断减少，备用资源耕地减少和质量下降，环境恶化越来越严重，技术突破尚不可预测，这些都给粮食生产带来了考验。

从四大作物（水稻、小麦、玉米和大豆）生产情况看作物生产历程，就是四大作物的品种更新换代历程。水稻育种主要经历了矮化育种、杂种优势利用；小麦育种主要经历了矮化育种、远缘杂交育种；玉米育种主要经历了杂种优势利用、优异种质资源利用；大豆育种主要经历了系统选育、杂交育种。每一次品种更新换代都得益于育种技术的重大突破或优异种质资源的利用，进而培育出突破性新品种并在生产中推广应用，使产量大幅度跃升。

当前，现代生命科学和生物育种技术创新加快突破，与大数据、人工智能等现代信息技术交叉融合，逐步形成以智能精准设计为特征的高效农业生物育种体系，孕育着新一轮农业科技革命。随着优异种质资源的收集、鉴定和利用能力的加强；优异基因资源不断发掘和重要育种价值材料持续创制，将极大丰富优异种质资源储备。

目前，在水稻生产中，建立目标性状定向改良技术和杂交稻无融合生殖体系，进一步聚合优质、高产、多抗、广适、资源高效等优良性状，将推动重大突破性水稻新品种培育和品种更新换代。在小麦生产中，建立快速育种和精准育种体系，加强优异小麦种质资源的收集利用和重要育种价值种质材料的创制，将推动重大突破性小麦新品种培育和品种更新换代。在玉米生产中，建立精准设计育种技术体系和单倍体工程化育种体系，推广应用转基因抗虫、抗除草剂品种，将推动高产、优质、高效、绿色、宜机重大突破性玉米新品种培育和品种更新换代。在大豆生产中，建立现代育种技术体系，提高育种效率和精度，深化种质资源创新与利用，推广应用转基因抗虫、抗除草剂品种，将推动高产、优质、专用、多抗重大突破性大豆新品种培育和品种更新换代。

1993—2020 年，我国水稻亩（1 亩＝666.67 m^2，下同）产平均增幅为 0.6%/年，据此测算，预计 2025 年和 2030 年我国水稻亩产将分别达到 485 kg 和 500 kg。2008—2021 年，我国小麦单产平均增幅为 4.12 kg/年，据此测算，预计 2025 年和 2030 年我国小麦亩产将分别达到 404 kg 和 424 kg。2004—2021 年，我国玉米生产遗传增益 4.886 kg/(亩·年)，据此预测，2025 年和 2030 年我国玉米亩产将分别达到 445 kg 和 470 kg。随着我国大豆生物育种产业化的推进，预计 2025 年和 2030 年我国大豆亩产将分别达到 160 kg 和 200 kg。

3　作物栽培

作物栽培学是研究作物生长发育、产量和品质形成规律及其与环境条件的关系，探索通过栽培管理、生长调控和优化决策等途径，实现作物高产、优质、高效及可持续发展的理论、方法与技术的科学。作物栽培学是一门综合性、理论性强的应用科学，是农业科学的重要组成部分。其研究对象包括粮、棉、油、糖、绿肥、饲料等各种作物。

《作物栽培学》是农学专业的一门学科专业课及主干课。它是一门以植物学、植物生理学、土壤学、肥料学、农业气象学、植物病虫害防治学等多学科为基础，综合运用农业、生物学等多学科理论和技术，研究作物生长发育、产量和品质形成规律及其与环境条件的关系，探索通过栽培管理、生长调控和优化决策等途径，实现作物高产、优质、高效及可持续发展的理论、方法与技术科学的理论课程。同时，它也是将农业科学转化为现实生产力的强技术性的应用及实践课程。

3.1 作物栽培学的演进与发展

人类从未停止过对作物生产技术的探索和经验的积累。从这个意义上来说,作物生产学科作为农业科学中的一个分支,可以说是一门最古老的学科。虽然作物学知识可追溯到农业起源之初,但作物学作为一门较完整的学科诞生至今只有不足 200 年的历史。而作物栽培学到后期才从作物学中独立出来。

新中国成立前,我国只有《作物学》,《作物学》分为概论和各论,各论中又有"稻作学""麦作学"等,内容包括栽培技术、育种、植病、昆虫、肥料、土壤、气象、贮藏加工等,十分庞杂。新中国成立后,随着生产发展,要求科学分工越来越细,内容越来越深,原有的《作物学》已不能适应生产的需要,于是《作物栽培学》《作物育种学》相继由作物学中独立出来并逐渐发展起来。

我国作物栽培学的发展大致经历了 4 个阶段。

第一阶段:20 世纪 50—60 年代初期,侧重总结农民劳模的经验。如江苏陈永康的单季晚稻"三黄三黑"的看苗诊断,河南刘应祥的因苗(猪耳朵、驴耳朵、马耳朵)管理经验。

第二阶段:20 世纪 60 年代中期至 70 年代中期,主要围绕单项高产栽培技术开展研究。如育苗移栽技术、合理密植技术、土壤耕作技术、覆盖栽培技术、N 肥深施技术等。

第三阶段:20 世纪 70 年代后期至 80 年代,主要围绕作物规范化、指标化综合栽培技术进行研究。如水稻叶龄指标栽培法、小麦叶龄指标促控法等。

第四阶段:20 世纪 80 年代末期至今,主要研究作物增产、优质、高效的综合栽培技术以及作物生产管理的计算机决策系统。如小麦节水高产栽培、多元高效立体种植模式、作物栽培专家系统等。

3.2 作物栽培学的性质和任务

作物栽培学是研究农作物的栽培理论和栽培技术措施,不断提高作物产量和品质的一门科学。作物栽培学的任务是研究作物生长发育规律和作物产量形成规律及其与环境条件的相互关系,并探讨解决作物高产、稳产、优质、低成本的技术措施和理论依据,以促进我国作物生产事业的发展,为整个农业生产和国民经济发展做出贡献。简而言之,作物栽培学是研究作物－环境－措施三者关系的一门科学。如图 0-1 所示。

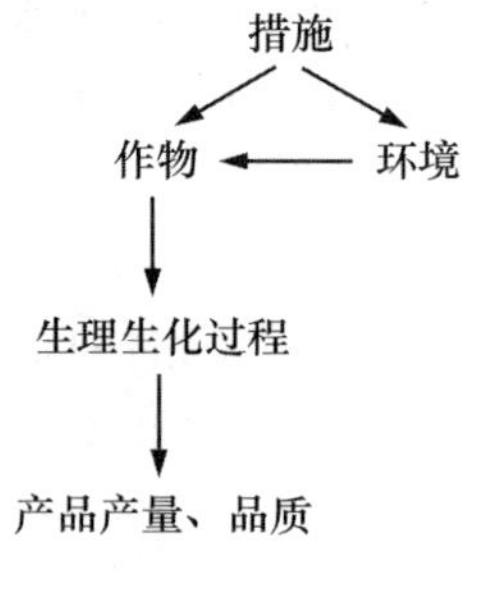

图 0-1 作物栽培研究模式图

作物、环境、措施三者的辩证关系贯穿在整个作物栽培过程中,三者关系处理得好,则高产、优质、高效,反之亦然。

3.3 作物栽培学研究方法

作为一门独立的学科,应该有明确的研究对象、理论基础及研究方法。作物栽培学的研究方法有以下几种。

(1)生物观察法。观察作物生长发育的各个时期。对作物形态观察必须通过肉眼观察和仪器测量。在观察作物时要注意:作物观察与环境观察相结合、静态观察与动态观察相结合、局部观察与整体观察相结合。

（2）产量对比法。不同环境和不同措施导致的产量变化的对比分析法。

（3）生长分析法。其根本观点是作物产量都是以干物质产量来衡量，作物生育过程也以干物质增长过程为中心进行研究。生长分析法的具体做法是：每隔一定天数进行取样烘干称重，观察干物质积累变化情况以及相同时期叶面积情况。

（4）发育研究法。侧重于发育器官的观察研究。

（5）生长发育研究法。综合生长分析法和发育研究法而发展起来的方法。

3.4　我国作物栽培面临的主要课题

- 适应于各类品种的高产、优质栽培技术
- 抗逆栽培
- 轻简栽培
- 综合农业效益提高
- 有机栽培及各种机械化栽培
- 产业化
- 特种栽培与地域振兴
- 栽培技术与农业污染防控

知识拓展 2

中国农业百年大事记

《作物栽培》课程思政构建图

《作物栽培》课程思政教学效果评价体系图

《作物栽培》总论课程导图

《作物栽培》各论课程导图

学习产出与评价

1. 会解释：农业、现代农业、作物及作物栽培。
2. 能简述作物栽培学的性质、任务和理论依据。
3. 学会观察作物的方法。
4. 能解释作物生长分析法的根本观点和适用范围。
5. 学习党史国情，激发大国“三农”情怀。

思考与练习

1. 术语解释:广义作物,狭义作物。
2. 简述作物栽培学的性质、任务和理论依据。
3. 简述生长分析法的根本观点和适用范围。
4. 在观察作物时应注意什么?

项目1
作物的起源、分类与分布

学习目标

知识目标：①能说出常见作物的起源地；②能陈述常见的作物分类方法(4种)。
技能目标：观察识别常见农作物，会用不同的方法进行分类。
素质目标：了解作物传播历程，感悟从“丝绸之路”的作物传播到“一带一路”的“人类命运共同体”。

内容提要

介绍我国作物起源、分类和分布及区域特点。

主要内容：作物的起源；主要作物的传播；作物的分类；主要作物的分布。

1 作物的起源

地球上共有植物39万余种，其中被人类利用的栽培植物约2 300种。广义的作物包含四类：粮食作物900余种，经济作物1 000余种，饲料及绿肥作物400余种。而狭义的作物也很多，世界各地栽培的农作物有90余种，在我国栽培的有60余种，同时每种作物又有许多个品种。据统计，我国已经收集保存的作物品种资源共约30万份，包括粮食作物20万份，经济作物6万份，果树作物1万份，蔬菜作物约2.5万份，牧草0.3万份，众多的作物种类和作物品种资源，是农业资源的主要组成部分。

1.1 栽培植物及其野生种的比较

栽培植物及其野生种的性状比较见表1-1。

表 1-1 栽培植物及其野生种的性状比较

性状	栽培植物	野生种
种子脱粒性	差	强
种皮厚度	小	大
种子与芋大小	大	小
发芽、开花、成熟一致性	好	差
收获指数	大	小
生殖模式	自花授粉	异花授粉
肥料需求量	高	低
有用成分含量	高	低
种子休眠性	弱	强

1.2 八大起源中心学说

1926 年瓦维洛夫提出“4 个作物起源中心”学说，核心内容是：全世界至少有西南亚洲（中亚细亚）、地中海区域、东南亚洲和热带美洲高原 4 个作物起源中心。后来，随着考察地区范围的扩大和对考察材料的进一步分析，又在 1935 年提出以下 8 个作物起源中心：①中国－东部亚洲；②印度－热带亚洲，包括马来西亚补充区；③中亚细亚；④西部亚洲；⑤地中海沿岸及邻近区域；⑥埃塞俄比亚；⑦墨西哥南部和中美洲；⑧南美洲，包括秘鲁、厄瓜多尔、玻利维亚和智利契洛埃岛补充区。他认为这 8 个中心在古代由于山岳、沙漠或海洋的阻隔，其农业都是独立发展的，所用农具、耕畜、栽培方法各不相同，每个中心都有相当多的有价值作物和多样性的变异，是作物育种家探寻新基因的宝库。

1.3 作物种质资源的传播及其焦点

- 史前时期主要靠考古资料，有史以后主要靠文献资料。
- 两条道路：水路、陆路。以玉米为例。
- 没有搞得很清楚的，如中国的小麦是否是起源中心。
- 新大陆与旧大陆之间的物种交流比较清楚（1492 年哥伦布发现新大陆）。
- 作物种质资源交流的好处和难点。

2 主要作物的传播

由各论部分具体讲解。

3 作物的分类

作物的植物学分类，即按植物的科、属、种进行分类。一般用双名法对植物进行命名，称为学名。例如禾本科玉米属的玉米，其学名为 *Zea mays* L.，第一个单词为属名，第二个单词为种名，第三个单词为命名者的姓氏缩写。这种分类法的最大优点是能把全世界所有植物按其形态特征进行系统的分类和命名，被国际上所通用，缺点是对农业工作者来说有时不太方便。

3.1 根据作物的生理生态特性分类

1. 按作物对温度条件的要求分类

喜温作物：作物生育期需要温度和积温都比较高，其生长发育的最低温度为 10 ℃左右，适宜温度为 20～25 ℃，最高温度为 30～35 ℃，如水稻、玉米、甘蔗、花生、烟草等。

耐寒作物：生育期需要积温相对较低，其生长发育的最低温度为 1～3 ℃，适宜温度为 12～18 ℃，最高温度为 26～30 ℃，如大麦、小麦、油菜、蚕豆等。

2. 按作物对光周期的反应分类

长日照作物：凡在日照变长时开花的作物称为长日照作物，如麦类作物、油菜等。日照越长越有利于开花，日照短于一定极限则不开花，只进行营养生长。

短日照作物：凡在日照变短时开花的作物称为短日照作物，如水稻、玉米、大豆、烟草、棉花等。

中性作物：开花与日照长短没有关系的作物（对日照长短没有严格要求的作物）称为中性作物，如荞麦、豌豆。

定日作物：日照长短有一定的时间才能完成其生育周期的作物称为定日作物，如甘蔗的某些品种，只能在一定的日照长度下才能开花，长于或短于这个日长都不能开花。

3. 根据作物对 CO_2 同化途径特点分类

C3 作物：光合作用最先形成的中间产物是带三个碳原子的磷酸甘油酸，其光合作用的 CO_2 补偿点高。如水稻、小麦、大豆等。

C4 作物：光合作用最先形成的中间产物是带四个碳原子的草酰乙酸等双羧酸，其光合作用的 CO_2 补偿点低，在强光高温下其光合作用能力比 C3 作物强，如玉米、高粱、甘蔗等。

CAM 作物：（景天酸代谢作物）景天科作物晚上气孔开放，吸进 CO_2，与磷酸烯醇式丙酮酸结合形成草酰乙酸，进一步还原为苹果酸。白天气孔关闭，苹果酸氧化脱酸放出 CO_2，参与卡尔文循环形成淀粉等。植物在晚上有机酸含量高，碳水化合物含量下降，白天则相反，这种有机酸合成日变化的代谢类型称为景天酸代谢（CAM），如风犁科、龙舌兰、菠萝麻等。

3.2 按用途和植物学系统相结合分类

这是通常采用的最主要的分类方法，按照这一分类方法通常分为以下几种。

1. 粮食作物

禾谷类作物：绝大部分属禾本科，主要作物有稻、小麦、大麦、玉米、燕麦、黑麦、高粱等。蓼科的荞麦因其籽实可供食用，习惯上也列入此类。

豆类作物：（或称菽谷类作物）属豆科，主要提供植物性蛋白质，常见的作物有大豆、豌豆、蚕豆、绿豆、豇豆、菜豆、小扁豆等。

薯类作物：（或称根茎类作物）植物学的科属不一，主要生产淀粉类食物，常见的有甘薯、马铃薯、薯蓣、木薯、芋、菊芋等。

2. 经济作物（或称工业原料作物）

纤维作物：其中有种子纤维，如棉花；韧皮纤维，如大麻、亚麻、黄麻等；叶纤维，如舌兰麻、蕉麻、菠萝麻等。

油料作物：主要作物有油菜、花生、芝麻、向日葵、胡麻、茄子、红花、油茶、油棕等食用油料作物和蓖麻，油桐等工业用油料作物。

糖料作物：主要有甘蔗和甜菜，甘蔗主要在南方，甜菜主要在北方，是制糖工业原料作物，提供食用糖。

嗜好类作物(刺激性作物)：主要有烟草、茶叶、咖啡、可可等。

3. 其他作物(特用作物)

主要有桑、橡胶、香料作物(薄荷、花椒等)及编织原料作物(席草、芦苇等)。

4. 饲料及绿肥作物

豆科中常见的有苜蓿、苕子、紫云英、草木樨、田菁、三叶草、沙打旺等，禾本科中常见的有黑麦草、雀麦草等，其他如红萍、水葫芦，水浮莲等也属此类，这类既可用于家畜的饲料也可以用于改土肥田。

5. 药用作物

药用作物主要提供中草药原料。种类繁多，栽培上常见的有三七、天麻、灯盏花、南药、枸杞、当归、黄连、人参、甘草、半夏、红花、百合、茯苓、灵芝、板蓝根等。

3.3 按农业生产特点分类

按播种期可分为：春播作物、夏播作物、秋播作物、冬播作物。

按收获期可分为：夏熟作物、秋熟作物。

按栽培季节可分为：

夏季作物——春季播种，秋季收获，如水稻、玉米等(大春作物)。

冬季作物——秋冬播种、次年春夏收获，如小麦，蚕豆等(小春作物)。

按播种密度和田间管理可分为：密植作物和中耕作物。

按耕地种类可分为：旱地作物和水田作物。

3.4 各类作物特性

1. 谷类作物

根为须根系，茎由节和节间组成，分基部密集不伸长节间和上部伸长节间，每一节一片叶可生长1芽成为分枝，称为分蘖。叶由叶片和叶鞘组成，叶鞘包裹茎秆，叶耳、叶舌和叶枕是不同品种的标志；花序有穗状、圆锥、肉穗等，通常称为穗，由小穗和小花组成，小花授粉后发育成籽粒，植物学上称为颖果，农业上称为种子。种子由胚、胚乳和种皮组成，种子分为麦类和粟类两部分。世界粮食生产中，谷类占90%。谷类具有高产、稳产、易消化的特点。

2. 豆类作物

根为直根系，茎有直立、蔓生、攀缘不等，叶为复叶，花为蝶形花，种子各异，多为圆形，种子大部分子叶充实，胚乳退化。根部生有根瘤，能固氮。如何协调N素营养是关键，对环境的要求比禾谷类高。种子内蛋白质含量多在20%以上，较禾谷类高2～3倍，较薯类高5～10倍。

3. 薯芋类作物

利用地下块根、块茎，地上部有草本和藤本之分。主要食用部分富含淀粉，可食用、饲用，也可加工粉丝、汽车用酒精等。

4. 纤维作物

棉花：利用种子上的纤维。一年生草本植物。

麻类：利用茎部韧皮纤维。多年生宿根性植物或一年生植物。

纤维品质：长度、细度、强力、弹性、色泽、纤维素与木质数含量。

5. 油料作物

草本：花生、油菜、向日葵、芝麻、棉花、大豆等。

木本：油茶、核桃、油棕、椰子、油桐。

3.5　作物的适应性

作物的适应性是作物长期适应于一定环境条件而形成的一种性状，是长期自然选择和人工选择的结果。

4　主要作物的分布

小麦：高产、蛋白质含量高，适于冷凉地区，分布广泛。我国分成三大区：北方冬麦区，南方冬麦区，春麦区。

水稻：受热量和水分制约，亚洲第一。我国主要在南方，北方占 5%～7%。

玉米：降水 500～1 000 mm/年均可，要求温度高，光照充足，但水分中等。

棉花：要求充足热量和雨量，但吐絮期需晴朗干燥，因此在我国主要分布在长江流域，黄淮地区和新疆产区（灌溉地区）。

学习产出与评价

1. 能说出常见作物的起源地。
2. 能陈述常见的作物分类方法（4 种）。
3. 观察识别常见农作物，会用不同的方法进行分类。
4. 通过了解作物传播历程，感悟从“丝绸之路”的作物传播到“一带一路”的“人类命运共同体”。

思考与练习

1. 术语解释：短日照作物；C4 作物；耐寒作物。
2. 简述作物分类方法的依据及其特点。

项目2 作物生产与环境

学习目标

知识目标:①能系统陈述环境因子及其分类;②能阐述光照、温度、水分、养分等环境因子对作物生长发育的影响。

技能目标:会解释二十四节气与农谚文化的新内涵。

素质目标:通过对"洱海保护治理"的深入学习,践行"绿水青山就是金山银山"的理念。

内容提要

了解光照、温度、水分、养分等主要环境因子对作物生长发育的影响。所采取的措施中,一部分直接作用于作物体,但更多的是用于改善作物的生活因子。

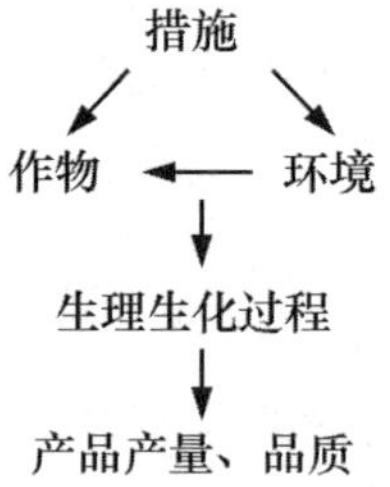

环境因子及其分类:

(1)非生物因子。气候因子:光照强度、光照时间、光质、温度、湿度、降水量、蒸发量、空气、风速、相对湿度等;土壤因子:土壤质地、土壤结构、土壤养分、土壤水分、土壤空气、土壤温度、土壤酸碱度等;地形因子:地势、地貌、海拔、坡向、坡度等。

(2)生物因子。植物、动物、微生物。

主要内容:作物与光照;作物与温度;作物与水;作物与 CO_2;作物与养分;其他因素;作物生产对环境的影响。

作物与环境的关系从宏观上看可以表现为生物与环境的关系,人类应该处理好与自然的关系,尊重自然,顺应自然和保护自然。从中观上看是农作物与环境的关系,表现为作物的产量和品质受制于环境因素。从微观上看是作物生长发育所必需的生活因子(C、H、O、N、P、K等元素和物质)和生态因子(光、温、水、肥等)。在此主要是从微观角度进一步分析。

1　作物与光照

太阳光是一切绿色植物进行生命活动的重要条件,植物干重的90%～95%是其光合作用的产物。由于光照强度、日照长度和光谱成分等随着时间和空间的不同而发生变化,光照对作物产生深刻的影响。

1.1　光照强度

光照强度即光通量或光总量,一般用 cal/(cm^2·s)表示,它与作物的光合作用有着直接的关系(图 2-1)。夜晚无光照的时候,作物只进行呼吸作用,没有光合作用。当有光照后,随着光照强度增加光合速率相应提高,当达到一定光照强度时,叶片光合速率和呼吸速率相等,表现光合速率为零,此时的光照强度即为光补偿点。在一定范围内(低光强区),光合速率随光照强度增加呈直线增加(直线 A);超过一定的光照强度后,光合速率增加变慢(曲线 B);当达到某一光照强度后,光合速率就不再随光照强度增加而增加,呈现光饱和现象,此点称作光饱和点。此点以后的阶段称为光饱和阶段(直线 C)。作物群体需光特性与个体不同,群体饱和点很高,如夏玉米在光照强度 10 万 lx 时光合速率仍有增加。

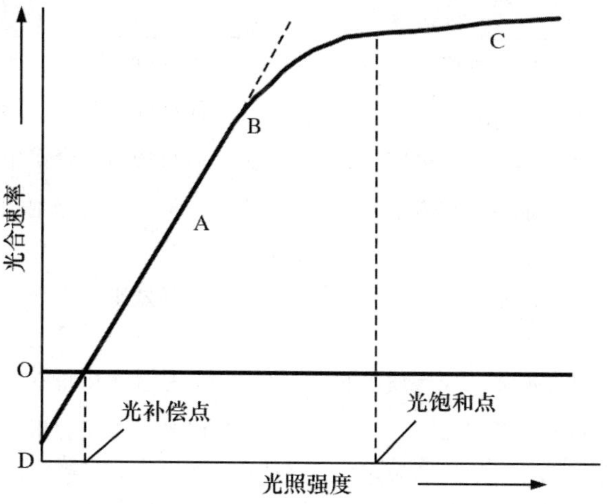

图 2-1　光照强度与光合速度关系模式图(引自胡立勇等,作物栽培学,2008)

A. 直线增长阶段　B. 过渡阶段　C. 光饱和阶段　OD. 呼吸速率

1.2　日照长度

日照长度对作物的反应,即光周期反应,详见作物的温光反应特性(图 2-2)。

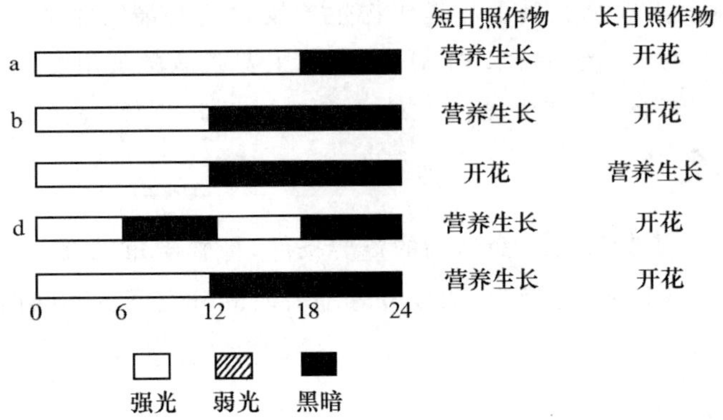

图 2-2 短日照和长日照作物对各种光周期的反应(引自 P. F. Wareing,1977)

1.3 光质

从表 2-1 可以看出,作物主要利用的是 0.3～0.7 μm 的可见光部分,即在七色光中,红、橙光被叶绿素吸收最多,光活性也最大,其次是蓝、紫光。绿色光被反射、透射的最多。红光有利于糖类的形成,蓝光则对蛋白质合成有利,紫外线照射有利于果实着色。据此,人们利用不同颜色的薄膜大棚进行育苗或蔬菜栽培,可提高作物的产量和品质。如应用蓝色塑料薄膜覆盖育苗等。

表 2-1 光的波长对植物的重要生理生态效应

光的波长/nm	光色	吸收特性	生理生态效应
>1 000	红外	能被组织吸收	热效应
1 000～720	远红外	植物稍有吸收	促进种子萌发,刺激植物延伸
720～610	红光	被叶绿素强烈吸收	对植物的光合作用和光周期有强烈影响
610～510	黄橙	叶绿素吸收稍有下降	对植物的光合作用和形态建成的影响稍有下降
510～400	蓝光	被叶绿素与胡萝卜素强烈吸收	能强烈影响光合作用,并抑制植物生长,使之形成矮粗形体
400～315	绿蓝	被叶绿素与原生质吸收	对光合作用稍有影响,对植物没有特殊效应
315～280	紫光	被原生质吸收	强烈影响植物形态建成,影响生理过程,刺激某些生物合成
<280	紫外	被原生质吸收	大的剂量能使植物死亡

注:引自蔡晓明、尚玉昌,1995。

2 作物与温度

温度是作物必备的生活条件之一。温度与热量关系密切,作物对温度的要求(包括气温、地温)实质上是对热量的要求。

根据作物对温度的不同要求,一般将作物分为耐寒作物与喜温作物。麦类、豌豆、蚕豆、油菜、亚麻等作物生长发育的适温较低,在 2～3 ℃时也能正常生长,幼苗能忍耐 −6～−5 ℃的低温，属于耐寒作物。大豆、水稻、玉米、甘薯、棉花等作物生长发育的适温较高，一般在10 ℃以上才能生长，幼苗温度下降到－1 ℃（个别作物为－4～－3 ℃）即造成伤害，属喜温作物。每种作物在适宜的温度范围内存在最高、最低和最适三个温度值，称为作物的温度三基点。常见作物温度三基点见表2-2。

表2-2　一些重要作物生理活动的基本活动范围　℃

作物名称	最低温度	最适温度	最高温度
油菜	3～5	20	28～30
小麦	3～4.5	25	30～32
黑麦	1～2	25	30
大麦	3～4.5	20	28～30
燕麦	4～5	25	30
豌豆	1～2	20	30
蚕豆	4～5	35	30
甜菜	4～5	28	28～30
玉米	8～10	32	40～44
水稻	10～12	30	38～42
棉花	12～14	30	40～45
烟草	13～14	28	35

注：引自董树亭，作物栽培学概论，2007。

温度对作物生长发育的影响表现在温度与干物质的生产关系上。研究表明，随着全球气温变暖，夜温明显升高，夜温每升高1 ℃，水稻减产10%。

3　作物与水

水是连接土壤－作物－大气这一系统的介质，是作物生命活动必不可少的物质。对养分的吸收与运转、光合作用、体温的调节等诸多方面都非常重要。水对生物的作用有生理需水和生态需水之分。

（1）干旱。环境中水分低至不能满足作物正常生命活动需要时，出现干旱。空气干旱：相对湿度＜20%；土壤干旱：土壤水势＜－1.5 MPa。

干旱的危害：①代谢作用紊乱。气孔关闭，蒸发量降低，呼吸增强，光合减弱，物质合成减少。酶促反应破坏，植物凋亡。②细胞变形，原生质受害。③体温上升使原生质凝聚变性，引起死亡。

作物抗旱能力有大小之别，抗旱能力强的如糜（黍、稷 ）、谷子、高粱等，中等的如甘薯、小麦，弱的如棉花、甜菜。抗旱性好的作物的特点是①原生质黏性和弹性较大；②根系较深，叶片上细胞小，气孔多，输导组织发达，茸毛多，角质层或蜡质层厚；③各种机能保持一定限度的协调性。增施P、K也可以起到增强抗旱性的作用。

（2）湿害。湿害分为涝害和渍害。湿害的主要影响来自根系部位缺氧以及植物无氧呼吸的后果。缺 O_2 的后果可能导致作物营养不良和土壤中大量有毒还原物质的积累(H_2S、CH_4、FeO 等)。作物的整体代谢活动和抗性也会降低。

作物抗涝性及治涝措施:作物抗涝决定于作物对 O_2 的适应能力。部分作物可形成气生根,部分可在其根、茎部形成特化的通气组织,部分作物可以迅速改变代谢途径等加强对多水的抗性。治涝只需排水。当然不同作物和不同品种,不同生育期表现出不同的抗性。

4 作物与 CO_2

空气成分复杂,包括 N_2、O_2、CO_2、CH_4 等多种气体,其中以 CO_2 与作物关系密切,CO_2 是光合作用的原料,所以可以采用 CO_2 施肥的措施来增加产量。不同作物对 CO_2 反应不同,见表 2-3。

表 2-3 玉米、大豆对高浓度 CO_2 的反应

作物	净同化率		叶面积持续期		干物质积累	
	660 mL/m³	1 000 mL/m³	660 mL/m³	1 000 mL/m³	660 mL/m³	1 000 mL/m³
玉米	4	−11	3	−1	−1	−13
大豆	17	34	40	28	22	72

注:表中数值系指比对照数(350 mL/m³)增加之百分比(引自 Patterson 等,1980)。

5 作物与养分

养分是作物必需的生活因子。农谚"有收无收在于水,多收少收在于肥"准确地反映了水分代谢、矿质代谢和作物产量之间的关系。农业生产中用量最多的矿质养分是 N、P、K 三种营养元素,常见作物的养分需要量见表 2-4。

表 2-4 各种作物的养分需要量

作物	收获物/50 kg	需要养分量/kg		
		氮(N)	磷(P)	钾(K)
早稻(籼)	稻谷	1.7~2.1	0.7~0.9	2.4~3.0
双季晚稻	稻谷	1.8~2.3	0.8~1.0	2.6~2.9
中稻(籼)	稻谷	2.1	0.9	2.6
中稻(粳)	稻谷	2.5	1.1	2.1
一季晚稻	稻谷	1.8~2.0	0.8~1.0	2.9~3.1
小麦	麦粒	2.5~3.0	1.0~1.4	2.0~2.8
大麦	麦粒	3.0	1.0	2.0
春玉米	籽粒	2.6~4.0	0.9~1.6	2.2~3.4
秋玉米	籽粒	3.8	1.3	3.7
高粱	籽粒	2.5	1.3	3.0
马铃薯	薯块	0.5~0.6	0.2~0.3	1.2~1.3

续表 2-4

作物	收获物/50 kg	需要养分量/kg		
		氮(N)	磷(P)	钾(K)
甘薯	薯块	0.3～0.4	0.1～0.2	0.5～0.6
棉花	皮棉	17.1	6.4	15.5
油菜	菜籽	6.0～8.0	2.5～4.1	5.0～9.1
大豆	籽粒	5.3～8.7	1.6～3.6	2.3～6.3
花生	荚果	7.1	1.3	3.8
芝麻	籽粒	8.5～9.0	1.8～2.5	8.5～9.0
烟草	干烟叶	4.1	1.6	7.0
茶叶	干茶	9.1	2.0	5.0
黄麻	麻皮	2.0	0.8	1.6
甘蔗	茎叶	0.24	0.15	0.24

注：引自古汉虎等编《低产土壤改良》，1982。

6 其他因素

(1)其他生物因素。如他感作用(作物相互之间的影响)，作物之间通过生物化学物质所产生的相互影响。主要化合物：碳水化合物、醇类、酚类、酮类、酯类、有机酸、氨基酸等。

(2)其他气象要素。最主要因素不是光照，而是气温和水分。

7 作物生产对环境的影响

作物生产对环境产生的影响如图 2-3 所示。

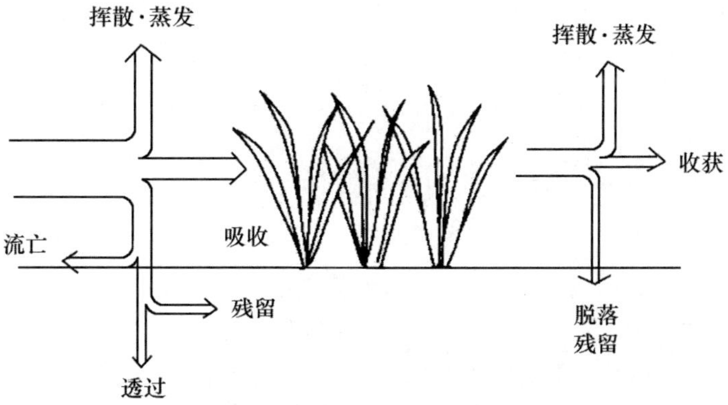

图 2-3　作物生产与环境示意图

知识拓展

二十四节气歌

农业面源污染与“洱海保护治理”

学习产出与评价

1. 能系统陈述环境因子及其分类。
2. 能阐述光、温度、水分、养分等对作物生长发育的影响。
3. 学会解释当地常用的农谚，体验农耕文化智慧。

思考与练习

1. 用图示法描述影响作物生长的环境因子的分类及其特点。
2. 试述干旱影响作物生长的机理。

项目3
作物生长发育

学习目标

知识目标：①会解释作物生长、发育、生育期、生育时期、物候期、"S"形生长曲线等概念；②能简述作物六大器官建成的一般规律。

技能目标：①会运用理论知识解释作物生长的一些相关现象，如叶蘖同伸，根冠比等；②会分析作物温光反应特性在生产上的应用。

素质目标：①拓展学习生命的意义；②学习感悟胡凤益教授科技创新故事。

内容提要

介绍作物生长发育的一般规律，作物生长的一些相关现象。要求掌握作物生长、发育、生育期、生育时期、物候期、作物生长的"S"形曲线等基本概念。

主要内容：作物生长发育概念；作物生长发育的一般过程；作物的生育期与生育时期；作物的器官建成；作物发育特性(温光反应特性)。

1 作物生长发育概念

作物的生长和发育是作物一生中的两种基本生命现象，它们是相互联系而又有区别的生命现象。生长是指作物个体、器官、组织和细胞在体积、重量和数量上的增加，是一个不可逆的量变过程，它是通过细胞的分裂和伸长来完成的。作物的生长既包括营养体的生长也包括生殖体的生长。发育是作物一生中，其形态、结构和机能的质变过程，它表现在细胞、组织和器官的分化，最终导致植株根、茎、叶、花、果实、种子的形成。

生长和发育二者存在着既矛盾又统一的关系。首先，生长和发育是统一的。表现为：①生长是发育的基础，停止生长的细胞不能完成发育，没有足够大小的营养体不能正常繁殖后代。如水稻的基本营养生长期，即水稻必须经过一定时间的营养生长后，才能在高温短日诱导下产生花芽分化，否则，不经过一定的营养生长期，外界条件满足也不会发育。②发育又促进新器官的生长(生长方式又受发育的影响)。作物经过内部质变后形成具备不同生理特性的新器官，继而促进了进一步的生长。其次，生长和发育又是矛盾的，在生产实践中经常出现两种情况：①生长快而发育慢。如营养生长过旺的作物往往会影响开花结实，造成“贪青晚熟”现象。②生长受到抑制时，发育却加速进行。如在营养条件不良的条件下，作物提早开花结实，发生“早衰”。因此，要实现农作物产品的高产优质，必须根据生产的需求，调节控制作物的生长发育过程和强度。

2 作物生长发育的一般过程

2.1 作物生长的“S”形生长过程

无论是作物群体、个体，还是器官、组织乃至细胞，当以时间为横坐标，它们的生长量为纵坐标时，它们的生长发育都遵循一条“S”形曲线的动态过程，即作物的个别器官、整个植株的生育以及作物群体的建成和产量的积累均经历前期较缓慢、中期加快、后期又减缓以至停滞衰落的过程（图 3-1）。这个过程遵循“S”形生长曲线，可将其划分为 5 个时期。

（1）初始期。作物生长初期，植株幼小，生长缓慢。

（2）快速生长期。植株生长较快，生长速率不断加大，干物质积累与叶面积成正比。

（3）生长率渐减期。随着植株生长，叶面积增加，叶片互相荫蔽，单位叶面积净光合速率随叶面积的增加而下降，生长率逐渐减小。但是由于这时期叶面积总量大，单位土地面积上群体的干物质积累呈直线增长。

（4）稳定期。叶片衰老、功能减退，干物质积累速度减慢，当植株成熟时，生长停止，干物质积累停止，趋于稳定。

（5）衰老期。部分叶片枯萎脱落，干物质不但不增加，反而有减少趋势。

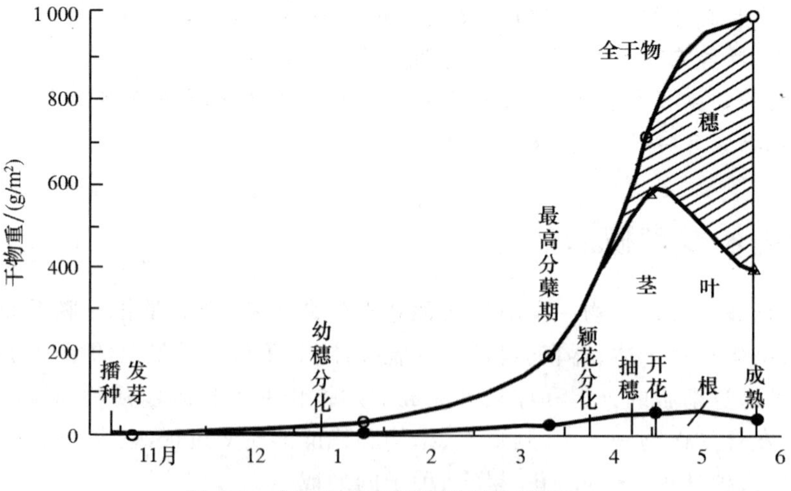

图 3-1 大麦各生育时期的干物质变化

2.2 “S”形生长发育进程理论的应用

研究作物的生育进程，对于作物生产有着重要的实际意义。第一，各种促进或抑制生长的措施，都应在生育最快速度到来之前应用。如用矮壮素控制小麦拔节，应在基部节间尚未伸长前施用，否则达不到矮壮。第二，同一作物的不同器官通过生育周期的步伐不同，生育速度各异，在控制某一器官生育的同时，应注意到这项措施对其他器官的影响。如拔节前对水稻施有效性氮肥,虽然能对早、中稻的穗形大小或稻的小花分化起促进作用,但同时也能促使基部1～2个节间伸长,易引起以后植株倒伏。第三,作物生育是不可逆的,在作物出苗至成熟的整个过程中,应当密切注视苗情,使之达到该期应有的长势长相。因为任何器官一经形成,便无法补救。

此外,“S”形曲线可以作为检验作物生长发育过程是否正常的依据之一。如果在某一阶段偏离了“S”形曲线轨迹,或未达到,或超越了,都会影响作物生育进程和速度,从而最终影响产量。

3　作物的生育期与生育时期

3.1　作物的生育期

作物的生育期是指在作物栽培实践中,从作物出苗到成熟所经历的总天数,即作物的一生,称为作物的全生育期。具体地讲,生育期的概念可以分为两类:①一般以种子或果实为播种材料或收获对象的作物,其生育期是指种子出苗到新的种子成熟所持续的总天数。其生物学的生命周期和栽培学的生产周期一致。②以营养器官为播种材料或收获对象的作物(如甘薯、马铃薯、甘蔗),其生育期是指播种材料出苗到主产品收获适期的总天数。

作物生育期的长短,主要是由作物的遗传特性和所处的环境条件决定的。具体来讲,影响生育期长短的因素有4个。①品种:同一作物的生育期长短因品种而异,有早、中、晚熟之分。早熟品种生育期短,晚熟品种生育期长,中熟品种介于二者之间。②温度:一定的高温可加速生育过程,缩短生育期。如相同的品种在不同的海拔种植(温度不同)生育期也会发生变化。③光照:随作物对光周期的反应不同而异。如对于长日照作物,光照时间长,生育期缩短,光照时间短,生育期延长。对于短日照作物(水稻),光照长,生育期延长,光照短,生育期缩短。④栽培措施:栽培措施对生育期也有很大的影响。水、肥条件好,茎叶常常生长过旺,成熟延迟,生育期延长;土壤缺少N素,则生育期缩短。

作物生育期长短与产量有一定的相关性。一般情况下,早熟品种单株生产力低,晚熟品种单株生产力高,但这也不是绝对的,对于一季作物而言,生育期长的品种比生育期短的品种高,但对于一年来看并不是生育期长的品种相互搭配就高产。

3.2　作物的生育时期

作物的生育时期是指作物一生中其外部形态呈现显著变化的若干时期。作物一生中可以划分为若干生育时期,目前,各种作物的生育时期划分方法尚未完全统一。现把主要作物的生育期时期的划分如下。

(1)稻麦类。出苗期、分蘖期、拔节期、孕穗期、抽穗期、开花期、成熟期。

(2)玉米。出苗期、拔节期、大喇叭口期、抽穗期、吐丝期、成熟期。

(3)豆类。出苗期、分枝期、开花期、结荚期、鼓粒期、成熟期。

(4)油菜。出苗期、现蕾期、抽薹期、开花期、成熟期。

(5)马铃薯。出苗期、现蕾期、开花期、结薯期、薯块发育期、成熟期、收获期。

(6)甘蔗。发芽期、分蘖期、蔗茎伸长期、工艺成熟期。

为了更详细地进行记载,还可以将个别生育期划分更细一些,如开花期可以分为始花期、盛花期、终花期。成熟期可以分为乳熟期、蜡熟期、完熟期。

另外,当前对生育时期的含义有两种不同的解释,一种是把各个生育时期视为作物全田出现显著形态变化的植株达到规定百分率的起始时期(某一天);另一种是把各个生育时期看成形态出现变化后持续的一段时期,并以该时期始期至下一生育时期始期的天数计(一段时期)。

3.3 作物的物候期

作物的物候期是指作物生长发育在一定外界条件下所表现出的形态特征,人为地制定一个具体的标准,以便科学地把握作物的生育进程。

对于群体物候期的判断标准是:当10%左右的植株达到某一物候期的标准时称为这一物候期的始期,50%以上植株达到标准时称为这一物候期的盛期。

4 作物的器官建成

4.1 种子及其萌发

(1)种子的含义和分类。种子的含义在农业生产上的概念和植物学上的概念有所不同,植物学上的种子是指由胚株受精后发育而成的有性繁殖器官,通常须经配子体所产生的雌雄配子的融合作用而形成,是有性过程的产物。而农业生产上的种子含义更广,即作物学生产上所说的种子是泛指用于播种繁殖下一代的播种材料。它包括植物学上的三类器官:一是真种子,植物学上所指的种子,它们都是由胚珠发育而成的,如豆类、麻类、棉花、油菜、花生的种子等。二是类似种子的果实,它们是由子房发育而成的果实,如禾谷类作物稻、麦、玉米、高粱等的颖果及向日葵的瘦果。三是进行无性繁殖的根茎类,如甘薯(块根)、马铃薯(块茎)、甘蔗(茎节)等。

(2)有性繁殖作物种子构造。一是种皮:小麦、玉米、高粱等种子还有果皮包被着,而水稻、大麦等甚至还包括果实以外的内外稃。二是胚:一般可分为胚芽、胚轴、胚根和子叶4个部分。水稻、小麦胚小;棉花、油菜、大豆等种子胚较大,有较发达的子叶。三是胚乳:分为无胚乳种子和有胚乳种子两类。无胚乳种子:养分贮存在子叶内,如棉花、油菜、大豆、花生。有胚乳种子:内胚乳较发达,如稻、麦等。双子叶,如蓖麻、荞麦。

(3)种子萌发过程及其条件

种子萌发的过程,有性繁殖作物:种子的萌发分为吸胀(物理过程)、萌动(生物化学过程)和发芽(生物学过程)等3个阶段。无性繁殖作物:①以块根繁殖的甘薯,依靠块根薄壁细胞分化形成的不定芽原基的生长发育,突破周皮而发芽。②马铃薯、甘蔗、苎麻等的发芽,则是由茎节上的休眠芽在适宜条件下伸长并长出幼叶。

种子萌发首先取决于自身是否具有发芽能力即生理条件,包括种子的休眠、种子的新陈度、种子的饱满度等。其次是外界条件,包括水分、温度和空气。

①水分。是种子萌发的首要生态条件,当种子细胞内自由水增多时,才有可能使种子中部贮藏物质变为溶液,同时使酶的活性增强,并起到催化作用,因此水分是种子萌发的首要外界条件。

②温度。种子萌发需要适宜的温度,因为种子萌发过程是在一系列酶的参与下进行的。不同作物种子发芽的温度三基点不同。

	最低	最适	最高
水稻	10～12 ℃	30～37 ℃	40～42 ℃
小麦	3～5 ℃	15～31 ℃	30～43 ℃
玉米	5～10 ℃	32～35 ℃	40～45 ℃

③氧气。种子在发芽时，呼吸作用加强，而且酶的活性也需要氧气。因此，氧气是种子萌发的必要条件。

此外，有的种子萌发还需光照，例如烟草和莴苣种子。

(4)种子的休眠。种子休眠是指有的作物的新鲜种子虽具有生活力，在适宜的环境条件下却不能发芽，这种现象称为休眠。种子休眠的原因有多种，大致可分为3种类型：①胚的后熟：即种子收获或脱落时，胚组织在生理上尚未成熟，因而不具备发芽能力。对于这类种子可通过低温处理或水分处理，促进后熟使之发芽。②种子硬实(种子透性不良)：种子在成熟时变得硬实，种皮不透水、不透气，因而不发芽。如绿豆、大豆等。一般采用机械磨伤种皮的方法或用酒精、浓硫酸等化学物质处理，使种皮溶解，增强其透性。③存在发芽抑制物质：种子休眠的重要原因之一是果实的种子中含有某种抑制发芽的物质，致使种子不能发芽，可用高温处理、浸水清洗，此外可用赤霉素、乙烯等植物激素处理。

破除作物种子休眠的方法有：①机械处理：擦伤种皮或切块，透水、气，如马铃薯切块，油菜挑破种皮。紫云英、豆科牧草种子与细砂混合搅拌，擦伤种皮。②高温、干燥处理：降低含水量，促进生理后熟，提高透水、气，如晒种。③药剂处理：双氧水，赤霉素、乙烯等，如棉种硫酸脱绒处理等。④物理处理：X射线、高低频电流、超声波、磁场。⑤层积处理：果树上普遍应用。

4.2　根的生长

(1)作物的根系。作物根系可分为两类：一类是单子叶作物的根，属须根系，如禾谷类作物的根系是由初生根、次生根和不定根生长演变而成。另一类是双子叶作物的根，属直根系，如豆类、油菜、花生等。

①单子叶作物的根系(须根系)。初生根系：种子根形成初生根系，细而韧。水稻、玉米、高粱等种子根一般只有1条，麦类作物则可先出3～7条。它可以垂直下伸至深层土壤中，对吸收深层水分和养分有一定作用。次生根系：以不定根为主要构成部分，粗而短。初生根的发生：在幼苗1～3片叶时，从芽鞘节开始，依次向上长出不定根，直至拔节后节间伸长伸出土面。地上节一般不发生不定根。不定根上可发生一次或多次分枝根，与不定根一起构成次生根系，形似须状。玉米、高粱等近地面的茎节上发生的节根，也叫支持根(气生根)，属于不定根。根入土后，产生许多支根和细根，对抗倒伏和吸收肥水都有一定的作用，具有合成氨基酸的能力。

禾谷类作物根的数量和重量随分蘖发生而不断增加，最高分蘖期根的数量达最大。抽穗前后根的重量达最大，抽穗以后根逐渐衰老死亡，根量减少，但根系的活动可一直维持到最后。

②双子叶作物的根系(直根系)。由一条发达的主根和各级侧(支)根组成。主根由胚根不断伸长形成，逐步分化长出侧根，主根较发达，侧根逐级变细，形成直根系，如豆类、麻类、棉花、花生、油菜。大豆由于侧根生长旺盛，其主根相对地并不那么发达。

双子叶作物生长前期，主根生长较快，下扎较深，至开花期达最大值，之后生长减缓而渐趋停止。侧根生长迟于主根，侧根生长伴随着主根下伸而发生扩展。

(2)根系的功能。①支持作用；②吸收水分和养分并起着输导系统的作用；③合成物质，如生长素、细胞分裂素、核酸等物质都在根中合成,然后输送到地上部,根系越多,合成物质也越多。④地上部收割之后根系留在土中,增加土壤有机质。⑤有些作物的根有贮存养分的作用,如甘薯、萝卜等。⑥根可作为繁殖器官,如甘薯、木薯等。

(3)根系在土壤中的分布。在0～20 cm耕层中分布最多,作物所吸收的养分和水分也主要来自于此。根系在土壤中的分布状态,决定于作物本身根系发育特性及土壤环境条件,如土壤质地、温度、湿度、通气、紧实度等。一般直根系,常分布在较深的土层,属于深根性;而须根系往往分布在较浅的土层,属于浅根性。

(4)影响根系生长的条件。根系生长好坏主要是来自土壤条件,主要表现为:①土壤阻力:土壤疏松,阻力小,有利于根系生长。②土壤水分:根系有向水性,根系入土深浅与土壤水分有很大的关系。如水稻根系较浅,旱地作物根系较深,总之水分过少或过多都不利于根系生长,但适当的干旱,有利于根系向纵深伸展。③土壤养分:作物根系有趋肥性,在肥料集中的土层中,一般根系比较密集,施N有利于茎叶生长,施P、K可以促进根系生长。④土壤氧气:作物根系有向氧性。因此,土壤通气性良好,是根系生长的必要条件。水稻之所以能够生活在水中,是由于连结叶、茎、根的通气组织比较发达的缘故。⑤土壤温度:土壤温度过高或过低不利于根的生长,适宜温度为20～30 ℃。

4.3 茎的生长

4.3.1 单子叶作物的茎(禾谷类作物)

禾谷类作物的茎多数为圆形,大多中空,如稻、麦等。有的为实心,如玉米、甘蔗等。茎秆是许多节和节间组成,节上着生叶片。禾本科作物茎节分为两种:一种是节间伸长不显著的基部茎节,密集于土内靠近地表处,称为分蘖节,其上着生的腋芽在适宜的条件下能萌发成为新茎,即分蘖。另一种是节间显著伸长,拔节后伸出地面的上部茎节,称为伸长节,其上各节叶腋所着生的腋芽在一般情况下不萌发而处于休眠状态。

单子叶作物茎的生长:如禾谷类作物地上部节间主要靠每个节间基部的居间分生组织的细胞进行分裂和伸长,使每个节间伸长而逐渐长高,其节间伸长方式为居间生长。各节间的伸长有一定的顺序性和重叠性,即当基部第一节间伸长接近固定时,第二节间加快伸长,当第二节间伸长接近固定时,第三节间加快伸长,以此类推,节间伸长自下而上呈波浪式推进。在作物生产上,当基部第一节间伸长达1～2 cm时称为拔节。

4.3.2 双子叶作物的茎枝

双子叶作物的茎都为实心,由节和节间组成,其主茎每一个叶腋有一个腋芽,可长成分枝,从分枝又可产生二次分枝,以此类推。其分枝有两类,一类是分枝性强的,如豆类、油菜,分枝对产量构成有较大作用,栽培上要促进分枝早且多发;另一类是分枝性弱的,如烟草,分枝对产量和品质反而不利,栽培上要抑制其发生。

双子叶作物的茎,主要靠茎尖顶端分生组织的细胞分裂和伸长,使节数增加,节间伸长,植株逐渐长高,其节间伸长的方式为顶端生长,包含地上茎和地下茎。

(1)地上茎。直立茎,如棉花、烟草、麻类作物等;缠绕茎,如绿豆、四季豆等;匍匐茎,如甘薯;攀缘茎,如豌豆、苕子。

(2)地下茎。根茎,苎麻;块茎,马铃薯;鳞茎,如洋葱、大蒜头等;球茎,如慈姑。

4.3.3 茎枝生长

茎枝生长有4个过程：①组织分化期。分化形成茎内输导、机械等组织。②伸长长粗期。节间急速伸长。③物质充实期。机械组织厚壁细胞为纤维素、木质素所充实薄壁细胞中央积累淀粉。④物质输出期。

4.3.4 茎枝功能

茎枝有支撑叶、穗或果实生长的作用。茎枝是连接根、叶、花或果实的运输通道，起着转移水分、养分的输导系统的作用。绿色幼嫩茎、枝同时具有合成有机养料的作用。茎枝是临时贮存养料的器官。沼泽作物的茎、枝有通气功能。茎也可作为繁殖器官，如甘蔗茎节、马铃薯的块茎、野生稻的地下茎。

4.3.5 影响茎、枝(分蘖)生长的因素

高产栽培对稻、麦等分蘖作物要求有一定的茎蘖数成穗。对油菜、大豆等分枝作物要求有一定的分枝数。作物的分蘖、分枝习性因不同种及品种而异，同时受环境条件的影响也很大。影响因素主要有：①种植密度。总的来说，稀植分枝、分蘖数多，密植分枝、分蘖少且弱。②肥料。增施底肥和苗肥，有促进分蘖和分枝的作用。③物种和品种的影响。水稻分蘖能力强，单株可达数百个分蘖；玉米一般不发生分蘖；小麦不同品种分蘖不同，如冬性品种比春性品种分蘖力强。

4.4 叶的生长

4.4.1 叶的形态

根据来源和着生部位分为真叶和子叶。子叶是胚的组成部分，着生在胚轴上。真叶简称叶，着生在主茎和分枝的节上。

(1)单子叶作物。禾谷类单生于茎枝的各节，互生，为典型的二列式，由叶片和叶鞘组成。区分：叶耳和叶舌，完全叶(外加叶环或叶枕)和不完全叶。

(2)双子叶作物。对生、互生(苎麻、红麻等)、螺旋形排列(如黄麻、棉花等)。双子叶作物完全叶：叶片、叶柄、托叶，如棉花、大豆、花生、苎麻、向日葵的叶。双子叶作物不完全叶：缺少任一部分的叶，如甘薯、油菜的叶缺托叶；烟草的叶缺叶柄等。

叶的形态分为单叶和复叶。单叶：凡一个叶柄上只生一片叶，不论是完整的或是分裂的，称为单叶。复叶：叶柄上着生两个以上完全独立的小叶片则称为复叶。复叶又分为掌状复叶：有大麻、木棉等。羽状复叶，如豌豆、花生、紫云英等。三出复叶，如大豆。复叶在单子叶作物中很少见，在双子叶作物中则相当普遍。

4.4.2 叶的生长

(1)叶的形成。叶起源于茎尖基部的叶原基。决定叶最后的形态有几个主要因素：①叶原基的形状；②进行细胞分裂的细胞数目、分布及分裂的方向；③与细胞分裂不相连的细胞的增大数量和分布。

叶的生长分为顶端生长和居间生长。顶端生长：一片叶子的生长过程是最先形成叶尖；居间生长：由上而下形成整个叶片。

(2)叶片的大小。叶片的大小，一是与种和品种相关：海岛棉叶片较大，陆地棉较小；早熟品种较小、中熟品种较大。二是与生育期相关：生育初期叶片小，中期叶片大，生育末期叶片又

变小;同一株上,主茎叶最大,叶枝叶较小,果枝叶最小。三是外界环境条件:北方与南方,高肥水与低肥水。

在调控某组叶片形状时,应在该组叶片旺盛生长前采取措施。从提高群体光合效率出发,要求叶片短、厚、直。叶片短、直或大小适中,分枝角度小,则冠层叶片分布均匀,入射光可透入下层,受光叶面积增大,提高了群体光合效率。

4.4.3 叶的生长特征

(1)出叶速度。主茎发生新叶的速度,常用主茎发生1片新叶所需的天数或有效积温(生长度日,GDD)来表达。与生育期关系密切,受温度和氮素的影响。

(2)叶片数目。主茎叶片数。由于每个品种主茎叶片数相对稳定,所以栽培上常以当时田间植株主茎出叶数(即叶龄)作为看苗诊断、因苗管理的重要依据之一。

受品种、播期的影响。早稻10～13片叶,中稻14～16片叶,晚稻16片叶以上。油菜31～33张,长柄叶17～18张,短柄叶7张,无柄叶8张。春性小麦7～12片,冬性小麦12～16片。玉米早熟种14～16片,中熟种18～19片,晚熟种20～21片。

(3)叶层结构(叶层分组)。根据叶片出生时间的先后和着生部位大致可分为下、中、上三层(组)。下层叶片:生育前期出生的下部叶片,其光合产物主要供给根系、分蘖、幼叶。中层叶片:生育中期出生的中部叶片,其光合产物主要供给茎秆、穗(或花蕾)生长。上层叶片:生育后期出生的位于上部的叶片,其光合产物主要供应结实器官。

4.4.4 叶面积和LAI

单位土地面积上所有绿叶面积的总和。叶面积大则光合产物多,并不是越大越好,作物都存在一个最适LAI。叶面积指数是指作物群体的总绿色叶面积与该群体所占据的土地面积的比值。作物群体的叶面积指数因时间而变化,作物出苗后,随着植株的生长发育,叶面积指数增大,大约在群体最繁茂的时候,叶面积指数达到最大值,而后又随着部分叶片老化变黄或脱落,叶面积指数减小。

4.4.5 功能与功能期

叶片的功能主要是:①进行光合作用,合成有机物质的主要器官。②进行蒸腾作用的主要器官(降温,吸收养分,运输动力)。③具有直接吸收水分和无机盐溶液的功能。

叶从开始输出光合产物到失去输出能力所持续时间的长短称为叶片的功能期。禾谷类作物叶的功能期为叶片定长到1/2叶片变黄所持续的天数。双子叶作物为叶片平展开始至全叶1/2以上变黄为止。叶片的功能期因作物种类、叶位及栽培条件不同而不同。

4.4.6 影响叶生长的因素

叶的分化、出现和伸展受温、光、水、矿质营养等多种因素影响。

4.5 生殖器官的建成

作物的一生,不仅要生长出根、茎、叶等营养器官,而且在生长到一定时期,还会分化、长出花芽、雌雄蕊等生殖器官。生殖器官也是从顶端分生组织分化而成的,

4.5.1 禾谷类作物的幼穗(花序)分化和发育

禾谷类的水稻、高粱、燕麦以及玉米的雄穗是圆锥花序,小麦、大麦、黑麦是穗状花序,玉米的雌花序是肉穗花序。

圆锥花序是指花序由主轴和第一至第几次枝梗组成，小穗着生在枝梗上，每个小穗由 2 片颖(护颖)和 1 个或数个小花所组成，小花有外稃(颖)、内稃(颖)各 1 片，雄蕊 3 个或 6 个(水稻)，雌蕊 1 个。圆锥花序的分化发育分为 7 个时期：①生长锥伸长期；②枝梗分化期；③小穗分化期；④小花分化期；⑤胚囊母细胞和花粉母细胞形成期；⑥胚囊母细胞和花粉母细胞减数分裂期；⑦胚囊和花粉形成期。

穗状花序由带节的穗轴和着生在穗轴上的小穗组成，小穗则由几个小花组成。穗状(肉穗状)花序的分化发育分为 5 个时期：①生长锥伸长期；②穗轴节分化期；③小穗分化期；④小花分化期；⑤性细胞形成期。

禾谷类作物生殖器官的发育进程通常用叶龄指数或叶龄余数来表示(表 3-1)。由于作物多样性存在，致使生殖器官在形态、结构和功能上都表现出极大的差异性，作物的生殖器官的建成在各论部分详细介绍。

表 3-1　穗分化进程与叶龄余数及 3 种划分方法的对照

丁颖法	凌启鸿法	松岛省三法	
第一苞分化	苞分化期(3.5～3.1)		穗轴分化期
第一次枝梗原基分化期	一次枝梗分化期(3.0～2.6)	枝梗分化期	一次枝梗分化期
第二次枝梗原基分化期	二次枝梗分化期(2.5～2.1)		二次枝梗分化期
颖花原基分化期	颖花分化期(2.0～1.6)	颖花分化期	颖花分化前期
雌雄蕊形成期	雌雄蕊分化形成期(1.5～0.9 或 0.8)		颖花分化中后期
花粉母细胞形成期	花粉母细胞形成期(0.8 或 0.7～0.5～0.4)		生殖细胞形成期
花粉母细胞减数分裂期	花粉母细胞减数分裂期(0.4 或 0.3～0)		减数分裂期
花粉内容物充实期	花粉粒充实完成期(0～出穗)		花粉外壳形成期
花粉完成期			花粉完成期

注：凌启鸿法各期的数字为叶龄余数。

4.5.2　双子叶作物的花芽分化和发育

双子叶作物的花均由花梗、花托、花萼(棉花、花生还有副萼即苞片)、花冠、雄蕊和雌蕊组成。棉花的花单生，豆类、花生、油菜属总状花序。花芽分化发育过程分为 5 个时期：①花萼形成期；②花冠和雌雄蕊形成期；③花粉母细胞和胚囊母细胞形成期；④胚囊母细胞和花粉母细胞减数分裂期；⑤胚囊和花粉粒形成期：胚囊母细胞形成的四分体 3 个消失，1 个发育成胚囊，花粉母细胞形成的四分体 4 个都发育，成为 4 个花粉粒。

4.5.3　开花与受精结实

(1)开花习性。主茎与分枝：主茎先开花，然后为一次分枝，二次分枝。同一花序分三种情况：①下部先开，然后向上，如棉花、油菜、花生、豆类等；②中部先开，然后向上向下，如小麦、大麦、玉米等；③上部先开，然后向下，如水稻、高粱等。

开花时间：早晨至17时左右，少数全日开花或间断开花，如高粱是从半夜到凌晨。花期长短：禾谷类作物小于10 d，豆类作物15～70 d，油菜25(甘蓝型)～50(白菜型) d，棉花50～60 d，花生50～120 d。

(2)受精。开花当时或开花前(闭花授粉)后花药裂开授粉，并完成双受精过程，多数作物在授粉后24 h内完成。

(3)结实过程。禾谷类作物的结实过程：①籽粒形成期：受精后10～15 d，幼胚初步形成，具萌发能力。此后胚乳细胞迅速增殖，加速淀粉的充实积累，进入灌浆期。②乳熟期：籽粒呈绿色，其中充满乳白色液体。籽粒先增长，再增宽，然后增厚。此期末，籽粒体积最大，含水量约50%。③蜡熟期：籽粒中乳液随灌浆物质增加，水分减少，籽粒变硬，成蜡状。这时也就是种子的成熟期，可以收割了。

双子叶作物的结实过程：油菜受精后子房膨大形成角果，种子经30 d左右方可成熟。成熟时，角果由开始的绿色变为黄白色，种子含水量20%～30%，种皮的颜色因品种而异，种子的干重和脂肪含量达最大值。花生受精后2～5 d，子房基部形成的子房柄(果针)伸长并向下弯曲入土(即下针)。入土4～5 d子房开始膨大形成荚果，20 d后荚果大小基本定型，种子迅速发育。先积累糖分，然后积累脂肪、蛋白质和淀粉，到入土25～48 d，种子油分含量和干重都达到最大，即达成熟期。

4.5.4 作物繁殖方式小结

农作物的繁殖方式主要有两种：有性繁殖和无性繁殖(营养繁殖)。有性繁殖从授粉方式看分为自花授粉(异花授粉率小于5%，如水稻、小麦等)、异花授粉(异花授粉率大于50%，如玉米)和常异花授粉(异花授粉率在5%～50%，如棉花、蚕豆、高粱、甘蓝型油菜等)。无性繁殖有分离繁殖、扦插繁殖、嫁接繁殖和压条繁殖等。两种繁殖方式都有各自的优势和劣势。无性繁殖的优点是后代保留了母本的优良性状，繁殖速度快，但缺点是后代的生活力可能相对较弱。而有性繁殖的优点是后代生活力强，能够更好地适应环境变化，但其过程需要经过复杂的生物学机制，包括受精作用等。

4.6 作物器官生长的相关性

所谓作物器官生长的相关性是指作物器官、组织、细胞之间在生长发育上的相互影响。其原因为：同化物供应和分配；水分和矿质营养供应；激素或类似激素物质(最大的可能性)。

5 作物发育特性(温光反应特性)

作物温光反应特性是指作物从营养生长向生殖生长转变的若干特性，包括作物的感温性、感光性和基本营养生长性。

5.1 作物的感温性

作物因温度高低的影响而改变其发育进程，导致生育期缩短或延长的特性称为作物的感温性，如冬小麦、冬大麦、冬黑麦、冬油菜等一些二年生作物，其营养生长期必须经过一段较低温度诱导，才能转为生殖生长，这种低温诱导促进作物开花的作用称为春化作用。高温也有促进作物发育进程的作用，如水稻、玉米、高粱、大豆、棉花等作物，在其适宜生长发育的温度范围内，高温可加速其发育进程，缩短生育期；而较低温度则可延缓其发育进程，使生育期延长。

不同作物和同一作物不同品种由于其起源和所处的生态条件不同，对低温的范围和时间要求也不同，其感温性一般可分为冬性型、半冬性型和春性型三种类型。

(1)冬性型。这类作物品种春化必须经历低温，春化时间较长，如没经过低温条件则作物不能进行花芽分化和抽穗开花。一般为晚熟品种或中晚熟品种。

(2)半冬性型。这类作物品种春化对低温的要求介于冬性型和春性型之间，春化时间相对较短，如果没有经过低温条件则花芽分化和抽穗开花大大推迟。一般为中熟或早中熟品种。

(3)春性型。这类作物品种春化对低温的要求不严格，春化时间也较短。一般为极早熟、早熟和部分早中熟品种。

一般作物从种子萌动后到幼苗期都可感受低温而通过春化阶段，如冬小麦、冬黑麦等作物除在营养体生长期外，在种子吸胀萌动时就能进行春化，甚至在种子成熟过程中的幼胚遇到低温也能满足春化要求。一般认为绿色体春化比种子春化效果好。作物春化阶段感受低温的部位是分生组织和某些能进行细胞分裂的部位。

5.2 作物的感光性

作物因日照长短的影响而改变其发育进程，导致生育期缩短或延长的特性，称为作物的感光性或光周期反应。作物光周期反应可分为4种类型。

(1)长日照作物。日照长度必须大于某一时数(临界日长)，或者说暗期必须短于一定时数才能形成花芽，否则植株停留在营养生长阶段，属于这一类作物的有小麦、大麦、黑麦、油菜、甜菜、豆、蚕豆、马铃薯、草木樨、三叶草等。

(2)短日照作物。日照长度短于其要求的临界日长或者说暗期超过一定时数才能开花，如处于长日照条件下，则只进行营养生长而不能开花，属于这一类作物的有粟、黍、水稻、玉米、高粱、大豆、棉花、苎麻、黄麻、红麻、烟草、紫苏等。

(3)日中性作物。这类作物的花芽分化受日照长度的影响较小，只要其他条件适宜，一般四季都能开花，属于这一类作物的有菜豆、荞麦等。

(4)中日照作物。只有在某一中等长度的日照条件下才能开花，而在较长或较短日照下均保持营养生长状态的作物，如华南地区的某些甘蔗品种在其发育过程中必须要求11.5～12.5 h的光照。

在理解作物对日照长度的反应时，应注意以下几点：第一，作物在达到一定生理年龄才能接受光诱导。日照长度是作物从营养生长向生殖生长转化的必要条件，并非作物一生都需要这样的日照长度，如小麦需要17 d的长日照，满足了这一条件，一般在任何光周期下均能开花。第二，对长日照作物来说，绝非日照越长越好，对短日照作物亦然，如大豆在每天日照短于6 h时，营养生长和生殖生长都将受到抑制。第三，在自然条件下，昼夜总是在24 h的周期内交替出现的，因此与临界日长相对应的还有临界暗期。临界暗期是在昼夜周期中短日照作物能够开花所必需的最短暗期长度，或长日照作物能够开花所必需的最长暗期长度，临界暗期比临界日长对开花更重要。短日照作物实际上是长夜作物，长日照作物实际上是短夜作物。第四，作物品种由于人们的不断驯化，对日照长度的适应范围逐渐增大，如水稻的野生种和晚稻是典型的短日照作物，早稻感光性弱或无感光性。

作物接受光周期诱导的部位是叶片，而花的形成却在茎的顶端，这表明叶片接受光信号后，可能产生某种物质，传输到植株顶端而引起开花。

5.3 作物的基本营养生长性

作物的生殖生长是在营养生长的基础上进行的，其发育转变必须有一定的营养生长作为物质基础。因此，即使作物处在适于发育的温度和光周期条件下，也必须有最低限度的营养生长，才能进行幼穗(花芽)分化，这种特性称为作物的基本营养生长性。这种在作物进入生殖生长前，不受温度和光周期诱导影响而缩短的营养生长期，称为基本营养生长期。

不同作物品种的基本营养生长期长短各异，这种基本营养生长期长短的差异特性，称为作物品种的基本营养生长性。营养生长期中可受温度和光周期的影响而缩短的那部分生长期称为可变营养生长期。

5.4 作物温光反应类型及其形成

作物完成生命周期，要经过几个循序渐进的质变阶段，每个阶段的进行，除要求综合环境外，往往有一个因素起主导作用，目前的研究认为作物有感温和感光两个发育阶段。

根据作物对温度和光周期反应特性的不同，可把作物分为低温长日型作物和高温短日型作物两种类型，如小麦、油菜、甜菜、蚕豆、豌豆、马铃薯等属于低温长日型作物，它们要在较低的温度和较长的日照条件下才能正常完成发育进程。水稻、玉米、高粱、大豆、棉花、苎麻、黄麻、红麻、烟草、甘薯等属于高温短日型作物，它们要在较高的温度和较短的日照条件下才能完成发育进程。如果温度高低和日照长短不能满足其要求，作物则延长或者缩短生育期，甚至不能完成其发育进程。同一作物的不同品种，其温光反应特性也不相同，如油菜可分为冬性-弱感光型、半冬性-弱感光型、春性-弱感光型、春性-强感光型等四种类型。

作物温光反应特性的形成，以及不同品种对温光反应特性的差异，是作物在世界各地长期系统发育中经过自然和人工选择的结果，是适应于原产地纬度、气候、地势、海拔的生态型。因此，必须从作物的起源进化和系统发育过程来理解温光反应特性。如在我国冬小麦种植范围内，38°N 以北，随纬度升高，冬性逐渐增强，春化反应强，光照反应也敏感；28°N～38°N 为过渡类型，即半冬性品种，春化、光照反应中等；28°N 以南主要为春性品种，春化、光照反应迟钝。春播麦区种植的春性品种由于播后温度、日照逐渐增加，春化反应弱，对光照反应敏感。水稻品种的温光反应类型，是在原产地的气候条件下和栽培制度的长期影响下形成的。就感光性而言，分布于低纬度的品种，比高纬度品种强；而同一地区，晚稻比早稻强，迟熟品种比早熟品种强。感光性强弱大体相同的品种，短日高温生育期较长的，一般迟熟，反之则早熟。一般而言，感光性强的品种，对地域及季节的适应性相对较小；而感光性弱或敏感的品种，对季节的适应性较大。在不感光或感光极弱的品种中，其短日高温生育期中等，且感温性不太强，适应性最大。

作物在通过感温阶段和感光阶段中，温度和光周期分别是主导因素，但其他外界条件也有一定作用，并影响作物对温度和光照的反应。特别是在感光阶段，温度影响最为显著。温度不仅影响光周期通过的时间，而且可改变作物对日照的要求。温度降低可以使长日作物在较短的日照下诱导开花，如豌豆、黑麦、苜蓿等长日作物在较低的夜温下会失去对日照长度的敏感而出现中间性作物的特征。甜菜通常只有在长日照下成花，但在 10～18 ℃的较低夜温下，8 h 日照也能开花。对短日作物来说，降低夜温也可使其在较长日照下开花。许多要求低温春化的作物经过春化后还要求在长日照条件下才能开花，如冬性谷类作物和甜菜等。

5.5　作物温光反应特性对植株形态结构和生理生化的影响

(1)在形态和结构上的变化。作物在适宜的温度和光周期诱导下开始生殖生长，这时植株形态和结构发生一些变化，如主茎略有伸长，幼苗叶片由匍匐变为半直立或直立，叶色略变淡等。从解剖结构看，稻麦生长锥表面一层或数层细胞分裂加速，细胞小而细胞质变浓，而中部的一些细胞分裂减慢，细胞变大，细胞质稀薄，有的出现液泡。同时生长锥表面的细胞具有较高的蛋白质和核糖核酸(RNA)含量。此后，由于表层分生细胞的迅速分裂，使生长锥表面出现皱褶，在原来形成叶原基的地方形成花原基，在花原基上再分化出花的各部分原基。

(2)在生理生化上的变化。二年生作物在春化过程中体内核酸和蛋白质代谢有很大变化。如核酸含量(尤其是 RNA 含量)增加，代谢加速，而且 RNA 性质也有所变化，相对分子质量大的信使核糖核酸(mRNA)开始合成。在经过低温处理的冬小麦种子中，游离氨基酸和可溶性蛋白质含量增加。电泳分析显示，经春化处理的冬小麦有新的蛋白质谱带出现，而未经低温处理的冬小麦幼苗体内却没有这些蛋白质，表明这些蛋白质是由低温诱导产生的，是生长点可进行穗分化的物质基础。此外，小麦、油菜、燕麦等多种作物经过春化处理后，赤霉素含量增加。这些现象都被认为是作物由营养生长转入生殖生长所必须具备的生化条件。

(3)光敏色素的变化。研究表明，短日照作物与长日照作物对日长的本质区别在暗期的前期。光的信号是由光敏色素接受的，光敏色素影响成花过程。光敏素是色素－蛋白复合体，是一种蓝色蛋白质，主要以两种形式存在：红光吸收型 pr 和远红光吸收型 pfr。两者可以相互转化。光照有利于远红光吸收型 pfr 的形成，使 pfr/pr 升高，有利于长日植物开花。pfr/pr 降低则有利于短日植物开花。

5.6　作物温光反应特性在生产上的应用

5.6.1　*在作物引种上的应用*

不同地区的温光条件不同，引种时必须考虑品种的温光反应特性。总的来说，从相同纬度或温光生态条件相近的地区间引种易于成功。如果纬度相差不大，引进生育期长的品种，一般容易成功；感光性弱、感温性亦不甚敏感的作物品种，只要不误季节，日照能满足品种所要求的热量条件，异地引种也较易成功。但在不同纬度地区间引种时，要加以注意。一般将喜温短日作物从北方引种到南方，由于南方比北方生长季节内的日照时数短，气温比北方高，会出现提前开花现象，如所引品种是为了收获果实或种子，应选择生育期长的晚熟品种；反之从南方引种到北方，则应选择生育期短的早熟品种。如果从北方将耐寒长日作物引种到南方宜选择早熟品种，因南方温度升高及日照缩短，可能会出现营养生长期延长，开花结实推迟甚至不开花结实的现象；反之则应选择晚熟品种。

5.6.2　*在作物布局和栽培上的应用*

在作物布局、确定播期和田间管理等方面，均需考虑作物品种的温光反应特性。

(1)作物布局。低纬度地区多分布喜温短日作物，高纬度地区多分布耐寒长日作物，中纬度地区则长短日照作物共存。在同一纬度地区，耐寒长日作物多在温度较高、日照较长的春末和夏季开花，如小麦等；而喜温短日作物则多在温度较高、日照较短的秋季开花，如棉花等。由于自然选择和人工培育，同一种作物可以在不同纬度地区分布。

(2)品种的搭配、播期安排。如在我国南方双季稻地区，早稻应选用感光性强、感温性中等、基本营养生长期较长的迟熟早稻品种，在栽培上还应培育适龄嫩壮秧，加强前期管理，有利于获得高产。冬小麦和冬油菜若在晚播条件下，要选用偏春性的品种，且要抓好田间管理。而对冬性强的品种，则应该适时播种。短日作物在北方如播种延迟，会加快生育进程，产量下降，为获得高产，须适当增加种植密度。

(3)调控营养与生殖生长。对以收获营养体为主的作物，可通过控制温度和光周期来抑制其开花，如喜温短日作物烟草，原产热带或亚热带，引种至温带时，可提前至春季播种，利用夏季长日照及高温多雨的气候条件，促进营养生长，提高烟叶产量。对高温短日植物麻类，南种北引可推迟开花，使麻秆生长较长，提高纤维产量和质量，但种子不能及时成熟，在留种地对苗期采用短日处理，可解决种子问题。

此外，在作物育种工作中，常根据作物温光反应特性，使杂交亲本花期相遇，或进行冬繁或夏繁加速种子繁殖；或对冬性小麦、油菜亲本进行春化处理，使其在春播区能正常开花，进行杂交。

知识拓展

作物生长的一些相关现象

“三农”人物——胡凤益

学习产出与评价

1. 会解释：生长、发育、生育期、生育时期、种子、同伸关系、“S”形生长曲线、叶龄指数、叶龄余数、叶面积系数。

2. 会分析作物温光反应特性在生产上的应用。

3. 会运用理论知识解释作物生长的一些相关现象，如叶蘖同伸，根冠比等。

4. 拓展学习“生命教育与临终关怀”的意义。

5. 学习感悟胡凤益教授科技创新故事。

思考与练习

1. 术语解释：生长；发育；生育期；生育时期；种子；“S”形生长曲线；叶龄指数；叶龄余数；叶面积系数；

2. 简述作物温光反应特性在生产上的应用。

3. 从作物的栽培特性看，应如何确定播种深度？

4. 影响作物生育期的因素有哪些？

5. 简述作物繁殖方式。

项目4
作物产量和品质

学习目标

知识目标：①会解释作物产量的相关概念；②能陈述作物产量和品质构成因素之间的关系。

技能目标：学会运用作物产量和品质构成因素之间的关系，分析提高产量和品质的途径。

素质目标：通过粮食安全专题教育，树立大国粮食安全战略意义，养成节约粮食的习惯。

内容提要

各种作物的产量和品质形成过程各有特点，将在各论中详细叙述，本节只简要介绍与产量和品质形成有关的概念。

主要内容：作物产量形成；作物品质形成。

1 作物产量形成

1.1 作物产量

作物栽培的目的是获得较多的有经济价值的农产品，作物产品的数量即作物产量。作物产量是作物与环境条件紧密联系中所进行的各种生命活动的结果，实际上是把太阳能转化为光能以供作物生长的结果。具体地讲，作物产量是指种植作物在单位土地面积上获得有价值的农产品的数量。通常把作物产量分为生物产量和经济产量。

(1)生物产量。生物产量是指作物在整个生育期间，通过光合作用生产和积累的有机物质的总量。这个总量是指整个植株即根、茎、叶、花、果实等的干物质重量。一般情况下，根是不可回收的，所以生物产量通常是指地上部分干物质的总量(除块根、块茎类)。

在作物躯体的全部干物质中，有机物质占总干物质的 90%～95%，矿物质占 5%～10%。所以光合作用生产和积累的有机物质是形成产量的主要物质基础。

(2)经济产量。经济产量是指以栽培为目的所需要的有经济价值的主产品的数量。由于作物种类和人们栽培目的的不同，它们被利用作为产品的部分也就不同，如禾谷类、豆类、油料作物的主产品为籽粒(产品器官),薯类作物为块茎,甘蔗为茎,烟草为叶片,绿肥为全部茎叶。另外,玉米作为粮食作物时经济产量为籽粒收获量;作为青贮饲料时,经济产量为茎、叶和果穗的全部收获量(经济产量等于生物产量)。

(3)经济系数(生物产量与经济产量的关系)。一般情况下,作物的经济产量是生物产量的一部分(生物产量包括经济产量),生物产量是经济产量的基础(经济产量的形成是以生物产量为基础)。没有高的生物产量,也就不可能有高的经济产量,但是有了高的生物产量不等于有了高的经济产量。这就要看生物产量转化为经济产量的效率,这个转化效率称为经济系数(或收获指数)。

①经济系数:指作物生物产量转化为经济产量的效率(经济产量与生物产量的比率)。

经济系数(收获指数)=经济产量/生物产量

收获指数是综合反映作物品种特性和栽培技术水平的一个通用指标,收获指数越高,说明植株对有机物的利用越经济,栽培技术措施应用得当,单位生物量的经济效益也就越高。

②影响经济系数的因素。对于同一作物,在正常生长情况下,其经济系数是相对稳定的。但对不同作物,其经济系数就不同。通常,薯类作物的经济系数为 0.7～0.85,水稻、小麦为 0.35～0.5,玉米为 0.3～0.5,大豆为 0.25～0.35,油菜为 0.29 左右。

不同作物之间,经济系数差异较大,其原因与作物的遗传特性,收获器官及其化学成分以及栽培技术和环境对作物生长发育的影响等有关。利用产品器官不同,其经济系数也不同:以营养器官为主产品的作物,形成主产品过程比较简单,经济系数就高,如薯类、甘蔗、蔬菜等;而以生殖器官为主产品的作物,形成主产品过程要经过生殖器官的分化、发育等复杂过程,因而经济系数较低,如禾谷类、豆类、油菜等。产品器官的化学成分不同,经济系数也不同:产品以含碳水化合物为主的(淀粉、纤维素),形成过程需要能量少,经济系数相对较高(稻、麦);产品含蛋白质、脂肪高的,形成过程需要能量高,因为碳水化合物进一步转化才成为蛋白质、脂肪等,因而经济系数低(大豆、油菜)。

③生物产量、经济产量与收获指数的关系。收获指数是表明光合作用的有机物质转运到有主要经济价值的器官中去的能力,而不表明产量的高低。在正常情况下,经济产量的高低与生物产量的高低成正比。只有在提高生物产量的基础上,提高收获指数,才能达到提高经济产量的目的。但是生物产量越高,不能说明经济产量越高,因为超过一定范围,随着生物产量增高,经济系数会下降,经济产量也会下降。只有稳定较高的收获指数和生物产量才能获得较高的经济产量。

1.2 产量构成因素

(1)各类作物产量构成因素。作物产量按单位土地面积上的产品数量计算,构成产量的因素是单位面积上的株数和单株产量,即产量=单株产量×单位面积的株数。作物种类不同,细分其构成产量的因素也不同,主要表现在单株产量构成上的差别。各类作物的产量构成因素见表 4-1。

表4-1　各类作物的产量构成因素

作物种类	产量构成因素
禾谷类(稻、麦、玉米、高粱等)	穗数×每穗实粒数×粒重
豆类(大豆、蚕豆、豌豆等)	株数×每株有效分枝数×每分枝荚数×每荚实粒数×粒重
薯类(甘薯、马铃薯)	株数×单株薯块数×单薯重
韧皮纤维植物(苎麻、黄红麻、亚麻等)	有效茎数×单株鲜茎或鲜皮重量×出麻率
棉花	株数×每株有效铃数×单铃子棉重×衣分
油菜	株数×每株有效分枝数×每分枝角果数×每角果粒数×粒重
甘蔗	有效茎数×单茎重
烟草	株数×每株叶数×单叶重
绿肥作物(苜蓿、紫云英、苕子)	株数×单株鲜重

(2)产量与构成因素及其相互关系。作物生产的对象是作物群体,在一定栽培条件下,产量与构成因素存在着一定程度的矛盾。以禾谷类作物为例。

禾谷类作物产量=穗数×每穗实粒数×粒重

从式中可以看出,产量随构成因素数值的增大而增加(各因数的数值越大,产量就越高)。但实际上,各产量构成因素很难同步增长,它们之间有一定的制约和补偿关系。如当达到一定的密度时,增加穗数,穗粒数和粒重就会受到制约,表现出相应下降的趋势;相反,当单位面积的穗数较少时,穗粒数和粒重就会作出补偿性反应,表现出相应增加的趋势,这是因为作物的群体由个体构成,当单位面积上植株密度增加时,各个体所占营养和空间面积就相应减少,个体的生物产量就有所削弱,故表现穗粒数、粒重就有减少和减小。密度增加,个体发育变小是普遍现象,但个体变小,不等于最后产量就小。因为作物生产的最终目的是单位面积上的产量。即要求单位面积上的穗数、粒数、粒重三者的乘积达到最大值。当单位面积上的株数(穗数)的增加能弥补甚至超过穗粒数和粒重减少的损失,仍可表现高产。只有当三个因素中某一因素的增加不能弥补另外两个因子减少的损失时才表现减产。

1.3　产量形成过程及影响条件

产量形成过程是指作物产量构成因素形成和物质积累过程,也就是作物各器官的建成过程及群体的物质生产和分配的过程。以禾谷类作物为例。

(1)禾谷类作物产量形成。三个要素及其影响时期分别是:①单位面积的穗数由株数(基本苗)和每株成穗数两个因子构成。因此穗数的形成从播种开始,分蘖期是决定阶段,拔节、孕穗期是巩固阶段。②每穗实粒数的多少取决于分化小花数、可孕小花数的受精率及结实率。每穗实粒数的形成始于分蘖期,决定于幼穗分化至抽穗期及扬花、受精结实过程。③粒重取决于籽粒容积及充实度,主要决定时期是受精结实、果实发育成熟时期。

(2)影响产量形成的因素。①内在因素:品种特性,如产量性状、耐肥、抗逆性等生长发育特性及幼苗素质、受精结实率等均影响产量形成过程。②环境因素:土壤、温度、光照、肥料、水分、空气、病虫草害等因素影响较大。③栽培措施:种植密度、群体结构、种植制度、田间管理措施,在某种程度上是取得群体高产优质的主要调控手段。

1.4 产量潜力及增产途径

(1)作物的产量潜力。前面已经提到,作物形成的全部干物质中,90%～95%是光合作用的产物,因此我们可以将作物产量表示为:

经济产量=生物产量×经济系数
=净光合产物×经济系数
=[(光合面积×光合能力×光合时间)-呼吸消耗]×经济系数

可见,当光合面积较大,光合能力高,光合时间长,光合产物消耗少,加之光合产物分配利用合理,就能获得高产。因此通过各种措施和途径,最大限度地利用太阳辐射能,不断提高光合生产率,形成尽可能多的光合产物,是挖掘作物生产潜力的手段。目前作物对太阳能的利用率还很低,现代植物生理学已阐明提高光能利用的可能性。事实上,也是可以提高的。如云南宾川、永胜等地水稻单产突破 1 000 kg/亩,其光能利用率达 4%,因此作物生产潜力还是巨大的。

(2)作物增产的途径。通过提高光能利用率来提高单产,特别需要从改进作物和环境因素两个方面着手。具体讲:①培育高光效的品种:理想株型选育,如矮秆、叶片厚(叶绿素含量高)、叶片挺立(光合能力强)等。②合理安排茬口:充分利用生长季节,采用间、套作和育苗移栽等措施,提高复种指数,使一年中在耕地上有尽可能多的时间生长作物(延长光合时间)。③采用合理的栽培技术措施:合理密植,前期迅速封行,中期有较适宜的叶面积。正确运用肥水措施,使叶面积维持较长时间和具有较强的光合力。④提高光合效率:补施 CO_2,人工补给光照、抑制光呼吸消耗等。

2 作物品质形成

2.1 作物产品品质的含义

作物产品的品质是指产品的质量,即其利用质量和经济价值,作物产品依据其对人类的用途可划分为两类:一类是作为人类的食物,另一类是作为工业原料。

(1)作为食用的粮食作物产品品质。①营养品质:即产品的营养价值。主要取决于产品的营养成分及其含量,主要是蛋白质含量、氨基酸组成、纤维素含量和微量元素含量。一般来说,对人体有益的成分越高,品质越好。②食用品质:蒸煮、口感、食味等特性。

(2)作为原料的经济作物产品品质。①工艺品质:指影响产品质量的原材料特性,如烤烟的色泽、油分、成熟度等外观品质均属于工艺品质。②加工品质:一般指不明显影响产品质量,但对加工过程有影响的原材料特性,如甘蔗的含糖率、油菜的含油率等。

2.2 作物产品品质形成过程

尽管构成作物品质的性状很多,作物之间差异很大,但与作物生产关系最为密切,最重要的品质性状可以说是作物理化品质,即各类有机化合物积累的数量与比例。常见有糖类、蛋白质、脂肪、纤维素等四类物质的积累过程。

2.3 影响作物品质的因素

(1)遗传因素。作物品质性状受基因控制,因此不同作物的品质不同。

(2)生态因素。作物品质性状在遗传上一般都是数量性状,容易受环境影响。①地理因素:不同地区同一作物的品质不同。②季节因素:种植与成熟的季节不同,产品品质差异较大。③温光因素:温度和光照也影响产品的品质。温度过高或过低均会影响籽粒大小,从而影响品质。

(3)栽培措施。①播种密度:对于大多数作物而言,适当稀播后能起到改善个体营养的作用,从而在一定程度上提高作物品质。②施肥:适当增施 N 肥可提高禾谷类作物籽粒的蛋白质含量,但是施 N 肥过多,也会导致品质下降,施 K 肥也可以改善许多作物的品质,如甘蔗淀粉含量增加、烟草燃烧性好等。③灌溉:适当灌溉,改善植株代谢,促进光合产物的增加,改善作物品质。④收获:适时收获是获得高产优质的主要保证,如禾谷类作物大多数在蜡熟或黄熟期收获产量最高,品质最好。

2.4　提高作物产品品质的途径

(1)培育和选用优质作物品种。这是最根本的办法。如粮食作物品质育种方向是提高蛋白质及增加必需氨基酸的含量。油菜育成双低油菜(低芥酸和低硫代葡萄糖苷)品种,提高了菜籽的含油量和营养价值。

(2)改善栽培技术措施。①合理轮作:减少病虫草为害、消除土壤有毒物质,合理利用土壤养分,提高品质。②合理的种植密度:使个体发育良好。③肥料:施用 N、P、K 肥料及其配合施用 B、Mn、Zn 等微量元素。④减少农药施用。⑤适时收获。

知识拓展

如何实现“十四五”粮食产能要大于 6.5 亿 t

学习产出与评价

1. 会解释:生物产量、经济产量、作物产量、经济系数、作物产量潜力。
2. 能简述各种作物产量构成及其相互关系。
3. 会分析生物产量、经济产量、经济系数之间的关系。
4. 能准确说出提高作物产量潜力的途径。
5. 会拓展分析提高作物品质的途径。
6. 通过粮食安全专题教育,树立大国粮食安全战略意识,养成节约粮食的习惯。

思考与练习

1. 术语解释:生物产量、经济产量、经济系数、作物产量、作物产量潜力。
2. 简述各种作物产量构成及其相互关系。
3. 简述提高作物产量的途径。
4. 简述提高作物品质的途径。

项目5 作物栽培制度和栽培技术

学习目标

知识目标:①能陈述作物布局的原则和步骤;②能陈述间作套种增产的原理;③能陈述轮连作、少免耕的优缺点;④能陈述有害生物综合治理(IPM)的技术要点。

技能目标:①根据品种选择和作物搭配理论,指导立体种植;②能操作种子播种前的选种及种子处理技术;③学会作物配置和密度调控技术;④学会作物施肥量的确定、肥料的种类及施肥技术;⑤学会判断收获与贮藏标准。

素质目标:①学会用思维导图归纳总论部分学科知识体系;②学习农业强国丰富内涵。

内容提要

介绍作物播种与育苗、田间管理的基本操作技术。要求熟悉种子播种前的选种及种子处理技术,作物主要育苗方法与特点,种植密度和植株配置方式,作物施肥量的确定、肥料的种类及施肥时期,作物需水特性及灌溉技术,病虫草害的防治。根据不同的作物、品种、环境条件、农时季节对上述基本技术加以应用。

主要内容:作物栽培制度;作物栽培技术。

任务一　作物栽培制度

作物栽培制度,又称种植制度,是指一个地区或生产单位的作物组成、配置、熟制与种植方式的综合。耕作制度又称农作制,是指一个地区或生产单位的作物栽培制度以及与之相适应的养地制度的综合技术体系,即用地制度和养地制度的合称。栽培制度是耕作制度的中心环节。它主要解决种什么、种多少、种哪里、怎么种的问题。其基本内容包括:作物布局、复种、间混套作及轮作与连作等。养地制度是指与栽培制度相适应的,以提高土地资源生产力为目标的一系列技术体系,包括土壤培肥、土壤耕作、水土保持、农田防护和农田基本建设等工作。

1　作物布局

1.1　作物布局的概念、内容及意义

(1)作物布局。指一个地区或生产单位的作物结构与配置的总称。它是根据一个地区自然资源条件和社会要求来统筹安排生产的作物种类、品种、面积比例以及在时间和空间上的配置。作物布局是一个地区或生产单位的作物种植计划,是一种作物生产的部署。

(2)作物布局的内容。包括种类布局、品种布局、熟制布局、秧田布局。

(3)作物布局的意义。合理的作物布局应该充分利用资源、满足社会需求及有利于生态平衡和解决各种矛盾。它是种植业较佳方案的体现者,是农业生产布局的中心环节,是组织和领导农业生产的一项战略部署。

1.2　影响作物布局的依据(自然条件和社会生产条件)

(1)作物生态适应性是作物布局的主要依据,是作物适应一定的生态环境的特性(一种作物在一定的环境下才能生长,作物对温、光、水、土等的适应)。

(2)地形地势。不同的地形地势导致了不同的生态环境,因此结合两者情况,作物布局出现东西差异、南北差异、海拔差异等。

(3)农业生产条件影响作物布局,如水利、肥料、劳力、科技、资金等农业设施。

1.3　作物布局的原则

总的来说就是根据自然条件和社会经济条件来进行作物布局。兼顾各方需求,全面安排自给性需求、市场需求、国家政府需求。坚持以作物生态适应性为基础的原则,保证粮食生产、粮经饲共同发展。因地制宜,趋利避害,发挥资源优势,发展专业化生产。坚持用地与养地相结合原则。坚持经济效益和可行性原则。

1.4　作物布局的步骤

(1)明确各方的需求。

(2)分析研究各种资源,明确优势、劣势。

(3)明确适宜本地的作物和品种。

(4)总结历年的作物布局。

(5)确定种植作物的种类、品种、熟制、种植方式,从而制订种植计划。

(6)进行可行性鉴定(种植计划是否合理)。

2　复种

2.1　复种的概念和意义

复种是指一年内在同一块田地上收获两季或两季以上作物的种植方式。而复种指数是指一个生产单位全年内收获的作物面积与其耕地总面积的百分比。复种的意义在于有利于扩大播种面积和提高单位面积年产量,可以缓和作物争地矛盾,同时提高抗灾能力、有利于稳产。

2.2　复种的条件

首要条件是热量条件,因为任何作物生长都需要一定的积温。其次是水分条件,降水、灌溉

和地下水。第三是肥料条件。最后是劳畜力及机械化条件，如用工量增加，要抓紧播种季令。

2.3 提高复种指数的技术

(1)选用早熟、抗逆性强的高产品种进行巧妙搭配。

(2)采用套作。

(3)改直播为育苗移栽，缩短本田生育期。

(4)采用早发早熟的措施：薄膜覆盖、喷施催熟剂、再生稻、少免耕。

复种增产的原因：延长光合时间，提高光能利用率，提高土地利用率。通常所说的熟制是指一年内种植作物的季数，如一年两熟、一年三熟。这就是有效的复种。云南省主要复种方式为一年两熟，即小春作物—大春作物。

3 间、混、套作

3.1 间、混、套作概念

单作：在同一块土地上一个完整的生长期间只种植一种作物的种植方式。由于单作的作物单一，对条件的要求一致，生育期一致，因此单作具有便于种植、管理、收获，便于机械化操作、大规模经营，有利于产业化发展等优点。也由于单作的群体单一，如果大面积种植单一作物，会产生系统稳定性下降，抗逆能力减弱等问题。

间作(/或＋)：将两种或两种以上生育季节相近的作物在同一块田地上同时或同季节成行或成带地相间种植的方式。间作与单作相比是人工复合群体，个体间既有种内关系，又有种间关系。

混作(×)：在同一块田地上，同时或同季在田间缺乏规则排列地种植两种或两种以上作物的种植方式。间作与混作的差异是共生期内规则排列与无规则。

套作(/)：同一块田地上，于前季作物的生育后期在其株行间播种或移栽后一季作物的种植方式。间作和套作的区别：共生期长短不同、两种作物生长季节不同、提高光能利用率途径不同。

间套作是我国精耕细作传统农业的主要组成部分，其历史悠久，是人们模拟自然界的一个产物。新中国成立后，我国间套作的发展较快，面积不断扩大，类型和方式多样，如陆稻＋玉米、杂交稻＋糯稻、高秆玉米＋矮秆玉米、水稻＋玉米、玉米/豌豆等。近年来国外也开始重视间混套作。间套作在生产上具有增产、增收、稳产、缓和争地矛盾、保持水土、控制病虫害等作用。

3.2 间混套作效益原理

间混套作能够增产，其原因是：立体而充分利用空间，提高种植密度，增加叶面积，提高光能利用率。立体而合理地利用土壤养分和水分。扩大边行优势。增加抗逆能力，稳产保收。充分利用生长季节，延长光合时间。

3.3 间套作技术要点

(1)选择适宜的作物种类和品种进行搭配。通常采用“一高一矮”“一瘦一肥”“一尖一圆”“一深一浅”“一长一短”等方式来搭配作物。

(2)建立合理的田间配置。田间结构配置包括密度、行比、株行距以及幅宽、间距、带宽等。

(3)作物生长发育调控技术。采取相应的栽培措施,减少竞争。适时播种、保证全苗;加强肥水管理;早熟早收。

充分利用互补、尽量消除竞争的措施。选择品种是基础,合理配置是关键,加强管理是保证。

4　轮作与连作

轮作是在同一块田地上,有顺序地轮换种植不同作物或轮换不同的复种方式的种植方法。连作是在同一块田地上,连续或连年种植同一种作物或同一种复种方式的种植方法。

4.1　轮作的作用

(1)轮作能均衡地利用土壤养分。不同作物对各种营养元素需要量不同,如需 N 的禾谷类与需 K 的块茎类轮作。不同作物根系入土深度不同,合理利用不同层次土壤养分。不同作物吸收养分形态不同,如小麦只能吸收易溶性 P,而豆类能吸收难溶性 P。

(2)轮作可以改善土壤理化性状,调节土壤肥力。不同作物返回土壤有机质不同,轮作能调节土壤有机质含量。水旱轮作,可以改善土壤结构。不同作物根系对土壤理化性状影响不同,同时轮作能消除有毒物质的为害。

(3)轮作能减轻病虫危害。第一斩断寄主的专一性和恶化营养。第二水旱轮作,可以改变环境。第三根系分泌物也能减少病虫为害。

(4)轮作能减少田间杂草为害。能减少伴生性杂草。

4.2　连作的为害

连作的为害表现为病虫草为害、养分匮缺、有毒物质积累等,最终会导致减产。连作在农业生产上长期存在的原因为:①可以多种植适宜本地的作物,满足社会需求获得较高利益。②作物单一,农民易掌握技术,有利于专业化、商品化生产。③作物对连作的反应不同。水稻、玉米、麦类、甘蔗等主要作物较耐连作。

连作在生产上长期存在有其必要性和可能性,因此生产应用连作时应注意:对于耐连作、种植面积大、经济上又特别的作物可适当连作。在肥料充足、施肥水平高,加强病虫害防治的条件下,可较长期连作,如豆类或绿肥作物间作,也可进行一定时期的连作。

5　土壤耕作

土壤耕作是指通过农机具的机械力量作用于土壤,调整耕作层和土面状况,以调节土壤水、肥、气、热的关系,为作物生产提供适宜土壤环境的农业技术措施。根据农机具对土壤影响的深度和强度的不同,可分为基本耕作和表土耕作。

5.1　基本耕作

基本耕作又称初级耕作,是指入土较深、作用较强、能显著改善耕层物理性状、后效较长的一类土壤耕作措施,包括翻耕、深松耕和旋耕。

翻耕是用有壁犁(铧犁)进行全耕层翻土,主要作用是翻转耕层土壤,改善耕层的理化和生物状况,将上下层土壤交换,并通过晒垡、冻融、干湿交替或冻融膨胀收缩等作用,促进土壤熟化，还可疏松耕层，使总体积增加，总孔隙量和非毛管孔隙量也相应增多，增强土壤的通气性，提高土壤的氧化还原电位，促进好气性微生物活动，使养分分解释放，扩大根系活动范围。确定翻耕深度的依据：一是土层的厚度和可能熟化的程度，二是作物根系发育的特点。鉴于大多数作物根系密集在 50 cm 土层内，以及目前的生产水平，大田的耕层宜在原有基础上逐年加深。

翻耕的主要工具有铧犁，有时也用圆盘犁。翻耕基本方法有全翻垡、半翻垡、分层翻垡三种。全翻垡是用螺旋形犁壁将垡片翻转 180°，这种方法覆土严密，灭草作用强，但碎土差，消耗动力大，不适宜熟耕地；半翻垡是用半螺旋形(熟地型)犁壁将垡片翻转 135°，这种方法牵引阻力小，适宜一般耕地；分层翻垡是采用复式型垡片将耕层上下分层翻转，上层垡片翻转 180°，下层垡片翻转 135°，耕地质量较高。

深松耕是利用无壁犁或深松铲进行不翻土的耕作。这种耕作能使耕层疏松，破除犁底层，改善耕层构造，改进土壤三相比例，协调水、肥、气、热状况。由于只松土不翻土，土壤微生物区系不乱，既加深了耕层，又对种子发芽无不良影响。深松耕的深度取决于机械水平、作物根系特点、气候及土壤条件等多种因素。但深松耕不能翻埋绿肥、作物残茬和杂草，故最好翻耕和深松耕二者交替使用，相互补充。

深松耕以无壁犁、深松铲、凿形铲对耕层进行全面的或间隔的深位松土，适合于干旱、半干旱地区和丘陵地区，以及耕层土壤为盐碱土、白浆土的地区。

旋耕使用旋耕机进行作业，既能松土又能碎土，平整土面，集犁、耙、平三次作业于一体。旋耕可用于水田和旱地，既省工省时，又节约成本。但多年旋耕易导致耕层变浅，土壤理化性状退化，故旋耕应与翻耕轮换应用。

5.2 表土耕作

表土耕作又称次级耕作，是在基本耕作基础上采用的入土较浅，作用强度较小，旨在破碎土块，平整土地，消灭杂草，为播种出苗和植株生长创造良好条件的一类土壤耕作措施。表土耕作深度一般不超过 10 cm。

中耕是在作物播种后其生育期间进行的一种表土耕作措施。中耕可增加土壤通透性，减少水分蒸发，消灭杂草等。早期中耕还有松土提高地温的作用。

开沟、作畦、起垄，这些操作可提高地温，促进养分转化和防止作物倒伏，是中耕作物地中一项必要的土壤耕作措施，对块根、块茎作物和高秆作物尤为重要，如块茎、块根作物通过起垄栽培，可增厚耕层并提高土温，不仅有利排水和防止风蚀，还能加大昼夜温差，有利于薯块增重。此外，多雨、低湿的地区，开沟起垄有利排水；风沙地区又可防止土壤风蚀；丘陵地区按水平线作埂还能防止冲刷，减少水土流失。灌溉地区，开沟是进行沟灌的必要手段。开沟培垄常和施肥、灌溉、中耕除草等结合进行。

多数表土作业在翻耕后进行，以便对翻耕的田地做进一步整理，创造适于作物播种、出苗及生育的土壤条件。

5.3 保护性耕作法

1985 年，Allmaras 提出了保护耕作的定义：在一季作物之后地表残茬覆盖至少为 30%，使土壤侵蚀控制在约 50% 的一种耕作和种植体系。其技术体系是采用少(免)耕、覆盖等耕法，结合施用除草剂，减少对土体的扰动和破坏，增加地表残茬，达到保持水、土资源，使土壤能维持相对高产的一套农艺和农机相结合的耕作技术体系。其实质就是改善土壤结构，减少水蚀风蚀和养分流失，保护土壤，减少地面水分蒸发，充分利用水资源；减少劳动力、机械设备和能源的投入，提高劳动生产率，达到高产、高效、低耗、优质、可持续发展的目的。

我国目前进行保护性耕作的技术要点是：秸秆覆盖、免耕播种、以松代翻、化学除草，其技术原理是以生物措施代替机械的基本耕作措施来松土、改善土壤耕层构造，以化学措施代替传统措施的机具来除草、翻埋害虫和病菌。

(1)免耕或少耕栽培。免耕又称零耕，是指作物播种前不用犁、耙整理土地，以秸秆覆盖和除草剂代替土壤耕作，在播后和作物生育期间也不使用农具进行土壤管理的耕作方法。具有省工节本，减少水土流失和风蚀，维护和提高土壤肥力等优点，但在低湿地及通透性不良的土壤上不宜采用。少耕是指常规耕作基础上尽量减少土壤耕作次数或全田间隔耕作，减少耕作面积的一类耕作方法。此方法有利于残茬覆盖，具有蓄水保墒和防水蚀与风蚀的作用，但杂草为害严重，应配合杂草防除措施。我国目前已在各种作物实现了免耕播种机械的使用，可用免耕播种机或带状旋耕播种施肥机一次完成开沟、播种、施肥、覆土、镇压作业。

(2)秸秆残茬处理与秸秆覆盖。农作物秸秆经机械作业处理后留在地表做覆盖物，是保护性耕作技术体系的核心。秸秆的处理方法主要有以下 4 种方式：

①粉碎秸秆处理：粉碎前茬作物秸秆后抛撒，使秸秆均匀地覆盖在地表。

②直立秸秆处理：在风沙大的地区，收获后对秸秆不做处理，秸秆直立在地里，播种时将秸秆按播种机行走方向撞压，使其倒伏在地表。

③留根茬处理：在使用作物秸秆的地区，作物收获时，留根茬高度达 20～30 cm。

④粉碎浅旋处理：在风沙较大的地区，秸秆粉碎后，用旋耕机浅旋表土，使作物秸秆与旋耕层土壤混合。

任务二 作物栽培技术

作物栽培技术包括整地、播种、施肥、灌溉、排水、病虫草害防治和收获等综合农业技术措施，主要是因地因时因种制宜为作物生长发育创造适宜的环境条件，改善和调控作物与环境条件的关系，达到高产、优质、低耗的目的。

1 品种选择技术

1.1 品种特性

品种特性包括：产量潜力(作物实际产量与理论产量的差异)；熟性(早熟、中熟、迟熟)；抗性(抗病性、抗虫性)；环境适应性(抗涝、旱、热、冷等)；品种与环境的交互作用(广适性、窄适性)等。

1.2 品种选择原则

三个原则：一是要与当地耕作制度、茬口和季节相衔接。二是要与当地自然条件、生产条件相吻合。三是要注意品种布局与搭配。

2 生育诊断技术

采用综合的测量、测定手段对不同时期的苗作出定性、定量评价，以便采取相应的栽培措施、促进作物的正常生长。从作物栽培学研究的方法来看，不论是采用生物观察法，还是生长分析法或发育研究法，造成生长发育不良的原因有多种，常见的有病虫为害、植物营养不协调、温光等外界条件不适或生物危害等。要及时发现，综合分析，采取有效的调控措施。但同时要排除正常的生理相关性生长因素。

3 田间技术

田间技术包括作物生长在田间时段，作物栽培所采取的全部操作性技术。主要包括：整地，播种，育苗，施肥，灌溉与排水，杂草及病虫害绿色防控，其他田间管理技术。

3.1 整地

见任务一 5 土壤耕作。

3.2 播种

3.2.1 种子质量与种子清选、处理

种子质量主要包括种子活力（发芽率与发芽势）与纯度，将极大地影响栽培实施的成败。不同作物种子的发芽率要求不同。种子清选：风选、水选。种子处理：晒种、消毒。用 1%石灰水、药剂浸种（强氧精），药剂拌种（多菌灵、托布津），还有浸种催芽等。种子包衣剂主要成分是农药、微肥、生长调节剂和微生物等，再加上成膜剂、稳定剂等包在种子表面，起到苗期防病、治虫、促进作物生长等目的。

3.2.2 播种量

播种量是指单位面积上所播的种子重量，即苗床上种子的密度，取决于很多因素，包括气候条件、土壤肥力、作物种类与品种类型。

播种量＝每公顷基本苗数/[每千克种籽粒数×种子净度（%）×发芽率（%）×田间出苗率（%）]，田间出苗率为 50%～80%，多采用 60%。

3.2.3 播种期

播种期的确定取决于以下 5 个因素：①气候条件：既要考虑播种起点条件，也要考虑其他生育期条件。②栽培制度：播期、秧龄、移栽期“三对口”。③品种特性。④病虫害发生情况。⑤种植方式（直播和育苗移栽）。

3.2.4 播种方式

常见的播种方式有 4 种：撒播、条播、穴播（点播）和精量播种。

3.3 育苗

育苗移栽的优点在于争取季节，培育壮苗，节约成本。缺点在于移栽费工、根系较浅易倒伏。育苗方式有：湿润育苗、阳畦育苗、营养钵育苗、旱育秧、无土育苗等。重点是苗床管理。

(1)温度及灾害管理。防晴天高温、防大风揭膜、防大雨冲厢。

(2)水分管理。根据需求管好水分,以水调温、调肥。

(3)病虫管理。旱田育苗防病策略,移栽前的防治。

(4)间苗、定苗。保证苗齐、苗匀、苗壮。

(5)肥料管理。送嫁肥、断奶肥。

(6)适宜的密度与苗龄。水稻叶龄指数为 40%～50%、棉花 2～4 叶。水稻分成乳苗、小苗、中苗、大苗。

3.4　施肥

作物需要的营养元素有 16 种,大量元素 9 种,微量元素 7 种,其他还有特殊要求的,如硅。主要肥料涉及 N、P、K、Zn、B 等。需肥总量依气候、土壤、作物特性而异。

3.4.1　肥料种类及其性质

(1)有机肥。有机肥是一切含有有机质肥源的总称,主要是农家肥,包括人畜粪尿、厩肥、堆肥、沼气肥、沤肥、泥杂肥、泥炭、饼肥、绿肥、青草、秸秆等。有机肥养分含量全面,养分释放缓慢,肥效长。有机肥一般做基肥,需要充分腐熟后才能使用,在耕翻前施入土壤。经腐熟的速效有机肥,如人粪尿、饼肥也可以作为追肥和种肥用。

(2)无机肥。又称化学肥料,利用化学方法合成或用矿石直接加工精制而成。根据肥料中所含有的主要成分分为氮肥、磷肥、钾肥、微肥和复合肥等。无机肥易溶于水,养分含量高,肥效快,持续时间短,能被作物直接吸收利用。可以和有机肥配合或单独作基肥施用,也可作追肥、种肥和叶面肥喷施。

(3)微生物肥料。它是以微生物生命活动获得特定肥效的制品,又称菌肥。常用的有根瘤菌、固氮菌、抗生菌、磷细菌和钾细菌等。

3.4.2　施肥原则

施肥原则坚持以有机肥为主,化肥为辅,两者配合使用。以基肥为主,深施为辅,各种施用方法配合使用。

3.5　灌溉与排水

作物所需的水分包括生理需水和生态需水两部分,都以叶面蒸腾和棵间蒸发来表示。作物的叶面蒸腾量和棵间蒸发量之和,称为作物田间需水量。常见作物全生育期需水量见表 5-1。蒸腾系数是指作物每生产一个单位的干物质所需水分的数量。

(1)灌溉方式。地面灌溉:采用畦灌、沟灌、淹灌;地下灌溉:采用暗管;喷灌:采用喷灌设施;滴灌:采用滴灌设施。喷灌、滴灌和地下灌溉消除了渠道渗漏和蒸发损失,适合各种地形。

(2)排水。排除地表和土壤中过多的水分,使作物根系可以获得更多的氧气的一种田间管理措施。以夏收作物灌浆成熟期和水稻中期晒田最典型。修好排水工程是农业生产的重要先决条件。

表 5-1 几种主要作物全生育期需水量范围 m^3/hm^2

作物名称	地区	年份类型		
		干旱年	中等年	湿润年
双季稻(每季)	华中、华东	4 500～6 750	3 750～6 000	3 000～4 500
	华南	4 500～6 000	3 750～5 250	3 000～4 500
中稻	华中、华东	6 000～8 250	4 500～7 500	3 000～6 750
一季晚稻	华中、华东	7 500～10 500	6 750～9 750	6 000～9 000
冬小麦	华北	3 750～7 500	3 000～6 000	2 400～5 250
	华中、华东	3 750～6 750	3 000～5 250	22 500～4 200
春小麦	西北	3 750～5 250	3 000～4 500	—
	东北	3 000～4 500	2 700～4 200	22 850～3 750
玉米	西北	3 750～4 500	3 000～3 750	—
	华北	3 000～3 750	2 250～3 000	19 500～2 700
棉花	西北	5 250～7 500	4 500～6 750	—
	华北	6 000～9 000	5 250～7 500	4 500～6 750
	华中、华东	6 000～9 750	4 500～7 500	37 500～6 000

注:引自沈阳农学院主编《农田水利学》,1980。

3.6 杂草及病虫害绿色防控

防除原则:我国农业领域病虫害及杂草的总体植保工作方针是“预防为主,综合防治”。其中,“预防为主”是植保工作的指导思想,“综合防治”是具体做法。随着农业生产中病、虫及杂草问题越来越严重,为在防治过程中能够最大限度地保护自然生态,实现防治与生态环境保护的“双赢”,我国于 2010 年提出了绿色预防的控制措施。绿色防控技术的核心是在生产中,通过采用农业防控、物理防控、生物防控及精准用药等技术进行病虫杂草的防治,以减少农药使用量,提高综合防治效果,达到提高农产品质量安全水平、推动绿色无公害农产品生产发展、提高整体经济效益的目的。

3.6.1 植物保护信息监测与利用

通过实地观测等手段,利用网络、文献等途径,搜集、监测和掌握病害和害虫的名称、寄主范围与种类、分布情况、为害及危害状况等信息;预测预报病虫发生的时间和方法,及时察觉和预测其发生,并采取措施,预防病虫发生。

3.6.2 有害生物综合治理(IPM)

在综合防控手段基础上,结合考虑生产者的经济利益(包括经济受害水平、经济阈值、平衡位置、生态与社会效益),协调选用农业及自然生态调控、物理防治、生物防治和化学防治等综合防控技术。

(1)农业及自然生态调控。推广使用抗病虫作物品种、科学合理轮作间作、优化作物布局、加强水肥管理、土壤改良及翻耕,通过上述生态调控和农业防控技术调整,改造田间病虫杂草滋生的环境,从而增强自然生态系统的控害能力及作物自身抵御病虫的能力。

(2)物理防治技术。物理防治是利用光线、热量、电能、温度、湿度以及放射性、声波等物理器具和因子,来控制和预防病虫害发生的一种措施。常用方法有:①利用人工和器械捕杀害虫,利用薄膜等障碍物覆盖阻隔杂草和害虫扩散或入侵。②合理布局,优化设施,尤其是在人工栽培设备下调控温湿度,降低病害发生。③利用昆虫趋光趋色性,田间布设黑光灯、黄板等诱杀害虫,也可利用其负趋性,如银色反光膜驱避蚜虫等害虫。

(3)生物防治技术。保护利用天敌生物、生物天然产物或制剂等技术控制种群数量。常用技术有:①天敌生物的保护利用,如保护利用瓢虫、草蛉、螳螂、食蚜蝇、泥蜂、胡蜂等捕食性天敌昆虫,可捕猎鳞翅目、双翅目、鞘翅目等多个类群的害虫;利用蚜茧蜂、寄生蝇等寄生性昆虫防治鳞翅目害虫在生产上均有较好的效果;保护利用青蛙、蟾蜍等两栖动物和鸟类,可有效减轻虫害发生。②病原微生物的利用。目前已知可利用的病原微生物有1 000余种,包括细菌、真菌、病毒、原生生物和线虫等,如苏云金杆菌(细菌)、白僵菌和绿僵菌(真菌)、有核型多角体病毒和颗粒病毒(病毒)、微孢子虫(原生生物)、斯氏线虫(线虫)等都是近年来研究和利用较成功的病原微生物。

(4)化学防治技术。利用化学药剂防治病虫杂草是当前最常见和通用的防治手段,其优点是简便、快捷且高效,但缺点同样突出,如抗性问题、害虫再猖獗问题、残留问题、环境污染问题、天敌生物的杀伤问题等。因此,化学防治应该首要考虑且遵循农药的安全使用规范,严格执行国家相关法律法规,选用低毒、高效、针对性强的药剂,严格把控用药期、间隔期和用药量,秉持对症下药,科学交替用药,合理混用或调配农药及注重保护天敌的原则。

3.7　其他田间管理技术

以蔬菜为例。

知识拓展

蔬菜田间管理技术

4　收获与贮藏技术

4.1　适时收获

各种作物的成熟,大致可分为生理成熟和工艺成熟。作物的收获期,因作物种类、品种特性、休眠期、落粒性、成熟度和天气状况而定。收获过迟,由于气候条件不适,如干旱、阴雨、低温、暴晒、风雹、霜雪等造成发芽、霉变、落粒,产量和品质下降,并影响后作的播栽;过早收获,由于未达到成熟期,产量和品质都达不到最高水平,也不能丰收。

(1)以种子为产品的作物收获期。禾谷类、豆类、花生、油菜、棉花等作物其生理成熟期即为产品成熟期。谷类作物可在蜡熟末期到完熟期收获。棉花因棉铃部位不同,成熟不一致,棉铃开裂后才能收获。油菜为无限花序，开花结实延续时间较长，收获时以全田70%～80%植株黄熟，角果呈黄绿色，分枝上部尚有部分角果为绿色时收获。花生以大部分荚果饱满，中下部叶脱落，上部叶片转黄，茎秆变黄色时收获。

(2)以地下根茎为产品作物的收获期。甘薯和马铃薯的收获物为营养器官，无明显的成熟标志，地上部分茎叶也无显著成熟标志。一般以地上部分茎叶停止生长，并逐渐变黄，地下部贮藏器官基本停止膨大，干物重达最大时为收获适期。同时还应结合产品用途、气候条件而定。甘薯在温度较高条件下收获不易安全贮藏；春马铃薯在高温时收获芽眼易老化，晚疫病易蔓延。低于临界温度收获也会降低产品品质和贮藏性。

(3)以茎叶为产品作物的收获期。甘蔗、烟草、麻类等作物的产品也为营养器官，其收获期常常不是以生理成熟为标准，而是以工艺成熟为收获适期。甘蔗在蔗糖含量最高、还原糖含量最低、蔗汁最纯、品质最佳时收获为好，同时结合糖厂开榨时间，按品种特性分期砍收。烟叶成熟顺序由下而上逐渐成熟，凡叶片由深绿变为黄绿，厚叶起黄斑，叶面茸毛脱落，有光泽，茎叶角度加大，叶尖下垂，主脉乳白、发亮变脆即为工艺成熟标志。麻类作物以中部叶片变黄，下部叶脱落，纤维量高，品质好，易于剥制时为工艺成熟期，也是收获适期。

4.2 收获方式

(1)人工收获：①刈割法。禾谷类作物、油菜、芝麻等多用此法收获，一些牧草作物也用刈割法收获。我国过去以人工为主，用镰刀割后脱粒，效率低，劳动强度大。②摘取法。棉花、绿豆等作物多用此法。棉花在棉铃吐絮后人工采摘；绿豆收获是根据果荚成熟度，分期、分批采摘，集中脱粒。③掘取法。主要用于甘薯、甜菜、马铃薯等地下块根或块茎等作物的收获。收获时一般先将地上部分用镰刀割去，然后用锄头挖掘。

(2)机械收获：随着农村大量劳力向第二、第三产业转移，机械收获已成为收获的主要方式，其具有工作效率高、收获时间短和损失少等优点。机械收获目前主要应用于谷类作物，按收获工艺的不同，主要分为两类。

一是分段收获。将作物收获过程分两段进行：首先用割晒机或收获机将谷物割倒，成条铺放在割茬上，经过一段时间的晾晒和后熟，再用安装拾捡器的联合收获机进行捡拾、脱粒和清选。收获机械包括收割机、割晒机或割捆机、脱粒机，脱粒机有半喂入式和全喂入式两种，半喂入式脱粒后，茎秆可基本保持完整，有利于秸秆的再利用。分段收获机械成本较低，但收获效率也较低，谷粒损失较大。

二是联合收获。用联合收获机在田间一次完成切割、脱粒、分离和清粮的全部作业，联合收获机有半喂入式和全喂入式两种。联合收获可大幅度提高劳动生产率，降低劳动强度，减少谷粒损失，有利于及时收获，但联合收获机结构复杂，价格昂贵，对驾驶员的技术要求也较高。

棉花、大豆等作物机械收获较复杂，要求一定的株行距、植株生长一致、株高适度，收获前喷施落叶剂后进行机械收获。薯类也可采用挖掘器进行机械收获。

4.3 干燥与贮藏

(1)种子干燥。禾谷类、豆类及油料等作物种子收获后应立即进行脱粒和干燥，达到安全含水量时入仓贮藏。因季节、劳力紧张等原因不能立即脱粒时，应将作物捆好堆垛覆盖，待收获结束后集中脱粒。种子脱粒后，必须尽早晒干或烘干扬净，否则容易因霉变、发芽、病虫危害而降低食用价值或种子品质。棉花必须分级、分晒、分轧，以提高品质，增加经济效益。干燥方式主要有自然干燥和机械干燥两种，自然干燥是通过晾晒的方法，降低作物种子的含水量，机械干燥使用升温和鼓风设备使作物种子干燥。不同作物种子安全贮藏的含水量标准不同，禾谷类作物的籽粒含水量不高于13%，油料作物的种子含水量不高于10%。

(2)产品初加工。甜菜、甘蔗、麻类、烟草等经济作物的产品，一般需初加工后才能出售。甜菜收获后，块根根头，特别是着生叶子的青皮含糖量低、制糖价值小，必须切削。同时，切除干枯叶柄和不利于制糖的青顶和尾根，然后尽早向糖厂交售。甘蔗的蔗茎在收获前应先剥去蔗叶，收获后再切去根、梢。麻类作物在收获后，应先进行剥制和脱胶等加工处理，然后晒干、分级整理，即可交售或保存。烟草因晒烟、烤烟等种类的不同，其处理方法也不同。晒烟在收获后，通过晒、晾使鲜叶干燥、定色，有的还需发酵调制后，才可作为卷烟原料出售或直接吸用。烤烟则需通过烤房火管加热调制后，才可作为卷烟原料出售。

(3)贮藏与保鲜。不同作物产品的贮藏方式有所不同，一般谷类、豆类及油料作物的种子采用仓储、袋贮和囤贮等方式。甘薯则需在安全温度、湿度和空气条件下窖藏，烟草、麻类等在烘烤或剥制后贮藏。

由于一般大田作物的种子仓库没有调控温度的设备，因此种子安全贮藏主要着眼于控制种子的水分和仓库的湿度。在种子入库前必须进行含水量检测，一般种子含水量高于14%，就有可能使种子寿命缩短，甚至发生霉变等现象。种子含水量低于13%，就比较安全。含水量能稳定在6%～8%，则各种不利因素的影响几乎均可排除，最为安全。但含水量也不能过低，低于4%也会影响种子寿命。在种子贮藏期间，要建立种子保管制度，定期、定点检查库内温、湿度的变化和种子含水量。如果发现不正常情况，应立即采取措施，如通风、降温、散湿、熏蒸等。

以营养器官为播种材料的甘薯、马铃薯等作物，其种薯、蔗种等的贮藏不同于一般的作物种子，通常需要较高的温、湿度和较好的通风条件。生产上大都采用特制的贮藏窖进行贮藏。薯类作物主要以食用为主，一般食用鲜薯，因而薯类的保鲜极为重要。由于薯块体积大皮薄，含水量高，组织柔嫩，极易在收、运、贮的过程中损伤，感染病菌，遭受冷害，造成贮期间的腐烂损失。薯类保鲜必须注意三个环节：一是在收、运、贮过程中要尽量避免损伤破皮；二是在窖藏前要严格选择，去除病、虫、伤薯块；三是加强贮藏期间的管理，特别要注意调节温度、湿度和通风。

5　作物栽培模式

作物栽培模式是从作物栽培学具有整体和综合性的特点出发，针对特定地域或特定作物的系统性、体系化的栽培技术。作物模式化栽培是按照作物栽培模式进行作物栽培的实践，如作物叶龄栽培模式、水稻强化栽培模式。各国水稻栽培学者将水稻强化栽培技术体系归纳总结出5项基本特征。

(1)乳苗浅植。栽8～12 d秧龄，仅长出2片小叶的乳苗，拔秧后尽快摆栽，让根系在土壤中平展，有利于秧苗在大田迅速恢复生长，保持水稻极大的分蘖潜力，确保潜力的发挥。

(2)单本稀植。每穴栽1苗，采用50 cm×50 cm的正方形栽植密度，以减少植株间竞争，促进水稻植株根系生长和分蘖发生。

(3)胁迫灌溉。在分蘖、孕穗期，实施间歇灌排，稻田不保持水层，仅保持湿润，有利于根系在有氧环境下养分的吸收和运输。抽穗至灌浆初期，保持1～2 cm水层7～10 d，然后彻底排水，使稻株的结构、根和分蘖的密度空间定位得到优化，氧气更易直接进入土壤达到根部，而且促进根系深扎以寻求水分而强健，更易获得高产。

（4）多次中耕。幼穗分化前深中耕 2～3 次，达到除草、通气、改善根系生长发育的环境条件以及促进根系生长的目的，并强调中耕稻根供氧比消灭杂草更为重要。

（5）施足有机肥。减少化肥用量，每公顷基肥施用堆肥和厩肥 37.5～60 t，不仅改良土壤结构，促进根的生长，而且能促进土壤有益微生物的形成，因而有利于高产。

知识拓展

樊胜根：借鉴国际经验，建设农业强国

学习产出与评价

1. 会解释术语：种植制度、作物布局、复种指数、间作、套种、混作、轮作、连作、少免耕。
2. 能说出落实作物布局的基本原则。
3. 能准确说出间作套种增产的原因。
4. 会分析轮连作、少免耕的优缺点。
5. 能简述立体种植的概念和原则。
6. 能运用所学知识，为使种子发芽整齐，出苗率高，能说出常需要对种子进行哪些处理。
7. 能阐述农业生产上，在确定播种期和播种量时应考虑哪些因素。
8. 举例说明农业生产上常采用的育苗方式（至少 3 种）。
9. 能陈述有害生物综合治理（IPM）技术。
10. 能用思维导图归纳出《作物栽培》总论部分学科知识体系图谱。

思考与练习

1. 术语解释：栽培制度、耕作制度、作物布局、复种指数、间作、套种、混作、轮作、连作、少免耕。
2. 简述作物的施肥原则与施肥技术。
3. 简述间作套种增产的原因。
4. 简述确定种植密度和种植方式的基本原则。
5. 简述立体种植的概念和原则。
6. 为使种子发芽整齐，出苗率高，常需要对种子进行哪些处理？
7. 农业生产上，在确定播种期和播种量时应考虑哪些因素？
8. 简述育苗移栽的意义及生产上常采用的育苗方式。
9. 蔬菜田间管理技术主要有哪几种？

参考文献

[1] 董钻,沈秀英. 作物栽培学总论. 北京:中国农业出版社,2000.
[2] 杨守仁,郑丕尧. 作物栽培学概论. 北京:中国农业出版社,1989.
[3] 曹卫星. 作物学通论. 北京:高等教育出版社,2001.
[4] 翟虎渠. 农业概论. 北京:高等教育出版社,1999.
[5] 杨文钰. 农学概论. 北京:中国农业出版社,2002.
[6] 胡立勇,丁艳锋. 作物栽培学. 北京:高等教育出版社,2008.
[7] 杨静云. 蔬菜园艺工培训教程. 北京:中国农业科学技术出版社,2012.
[8] 董树亭. 作物栽培学概论. 北京:中国农业出版社,2007.
[9] 任继周,董世魁. 中国农业伦理学概论. 北京:中国农业出版社,2021.

各论

项目6
水稻栽培

学习目标

知识目标：①能叙述我国稻种资源的类型及其演变关系；②能系统简述水稻生长发育规律及其与环境条件的关系。

技能目标：①初步运用水稻旱育稀植技术理论培育出壮秧；②初步学会应用成套栽培技术理论指导水稻生产。

素质目标：①"全真全程式"实践教学，按质按量参加校内实训基地建设，培养吃苦耐劳、团队合作精神，积极开展协作与交流，体验分工合作的快乐；②感悟"三农"人物——袁隆平。

内容提要

了解我国稻种资源的类型及其演变关系，掌握水稻的生长发育规律，水稻"三性"及其在生产上的应用是本章的重点和难点。培育壮秧和本田管理是水稻重要的栽培技术。

主要内容：水稻概述；水稻栽培的生物学基础；水稻栽培技术(一)水稻育秧；水稻栽培技术(二)水稻插秧；水稻栽培技术(三)本田管理。

任务一　水稻概述

知识目标：①能叙述水稻的生产特点；②能简述我国栽培稻的类型及其演变关系。

技能目标：能识别水稻种植的地域区划。

素质目标：感悟"三农"人物——袁隆平。

1　水稻生产在国民经济中的意义

水稻是我国最重要的粮食作物之一。全国稻作面积占粮作总面积的28%～31%，产量为粮食总产量的41%～45%。我国稻谷产量占全世界的34%～36%，是世界生产稻谷最多的国家。因此水稻在我国粮食生产中占有举足轻重的地位。

水稻是一种高产、稳产的作物。这是因为水稻生育特性中有一些适于高产栽培的特性。

(1)水稻能够在水层下栽培,便于促控。土壤中水分和空气的矛盾,是限制高产稳产的因素之一。水稻根部有通气组织,可以从地上部取得空气以供根系生长,因此可以在水层下栽培。通过水层管理,既可以满足生育要求,又可以调节小气候,改善生物环境,促控生长发育,因而可以获得高产和稳产。

(2)水稻的经济生产效率高。水稻大都在营养生长基本结束前后才进行生殖生长,因此有利于采取不同措施对两种生长进行促控,营养生长和生殖生长相协调。因此,水稻具有较高的经济生产效率,如同是禾谷类作物的小麦、玉米的经济系数一般为 0.3～0.4,高的为 0.4～0.5;而水稻一般为 0.5 左右,有的矮秆品种可以高达 0.7 以上。

(3)水稻米的品质特点。稻米的淀粉粒小,直径仅为 3～10 μm,粉质细,粗纤维含量少,易于消化吸收;虽然蛋白质含量只有 7%～10%,但其生物价较高。因此,米饭不仅细致可口,而且稻米中各种营养成分的可消化率和吸收率都较高。

(4)水稻籽粒的贮存特点。稻米有外壳紧包,不易吸湿返潮和被虫蛀,便于加工、运输和贮藏。

此外,稻谷还是重要的加工、酿造业原料,稻糠、稻草等副产品可作为饲料和造纸等工业原料。因此,种植水稻的经济效益较高。

2 水稻生产概况

2.1 世界水稻生产概况

水稻在世界各大洲均有栽培,从地区分布看以亚洲最多,播种面积约占世界总面积的 90%,产量约占世界的 91%。其中中国、印度和孟加拉国的种植面积又占亚洲种植面积的 65%左右,以印度面积最大。总产量最高的是中国、印度和印度尼西亚。

在栽培形式上,中国、日本和韩国等以育苗移栽为主,澳大利亚、埃及、美国和巴西等则以机械化直播为主。在水分管理方面,绝大部分水田需要进行灌溉。但在南亚和东南亚一些雨量丰富的国家或地区,也存在依靠天然降雨养稻。

2.2 我国稻作区域的划分

我国稻区分布辽阔,南至海南岛(18°9′N),北至黑龙江的漠河地区(52°29′N),东至台湾,西达新疆维吾尔自治区,低至海平面以下的东南沿海潮田,高达海拔 2 710 m 以上的云贵高原,均有水稻种植。丁颖(1957)以自然生态环境、品种类型、栽培制度为基础,结合行政区划将我国稻作区域划分为 6 个稻作带。后来中国水稻研究所又作了补充,主要是新增加了水分状况的地带差异。这样我国 6 个稻作带分别命名如下。

Ⅰ. 华南湿热双季稻作区。本区位于南岭以南,为我国最南部,包括广东、广西、福建、云南 4 省(自治区)的南部和台湾、海南和南海诸岛全部。地形以丘陵山地为主,稻田主要分布在沿海平原和山间盆地。该区稻作面积居全国第二位。本区水热资源丰富,稻作生长季 260～365 d,≥10 ℃的积温 5800～9300 ℃,日照时数 1 000～1 800 h;稻作期降雨量 1 300 mm 以上。稻作土壤多为红壤土和黄壤土。种植制度是以双季籼稻为主的一年多熟制,实行与甘蔗、花生、薯类、豆类等作物当年或隔年的水旱轮作。部分地区热带气候特征明显,实行双季稻与甘薯、大豆等旱作物轮作。稻作复种指数较高。品种以籼稻为主,山区也有粳稻分布。

本区分3个亚区：闽粤桂台平原丘陵双季稻亚区，滇南河谷盆地单季稻亚区，琼雷台地平原双季稻多熟亚区。

Ⅱ. 华中湿润单、双季稻作区。本区东起东海之滨，西至成都平原西缘，南接南岭山脉，北毗秦岭、淮河，包括江苏、上海、浙江、安徽、湖南、湖北、四川、重庆等省(市)的全部或大部，以及陕西、河南两省的南部，属亚热带温暖湿润季风气候。该区稻作面积占全国稻作面积的59%。稻作生长季210～260 d，≥10 ℃积温4 500～6 500 ℃，日照时数700～1 500 h，稻作期降雨量700～1 600 mm。本区双、单季稻并存，籼、粳、糯稻均有，早稻品种多为常规籼稻或籼型杂交稻，中稻多为籼型杂交稻，连作晚稻和单季晚稻为籼、粳型杂交稻或常规粳稻。

本区分3个亚区：长江中下游平原双单季稻亚区，川陕盆地单季稻两熟亚区，江南丘陵平原双季稻亚区。

Ⅲ. 华北半湿润单季稻作区。本区位于秦岭-淮河以北，长城以南，关中平原以东，包括北京、天津、山东等省(市)全部，河北、河南省大部，山西、陕西、江苏和安徽省一部分，属暖温带半湿润季风气候，夏季温度较高，但春、秋季温度较低，稻作生长季较短。该区稻作面积占全国稻作总面积的3%。本区稻作生长期≥10 ℃积温4 000～5 000 ℃，年日照数2 000～3 000 h，年降雨量580～1 000 mm，但季节间分布不均，冬春干旱，夏秋雨量集中。品种以粳稻为主。本区自然灾害较为频繁，水稻生育后期易受低温为害。水源不足、盐碱地面积大，是本区发展水稻的障碍因素。

本区分2个亚区：华北北部平原中早熟亚区，黄淮海平原丘陵中晚熟亚区。

Ⅳ. 东北半湿润早熟单季稻作区。本区位于辽东半岛和长城以北，大兴安岭以东。包括黑龙江及吉林省全部、辽宁省大部和内蒙古东部，属寒温带-暖温带、湿润-半干旱季风气候，夏季温热湿润，冬季酷寒漫长，无霜期短。年平均气温2～10 ℃，≥10 ℃积温2 000～3 700 ℃，年日照时数2 200～3 100 h，年降雨量350～1 100 mm。该区稻作面积约居全国面积的9%。品种为粳稻。冷害是本区稻作的主要问题。

本区分2个亚区：黑吉平原河谷特早熟亚区，辽河沿海平原早熟亚区。

Ⅴ. 西北干燥单季稻作区。本区位于大兴安岭以西，长城、祁连山与青藏高原以北，包括新疆维吾尔自治区、宁夏回族自治区的全部，甘肃、内蒙古和山西省(自治区)的大部，青海省的北部和日月山以东，陕西、河北省的北部和辽宁省的西北部。东部属半湿润—半干旱季风气候，西部属温带—暖温带大陆性干旱气候。本区虽幅员广阔，但常年稻作面积仅30万 hm^2，占全国稻作总面积的1%。光热资源丰富，但干燥少雨，气温变化大，无霜期160～200 d，年日照时数2 600～3 300 h，≥10 ℃积温3 450～3 700 ℃，年降雨量仅150～200 mm。主要种植早熟粳稻。

本区分3个亚区：北疆盆地早熟亚区，南疆盆地中熟亚区，甘宁晋蒙高原早中熟亚区。

Ⅵ. 西南高原湿润单季稻作区。本区位于云贵高原和青藏高原，包括湖南、贵州、广西、云南、四川、西藏、青海等省(自治区)的部分或大部分，属亚热带高原型湿热季风气候。气候垂直差异明显，地貌、地形复杂。稻田在山间盆地、山原坝地、梯田、垄瘠都有分布，高至海拔2 700 m以上，低至160 m以下，立体农业特点非常显著。稻作面积占全国稻作总面积的6%。稻作生长季180～260 d，≥10 ℃的积温2 900～8 000 ℃，日照时数800～1 500 h，稻作生长期降雨量500～1 400 mm。水稻类型垂直分布带差异明显，低海拔地区(＜1 500 m)为籼稻，高海拔地区为粳稻(＞2 000 m)，中间地带为籼粳交错分布区(1 500～2 000 m)。

本区分 3 个亚区：黔东湘西高原山地单双季稻亚区，滇川高原岭谷单季稻两熟亚区，青藏高原河谷单季稻亚区。

知识拓展

云南水稻种植区划

3 栽培稻的起源和分类

3.1 栽培稻起源

栽培稻在植物学上属于禾本科稻属。目前世界上稻属植物有 20 多个种，栽培种有 2 个，即普通栽培稻和非洲栽培稻，其余为野生稻。

栽培稻是由野生稻经过长期的自然选择和人工选择演变来的。许多学者研究认为栽培稻种起源于沿喜马拉雅山南麓的印度阿萨姆、尼泊尔、缅甸北部、老挝和中国西南。我国华南很多地区都有野生稻，包括普通野生稻、药用野生稻和疣粒野生稻。其中普通野生稻分布最广，一些特征特性与我国栽培的籼稻相近，杂交后代结实率较高。说明普通野生稻与普通栽培稻的亲缘关系较近。所以，一般认为普通栽培稻由普通野生稻进化而来。野生稻和栽培稻的区别见表 6-1。

表 6-1 普通野生稻和普通栽培稻的比较

性状	普通野生稻	普通栽培稻
落粒性	较强	比较不易落粒
繁殖特性	有性繁殖和无性繁殖	有性繁殖
成熟特性	成熟不整齐，穗上着粒少	成熟整齐，穗上着粒多
谷草比	极低	0.3～0.5
株型	分蘖散生，茎叶长大	株型比较紧凑
芒	长芒	短芒或无芒
米色	呈褐	通常为白色

注：引自邓兴旺，现代农业生物技术育种，2018。

3.2 栽培稻类型

稻在我国栽培历史悠久，分布广泛，经过长期的历史选择和人工培育，形成了许多类型。丁颖等(1961)根据各类稻种的起源、演变、生态特征及栽培发展过程，对水稻类型进行了系统分类，见图 6-1。

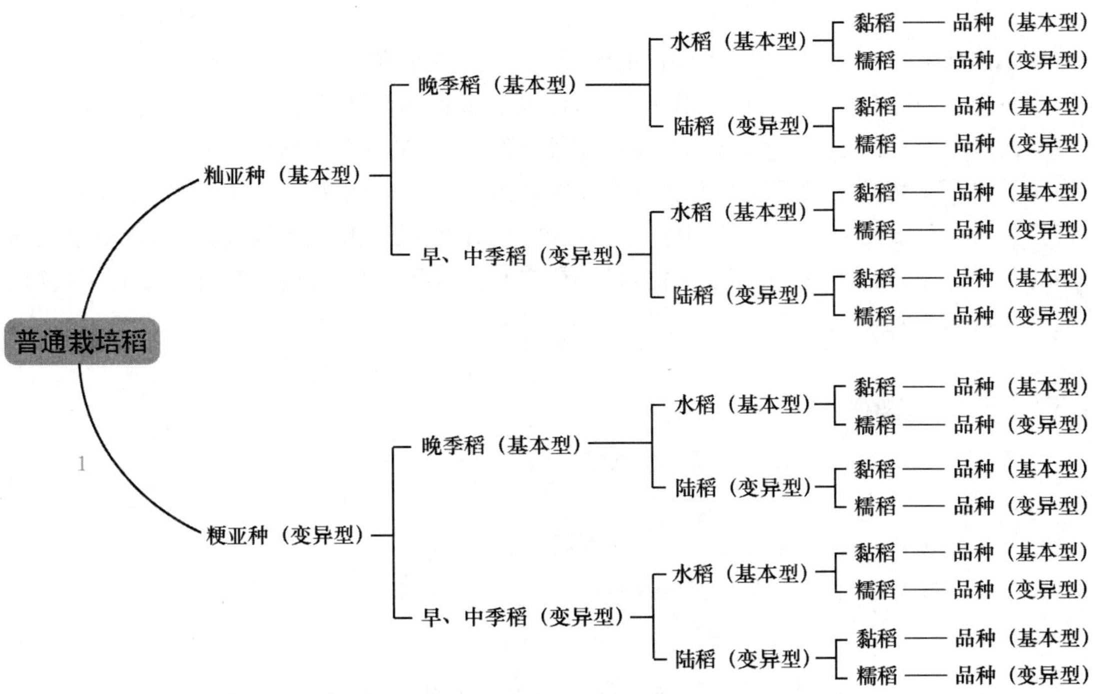

图 6-1　栽培稻种的演变与分类

（引自胡立勇等主编《作物栽培学》，2008）

（1）籼稻和粳稻。籼稻是基本型，粳稻是在较低温度气候生态条件下，由籼稻经过自然选择和人工逐渐演变而形成的变异型。在植物学分类上已成为相对独立的两个亚种，其亲缘关系相距较远。

（2）晚稻和早稻。籼稻和粳稻中都有晚稻和早、中稻，它们在外形上没有明显的区别，它们之间主要的区别在于对光照长短的反应特性不同。其中晚稻为基本型，早、中稻为变异型。中稻的迟熟品种对日长的反应接近晚稻型，而中稻的早、中熟品种则接近早稻型。

（3）水稻和陆稻。已知稻的系统分类中，在籼粳稻的早、中、晚稻中都存在水稻和陆稻。水稻和陆稻是由于对稻田土壤水分适应性不同而分化的生态型。其中，水稻为基本型，陆稻为变异型。

（4）黏稻和糯稻。各稻种类型中都有黏稻和糯稻。黏稻和糯稻是淀粉分子结构不同形成的变异型。其中，黏稻为基本型，糯稻为变异型。

这里分类所谓的早、中、晚稻和双季稻的早、晚稻不是同一概念，前者是指生育期的长短，后者是指种植季节早、晚而言。

4　我国稻作简史

我国稻作历史悠久，早在 7 000 年前就开始栽培水稻，并有籼、粳稻之分，且稻种资源繁多，是栽培稻的起源地之一。种稻经验丰富，早在《诗经》《周礼》《吕氏春秋》及以后的《齐民要术》《农桑要诀》《理生玉镜——稻品》《农政全书》《天工开物》等历史名著中，都有种稻经验的论述。

新中国成立以来，我国农民和科技工作者，一方面继承和发展传统稻作技术，另一方面开展科学研究，以现代科技成就指导稻作实践，促进了水稻产量持续增长和稻作技术的进步，在有些方面，如杂交水稻技术、水稻基因组研究等方面，处于世界领先地位。

我国水稻栽培技术的研究和发展具有3个特点：一是随着水稻品种的改进，根据品种的形态特征和产量形成特点，开展了以发挥品种高产潜力的综合栽培技术研究；二是针对水稻高产栽培的限制因子，开展了抗逆境栽培技术研究；三是为满足社会发展需要，开展了省工、轻便栽培技术和机械化栽培技术研究。

学习产出与评价

1. 能大致说出水稻的生产特点。
2. 能识别我国水稻区划。
3. 能系统陈述我国栽培稻的类型及演变关系。
4. 学习稻作起源与稻作文化，增强铸牢中华民族共同体意识。

任务二　水稻栽培的生物学基础

知识目标：①能叙述水稻各形态器官的建成过程；②能系统简述水稻生长发育规律及其与环境条件的关系；③会陈述水稻“三性”特点，并会分析在生产上的应用。
技能目标：①运用种子萌发的知识，会做发芽率测定试验；②会运用水稻六大器官的生长发育规律指导生产；③会运用分蘖消长规律，调控群体数量。
素质目标：感悟“三农”人物——袁隆平。

1　水稻生长发育

1.1　水稻生育期和生育时期

水稻生育期是指从出苗到新种子成熟所经历的天数。水稻的生长可划分为营养生长期和生殖生长期两个阶段(表6-2)。前者是指根、茎、叶营养器官的生长，后者是指花、果实生殖器官的生长。因此，分别以茎的生长锥开始进行幼穗分化和抽穗为界，把水稻的生育期分为营养生长期、营养生长和生殖生长并进期、生殖生长期。从形态和田间诊断的角度，又分为幼苗期、分蘖期、长穗期和结实期。生育期小于120 d，为早熟品种；生育期在120～150 d，为中熟品种；生育期大于150 d，为晚熟品种。生育期是由遗传特性决定的，因此较稳定。但也会随播期、纬度、海拔、密度、土壤、肥力变化而变化。

表 6-2　水稻生长发育过程与生育期

幼苗期、稻田分蘖期	分蘖期			幼穗发育期			开花结实期		
秧田期	返青期	有效分蘖期	无效分蘖期	分化期	形成期	完成期	乳熟期	蜡熟期	完熟期
营养生长期				营养生长与生殖生长并进期			生殖生长期		
		穗数决定阶段		穗数巩固阶段					
		穗数奠定阶段		粒数决定阶段					
				粒数奠定阶段			粒重决定阶段		

(1)幼苗期。从种子萌动开始至三叶期,称为幼苗期。包括稻种萌动发芽、出苗至三叶期等。胚根与种子等长,胚芽为种子一半长度时,称为发芽;当不完全叶突破芽鞘,叶色转青时称为出苗。对于群体来说,当田间50%的种子达到出苗(苗高2 cm)的那一天称为出苗期。

(2)分蘖期。从第四叶出生开始发生分蘖,直至分蘖停止,称为分蘖期。形成分蘖和根系是分蘖期的主要生育特点,而分蘖的实质是叶片的形成与伸长。群体中当50%的稻苗出现分蘖即进入分蘖期,然后经历分蘖大量发生的分蘖盛期,至分蘖末期分蘖发生速度越来越慢,其消亡大于发生。发生较早的分蘖由于具有较多自身根系,通常能生长发育至抽穗结实,称为有效分蘖,而迟发生的分蘖则可能生长逐渐停滞直至死亡,称为无效分蘖。分蘖前期产生有效分蘖,称为有效分蘖期;分蘖后期产生无效分蘖,称为无效分蘖期。在生产上要求无效分蘖越少越好。

(3)长穗期。稻株生长点开始进行生殖生长,形成第一苞即进入长穗期,至抽穗结束,大田也以50%为标准。水稻拔节起始和幼穗分化起始基本同步,节间伸长的过程就是穗分化的过程,也是这一时期水稻的主要生育过程,因而又称拔节长穗期。

(4)结实期。水稻从出穗开花到成熟的过程,包括开花期、乳熟期、蜡熟期、黄熟期和完熟期,主要特点是开花受精和灌浆结实。

1.2　水稻"三性"及其在生产上的应用

(1)水稻"三性"。温光反应特性主要表现为品种的感温性、感光性和基本营养生长性,通常称为水稻的"三性"。"三性"是水稻的遗传特性,因品种而异。不同品种在同一地区同一生长季节种植,生育期长短不同;同一品种在不同地区或不同季节种植,由于环境温光条件的变化,其生育期的长短亦不同。水稻从播种到抽穗的天数,基本上取决于品种"三性"与所处环境条件(光周期、积温)的相互作用。

①感温性。水稻是喜温作物,在适于水稻生长发育的温度范围内,一定的高温可以提早幼穗分化,缩短营养生长期;低温则延迟幼穗分化,延长营养生长期。这种受温度高低的影响而改变生育期的特性称为水稻品种的"感温性"。

水稻生长发育所需积温与感温性有关。水稻品种的积温往往会随着其生长季节中温度的高低而发生相应的变化,一般有效积温较活动积温稳定。

②感光性。水稻是短日照作物,缩短日照可以提早幼穗分化,缩短营养生长期;长日照则延迟幼穗分化,延长营养生长期。这种受日照长短的影响而改变生育期的特性称为水稻品种的"感光性"。

③基本营养生长性。水稻进行生殖生长之前，在高温和短日照下都不再缩短的营养生长期即为基本营养生长期。不同水稻品种的基本营养期长短各异，基本营养生长期长短因品种而异的特性称为水稻品种基本营养生长性。

这三种特性合称为"三性"或"两性一期"。

(2)生育期变化与"三性"的关系。不同品种的"三性"强弱差异，决定了其生育期长短。晚稻感温、感光性都强，中稻其次，早稻只有不太强的感温性。基本营养生长期以晚稻最短。因此，生育期受温度和日照长度影响最大的是晚稻，最小的是早稻。北方稻区粳稻品种，感光性弱到中等，感温性中等到强，基本营养生长期短到中等。

(3)水稻"三性"在生产上的应用。①在栽培上的应用。早熟品种因感温性较强，迟播时温度高，生育期会大大缩短，常因营养生长量不足，出现早穗和小穗。为了夺取高产，应适时早播、早插，早施肥、早管理，促使早生快发，延长营养生长期，增加穗粒数，从而提高产量。基本营养生长性强的中籼品种，早播早熟，晚播晚熟，生育期比较稳定，在保证安全齐穗的前提下，早播晚播均能满足正常生长发育，在茬口安排上适应性较大。感光性强的晚熟品种，在热量得到满足的条件下，出穗期比较稳定，过早播种并不早熟，反而使生育期延长，不利于合理利用光、温资源并会使需肥、需水、需工量显著增加；如过晚播种，抽穗期往往延迟在安全齐穗期之后反而会造成减产，所以栽培这类品种时要注意培育长秧龄壮秧，以及安全齐穗、正常灌浆、及时腾茬等问题。②在引种上的应用。生产上在引种时，由于在水稻生长季内，从南到北，温度由高到低，日照由短变长。所以南种北引，生育期延长，甚至不能抽穗；北种南引，抽穗提早，营养生长期缩短，要考虑能否高产。一般而言，同纬度、同海拔引种以及北方迟熟种引到南方、南方早熟种引到北方，成功的把握较大。对于感光性弱的品种，在引种时应着重考虑当地生长季节内有效积温能否满足发育的需要；对感光性强的品种，则应考虑当地水稻生长季节中的光照条件能否满足发育的要求。基本营养生长性强的品种，适应性大，远距离引种较易成功。

1.3 水稻的生育类型

水稻的生育类型是指营养生长期与生殖生长期的相互关系在具体品种和栽培条件下的反应。营养生长期的主要标志是分蘖，生殖生长期的主要标志是穗分化。分蘖终止期（拔节始期）与穗分化始期并不总是衔接的，依品种、播插期及其他栽培条件变化。这种变化类型称为生育类型。

(1)分离型。6个伸长节间以上的晚熟品种。营养生长期长，生育期延长，表现为晚稻，在适当控制基础上积极促进。

(2)衔接型。5个伸长节间的中熟品种。生育期适中，表现为中稻，可以采取促控结合。

(3)重叠型。4个伸长节间以下的早熟品种。生育期缩短，表现为早稻，可以采取以促为主的措施。

2 水稻各器官的生长发育

2.1 种子发芽与幼苗生长

2.1.1 稻种的形态和构造

水稻籽粒由颖果及内、外稃构成（图6-2）。内部颖果即为"糙米"，由子房受精发育而成，包括果皮、种皮、胚乳与胚。外面包被的内、外稃也叫内、外颖，即"谷壳"。胚乳包括位于外层的糊粉层和占据中央大部分的淀粉组织。糊粉层由糊粉细胞组成，贮有蛋白质、脂肪、维生素和各种酶。淀粉组织的细胞较大，充满淀粉粒，间有少量蛋白质。胚位于籽粒下腹部，包括胚芽、胚根、盾片和覆盖胚芽鞘的外胚叶。籽粒背部、腹部及近背部两侧的果皮层内有4条维管束，是灌浆时运输营养物质的管道（图6-3）。

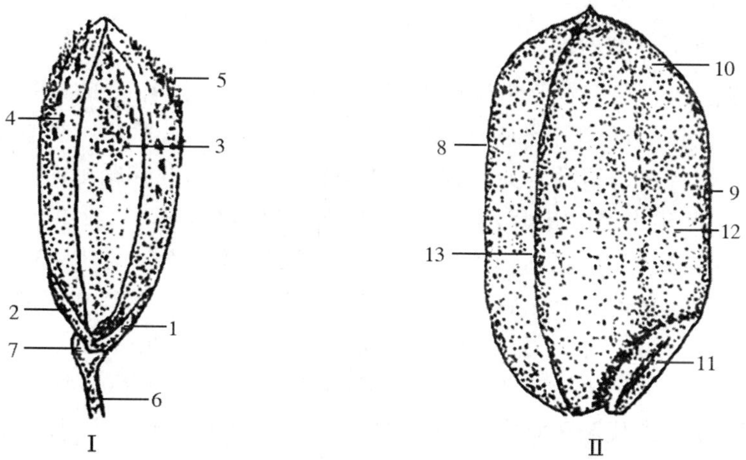

图6-2　稻谷和颖果形态（引自王维金，1998）

Ⅰ稻谷　1. 第一退化化外稃　2. 第二退化化外稃　3. 外稃　4. 内稃　5. 茸毛 6. 小穗梗　7. 颖片

Ⅱ. 颖果（糙米）8. 背面　9. 腹面　10. 胚乳　11. 胚　12. 腹白　13. 沟纹

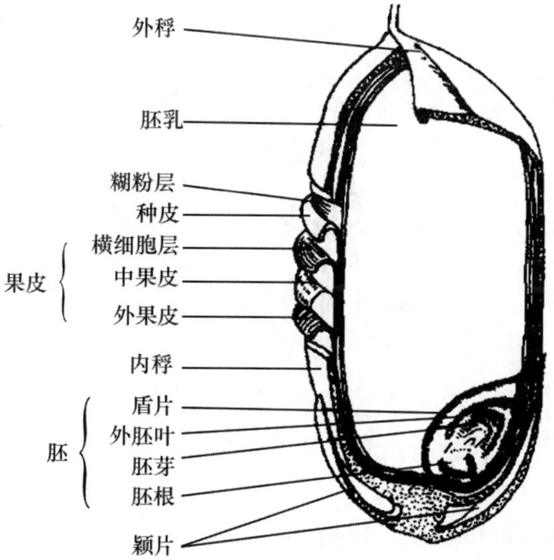

图6-3　带稃的水稻果实纵切面（引自 Robert E. Huke）

2.1.2　稻种萌发的外界条件

（1）水分。稻种贮藏的安全含水量为14.5%，吸收达到饱和时，即粳稻种子吸水达到其风干重的25%，籼稻种子达到30%，才能整齐萌发。种子吸水速度与温度有关，10 ℃吸饱水需90 h，20 ℃需60 h，30 ℃需40 h。

(2)温度。发芽的最低温度，粳稻为 10 ℃，籼稻 12 ℃。适温为 28～32 ℃，最高为 40～42 ℃。稻种在适温条件下发芽整齐，各地品种适宜温度相差不大，但最高温度差异明显。

(3)氧气。种子发芽需要能量，需要由呼吸作用提供。有氧呼吸物质利用彻底，产生能量多；而无氧呼吸产生能量少，且最后产物是酒精和二氧化碳，对壮芽壮苗不利。稻种在无氧的水层下也能发芽，但只是胚芽鞘细胞伸长，没有细胞分裂。只有空气充足，才能长根，根和芽均生长正常，即“湿长芽，干长根”。

2.1.3　稻种萌发与幼苗生长

(1)稻种萌发过程。种子在一定温度下吸水膨胀，胚根突破谷壳露出白点为“露白”或“破胸”；当“(胚)根长一谷，芽长半谷”时为“发芽”(图 6-4A)。破胸、发芽均在催芽过程中完成。

(2)秧苗的生长特点。稻种发芽后，胚根向下长成种子根，胚芽鞘则向上伸出地面为“扎根立(竖)针”；然后胚芽鞘中伸出 1 片不完全叶(只有叶鞘，叶片极小，看不到，绿色)，当其长到 1 cm 时为“出苗”或“放青”或“现青”(图 6-4B)；接着长出第一片完全叶(“猫耳叶”——它未展开前为放针)。此时胚芽鞘节上先后长出 5 条节根。种子根和胚芽鞘节根都是初生根系，起立苗和吸肥水作用；再后第 2、第 3 片完全叶相继出生，是为“三叶期”，也是“离乳期”(图 6-4C)，从三叶期开始，依次从不完全叶节和完全叶节长出节根(不定根)，数目因条件而异。籼、粳稻出苗的最低温度，分别比其发芽温度高 2 ℃，即 14 ℃和 12 ℃。15 ℃以上才较顺利。

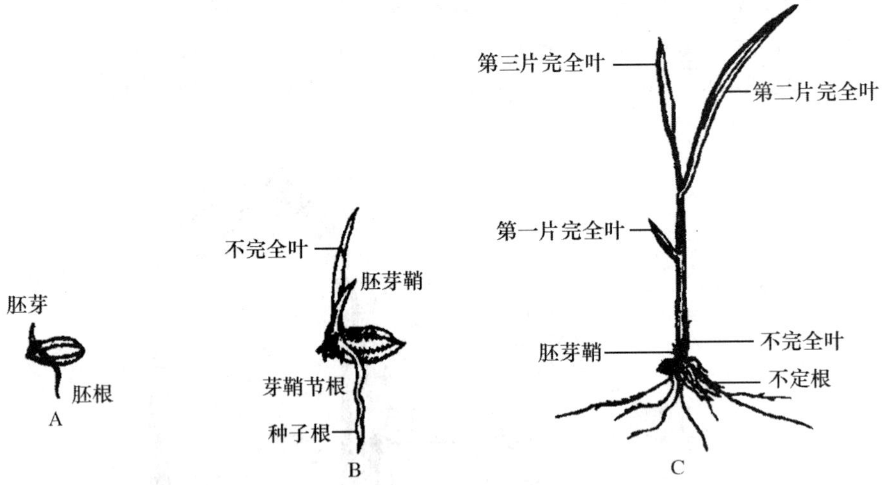

图 6-4　水稻的幼苗生长

(引自湖南省常德农业学校主编《作物栽培学》，中国农业出版社，1980)

(3)幼苗生长对环境的要求。

①温度。稻秧苗生长，对温度要求较高，耐寒力较弱。如受冻害温度指标为：

	气温	畦面
出苗前	−1～0 ℃	−3～−2 ℃
出苗到三叶期	3～5 ℃	0 ℃
三叶期后	5～7 ℃	2～4 ℃

②空气。三叶期前缺氧苗弱;三叶期后根通气组织形成,对缺氧逐渐适应,就可以保持水层了。

③水分。需求随秧苗生长而增多,以田间最大持水量计算。出苗前为田间最大持水量的40%~50%;出苗至三叶期为田间最大持水量的70%;三叶期后为田间最大持水量的80%以上,保持水层兼有保温防寒作用。

④光照。主要是满足光合要求;需注意的是要密度适宜。

⑤养分。三叶期前对N敏感,但吸收能力差。因此应早施"断奶肥"。

苗期对环境的总体要求趋势为:随秧苗生长,耐寒力由强到弱,需氧量由多到少,需水量由少到多。因此要掌握不同时期的主要矛盾,协调水、热、气三者的关系,从而培育壮苗。

2.2 根的生长

2.2.1 根的生长和形态

水稻根属于须根系,由种子根(1条)和不定根(胚芽鞘节、不完全叶和完全叶节上的根)组成。由种子根和胚芽鞘节根组成的为初生根系(图6-4C),在苗期形成。分蘖期继续从下向上顺次出生节根,是出根最旺盛的时期,所以分蘖期也叫增根期,但发根高峰比分蘖晚15~20 d。长穗期根系发育的主要特点是分枝根旺盛发生,并向下深扎,使根的分布由扁圆形变成倒卵形(图6-5)。在靠近伸长节间的较上位节上也长出不定根,形成"浮根"或"表根"(图6-6),这些根的吸氧能力很强。稻根有多级分枝,但只有一、二级根上根毛较多。不同时期的根有白、黄、棕、黑、灰等色,是诊断土壤氧化还原状态的重要依据。

2.2.2 稻根的结构

水稻是沼生植物。稻根由表皮、皮层和中柱三部分构成。幼根构造与其他禾谷类作物一样,皮层由多层由内向外、由小到大、呈放射性排列的薄壁细胞组成(图6-7)。三叶期时老根形成通气组织。通气组织位于成熟区的皮层部分。根长成后,在皮层若干个放射状排列的细胞群之间分解,形成裂生通气组织的空隙(图6-7)。这是沼生植物特有的解剖学特征。当稻田淹水时,裂生通气组织中的空隙便成为由叶、茎输送空气的通道。

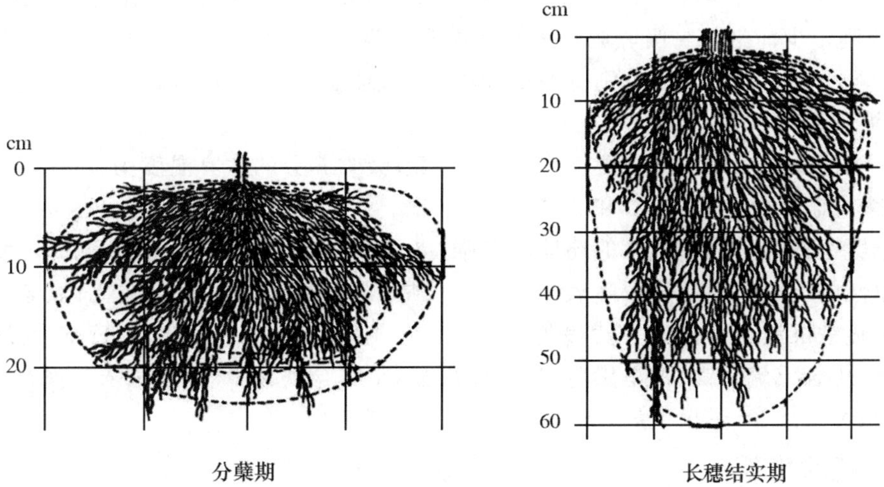

图6-5 水稻的根系分布(引自藤井,1983)

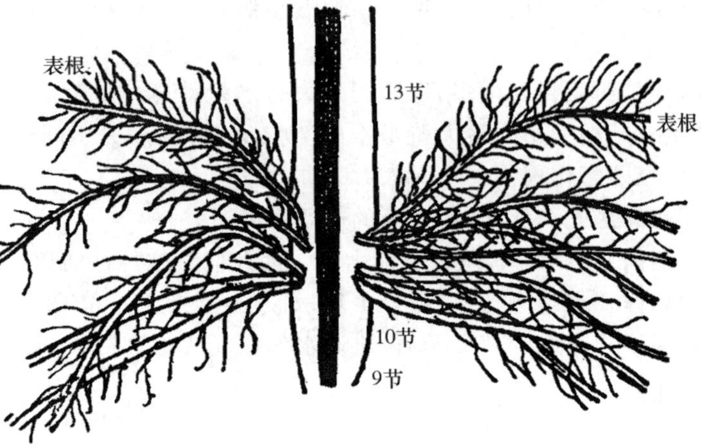

图 6-6　水稻的表根(引自藤井,1983)

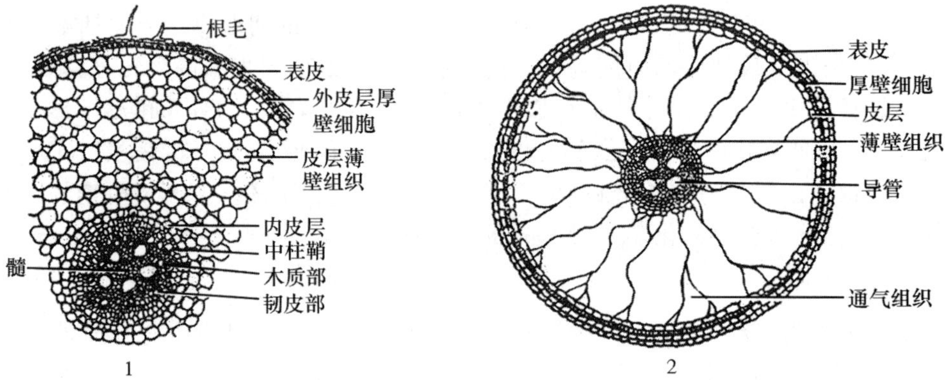

图 6-7　水稻根系横切面(引自南京大学,1979)

1. 幼根　2. 老根

2.2.3　影响根生长的环境条件

(1)土壤养分。苗体内含 N 1%以上,节根原基才能发育为新根。土壤含 N 多则根短粗而多,含 N 少则根少而细长。吸收肥水最活跃的是根端 1.5～2 mm 处,故以短而粗的根有利。

(2)土壤水分。土壤水分少则分枝根和根毛多,且根深扎。淹水时根少且在地表。落干晒土有利于根发育。

(3)土壤温度。发根的适宜温度为 25～30 ℃;吸收养分的适宜温度为 30～32 ℃。根活动的最低和最高温度分别为 12 ℃和 35 ℃。

(4)土壤通透性。稻田土壤的还原性较强,老稻田更甚。根的通气组织可以将氧气放出根外,在还原性的土壤周围形成根际氧化区。新根周围氧化区大,根呈鲜白色;衰老根周围氧化区小,因氧化铁沉淀在根表而呈黄褐色;通透性差,还原性强的土壤产生 H_2S,与附着在根表的氢氧化铁化合成硫化铁,根呈黑色;还原性更强,土壤含铁又少时,根呈灰色腐烂。故稻区有"白根有劲,黄根保命,黑根生病,灰根要命"之说。

2.3　茎的生长

水稻的茎由节和节间组成。节数主要取决于品种特性,一般主茎有 12～19 个节。由于根、茎、叶、分蘖和穗均着生于茎上，一般以节为中心划分结构茎的单位，即 n 节上有 n 叶、n 芽、n 根，n 芽处于 n 叶腋内，n 根分上位根和下位根，n 节间在 n 节上面。

茎的节间外侧是表皮，其外层细胞壁的二氧化硅沉淀增加其硬度。水稻茎(秆)壮弱的结构差异主要表现在皮层纤维层的厚度上，越厚茎越壮越抗倒伏。皮层纤维向内是皮层薄壁细胞，其中分布着与小维管束相对的大维管束。基部节间维管束之间的薄壁细胞常解体成大型气腔。节间中央最初是薄壁细胞，随着茎的成熟逐渐解体形成中空的髓腔，节间靠近节部髓腔变狭。节是生活力最旺盛、养分交叉运转最多的部位，叶、根、蘖均发生于此处。据研究，节根原基数与叶鞘的大维管束数有关，意味着茎鞘越粗越有利发根。

2.4 叶的生长

水稻的叶可分为前出叶、不完全叶和完全叶三种。稻叶互生于茎的两侧，为 1/2 叶序。除前出叶(胚芽鞘、分蘖鞘)、不完全叶(主茎第 1 叶)外，其他主茎叶和分蘖叶均为完全叶(真叶)。真叶可分为叶鞘和叶片两部分，在其交界处有叶枕、叶耳和叶舌(图 6-8)。我国从第 1 完全叶开始计算总叶数，日本则从不完全叶开始计算。早、中、晚熟品种叶数分别为 10～13 片、14～15 片和 16 片以上。

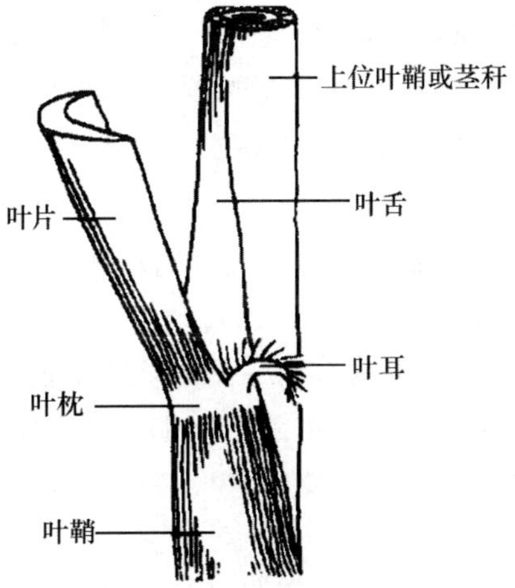

图 6-8 水稻叶枕叶耳与叶舌

(引自星川，1975)

水稻各叶出叶的间隔时间，随着生育期的进程而延长，离乳期前后出生的 3 片叶，出叶的间隔时间为 3 d 左右，分蘖期出生的叶，一般为 5～6 d，生殖生长期出生的最后 3 片叶，为 7～9 d。叶片的长度随着叶位的上升而增长，到倒数第二至第四片叶达最长，上面的叶片又依次减短。不同叶位叶片的寿命是不同的。早期叶片的寿命短，后期叶片的寿命长，最先出生的 1～3 片叶的寿命只有 10 d，而最后出生叶的寿命可达 50 d 以上。

水稻叶片是水稻有机养分的生产基地，它的光合量占植株总光合量的 90%以上。叶鞘是植株主要的贮藏器官之一，它贮藏的主要物质是淀粉，稻谷产量的一部分是由抽穗以前叶鞘内的贮藏物质转运过来的。因此叶的主要功能是光合作用和贮藏作用。另外，它在调节植株体内水分和表面温度上也起到重要作用。

2.5 分蘖的生长

稻茎基部分蘖节上各节叶腋均有 1 个腋芽，适宜条件下长成分蘖，一般伸长茎的节上不长分蘖。从主茎上长出的分蘖称第一次分蘖，从第一次分蘖上长出的分蘖称第二次分蘖。

2.5.1 分蘖发生规律

直播稻分蘖的发生规律以及分蘖叶与其母茎叶的同伸规律，基本与小麦的相同，即 n 对 $n-3$ 的同伸关系。两者的差别是：水稻主茎胚芽鞘节和不完全叶节一般不分蘖，要在主茎第 4 完全叶长出时，才在第 1 完全叶叶腋中长第 1 个分蘖。同样，分蘖的鞘叶节也不出分蘖，要在一级分蘖出第 4 叶时，才在其第 1 叶节长出第 1 个二级分蘖。

插秧稻的分蘖与插秧叶龄有关。由于秧田中营养面积小，插秧后又受返青期恢复生长的条件影响，基部分蘖常不发生。插秧叶龄为 n，在第 $n+2$ 叶长出时，才在第 $n+1$ 节发生第 1 个分蘖。拔节后的伸长节上一般也不出分蘖。所以，插秧稻的分蘖多发生在主茎中部(看起来在基部)5～8 个密集的节上。

2.5.2 分蘖消长规律

同伸蘖是否发生取决于品种和栽培环境。常规稻一次分蘖占多数，杂交稻一、二次分蘖均多，还有少数三次分蘖。在良好栽培条件下，单粒稀播时各品种的一次和二次分蘖几乎均可出现。但是一般生产条件下因秧苗素质和管理不同分蘖缺位较多，而且各叶位间差异较大。插秧对水稻分蘖有影响，往往返青后长出第 2 片叶开始分蘖。因此，两叶期前插秧管理好时，插秧不会引起分蘖缺位，2～3 叶后插秧会缺一位蘖。群体的茎蘖消长曲线是大田生产重要的群体诊断指标。分蘖开始后很快进入茎蘖快速增长期，至拔节开始达最高分蘖期，以后分蘖的消亡大于发生，直到稳定为有效穗数。

2.5.3 影响分蘖的因素

(1)品种。同品种类型有分蘖能力强弱之分。生育期、主茎叶片数也是决定分蘖力强弱的重要因素。一般大穗型品种或高秆品种分蘖力小于中、小穗或矮秆品种；杂交稻分蘖力大于常规稻。

(2)温度。同一品种早播早插延长营养生长期有利分蘖发生。分蘖的最低环境条件是气温 15～16 ℃，水温 16～17 ℃，适宜环境条件气温 30～32 ℃，水温 32～34 ℃，最高环境条件气温 38～40 ℃，水温 40～42 ℃。在分蘖期内日平均温度 22 ℃，最高温度 27 ℃即可满足分蘖要求。

(3)光照。光照对分蘖也有重要影响。当光强降低为饱和量的 50%时便严重降低分蘖数，5%时发生死蘖现象。

(4)养分。分蘖对氮肥敏感。叶片含 N≥3.5%，P≥0.2%，K≥1.5%时分蘖旺盛；含 N 2.5%以下分蘖停止，含 N 1.5%以下小分蘖死亡。

(5)栽插生理。浅插、浅水灌溉有利分蘖发生，深水或落干则抑制分蘖。

2.6 稻穗的分化和形成

2.6.1 稻穗组成和小穗的构造

水稻穗为圆锥花序(图 6-9)。其中轴称为穗轴，穗轴上有穗节，最下 1 个穗节称为穗茎节或穗基节。各穗节上着生一次枝梗，一次枝梗上着生二次枝梗。一次枝梗和二次枝梗上着生小穗梗，小穗梗末端着生小穗。

稻穗上有各种器官退化的痕迹。穗节处有退化的苞，最上部一次枝梗基部有退化的生长点，下部穗节有时可以看到退化的一次枝梗。在穗下部的一次枝梗和二次枝梗上常有退化的二次枝梗和小穗。

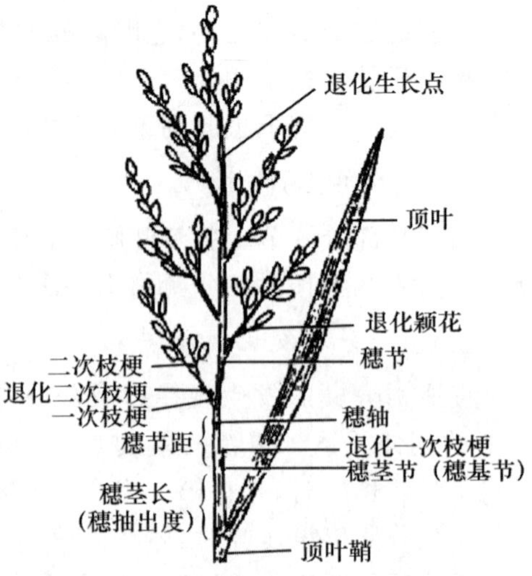

图 6-9 稻穗结构(引自王维金，1998)

2.6.2 稻穗分化及颖花构造

每个小穗从植物学上看有 3 朵小花，其中 2 朵退化，留下外稃(常称颖片)，小穗基部的 2 个突起是退化的颖片(常称副护颖)。中间的可孕小花由外稃、内稃、6个雄蕊、1个雌蕊、2个浆片组成。由于每个小穗只有1朵小花结实,所以称为颖花。

2.6.3　稻穗分化过程的形态和时期

稻穗分化过程形态见图6-10。水稻穗分化的分期方法很多。丁颖将水稻穗分化过程分为8期,即第一苞分化期、一次枝梗原基分化期、二次枝梗原基和小花分化期、雌雄蕊形成期、花粉母细胞形成期、花粉母细胞减数分裂期、花粉内容物充实期和花粉完熟期,且这种方法长期作为划分标准使用。松岛省三(日)将其简化为7期;李扬汉将水稻穗分化过程分为9期;江苏农学院(现扬州大学农学院)凌启鸿等(1981)根据穗分化与外部形态的关系,以及与栽培措施配合的需要,提出一种简要划分方法,把穗分化过程分为5期,即苞分化期(约3 d)、枝梗分化期(包括一、二次枝梗分化)(7～8 d)、小穗(颖花)分化期(包括颖花原基及雌雄蕊分化)(7～8 d)、花粉母细胞形成及减数分裂期(简称减数分裂期)(7～8 d)、花粉粒充实完成期(7～8 d)。由于5期划分法简单且实用性强,已被广泛接受。

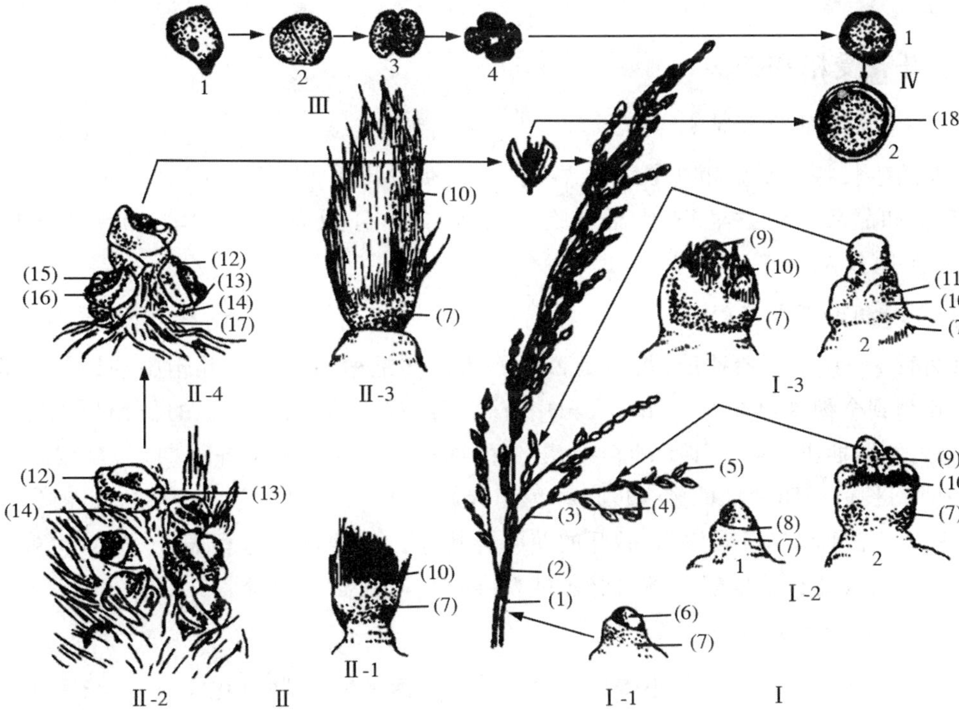

图6-10　水稻幼穗分化与稻穗之间关系

Ⅰ.枝梗分化期:Ⅰ-1.第一苞分化　Ⅰ-2.一次枝梗原基分化　1.出现横纹　2.一次枝梗原基分化
Ⅰ-3.二次枝梗原基分化　1.外形　2.从1剥下的一个枝梗

Ⅱ.颖花分化期:Ⅱ-1.颖花分化时外形　Ⅱ-2.从Ⅱ-1剥下的一个枝梗　Ⅱ-3.雌雄蕊分化时外形
Ⅱ-4.从Ⅱ-3剥下的一个枝梗

Ⅲ.花粉母细胞减数分裂期:1.花粉母细胞　2.第一次分裂　3.第二次分裂　4.四分体

Ⅳ.花粉粒充实完成期:1.正在发育的花粉粒　2.发育完成的花粉粒

说明:(1)穗节　(2)穗轴　(3)一次枝梗　(4)二次枝梗　(5)颖花　(6)生长锥　(7)苞　(8)横纹
(9)一次枝梗原基　(10)苞毛　(11)二次枝梗原基　(12)外颖原基　(13)内颖原基　(14)不孕花原基
(15)雌蕊原基　(16)雄蕊原基　(17)护颖原基　(18)发芽孔

2.6.4 稻穗分化时期的鉴定

稻穗分化时期的鉴定除镜检外，田间鉴别方法也很多，如常年出穗期，穗长，叶龄指数或叶龄余数，根据幼穗分化始期判断以后各期，旗叶和倒 2 叶叶枕距推断减数分裂期等。目前常用的是凌启鸿将丁颖的叶龄余数（主茎上未出生的叶片数）法进一步丰富并简化后的叶龄模式法，其中把穗分化与叶片出生的关系概括为：穗分化 5 期与最后 3 片半叶出生有关，历时约 4.5 个出叶周期。从倒 4 叶出生后半期起，每出生 1 片叶，或每经历 1 个出叶周期，穗分化就向前推进一期。

2.6.5 稻穗分化与环境条件的关系

长穗期各种环境条件的影响集中表现在对颖花数及其发育质量的影响。颖花多少又与枝梗数有关。枝梗数除与品种特性有关外，很大程度上取决于植株健壮程度。长穗期是需水肥最多又敏感的时期，对温度反应也最敏感，此外光照也有直接或间接的影响。长穗期适宜温度为 25～30 ℃，低于 19 ℃则不利，最高为 42 ℃。长穗期土壤水分应为田间持水量的 90%以上。

2.7 开花受精和结实

2.7.1 结实期的生育特点

结实期的生长特点是生殖生长占主导地位，此期进行抽穗、开花和结实，并决定粒数、粒重、最终产量和品质。南方早稻、中稻和晚稻的结实期，分别为 30～40 d、30～35 d 和 40～55 d。北方各地多为 40～50 d。

2.7.2 抽穗和开花习性

孕穗期后 7～10 d 开始抽穗，判断是否抽穗的标准是穗顶端从剑叶鞘中抽出。一般穗从顶端露出叶鞘到全穗抽出需 3～5 d。大田中有稻穗出现为见穗期；10%的穗抽出剑叶一半为始穗期；50%的穗抽出剑叶一半为抽穗期；80%的穗抽出剑叶一半为齐穗期。始穗至齐穗 1～2 周，这段时间长短说明抽穗的整齐度。抽穗当天或经 1～2 d 即开花。一穗的开花顺序（同小穗分化顺序）。先开的花叫强势花，后开的花叫弱势花。每穗开花过程需 5～7 d，而第三天前后开花最盛。每朵花开花要经开颖、抽丝、散粉、闭颖，过程需 1～2 h。

2.7.3 籽粒形成和灌浆特点

水稻籽粒形成和灌浆过程与小麦、玉米类似，开花后 4～5 d 胚分化完成；开花后 6～7 d 籽粒达最大长度；开花后 8～10 d 籽粒达最大宽度；开花后 15 d 籽粒达最大厚度。成熟过程也分为乳熟、蜡熟和完熟。由于穗上不同位置籽粒的物质积累有早晚之分，养分分布不匀，就出现秕粒、半实、腹白、心白等现象。有的籽粒中途停止发育，成为“青米”或胚乳呈灰白心的“死米”。

2.7.4 结实与环境条件的关系

（1）光照和温度。结实期要求温度较高，日照充足，昼夜温差大，天气晴朗。抽穗开花的适宜温度为 28～32 ℃，最低为 15 ℃，最高为 50 ℃。受精的温度范围则小得多，日均温低于 20 ℃ 或高于 35 ℃（日最高温度低于 23 ℃或高于 37 ℃）就会出现大量空秕粒。灌浆期间的适宜温度为25～30 ℃，再高或再低都对灌浆不利。结实期日平均温度21～26 ℃，昼夜温差大，有利于粳稻灌浆。15～20 ℃是灌浆的温度低限。因此，生产上以日平均气温20 ℃作为水稻的安全齐穗期。后期若遇到“八月低温”的影响就会出现“喜鹊尾”现象，施肥过量导致贪青晚熟也会出现“喜鹊尾”现象而影响产量。

(2)水分和养分。抽穗开花适宜的空气相对湿度为70%～80%。湿度过大，尤其是阴雨低温时花药不开裂，易造成空壳。空气相对湿度低于50%，会影响抽穗和花丝伸长。开花受精后还需要吸收一部分养分，以防止功能叶早衰，满足结实期对有机营养的要求。所以，土壤中仍应保持一定的速效养分。

3　水稻产量和品质形成

3.1　水稻产量形成

水稻产量是由单位面积上的有效穗数、每穗粒数(每穗颖花数)、结实率和粒重4个基本因素构成。这4个产量因素是在不同的生育时期形成的。

(1)穗数形成。单位面积上的有效穗数是构成水稻产量的第一因素，也是其他3个因素形成的基础。它是由株数、单株分蘖数和分蘖成穗率组成。株数决定于秧田期，分蘖数在分蘖期决定。要育足秧苗，培育壮苗，才能保证插足计划密度的株数，并在插后返青快、分蘖早。决定单位面积穗数的关键时期是在分蘖期。在壮秧、适宜密度的基础上，单位面积穗数的多少取决于单株分蘖数和分蘖成穗率。一般分蘖生出早，成穗的可能性大，穗粒重也高。所以促使分蘖早生快发，保证在有效分蘖期达到适宜的茎蘖数，提高分蘖质量和成穗率，最终达到适宜穗数，是分蘖期管理的主攻目标。

(2)粒数形成。决定每穗粒数的关键时期是在长穗期。稻穗是在长穗期形成的。穗子大小主要决定于幼穗分化过程中形成的小穗数目及小穗发育程度。在幼穗分化时，如果养分不足，则每穗粒数减少；在幼穗形成后体积迅速膨大过程中，如果养分不足，常会中途停止发育，形成败育小穗，茎秆亦软弱易倒。所以，培育壮秆大穗，防止小穗败育是长穗期管理的主攻目标。

(3)结实率和粒重形成。决定成粒率、粒重及最后形成产量的时期是结实期。水稻的成粒率和粒重是由谷粒大小和成熟度所构成。籽粒大小受谷壳体积大小的约束，成熟度取决于灌浆物质的供应状况。水稻谷粒中的灌浆物质主要来源于抽穗后的光合产物。如果叶片早衰或贪青徒长，或遇到不利的气候因素，或单位面积内小穗数过多，就会影响谷粒的成熟度，造成秕粒，降低产量。因此，提高成熟度，促进粒大、粒饱，防止空壳秕粒，实现高产，是结实期栽培的主攻目标。

以上产量构成因素之间的关系。水稻生产的对象是群体，在一定栽培条件下，产量构成因素存在着一定程度的矛盾。稻谷产量(t/hm^2)＝穗数/m^2×粒数/穗×结实率(%)×千粒重(g)×10^{-5}。从公式中可以看出，产量随构成因素数值的增大而增加(各因素的数值越大，产量就越高)。但实际上，各构成因素很难同步增长，它们之间有一定的制约和补偿关系。如当达到一定的密度时，增加穗数，穗粒数和粒重就会受到制约，表现出相应下降的趋势；相反，当单位面积的穗数减少时，穗粒数和粒重就会做出补偿性反应，表现出相应增加的趋势，这是因为作物的群体由个体构成，当单位面积上种植密度增加时，各个体所占营养和空间面积就相应减少，个体的生物产量就有所削弱，故表现穗粒数减少，粒重减少。密度增加，个体发育变小是普遍现象，但个体变小，不等于最后产量就小。因为水稻生产的最终目的是单位面积上的产量，即要求单位面积上的穗数、粒数、结实率、粒重四者的乘积达到最大值。当单位面积上的株数(穗数)的增加能弥补甚至超过穗粒数和粒重减少的损失，仍表现高产。只有当四因素中某一因素的增加不能弥补另外三个因子减少的损失时才表现减产。故调控水稻产量形成时，需要协调群体和个体的关系。

知识拓展

水稻大穗形成及其调控的研究进展

3.2 水稻品质概念及其形成

水稻品质是指稻米的质量。由于用途不同，对稻米品质的要求也不同。稻米的用途可以分为食用、工业加工和饲用 3 种类型，相应的也要求具有较好的食用品质、工业用品质和饲用品质，各有相应的品质指标。在食用品质方面，长期执行的是国家标准 GB/T 17891—1999 优质稻谷，从 2018 年 7 月 1 日起执行标准是(GB/T 17891—2017)，见表 6-3。

表 6-3 优质稻谷质量标准(GB/T 17891—2017)

	等级		1	2	3
籼稻谷	整精米率%≥	长粒>6.5 mm	56	50	44
		中粒 5.6～6.5 mm	58	52	46
		短粒<5.6 mm	60	54	48
	垩白度%≤		2	5	8
	食味品质分≥		90	80	70
	直链淀粉(干基)%		14～24		
	不完善粒%≤		2	3	5
	异品种粒%≤		3		
	谷外糙米含量%≤		2		
	黄粒米含量%≤		1		
	杂质含量%≤		1		
	水分%≤		14		
	色泽气味		正常		

续表 6-3

	等级	1	2	3
粳稻谷	整精米率%≥	67	61	55
	垩白度%≤	2	4	6
	食味品质分≥	90	80	70
	直链淀粉(干基)/%	14～20		
	不完善粒%≤	2	3	5
	异品种粒%≤	3		
	谷外糙米含量%≤	2		
	黄粒米含量%≤	1		
	杂质含量%≤	1		
	水分%≤	14.5		
	色泽气味	正常		

注:①本标准适用于收购、储存、运输、加工、销售的优质商品稻谷。②判定规则:整精米率、垩白度、食用品质均达到本标准规定的某等级指标且直链淀粉含量在标准规定的范围内,判定为该等级优质稻谷;其他指标按国家有关规定执行;定级指标中有一项达不到三级要求,或直链淀粉含量不在标准规定的范围内的,不得判定为优质稻谷。

食用稻米数量占稻米总产量比重最大,相关研究也最多。食用稻米品质具体划分为碾米品质(加工品质)、外观品质、蒸煮和食味品质、营养品质4个方面。

(1)碾米品质。碾米品质是在稻谷加工过程中所表现的特性。衡量碾米品质的指标有糙米率、精米率、整精米率。糙米率是指净稻谷脱壳后的糙米占试样稻谷的百分率,一般为78%～80%。去掉糠皮和胚的米为精米,精米占试样稻谷的百分率为精密率,一般稻谷的精米率在70%左右。整精米占试样稻谷的百分率为整精米率。整精米率的高低因品种不同而差异较大,一般在25%～65%。

(2)外观品质。外观品质是指糙米籽粒或精米籽粒的外表物理特性,是大米面对消费者的第一感官印象。主要包括米粒的粒形、垩白度(垩白米率和垩白大小)和透明度等指标。

(3)蒸煮和食味品质。蒸煮和食味品质是指在蒸煮过程及食用时稻米所表现的理化特性和感官特性,如吸水性、溶解性、延伸性、糊化性、膨胀性、热饭或冷饭的柔软性、黏弹性等。最为直接的是由训练有素的人员组成品尝小组对稻米进行食味品尝鉴定。通常还可以借助稻米淀粉的主要理化指标,即直链淀粉含量、糊化温度和胶稠度等来间接评价稻米的蒸煮和食味品质。直链淀粉含量是指精米中直链淀粉的百分率,通常用碘比色法鉴定。糊化温度是指米粒在热水或加热过程中淀粉粒崩解,失去结晶结构,发生不可逆膨胀时的温度,一般采用碱消解法测定。胶稠度是指粳米粉经碱解糊化后米胶冷却时的流动长度,其测定方法一般为米胶延长法。

(4)营养品质。营养品质主要是指稻米中的营养成分,包括淀粉、脂肪、蛋白质、氨基酸、维生素及矿物质元素的含量。目前主要以稻米的蛋白质含量作为营养品质的指标。稻米的品质既与品种遗传特性有关,又受气候因素、土壤条件、栽培技术和加工方法等影响。品种基因型是决定稻米各项品质指标的关键因素,种植优质水稻品种是生产优质稻米的前提条件。稻米碾米品质和外观品质受灌浆期温度和平均灌浆速率影响较大,粳稻灌浆期适宜日平均温度21～24℃。籽粒灌浆成熟期温度过高,灌浆速度过快,灌浆时间缩短,籽粒充实度不良,导致千粒重降低，会降低糙米率、精米率和整精米率，增加垩白率、垩白面积和垩白度。反之，籽粒灌浆成熟期温度过低，灌浆较慢，弱势粒不能正常成熟，也会降低稻米碾磨品质和外观品质，特别是整精米率。

3.3 产量与品质的关系

稻米产量与品质存在一定矛盾。但近年研究发现，产量构成因素与一些品质性状间存在正相关关系，如穗数与糙米率、精米率间存在显著正相关；每穗粒数与整精米率间存在显著正相关；成粒率与垩白率、垩白面积、垩白度均呈显著负相关；千粒重与整精米率间存在显著负相关。不过，经济产量与各品质指标的相关性很小。同一品种的单位面积穗数与产量一般呈抛物线关系，而穗粒数与产量常呈正相关。因此如果选用优质品种，采用稀植栽培技术控制适当的穗数，提高成粒率和每穗成粒数，可以在较高产量水平上与品质统一起来。

知识拓展

“三农”人物——袁隆平

学习产出与评价

1. 能简述早、中、晚稻“三性”的特点，“三性”在水稻生产上的意义。
2. 系统陈述水稻分蘖发生的规律及影响分蘖的因素。
3. 观察稻穗的形态与结构，并能叙述穗分化的特点及其与产量构成之间的关系。
4. 能说出水稻空秕粒的形成原因并为生产实际制定出防止途径。
5. 会解释“壮秧早栽是云南省冷凉和温凉稻区高产稳产的关键”。
6. 按水稻排水晒田的技术要领，会指导农户进行分蘖数量的控制。
7. 按国家优质稻谷质量标准初步学会稻米品质鉴定。

任务三　水稻栽培技术(一)　水稻育秧

知识目标：①能列举水稻育秧方式；②能陈述水稻苗期生长过程。

技能目标：①初步学会秧田管理中的温度、湿度和肥水控制要领；②能运用水稻旱育稀植技术理论培育壮秧。

素质目标：①参加基地实训，培养团队合作精神，体验分工合作的快乐；②积极付出，参与苗期管理和生育期观察；③关爱生命，珍惜生命，培养对生命、生存、生活的情怀。

1 水稻育秧栽插的优点

水稻育秧是作物栽培中时间与空间相互替代的范例，是作物栽培措施灵活运用的具体体现。

(1)可以缩短本田生育期。如北方约缩短半个月到1个月，南方有的可达60 d以上。因此插秧稻可以提高复种指数，提高土地利用率。

(2)直播稻的最大缺点是难保全苗。插秧稻可以先在秧田精心管理，培育壮秧。插秧时可以保证本田密度，提高产量。

(3)在寒冷、干旱条件下可以保护育秧，且防治病虫较容易。即可以防灾避害。

2 育秧的主要方式

水稻育秧的方法很多，根据稻田水分状况的不同，可分为水育秧、湿润育秧(半旱育秧)、旱育秧等；根据增温情况不同，可分为露地育秧(常温育秧)、保温育秧和加温育秧等；根据床土养分状况可分为普通床土育秧、营养床土育秧；根据育秧地点可分为本田育秧、园田育秧和庭院育秧等。在实际生产中，各种育秧方式常配合应用。

在南方稻区应用的育秧方式主要有薄膜保温(普通床土)湿润育秧、薄膜保温(普通床土或营养床土)旱育秧、软盘育秧(开闭式薄膜保温、营养床土、旱育)。目前，南方主要采用规范化的营养土保温旱育秧。塑料薄膜保温使地上生态条件得到改善，育秧时间提早，延长了生长期。用营养土及时降低床土水分，使地下生态条件得到改善。秧苗素质明显提高。

3 育秧的基本要求

壮秧是高产的基础。培育秧龄适宜、整齐健壮、无病虫害的秧苗，是育秧的基本要求。

(1)秧苗的类型及特点。水稻秧苗可以分为小苗、中苗和大苗。小苗一般指3叶期内带土移栽的秧苗，C/N<10，多用于春稻适期早插时。中苗一般指3.0～4.5叶内移栽的秧苗，C/N(碳氮比)=10～14。适期插秧用。大苗一般指4.5～6.5叶内移栽的秧苗，C/N=14及以上，不超过20。麦茬稻，一般用大苗。

(2)壮秧的形态特征。壮秧共同形态特征为茎基宽扁，叶鞘短，叶耳距小，叶色绿中带黄，长势旺而不徒长，无病虫害；根系发达，白色；植株矮健，秧龄适宜；4片叶以上的壮秧应长出分蘖。

(3)壮秧的生理特征。壮秧的光合能力强，干物质生产积累多，特别是叶鞘内糖类含量高。由于发根主要依靠贮存于叶鞘的养料，所以茎基粗壮的秧苗形成的根原基多，发根力强。壮秧的碳氮比适中，如中苗7～9，大苗11～14。壮秧的束缚水含量高，有利于保持秧苗水分平衡，抵抗干旱、冷害和温差巨变等不良条件。

4 育秧的基本环节和技术

4.1 秧田选择

秧田选择在地势平坦、背风向阳、排灌方便、土质肥沃、结构好(以壤土为宜)的园田地或旱田地且杂草少、无病虫害、距本田较近(旱育秧、软盘育秧有利用庭院的)的地方。

4.2 秧田整地

早春或入冬前,精细整地,做床。床长一般 10～15 m,床宽一般 1.7～1.8 m,大棚育苗则根据棚的面积而定。施足优质的底肥,并把底肥均匀地掺和在表层 10 cm 的土层中。

4.3 施用基肥或配制营养土

田间育秧的苗床做好后,每平方米施优质农肥 7.5～10 kg,硫酸铵 50 g,过磷酸钙 150 g 或磷酸二铵 50 g,硫酸钾 50 g,并均匀混合在 8～10 cm 土层中。旱秧田还需将 pH 调至 4.5～5.0。

软盘育秧要先配制营养土。营养土要求疏松、肥沃,pH 4.5～5.0。可用充分腐熟的农家肥,捣细,过筛,与园田土或其他客土按 1∶(2～3)比例配制,并用床土调制剂调酸。为提高肥力,每千克营养土可拌入硫酸铵 2.5 g,过磷酸钙 4 g,硫酸钾 0.8 g。

4.4 确定播种期

播种期一般在 3 月末至 4 月中旬。采用倒推法,主要考虑 3 个要素。

(1)插秧期和秧龄。计划插秧期减去秧龄,就是适宜播种期。春季育秧的秧龄,大苗为 40～45 d,小苗为 30 d 左右。

(2)安全播种期。北方春稻和南方早稻要根据气温和寒潮规律确定播种期。一般地温稳定在 10～12 ℃,白天有 5 h 在 15 ℃以上即可播种。薄膜保温育秧在气温稳定在 5 ℃时即可达到这一要求,可以选冷尾暖头抢晴播种。

(3)安全齐穗期。除气温指标外,田间鉴定标准为空秕率 30%。安全齐穗期减去生育期,即为最迟播种期。云南省“八月低温”经常出现在 8 月 20 日左右,需要考虑此因素。

4.5 种子处理

(1)种子质量。纯度>99.5%,发芽率>90%,发芽势强,整齐饱满。

(2)晒种。晴天晒种 1～2 d,要薄摊勤翻,防止谷壳破裂。

(3)风选、筛选、比重选种。食盐水、硫酸铵水、泥水,籼稻和有芒粳稻比重 1.05～1.10,无芒粳稻 1.11～1.13,选后清水淘净。

(4)浸种和消毒。播前 3 d 浸种。春稻育秧,气温 12 ℃浸种 3～4 d;气温高浸 2～3 d;可用浸种灵 300～400 倍液浸。用水浸种后消毒:恶苗灵 120 倍液室外浸 7～8 d,每天翻动 1 次,捞出后不清洗。或 3%生石灰澄清液浸 3～4 d,保持 10 cm 水层隔绝空气,不搅拌。捞出后用清水冲净。

(5)催芽。目的是播种后能迅速扎根,出苗整齐,减少烂秧,提高成秧率。要求达到出芽迅速、根芽整齐、芽长适度。催芽过程可分为 3 个阶段:①高温破胸。增温保温为主,保持温度 35 ℃左右,经 1～1.5 d 破胸露白。②适温催芽。主要是解决水气矛盾,保持谷堆温度 25～30 ℃,催成“根长一谷,芽长半谷”的壮芽。③降温炼芽。1～2 d 逐渐将谷堆温度降至 20 ℃以下摊薄炼芽,增强芽谷播后对环境的适应性。

4.6 浇足底墒水

底墒水根据土壤墒情掌握。浇水时结合浇入 1 500 倍的立枯灵溶液有利于防治立枯病。播后如果床土墒情不足,也可适当补水。浇底水只用于湿润育秧播种和旱育秧的“浇水拍籽法”播种,“旱播种法”不浇。

4.7 播种

采用湿润育秧时,需要压籽入土,“三分漏籽,七分入土”这样有利于吸水发芽扎根。若采用旱育秧时,则有浇水拍籽法、旱播种法、混合播种法及软盘育秧。播后用平板拍籽入土。旱播种用滚筒压入土中,然后浇水。最后盖营养土(不超过 1 cm)。

掌握播种量是培育壮秧的关键。确定秧田播种量要根据秧龄的长短、育秧期间的气温高低、组合特性以及对秧苗的分蘖要求来决定。盘育机插的 3.0～3.5 叶秧盘每盘 80～100 g,盘育手插的 3.5～4.0 叶秧盘每盘 60～80 g;普通旱育秧的 4.0～4.7 叶秧 200～300 g/m^2,4.7～5.5 叶秧 150～200 g/m^2,5.5～6.5 叶秧 80～100g /m^2。

4.8 药剂灭草

覆土后用丁草胺 3 g/10 m^2,加水 1 kg 喷雾封闭,或施除草颗粒剂。

4.9 覆盖

种子上覆盖盖种土后,云南省习惯于再覆盖一层稻草或松毛,然后再盖塑料薄膜,也可以采用拱架来覆盖塑料薄膜。有利于床土的增温保墒,使出苗快而整齐。

4.10 秧田管理

(1)温度管理。密封期(1 叶 1 心前):保持 30～35 ℃高温。防止大风吹开薄膜,现青 80%时撤出地膜(不是棚膜)。炼苗期(1 叶 1 心到 2 叶 1 心):温度逐渐降到 25～30 ℃。开闭式一开始晚开早关,逐渐过渡到早开晚关,开口渐大渐多。揭膜期(3 叶期以后):根据温度掌握(最低气温>12 ℃)。

(2)水分管理。①旱育秧。床土水分保持田间持水量的 70%～80%。出苗前根据床土适量喷水。1 叶 1 心期前 2～3 d 至 2 叶 1 心每天早晨喷浇 1 次,水量由小到大。3 叶期后早晚各喷 1 次,遇低温或高温大风可灌深水保护。为提高水温,可用缸贮水,并稍加硫酸。②湿润育秧。1 叶 1 心期前为立苗期,保持畦面湿润。1 叶 1 心至 2 叶 1 心为扎根期,逐步灌水上畦。3 叶期后为长身期,保持 3 cm 水层。无论何时遇低温、高温、大风、大雨、寒流,都可灌深水护苗。

(3)秧田施肥。根据秧苗需要,肥料种类以硫酸铵最好,尿素其次。除基肥、叶面肥外,3 叶期可施断奶肥硫酸铵 30～50 g/m^2;4 叶期还可施壮秧肥硫酸铵 22.5 g/m^2;移栽前 5～7 d 有时施“送嫁肥”或“起身肥”硫酸铵 5～7 g/m^2。

(4)防治病虫草害。1 叶 1 心期浇 1 000～1 500 倍育苗灵溶液防治立枯病;如床面有杂草,每 10 m^2用敌稗 12～15 g 兑水 0.5 kg 喷雾。插秧前 5～7 d,喷 1 000 倍乐果溶液防治潜叶蝇。

综合防治立枯病:在酸化床土上,不施硝酸铵,适时早播,早通风锻炼,在管好水分的基础上处理土壤,播种前用敌克松 500～1 000 倍液 2～3 kg/m^2(或糠醛渣 0.5～0.75 kg/m^2)处理土壤。稻苗发病时用喷壶喷敌克松 1 000 倍液 2～3 kg/m^2也有效果。

5 几种主要育秧方式及其技术要点

5.1 露地湿润育秧

露地湿润育秧大多应用于中稻、一季晚稻和双季晚稻,是我国水稻生产最主要的育秧方式。该方式技术要求主要有 3 点。

5.1.1 选择合适的秧田，精细整地

秧田应选排灌方便、土质松软、肥力较高、杂草少和无病原的田块。秧田宜干耕干整，开沟作畦，畦宽约 150 cm。畦面达到“上糊下松、沟深面平、肥足草净、软硬适中”的要求。

5.1.2 秧田要施足底肥，精细播种

早、中稻秧一般施用腐熟优质厩肥或人粪尿 10～15 t/hm^2，或施用硫酸铵或碳铵 225 kg/hm^2 作基肥，还应施用过磷酸钙 450 kg/hm^2，氯化钾 150 kg/hm^2，结合耕地在整畦前施下。晚稻育秧期间气温高，可少施或不施用基肥。同时注意播种质量，分畦定量播种。

5.1.3 根据芽期、幼苗期和成苗期的秧苗生长特点，精细管理

从播种到第一完全叶展开之前为芽期。此时秧苗耐低温能力较强，供氧好坏是影响扎根立苗的关键。采用“晴天满沟水、阴天半沟水、雨天排干水、烈日跑马水”的灌水技术，保持秧板土壤湿润和供氧充足。

幼苗期指 1 叶展开至 3 叶期。此时秧苗通气组织尚未健全，根系生长所需氧气主要依靠空气直接供应，故应采取露田与浅灌相结合的灌水方法，2 叶期前露田为主，2 叶后浅灌为主。早、中稻秧苗如遇寒潮低温，则应灌深水护苗，低温过后逐步排浅水层。进入 3 叶期胚乳残存率已不足 10%，第 3 叶完全抽出时胚乳养分耗尽，故 3 叶期称为离乳期。此期幼苗能否顺利由异养转为自养关键在于早施断奶肥。断奶肥应提早到 1 叶 1 心期施用为宜。及时补充氮源，利于幼苗从异养转入自养。

成苗期指 3 叶期以后至移栽。秧苗体内通气组织已发育健全，根部氧的供应可以由地上部下运，应保持秧田有水层，并利于秧苗吸水、吸肥。因此在 3 叶期，稀播大秧应浅水灌溉，不断水，带土秧要保持湿润，不留水层，以水控苗，防止徒长。4～5 叶时，应施一次接力肥，同时可根据苗情喷施多效唑，以壮苗防徒长。以后视苗情酌量补施 1～2 次肥。起身肥(送嫁肥)是指秧苗即将移栽时的追肥，它的作用在于秧苗吸氮后，造成体内高氮高糖，以增强秧苗的发根力。一般在移栽前 3～5 d，叶色褪淡的基础上每亩施尿素 2～3 kg。

5.2 地膜(薄膜)保温育秧

该方式大多应用于双季早稻。盖膜方式有搭拱形架覆盖和平铺覆盖两种。搭架覆盖的优点是膜内温度湿度均匀，秧苗生长整齐，覆盖时间长。

5.2.1 做好湿润秧田

厢宽按地膜宽度而定，一般膜宽 2 m，做成厢宽 1.3～1.5 m，沟宽 30～35 cm，沟深 13～17 cm。育小苗秧，秧田一般不施底肥。育中秧或多蘖壮秧，每亩可施尿素 7.5 kg，磷肥 15～25 kg 作底肥。

5.2.2 播种和搭架盖膜

用催好芽的稻种播种。播种要做到分田定种，分厢定量，保证播种均匀。播后用踏谷板把谷种压入泥内，并均匀覆盖一薄层土杂肥。然后开始搭架盖膜。用竹片搭架盖膜时，拱中部高度距厢面 20 cm 左右，竹片之间相距 50～60 cm。平铺时可撒一些麦草或不带叶的鲜胡豆秆再盖，膜的四周用泥土压严。

5.2.3 秧田管理

(1)密封期。出芽前膜内温度不超过 35 ℃,出芽后膜内温度在 25～30 ℃,遇晴天应揭膜降温,预防烧苗。

(2)炼苗期。秧苗一叶一心后,应开始通风炼苗,防止高温徒长,使秧苗经受锻炼,逐渐适应外界环境。一般上午 8 时到下午 4 时进行,采取逐日扩大通风面积,逐日延长通风时间的炼苗措施。通风时要将厢沟灌满水,避免水分失去平衡而死苗,下午天气转凉时重新盖膜保温。

(3)揭膜期:当日平均气温稳定在 15 ℃以上,日最低气温在 0 ℃以上时,便可把地膜完全撤去。一般选择气温较高的阴天或晴天上午将膜完全揭去,揭膜前先灌深水,揭膜后即按一般湿润秧田管理。若遇强寒潮立即盖膜防冻。

肥料管理方面,秧苗 2～3 叶应追施断奶肥,每亩秧田用尿素 2 kg 兑水喷施。秧苗在栽前 5～6 d,再施尿素 4～5 kg 作送嫁肥,以促新根发生。病虫防治方面,秧田期要注意病虫害防治,主要有蓟马、螟虫和叶稻瘟的防治。

5.3 旱育秧

水稻旱育秧技术具有早发、高产、节水、高效的效果。据调查,每亩旱育秧比水育秧一般节水 100～150 m^3。可做到冬水田早栽,小春田适时栽,等雨迟栽,特别是稀播长龄大苗秧,秧龄长达七八十天的情况。旱育秧根系活力强,苗体矮健,耐寒耐旱,有利早播、早分蘖、早成熟,对再生稻、双季稻区早栽避伏旱,山区避过扬花低温冷害都有明显的作用。推广水稻旱育秧技术,是水稻生产必须坚持的技术路线。

5.3.1 田块的选择

应选择靠近水源、地下水位低、土质肥沃的田块作为旱育秧苗床地,有条件的尽量选择菜园地。

5.3.2 种子准备

旱育小、中、大苗选用适合当地生态条件的高产品种。用水稻旱育秧种衣剂拌种,1 kg 种子用种衣剂 40 mL 拌种后再浸种催芽,催芽切忌过长,以破胸露白为度。播种用的种子,播种前的晒种、选种、消毒、浸种、催芽等方法与前述种子处理相同。

5.3.3 苗床准备

应选地势平坦、背风向阳、土质肥沃、疏松透气、管理方便、灌排水条件好的旱地,最好是常年蔬菜地。苗床用地最好是相对固定,有利于改良土壤和培育肥力。床址选定后,开始种植蔬菜,蔬菜必须在播种育秧前一个月收获完毕,以免影响苗床精整和调整酸度。苗床土壤的 pH 最好在 4.5～5.0。苗床平整与施底肥应在播种前 10 d 左右选晴天进行。按 1.8 m 开厢,厢面 1.2～1.3m,厢高 5～10 cm,厢长不超过 15 cm。同时,把走道中的床土取出过筛,集中堆放,留作盖种用。床土应施用酸性肥料,切忌加入碳铵、草灰等碱性肥料。

苗床底水要浇透浇足。一般在播前一天浇透苗床,经充分渗透后,播前再浇 1 次,使苗床出现两次饱和状态,从而充分满足发芽所需水分,避免出现“干芽”现象。

5.3.4 播期、播量和播种

当地气温稳定在 10 ℃以上时开始播种。播种量的大小与育成秧苗的叶龄关系密切,一般按每亩苗床干谷计算,小苗秧 40 kg,中苗秧 20 kg,大苗秧 10 kg,长龄秧 7 kg。最好安排在晴天上午播种。将催芽稻种分二三次均匀撒播在床面上，然后用包上薄膜的木板轻轻镇压，使种子三面入土，再撒盖一层 0.5 cm 左右的过筛土盖匀盖严，以不见种子为度。播种结束，立即用竹片搭拱架，盖上农膜，四周用泥土压严保温。

5.3.5 苗床管理

播种至出苗重点是保温保湿，一般不揭膜，但膜内温度不能超过 35 ℃，若超过应立即通风降温。1 叶期要控温降湿，只要外界气温不低于 12 ℃均应打开薄膜两头降温。2 叶期要通风炼苗，控水防病。晴天打开膜的两头或一侧降温，下午 3～4 时再盖膜。3 叶期要施肥促蘖，炼苗控高。膜内温度应控制在 20 ℃左右。

秧苗在 3 叶期后，除雨天外，应注意通风炼苗，逐步实行日揭夜盖，晴天将膜全揭开，晚上盖顶部，留四周通气，并防夜雨淋，雨天也要揭开膜的四周，以适应外界环境，增强抗逆能力。3 叶后每隔 1 片叶应适量追肥施一次肥水，平时只要叶不卷筒，土不现白均不浇水。此外，要加强病虫害的防治和杂草的防除工作。

学习产出与评价

1. 能说出水稻育秧的主要方式及技术要点。
2. 能系统陈述水稻旱育稀植技术规范。
3. 能简述秧田管理中的温度、湿度和肥水控制要领，为培育壮秧提供指导。
4. 能按水稻旱育稀植技术规范培育出壮秧，如出现异常情况会准确分析其原因。

任务四 水稻栽培技术(二) 水稻插秧

知识目标：①能准确辨认水稻土的剖面特征；②学会施肥量的计算方法；③能陈述插秧技术要领。
技能目标：①学会起秧；②学会插秧；③能安全操作大田整地机械；④会调研当地水稻生产中农机具整地的概况。
素质目标：①具有团队合作精神，体验互帮互助的快乐；②珍惜粮食，并养成勤俭节约的习惯；③以配方施肥为例，提升科学素养。

1 本田整地与土壤培肥

1.1 稻田土壤的特点

水稻田在长期灌水耕作下，形成了一种不同于一般旱地的特殊土类，称为水稻土。它是在周期性水旱交替耕作管理条件下，经历物质的氧化还原，有机质的分解、积累和矿物质的淋浴与沉淀等过程而形成的。

1.2 水稻土的剖面特征

发育良好的水稻土，其剖面结构可明显地分为耕作层、犁底层、心土层、底土层。土壤剖面结构见图 6-11。

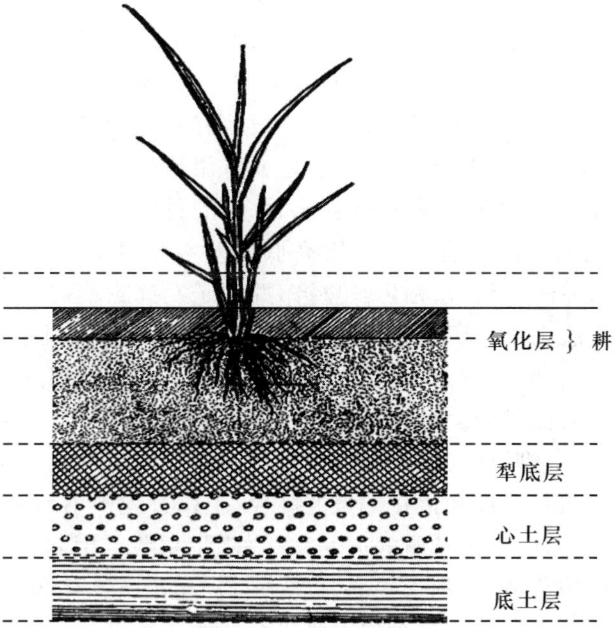

图 6-11　水稻土壤剖面图

(引自湖南省常德农业学校主编《作物栽培学》,中国农业出版社,1980)

1.3　水稻土的还原特性

水稻土淹水后,耕作层除表面一薄层外,均处于还原状态,使土壤理化性质产生一系列还原变化,影响土壤肥力和水稻生长。有机质分解缓慢,腐殖化程度高,有机肥肥效稳定而缓慢,土壤有机质含量高,嫌气分解时易产生有机酸和硫化氢等有害气体并积累;含氮有机物嫌气分解时产生铵态氮,对生长有利,因为水稻吸收铵态氮,稻田施肥也以铵态氮为好。无机阳离子(铁、锰等)易被还原为溶于水的亚氧化态,磷和硅因为有机酸的积累而提高溶解度和有效性,钾也可以被铁、锰、铵等离子置换出来而提高有效性。淹水后,酸性强的稻田 pH 提高,碱性强的稻田 pH 降低,均趋于中性。因此,稻田的还原性在初期有利居多,后期则弊害居多。

1.4　稻田土壤培肥

(1)丰产水稻的肥力特性。适度的土壤渗漏,还原化适度,通气爽水,保水保肥。良好的土体构造,包括深厚的耕作层,较发育的犁底层,垂直节水明显的心土层,保水性较好的底土层。再者就是协调的土壤养分,如全氮量为 1.3～2.3 g/kg,全磷量＞1.0 g/kg,全钾量＞15 g/kg。具有良好的养分供应能力。

(2)提高稻田肥力的途径。通常的措施是建立完善的排灌体系,防止明涝暗渍。施用有机肥料,改善土质和耕性。合理耕作改土,调节三相比例,提高保、释水肥能力。轮作倒茬,用养结合。

1.5　本田整地

稻田整地有旱整和水整两种方式。我国南方一般采用水耕水整,如水耙,水耥、耘田等。

包括耕地、水耙、旱耙等作业，结合施肥，实际是土、肥、水的综合运用，达到肥土相容的目的。

(1)耕地。耕地是指翻耕或旋耕土壤，达到耕层深度。翻耕一般耕层较深，耕后晒垡，可促使土壤熟化，改善土粒结构，增加土壤有效养分。旋耕地平土碎，并且节省泡田用水，但耕层较浅。目前一般是翻耕和旋耕相结合。即翻耕一年，旋耕 2～3 年。

(2)耙地。耙地是指耙碎土垡，达到土层松软。耙地有干耙、水耙之分。干耙也称旱耙，结合干耕进行，主要作用是碎土。水耙能够碎土，但主要作用是起浆，使微小颗粒沉淀下去，把土壤孔隙堵塞，促使犁底层形成，减少渗漏，达到保水、保肥的目的。

(3)耖地。耖地是指耖平田面，使每一块田高低相差不超过 3～5 cm。稻田必须田面平整，才能保证排灌均匀，水深浅一致，水稻生长整齐，并利于发挥除草剂的作用。

水稻整地的机具包括适用于大田块的大中型平地器和小型拖拉机平地器。①动力机械。由于水田作业的特殊情况，一般的轮式拖拉机难以在水田中作业，理想的水田动力机械应是四轮驱动拖拉机。②水田系列铧式犁。水田系列铧式犁有通用型、碎土型、翻土型、窜垡型、高犁架加强型，犁铧数从 1 铧到 7 铧，可与国产手扶拖拉机和轮式拖拉机配套作业。③水田驱动圆盘犁。圆盘犁的优点是能切断草根和留在地里的高茬，工作过程中不易堵塞，有较好的覆盖残茬性能。在南方多季稻产区，由于圆盘犁的灭茬作用好，早稻收获时可适当提高割茬，以减轻全喂入收割机脱粒清选机的负荷，有利于提高收获质量和生产率。④旋耕机。我国已有与拖拉机配套，以耕作水田为主，水旱通用的系列旋耕机和变型产品以及与手扶拖拉机配套的旋耕机。随着水稻生产向集约化、规模化发展，旋耕机将向宽幅、高速和深耕发展。水稻耕整地将离不开旋耕机。⑤水田耙。为满足土壤松、软、碎、平的整地要求，并减少耙地次数，水田耙普遍采用 2 种或 3 种工作部件组成的复合耙。⑥水田耕整机。水田耕整机是一种小型的水田耕地、整地机械，配用小功率柴油机，独轮驱动，单人乘坐，水田耕整机适于在泥脚深度小于 30 cm 的水田中作业，作业田间一定要保持 6～12 cm 的水深。⑦微型水田耕整机。微型水田耕整机适用于在长期蓄水的深泥脚田进行旋耕灭茬作业。主要用于丘陵山区小梯田作业，埋茬性能较好，在留茬 30～40 cm 的水田耕作时，能将留茬完全覆盖，耕后不见残茬杂草。

2 本田基肥施用(含施肥技术)

2.1 水稻需肥规律

水稻必须从土壤中吸收一定数量的各种营养元素，如氮、磷、钾、硅、硫、钙、镁、铁、锰、铜、钼、硼等，才能正常发育。其中作为肥料施用的主要是氮、磷、钾。据各地对水稻收获物成分分析的结果，每生产 1000 kg 稻谷，需要从土壤中吸收 N 16.2～25.3 kg，P_2O_5 7.6～11.5 kg，K_2O 21.2～30.1 kg。品种类型及品种间差异较大。粳稻比籼稻，晚稻比早稻，北方比南方需氮较多而需钾较少。水稻除三要素外，吸收硅的数量也较多，每生产 1 000 kg 稻谷，需吸收 SiO_2 175～200 kg，故称水稻为“硅酸植物”。

2.2 水稻施肥量

应根据平衡施肥技术，按土壤供肥能力和生长发育需要，确定施肥量。当每公顷产 8～10 t 稻谷时，一般根据土壤肥力由高到低，施肥总量逐步增加，N 100～200 kg/hm^2，P_2O_5 70～120 kg/hm^2，K_2O 100～150 kg/hm^2。缺硅、锌的土壤还要按需施用。抗倒品种施氮多些，反之少些。

施肥量=(水稻计划产量需N量－土壤养分供应量)/(肥料中该养分含量×肥料利用率)

据研究认为,每生产100 kg稻谷,需要从土壤中吸收N 1.62～2.53 kg,P_2O_5 0.76～1.15 kg,K_2O 2.12～3.01 kg。目前生产上每亩施纯N 8.1～12.65 kg,N∶P_2O_5∶K_2O为1∶(1～2)∶1。

2.3 稻田施肥技术

以云南省一季中稻为例。

(1)施足基肥。每隔3～5年需施用一次农家肥,数量15～20 t/hm^2,中间加一次高留茬或稻草还田,有利于保持土壤养分平衡。有机肥和磷肥均宜基施。钾肥可以基施,也可留一部分拔节期追施。氮肥肥效短,50%～60%作基施,其余做追肥分次施用。基肥(其中的氮肥)施用方法有3种。耕前施肥:翻到深层,利用率高,肥效长,但肥效差。全层施肥:即泡田前施肥,旋耕到7～10 cm土层中,肥效较长,劲稳。铺肥(面肥):水耕后撒施田面,拉板整平混入表层,肥效较快而长(45 d),有利促进早分蘖。基肥少用面肥,基肥多可用少部分做面肥。

(2)早施分蘖肥。水稻返青后及早施用分蘖肥,可促进低位分蘖的发生,增穗作用明显,分蘖肥分二次施。一次在返青后,用量占氮肥总量的20%左右,目的在于促蘖;另一次在分蘖盛期作调整施肥,用量占氮肥总量的10%左右,目的在于保证全苗生长整齐,并起到保蘖成穗的作用。

(3)巧施穗、粒肥。适量追施穗、粒肥,使中、后期氮肥占氮肥施用量的10%以内,根据密度的大小来调整穗肥和粒肥的施用量。群体适宜的稻田穗肥倒2叶伸长时施,促进剑叶叶鞘长一些,小群体在穗分化前施。粒肥在孕穗至齐穗期施用,用量视具体条件而定。天气条件好正常施。阴雨寡照,或水稻贪青晚熟,或已发生过稻瘟病,则不施,以免引发穗颈稻瘟病。直立穗品种一般不施粒肥。

3 插秧

3.1 适期插秧

为争取生长期,北方春稻强调适时早插。适时的根据主要是栽插后能使稻根正常生长的最低温度,一般铲秧移栽在14 ℃以上,拔秧移栽在15 ℃以上时进行。麦茬稻则收麦后抢耕、抢栽,越早越好。

3.2 合理密度

目前强调合理稀植,以协调个体和群体的关系。地区间的基本苗数差别很大,一般为50～100株/m^2。群体密度的大小取决于栽插的规格(决定每亩穴数)和每穴苗数。

3.3 插秧质量

(1)起秧方法。拔秧是最为普遍的方法。连土拔下,剔除弱病秧和杂草,理齐秧根,洗去泥土,捆捆。铲秧多用于春稻嫩秧早栽。返青快,分蘖早,成熟早,秧田可密植。但运秧和移栽后除草费工。铲秧带土2～3 cm。抛秧可用铲秧苗和软盘育秧抛秧。

(2)栽插质量。具体要求是浅插、匀插、不漏穴和不漂秧。随着生产水平的提高,机械化插秧、人工或机械抛秧是发展方向。

学习产出与评价

1.能准确辨认水稻土的剖面特征。
2.会调研当地水稻生产中农机具整地的概况。
3.学会起秧和插秧。
4.能安全操作大田整地机械。
5.会计算株行距控制群体数量的方法。
6.会计算施肥量,提升科学素养。
7.体验互帮互助的快乐,珍惜粮食,并养成勤俭节约的习惯。

任务五　水稻栽培技术(三)　本田管理

知识目标:①能陈述水稻本田生长发育规律;②能陈述水稻本田期施肥和水分管理基本措施;③会判断水稻成熟的标准。
技能目标:①学会稻田除草剂、分蘖肥、拔节孕穗肥的施用方法;②学会排水晒田技术;③初步学会应用基本理论指导本田水稻水肥管理;④学会水稻病虫害绿色防控技术;⑤学会水稻产量预测的方法。
素质目标:体验稻作文化与“农民丰收节”。

水稻田间管理,可按生育阶段划分为返青期、分蘖期、长穗期和结实期4个管理时期。不同时期有不同的生育特点,田间管理的任务就是根据不同时期的不同特点,采取相应的促控措施,使苗、株、穗、粒四者能得到充分而协调的发展,达到穗多、穗大、粒饱的目的,夺得丰产丰收。

1　返青期

水稻插秧后3 d左右,秧苗叶片挺起,早晨叶尖吐水,晴天中午秧苗心叶展开,并扎下新根,即为返青。此期以营养器官的生长为中心,是决定穗数的关键时期。栽培上应运用合理的技术措施缩短返青期。

(1)查苗补苗。栽插后一周内及时查苗并补苗。

(2)水层管理。插秧后不同类田块管理不同,插秧时保持2 cm水层。大苗秧田插秧后水层加深到苗高的1/2,减少蒸发。经2～3 d落浅到3 cm,提高地温。小苗秧田插秧后浅灌3 cm水层。冷水(井水)灌区要采用晒水池、延长水路、勤换水口、补水灌溉等,以提高水温促返青。

(3)追返青肥。在新根伸长7～10 cm时,每公顷可以追施硫酸铵120～150 kg,促进新叶和分蘖发生。追肥时要灌3 cm浅水,并在3～5 d不灌不排。以后追肥也是如此,施过面肥的,也可以不追返青肥。

(4)稻田除草。稻田主要杂草有稗草、眼子菜及三棱草等莎草科杂草。这些杂草既影响产量和品质，又是病虫寄主和媒介。本田除稗草一般在插秧后5～7 d田面有水的情况下，用丁草胺3 000 g/hm²，加农得时200 g/hm²，兑细沙150～200 kg制成毒土，均匀撒到田里，然后必须保持5～7 d水层。防止莎草科杂草主要用二甲四氯，也可用其他药剂除草。生育中、后期，再辅以人工除草，杜绝草荒。稻田池埂普遍种豆，既能充分利用土地，又能减少杂草种子来源，是一举两得的好措施。

2 分蘖期

移栽后10 d左右开始分蘖，20 d左右达分蘖盛期，25～35 d达最高分蘖期。此期管理要求是促使分蘖早生快发，增加有效分蘖，控制无效分蘖，使最高分蘖期能达到正常的“拔节黄”，使前期营养生长顺利地转入生殖生长，为长穗期生长打下有利基础。

(1)早施促蘖肥。分蘖期一般施2次肥。促蘖肥原则上应在分蘖始期便能见效，不能晚于有效分蘖终止期。一般应在插秧后7～15 d内施用。早熟品种宜早，并且可以一次施足分蘖肥，不再施保蘖肥。晚熟品种则应晚一些。促蘖肥量占总氮肥量的25%～30%，可施硫酸铵225～300 kg/hm²。如到有效分蘖终止期叶色淡，叶尖直立，总茎数少于预期穗数，可酌情施保蘖肥75～120 kg/hm²。氮肥追到10～15 cm的深层，可以提高氮肥的利用率。

(2)水层管理和晒田。水稻的灌水和排水，不仅可以保证生理需水，而更重要的是以水调肥、调气、调温、控草、促控分蘖生长等重要手段。在有效分蘖期间，一般浅灌3 cm可以提高水温、地温，促进养分有效化，分蘖节处光照和氧气充足，能促进分蘖发生和根系发育，吸收肥水和抗病虫能力强。在有效分蘖终止期后，控制无效分蘖有两种方法。一是灌10 cm深水淹没高位分蘖节(南方多用)；二是排水晒田，节水且更有效(北方用)。晒田又称晾田、搁田。其作用一是使稻田脱水，控制吸肥，叶色落黄；二是使后生分蘖消亡，养分向有效蘖积累，提高成穗率；三是适当抑制地上部生长，使碳水化合物在茎鞘中积累，增加抗倒伏能力；四是促进根发育，根数增多，黑根减少；五是调节土壤通气，排除有毒物质。晒田的程度应达到“田中不陷脚，四周麻丝裂；黄根深扎下，新根多露白；叶片挺立直，褪淡转黄色；茎秆有弹性，停止发分蘖”。晒田时期主要根据苗数决定，即“够苗晒田”，当全田总茎蘖数超过计划穗数的85%时进行晒田；或在有效分蘖临界叶龄期开始晒田，考虑到晒田效应滞后，实际晒田时间应提早一个叶龄期。若生长过旺，还可再提前一个叶位，称为“晒田够苗”。晒田的早迟和程度要根据苗情、田情而定。凡是群体大，长势猛，黑根多，土质烂的低洼冷浸田，要早晒重晒；群体小，生长慢，白根多，通气好的沙土和新稻田，要轻晒或不晒。

(3)防治病虫害。分蘖期病害主要有稻瘟病、纹枯病、稻曲病、恶苗病等，虫害主要有二化螟、稻纵卷叶螟、黏虫、稻螟蛉、潜叶蝇、负泥虫等。宜及时检查，抓紧防治。

3 长穗期

长穗期以营养生长与生殖生长并进为主要特点。因此，这一时期的管理要求是，保证植株正常生长，培育壮秆大穗，防止过早封行；保证植株碳氮代谢旺盛而协调，确保穗分化良好，防止小穗败育，达到穗大粒多。

(1)巧施拔节长穗肥。拔节期的追肥称为茎肥，又称拔节长粗肥；穗分化期追肥称为穗肥。

但早、中熟品种拔节长穗同时进行，故茎肥、穗肥不易区分，统称穗肥。第一类是增加小穗数、争取穗大的“促花肥”，此类肥的高效追肥期为第一苞分化到第二次枝梗分化。第二类是分蘖终止到第一苞分化，防止小穗败育、确保粒多的“保花肥”。此类肥的高效追肥期为雌雄蕊形成至花粉母细胞减数分裂期。

不同品种的蘖肥（前）、促花肥（中）和保花肥（后）的施用方法不同。晚熟品种前轻、中重、后补；早熟品种重施蘖肥，一哄而起；中熟品种“攻头保尾控中间”。

穗肥要根据前期营养水平来施用。前期营养水平高的可不施；拔节后叶片发黄的缺肥田，施促花肥硫酸铵 120～150 kg/hm^2；孕穗末期有早衰症状的，可施保花肥硫酸铵 45～75 kg/hm^2。

（2）灌好孕穗水，适时落干晒田。长穗期是对水分最敏感的时期。长穗期一般保持 4～6 cm 水层，决不可断水。遇寒潮（减数分裂期寒潮指标为 17 ℃以下）过境，水层加深到 13～16 cm 保温，寒潮过后恢复。抽穗前 3～5 d，地下水位高，保水力强，生长旺的，进行一次轻晒田。以土不开裂，稻叶退黑转黄为度。

（3）防治病虫草害。长穗期正值高温多雨季节，易发生病虫害，种类与分蘖期类似，宜加强防治，做好分蘖期中耕除草或化学除草。

4 结实期

结实期是最终决定粒数、粒重和产量的时期。此期生殖生长处于主导地位。栽培管理上要护根保叶、增强同化机能、保证顺利灌浆。

（1）适时排灌，活水养稻。抽穗开花期间，保持 3～6 cm 水层，防止受旱。乳熟期逐步落浅到 3 cm 以下或“干干湿湿，以湿为主”，灌水后自然落干 1～2 d 再灌水。蜡熟期“干干湿湿，以干为主”，灌水后自然落干 3～4 d 再灌水。收获前 7～10 d 排干水。

（2）防治病虫，拔除稗穗。抽穗以后还要注意纹枯病、稻瘟病、稻纵卷叶螟、黏虫等病虫害的防治。

5 病虫害绿色防控

水稻病虫害绿色防控是持续控制水稻病虫害、保障水稻生产安全的重要手段，是促进水稻标准化生产、提高水稻质量安全水平的必然要求，是降低农药使用风险、保护生态环境的有效途径。推进水稻绿色防控是贯彻“预防为主、综合防治”的植保方针，实施“绿色植保”战略的重要举措。水稻病虫害绿色防控技术的核心是通过生态调控、物理防治、生物防治和科学化学防治等环境友好型措施控制病虫害。

5.1 农业防治

选用抗耐病优质杂交水稻品种，使用“碧护”或“芸苔素内酯”等植物生长调节剂拌种，促根壮苗，增强抗冻、抗旱、抗病虫能力；搞好品种布局，同一生态区尽量多种植不同种质资源的杂交稻品种，防止品种单一化；搞好病稻草处理，凡是发生稻瘟病、纹枯病的稻草，在水稻收获后应及时处理；加强田间管理措施，施用充分腐熟的有机肥；病害后期形成的菌核会掉落在稻田里成为下一年的病原，在耕沤田时，应打捞菌核并烧毁，对纹枯病有较好的防治效果。

5.2　物理防治

灯诱技术，利用害虫对光的趋性，在田间设置诱虫灯，诱杀二化螟、三化螟、大螟、稻飞虱、稻纵卷叶螟等害虫的成虫，降低虫口基数。

5.3　生物防治

(1)稻鸭共栖治虫除草防纹枯病。准备好田间饲养设施，即在田的四周围逃生圈，在田的一角建鸭舍，并于田间开挖丰产沟若干条；掌握好放鸭技术，在水稻抛秧 15 d，移栽 12 d 后，每公顷放雏鸭 150 只，每天定时收鸭，放鸭时间为 50～60 d，至孕穗抽穗期收鸭。

(2)选用系列高效生物农药控制各种病虫，在病虫发生初期和轻发生时使用生物农药，早防早控、减轻后期压力，减少化学农药使用次数，减缓抗药性的产生。防治纹枯病，使用井冈霉素、蜡样芽孢杆菌；防治稻瘟病，使用枯草芽孢杆菌、春雷霉素、四霉素；防治细菌性条斑病、白叶枯病，使用农用链霉素；防治二化螟、稻纵卷叶螟等害虫，使用多杀霉素、苏云金杆菌、绿僵菌等。

(3)释放赤眼蜂防控二化螟、稻纵卷叶螟。

(4)生态调控技术(天敌控害)。根据田间垄块分布，在田埂上合理布局种植大豆、芝麻等显花植物，为水稻害虫天敌提供生境栖息场所和转移通道，增强田间害虫天敌蓄积功能，以此利用青蛙、蜘蛛、绒茧蜂、蜻蜓、黑肩绿盲蝽、隐翅虫等扑捕食性天敌和寄生性天敌的控害作用控制害虫为害。

(5)性信息素诱杀技术。通过性诱技术诱集稻纵卷叶螟，放置性诱剂诱杀二化螟雄蛾。

5.4　化学防治

加强病虫监测，精准预报，在水稻主要病虫害的关键防治适期或达到防治指标时，推广应用高效、低毒、低残留绿色新农药，集中开展专业化统防统治，提倡不同作用机理药剂合理轮用与混配，避免长期、单一使用同一药剂。严格按照农药使用操作规程用药，遵守农药安全间隔期，确保稻米质量安全。提倡使用高含量单剂，避免使用低含量复配剂。禁止使用含拟除虫菊酯类成分的农药，谨慎使用有机磷类农药，尽量应用氯虫苯甲酰胺、烯啶·吡蚜酮等环境友好型农药。

6　适时收获

蜡熟期末到完熟期初为适宜收获期。当稻谷粒大部变黄，穗上部 1/3 枝梗干枯，穗基部黄色，全穗外观失绿，茎叶颜色变黄即为水稻成熟。个别品种，谷粒虽变黄，部分茎叶仍为绿色，也应及时收获。

知识拓展

水稻抛秧栽培技术

学习产出与评价

1.学会施用稻田除草剂时间、剂量和水浆管理要领。
2.能准确说出分蘖肥的施用量的确定方法、施用时间和水浆管理要领。
3.能描述排水晒田技术要点。
4.能准确说出巧施拔节长穗肥的施用量的确定方法、施用时间和水浆管理要领。
5.能正确识别水稻成熟期的3个标准。
6.学会水稻产量预测的方法。
7.体验稻作文化与"农民丰收节"。

思考与练习

1. 术语解释:叶龄、秧龄、分蘖力、叶龄余数。
2. 简述我国栽培稻种的类型及其演变关系。
3. 根据水稻幼穗分化与拔节的时间不同,可分为哪些类型?
4. 试述早、中、晚稻"三性"的特点,"三性"在水稻生产上的意义。
5. 试述水稻的产量构成因素。
6. 水稻分蘖发生的规律及影响分蘖的因素。
7. 简述稻穗分化的特点及其与产量构成之间的关系。
8. 简述水稻空秕粒的形成原因及防止途径。
9. 为什么说壮秧栽是云南省冷凉和温凉稻区高产稳产的关键?
10. 简述水稻需肥特点及其施肥时期。
11. 试述水稻排水晒田的作用和技术要领。

参考文献

[1] 中国农业科学院. 中国稻作学. 北京:中国农业出版社,1986.
[2] 中国水稻研究所. 中国水稻种植区划. 杭州:浙江科学技术出版社,1989.
[3] 吴光南,邹江石. 水稻栽培理论与技术. 北京:中国农业出版社,1981.
[4] 湖南省常德农业学校. 作物栽培. 北京:中国农业出版社,1980.
[5] 四川农业大学等. 作物栽培学. 贵阳:贵州科技出版社,1992.
[6] 云南省农牧渔业厅. 云南省种植业区划. 昆明:云南科技出版社,1992.
[7] 蒋志农等. 云南稻作. 昆明:云南科技出版社,1994.
[8] 吴琼峰,周晓舟. 作物生产技术. 北京:化学工业出版社,2011.
[9] 银仲智,才伟丽,田雪飞. 水稻高产栽培. 北京:中国农业科学技术出版社,2015.
[10] 邹应斌,万克江. 水稻"三定栽培"与适度规模生产. 北京:中国农业出版社,2015.
[11] 任永锋,苏后汉. 现代水稻生产与经营. 北京:中国农业科学技术出版社,2016.
[12] 胡立勇,丁艳锋. 作物栽培学. 北京:高等教育出版社,2008.

项目7
玉米栽培

学习目标

知识目标:①能陈述玉米分类,会识别当地主栽品种的形态特征;②能系统简述玉米生长发育规律及其与环境条件的关系。
技能目标:①初步学会玉米成套丰产技术措施的操作要点;②初步学会成套的高产理论指导玉米大田生产管理。
素质目标:①“全真全程式”实践教学,按质按量参加校内实训基地建设,培养吃苦耐劳、团队合作精神,积极开展协作与交流,体验分工合作的快乐;②感悟“三农”人物——李登海。

内容提要

被誉为“饲料之王”的玉米是碳四作物,在食品、医药、化工、纺织工业上有广泛的用途,是适宜多熟制间套作的主要作物。因此,了解和掌握玉米的分类、主要栽培种的形态特征及其生长发育规律与环境条件的关系,才能在生产上便于采取相应的促控措施,实现高产。

主要内容:玉米概述;玉米栽培的生物学基础;玉米栽培技术。

任务一　玉米概述

知识目标:①能陈述我国和云南省玉米种植区的划分;②能叙述玉米生产的特点。
技能目标:学会分析当地玉米区域品种和适应性选择的特点。
素质目标:①了解玉米生产概况及其在现代畜牧业中的地位和作用;②学习李登海的故事,感悟科学家精神和大国“三农”情怀。

玉米,又称玉蜀黍、苞谷、苞粟、苞米、苞芦、棒子、玉茭、六谷、珍珠米、观音粟等。玉米既是世界三大粮食作物之一,又是重要的饲料和工业原料作物。

1 玉米生产意义

(1)玉米是重要的粮饲作物,是发展畜牧业的优质饲料。玉米营养丰富,适应性广,产量高,既是人类的重要粮食,也是公认的饲料之王。玉米无论是籽粒还是茎叶,都称得上是优质饲料。一般 2～3 kg 玉米籽粒可转化 1 kg 肉产品。50 kg 玉米籽粒的饲用价值大致相当于 75 kg 稻谷或 61.5 kg 大麦。目前,我国玉米播种面积和总产量均占粮食作物首位,有 60%～70%玉米作为饲料。发展玉米生产对保证国家粮食安全、改善人民生活、促进畜牧业发展有重要意义。

(2)玉米是发展食品工业的主要原料。玉米籽粒中含有丰富的淀粉、蛋白质、脂肪、糖分、维生素、胡萝卜素、纤维素以及矿质元素等营养成分。近年来,一些以玉米为主要原料的食品加工业正在兴起。用玉米初级产品和深加工制成的玉米膨化食品、玉米片、方便粥、烤饼、饼干、罐头等产品受到消费者青睐,市场前景广阔。

(3)玉米是重要的工业原料。以玉米籽粒和副产品为原料加工的工业产品已经达到 3 000 多种。玉米籽粒中的淀粉含量达 70%以上,以玉米为原料生产淀粉,可得到化学成分最佳、成本最低的产品,广泛用于造纸、食品、纺织、医药、化工等行业。以玉米淀粉为原料生产的燃料乙醇是一种清洁的"绿色"燃料,已被广泛使用。

(4)玉米在合理轮作中的作用。玉米具有适应性广、种植制度灵活等特点,适宜合理轮作,提高复种指数,增加土地利用率。同时,玉米根深叶茂,生物产量高,秸秆还田后,有利于耕层形成团粒结构,可增加土壤有机质和养分含量,改善土壤物理性状,提高土壤生物活性。

2 玉米生产概况

2.1 种植面积与产量

玉米是我国第一大粮食作物。2019 年玉米播种面积为 4 496.8 万 hm^2,单位面积产量为 6.32 t/hm^2,玉米产量为 2.61 亿 t。玉米进口量为 479.3 万 t,成为种植面积最大、总产量最多的作物,对保障我国粮食安全具有重要战略地位。在世界上,中国玉米播种面积和产量都仅次于美国,名列第二。自 20 世纪 70 年代起,随着玉米杂交种的使用和栽培技术的不断提高,玉米已成为我国产量增长最快的作物,为我国的粮食增长作出了贡献。玉米综合利用价值高,产业链条长,带动范围广。2019 年我国玉米消费量约 2.9 亿 t,饲料消费占消费总量的 67%左右,深加工消费占 26.5%左右,食用消费仅占 6.4%左右。推动了包括养殖、化工、发酵、食品、医疗、健康等高附加值产业的发展,服务近万亿级市场,带来巨大的经济效益和社会效益,具有显著的战略地位。

农村土地集约化、生产规模化、全程机械化是大势所趋。据统计,2019 年全国玉米生产综合机械化率已超过 90%,主要集中在土地整理、机械播种、无人机防控及机械摘穗等方面,但机械粒收率还不高,主要是由于收获时籽粒含水量较高(大多超过 30%)、机械收粒破损率高所致。玉米育种目标必须尽快作出调整,确立以中早熟、密植、高产、抗逆性强,适应全程机械化为育种目标,尽快选育出适宜机械粒收的高产玉米新品种,满足生产需求。机收玉米的种植密度应该不低于 7.5 万株/hm^2。因品种而异,有些品种的种植密度可达到 12 万株/hm^2,籽粒含水量在18%～23%，破损率低，最适合机械化粒收。

2.2 玉米的分布与栽培特点

玉米的种植范围在48°N至40°S，青饲玉米已达60°N。全世界玉米收获面积以亚洲和北美洲最大。我国幅员辽阔，玉米种植分布较广，东至沿海各省，西至新疆及青藏高原，南至18°N的海南岛，北至53°N黑龙江的黑河地区都有栽培。但主要集中分布在东北、华北和西南山区，大致形成一个从东北向西南的斜长形地带。包括黑龙江、吉林、辽宁、河北、山东、河南、山西、陕西、四川、贵州、广西和云南12个省（自治区），其播种面积占全国总面积的80%以上。

依据自然条件和种植制度，中国玉米产区可分为6个大区。

(1)北方春播玉米区。本区大部分位于40°N以北，包括黑龙江、吉林、辽宁全省，内蒙古、宁夏全区，河北、陕西两省的北部，山西省的大部分和甘肃省的一部分地区。这是我国玉米的主要产区之一，约占全国玉米播种面积的27%。

本区属寒温带或半湿润气候，无霜期较短，冬季温度低，夏季平均气温在20 ℃以上。全年平均降水量在500 mm以上，且降水量的60%集中在夏季，可以满足玉米抽雄灌浆期对水分的需求。春季蒸发量较大，容易干旱。本区玉米生长期间雨水条件充沛，温度适宜，日光充足，构成了玉米高产稳收的自然因素。

本区玉米栽培制度基本为春播一年一熟制。以玉米单种，玉米、大豆间混作为主要栽培方式。只有南部部分地区有一年两熟制发展的趋势。

(2)黄淮海平原夏播玉米区。该区处于淮河秦岭以北，包括河南、山东两省，河北省中南部、陕西省南部，江苏、安徽省北部。该区是我国最大的玉米产区，约占全国玉米播种面积的40%。该区的气候条件属于温带半湿润气候，除个别高山地区外，每年4—10月的日平均气温都在15 ℃以上。年降水量500～600 mm，日照时数多数地区都在2 000 h以上。因为这个地区温度较高，无霜期较长，日照、降水量也比较充足，因此，这个地区是栽培玉米的最适宜区。

在栽培制度上，这个地区有两种栽培方式：①一年两熟制。冬小麦收获后，播夏玉米。采用这种栽培方式的主要有山东、河南、河北省南部和陕西中部地区。②两年三熟制。春玉米—冬小麦—夏玉米。主要在北京、河北保定附近，由于气温较低，冬小麦播种期较早，所以多采用这种方式。

(3)西南山地玉米区。这个区主要包括四川、云南、贵州全省，湖北、湖南两省的西部，陕西省的南部，甘肃省的一小部分。这个地区是我国的主要玉米产区之一，约占全国玉米播种总面积的25%。

该区的气候条件属亚热带、温带的湿润、半湿润气候。因为各地的地形、地势多变，故其气候变化比较复杂。除个别高山外，4—10月的平均气温在15 ℃以上。玉米的有效生长期一般都在205 d以上，南部以及一些低谷地区一般都在300 d左右。即使在高山地区，玉米的生育期也在150 d以上。这个地区的全年降水量在1 000 mm左右，而且主要集中于4—10月，雨量分布也比较均匀，因此非常有利于多季玉米栽培。但是，这个地区阴天过多，一般在200 d左右，导致玉米生长季节光照不足，这是本地区玉米栽培的不利因素。

在栽培制度上，该区由于受不同的地理环境的影响，产生了以下3种不同的栽培方式：①高山地区，以一年一熟春玉米为主。这主要是因为高山地区海拔较高，年平均气温较低，玉米生育季节短。②丘陵地区，以一年两熟春玉米或一年两熟的夏玉米为主。③平原地区，以一年三熟的秋玉米为主。

该区根据不同的地形、地势的影响，可划分为这 3 种不同的栽培方式。其中一年两熟制、一年三熟制为本区的主要栽培方式。

(4)南方丘陵玉米区。该区主要包括广东、广西、福建、台湾、江西等地，江苏、安徽两省的南部，湖北、湖南两省的东部。本区为我国水稻的主要产区，玉米的栽培面积不大，占全国玉米播种总面积的 5%左右。

该区气候条件属于亚热带、热带的湿润气候。其气候特点是：气温高、霜雪少、生长期长。一般 3—10 月日平均气温在 20 ℃左右，适于玉米生长的有效温度日数在 250 d 以上，年降雨量在 1 000 mm 以上，有的地方达 1 700 mm 左右。这些气候条件都有利于多季玉米生长。

在栽培制度上，过去该区以一年两熟制为主；现在，栽培制度有新的改变，部分地区开始推广秋玉米。此外，广西等地种植双季玉米，广东湛江一带种植冬玉米。今后随着栽培制度的改革，该地区玉米播种面积还有可能扩大、发展。

(5)西北灌溉玉米区。该区主要是指天山雪水流域地区，主要包括河西走廊和新疆。玉米播种面积仅占全国玉米播种总面积的 3%。

这个地区的气候条件属于大陆气候。气候干燥，全年降水量在 200 mm 以下，甚至有的地方全年无雨。日照较充足，但生长季节短。在栽培制度上以一年一熟的春玉米为主。

(6)青藏高原玉米区。该区包括青海和西藏两地，以畜牧业为主。玉米栽培历史较短，播种面积较小，仅占全国玉米播种总面积的 1%左右。过去以种植青稞(裸大麦)为主。但近几年来，从当地种植玉米的情况看，表现出玉米高产现象，因此，今后在该区种植玉米发展前景广阔。

玉米栽培较集中的地区还是前面的 3 个区，即北方春玉米区、黄淮平原春夏播玉米区和西南丘陵玉米区。这 3 个区加在一起约占全国玉米播种总面积的 90%。单黄淮平原春夏播玉米就约占 40%，而且根据该区的气候等自然条件，该区可划为我国的玉米种植带。

3 云南省玉米生产概况

3.1 云南省玉米种植面积与产量

云南处于中国玉米带的西南端，玉米是云南省分布最广、山区旱地种植面积最大的粮食作物，在云南省粮食作物生产中占有极为重要的地位，全省各县均有种植，重点种植地区主要有曲靖、红河、文山、临沧、昭通、普洱等。就玉米种植面积和总产量而言，云南省并不是我国的玉米生产大省，但却以其种质资源的遗传多样性、玉米种群生态系统及生态景观的多样性备受国内外学术界关注。就玉米产业而言，云南玉米生产在我国排第 10 位，在西南 6 省(市、自治区)中仅次于四川而位居第二，玉米已成为云南省种植面积第一，总产量第二的大田作物。

根据近 10 年的统计资料分析，云南省玉米常年种植面积在 106.67 万～133.33 万 hm^2，占全省粮食作物总播种面积的 30%左右；玉米平均单产为 3 994.5 kg/hm^2，总产量在 400 万～600 万 t。

3.2 云南省玉米的分布与栽培特点

3.2.1 分布情况

云南省玉米的分布较广，且主要集中在山区，由于各地地形、地势多变，气候变化比较复杂，集寒、温、热带于一地，一年四季均可种植玉米。春玉米多分布于滇东北、滇西北一熟区，夏玉米分布于滇中二熟区和南部山区，秋冬玉米分布于江边河谷区和滇南多熟区。

3.2.2　栽培特点

云南地处低纬高原，海拔落差大，境内沟壑纵横，从而形成了复杂多样的自然地理环境，玉米约 70% 以上分布在山区。因此，在栽培制度上产生了 3 种不同的方式，而且云南省多熟种植制度面积广，玉米间作套种在全省玉米生产中占有很大比重。在高海拔地区以一年一熟春玉米为主；在中海拔地区以一年两熟的春玉米或一年两熟的夏玉米为主；在低海拔地区以一年多熟秋玉米或冬玉米为主。

一熟制春玉米。主要分布于滇东北、滇西北和滇中海拔 2 100～2 500 m 的山区，玉米 3 月下旬至 4 月中旬播种，以当地气温回升和降雨早迟而定，9 月中下旬收获；秋冬季节多休闲，少数地区增种一季越冬绿肥；玉米品种类型以早中熟为主，必须采用覆膜栽培；不过也可根据各地积温条件，因地制宜地改种熟期稍长的品种，充分利用有效积温，提高玉米产量。

两熟制夏玉米。是云南单作玉米的主要种植制度，播种期 5 月上中旬至 6 月上旬，收获期 9 月中旬至 10 月上旬；玉米收获后复种小麦、大麦、蚕豆、豌豆、油菜等小春作物；玉米品种类型以中早熟和中熟品种为主，调整小春作物种植结构，适时早播和地膜覆盖是夏玉米丰产技术的关键。

秋冬玉米。云南南部海拔 1 400 m 以下地区，中北部海拔 1 200 m 以下河谷区，年均气温多在 18 ℃以上，1 月月均气温大于 7 ℃，少有霜冻或无霜冻，适宜发展秋冬玉米，是云南冬季农业开发的主要作物之一；通常于 10 月下旬至 11 月中旬播种，翌年 4 月中旬至 5 月上旬收获；甜玉米、糯玉米等鲜食玉米可提前到 3 月下旬至 4 月上旬采收；玉米品种类型以早熟、中早熟类型为主；玉米收后多复种水稻，实行水旱轮作。

知识拓展

“三农”人物——李登海

学习产出与评价

1. 能说出玉米生产的特点。
2. 能说出云南省玉米区划，并能列举当地玉米区域品种和适应性选择的特点。

任务二　玉米栽培的生物学基础

知识目标:①能叙述玉米的起源和传播情况;②能简述玉米生育习性;③能描述玉米不同生长发育阶段划分的具体要求标准;④会分析玉米产量构成要素之间的关系及其影响因素。

技能目标:①能够识别不同玉米植株形态特征,各器官先后形成的生育时期划分;②学会分析环境因素对作物生长与发育的影响;③能准确识别常见玉米的类型(3种以上)。

1　玉米的起源、传播和分类

1.1　玉米的起源与传播

玉米属禾本科玉米属,学名玉蜀黍。华德生、瓦维洛夫等认为,玉米起源于中美洲的墨西哥、危地马拉和洪都拉斯。因为在那儿还有很多地方可以找到玉米的野生祖先——大刍草。达尔文和第康道尔等认为,玉米起源于南美洲的秘鲁和智利沿岸的半荒漠地带。因为考古学家在那里的古墓中,发掘了不少玉米的史前化石标本及玉米的有关文物。布卡索夫等认为,玉米有多个起源中心:软质种起源于哥伦比亚和秘鲁;硬粒种起源于秘鲁;爆粒种起源于墨西哥;甜质和有稃种起源于巴拉圭。总的还是认为玉米起源于安第斯山山麓的狭长地带。通过用同功酶谱鉴定,我国收集的糯玉米品种87%以上具有第五酶带。因此也有人认为,糯玉米起源于我国的广西和云南等地区。

1492年哥伦布到达美洲后,把玉米带回西班牙,再从西班牙传到世界各地,经海路传入我国。从而使玉米成为世界上分布最广的作物。

1.2　玉米分类

1.2.1　按生育期分类

根据生育期的长短,可将玉米分为早熟品种、中熟品种和晚熟品种3类。

(1)早熟品种。春播生育期80～100 d,所需≥10 ℃积温2 000～2 200 ℃;夏播75～85 d,所需≥10 ℃积温1 800～2 100 ℃。此类品种植株生长矮小,叶数少,总叶数14～17片,果穗和籽粒较小,多属硬粒型,一般产量低。

(2)中熟品种:春播生育期100～120 d,所需≥10 ℃积温2 300～2 500 ℃;夏播85～95 d,所需≥10 ℃积温2 100～2 300 ℃。此类品种植株生长中等,叶数适中,总叶数18～20片,果穗和籽粒中等,以半马齿型为多,产量中等偏高。

(3)晚熟品种:春播生育期120～150 d,所需≥10 ℃积温2 500～2 800 ℃;夏播100 d以上,所需≥10 ℃积温2 300 ℃以上。此类品种植株高大,茎秆粗大,叶数多,总叶数21～25片,果穗粗大,籽粒重,多属马齿型。

由于温度高低和光照时数的差异,玉米品种在南北地区间相向引种时,生育期会发生变化。一般规律是:北方品种向南方引种,常因日照短、温度高而缩短生育期;反之,向北引种生育期会有所延长。生育期变化的大小，取决于品种本身对光温的敏感程度，对光温越敏感，生育期变化越大。

1.2.2 按胚乳质地、籽粒形状及有无稃壳分类

通常，玉米按胚乳质地、籽粒形状及有无稃壳可以分为硬粒型、半马齿型、马齿型、爆裂型、甜质型、糯质型、有稃型等。

1.2.3 按用途与籽粒成分分类

根据籽粒的组成成分及特殊用途，可将玉米分为特用玉米和普通玉米两大类。特用玉米是指具有较高的经济价值、营养价值或加工价值的玉米，这些玉米类型具有各自的内在遗传组成，表现出各具特色的籽粒构造、营养成分、加工品质以及食用风味等特征，因而有着各自特殊的用途和加工要求。特用玉米以外的玉米类型即为普通玉米。

特用玉米一般包括甜玉米、糯玉米、高油玉米、高赖氨酸玉米、爆裂玉米、高淀粉玉米、笋玉米、青贮玉米、黑玉米等。

1.2.4 按播种的季节分类

分为春播、夏播、秋播和冬播玉米。

1.2.5 按性状用途进行分类

籽粒用种、秆用种、饲用种玉米。

1.2.6 按株型进行分类

平展型玉米：叶片与茎秆的夹角＞30°；紧凑型玉米：叶片与茎秆的夹角＜15°。

1.2.7 按株高进行分类

矮秆型玉米＜2 m；中秆型玉米 2～2.5 m；高秆型玉米＞2.5 m。

2 玉米生育期与生长发育特性

2.1 玉米的一生

从播种到新的种子成熟称为玉米的一生。它经过若干生育阶段和生育时期，才能完成其生活周期。

2.1.1 生育阶段

在玉米的一生中，按形态特征、生育特点和生理特性，可分为苗期、穗期和花粒期3个不同的生育阶段，每个阶段又包括不同的生育时期。这些不同的阶段与时期既有各自的特点，又有密切的联系。

(1)苗期阶段。是指播种至拔节的一段时间，是以生根、分化茎叶为主的营养生长阶段。分为播种期→三叶期→拔节期。三叶期是玉米一生中的第一个转折点。

(2)穗期阶段。是指玉米从拔节至抽雄的一段时间。拔节是玉米一生中的第二个转折点，这个阶段的生长发育特点是：营养生长和生殖生长同时进行，即叶片、茎节等营养器官旺盛生长和雌雄穗等生殖器官强烈分化与形成。这一时期是玉米一生中生长发育最旺盛的阶段，也是田间管理最关键的时期。

(3)花粒期阶段。是指玉米从抽雄至成熟的一段时间。玉米抽雄、散粉时,所有叶片均已展开,植株已经定型。这个阶段的生育特点是:营养体的增长基本停止,进入以生殖生长为中心的阶段,出现了玉米一生中的第三个转折点。

2.1.2 生育期和生育时期

(1)生育期。是指玉米从出苗到成熟的天数。生育期长短与品种、播种期和温度等有关。一般早熟品种在播种晚和温度高的情况下,生育期短,反之则长。

(2)生育时期。在玉米一生中,由于自身量变和质变的结果及环境变化的影响,不论外部形态特征还是内部生理特性,均发生不同的阶段性变化,这些阶段性变化,称为生育时期,其各生育时期及鉴别标准如下。

出苗期:50%的幼苗出土高约 2 cm 的日期。

三叶期:植株第三片叶露出叶心 3 cm。

拔节期:植株雄穗伸长,茎节总长度达 2～3 cm,叶龄指数 30 左右。

小喇叭口期:雌穗进入伸长期、雄穗进入小花分化期,叶龄指数 46 左右。

大喇叭口期:雌穗进入小花分化期、雄穗进入四分体期,叶龄指数 60 左右,雄穗主轴中上部小穗长度达 0.8 cm 左右,棒三叶甩开呈喇叭口状。

抽雄期:50%的植株雄穗尖端露出顶叶 3～5 cm。

散粉期:50%的植株雄穗开始散粉。

抽丝期:50%的植株雌穗的花丝从苞叶中伸出 2 cm 左右。

籽粒形成期:植株果穗中部籽粒体积基本建成,胚乳呈清浆状,也称灌浆期。

乳熟期:植株果穗中部籽粒干重迅速增加并基本建成,胚乳呈乳状后至糊状。

蜡熟期:植株果穗中部籽粒干重接近最大值,胚乳呈蜡状,用指甲可以划破。

完熟期:90%以上的植株籽粒干硬,籽粒基部出现黑色层,乳线消失,并呈现出品种固有的颜色和光泽。

2.2 玉米生长发育对环境条件的要求

玉米属短日照作物。温度、光照、水分、矿质营养及土壤等是玉米生长的环境因素,它们及其相互作用都直接或间接影响玉米的生长发育。

(1)温度。玉米是喜温作物,要完成生育周期需要一定的积温。通常,以 10 ℃作为玉米生物学零度,高于 10 ℃的温度才是有效温度。玉米不同生育期对温度要求不同。播种:播种下限温度为 6～7 ℃,适宜温度为 10～12 ℃。苗期:下限温度为 6～10 ℃,适宜温度为 18～20 ℃。拔节至抽雄:气温稳定在 18 ℃玉米开始拔节,适宜温度为 24～26 ℃。抽雄至开花:下限温度为 19～21 ℃,适宜温度为 25～27 ℃。灌浆至成熟:下限温度为 15～17 ℃,适宜温度为 22～24 ℃。日温差较大有利于养分的积累,气温低于 16 ℃或高于 25 ℃都不利于干物质的积累和输送。当气温降至 20 ℃时,籽粒灌浆缓慢,降至 18 ℃时灌浆速度显著减慢,降至 16 ℃时灌浆停止。

(2)光照。玉米是短日照作物,喜光,整个生育期都要求强烈的光照。出苗后在 8～12 h 的日照下,发育快、开花早,生育期缩短,反之则延长。玉米在强光照下,净光合生产率高,有机物质在体内移动得快,反之则低、慢。玉米的光补偿点较低,故不耐阴。玉米的光饱和点较高,即使在盛夏中午强烈的光照下(10 万 lx),也不表现光饱和状态。因此,要求适宜的密度,一播全苗、要匀留苗、留匀苗。否则,光照不足、大苗“吃”小苗,造成严重减产。

(3)水分。玉米不同生育时期对水分的需要量是不同的。前期需水少,拔节至抽雄逐渐加大,抽雄至籽粒形成需水达到高峰。因而不同时期发生干旱减产程度不同。玉米播种到出苗:需水量占总需水量的 3%～5%,此时要求土壤湿度占田间持水量的 70%为宜,保证出苗正常良好。出苗以后:苗期田间持水量控制在 60%左右,能促进根系较快下扎发育。拔节前后:进入旺盛生长阶段,植株迅速增大,同时温度升高,对水分的需求迫切,需水量增大。这个时期如果缺水对幼穗发育不好,果穗小,籽粒少。这时要求土壤水分占田间持水量的 70%～80%,对茎叶生长有利。抽雄前后至开花吐丝:是需水量较多的时期,这个时期要有充足的水分,保证土壤水分占田间持水量的 70%～80%,才有获得高产的可能。抽雄前 10 d 至后 20 d 需水量在 200 mm 以上。籽粒成熟期:进入成熟期以后籽粒基本定型,对水分的要求逐渐减少,土壤水分对产量的影响也越来越小。

总之,玉米营养生长期土壤水分占田间持水量的 60%～70%为宜,花期以 70%～80%为宜。

(4)养分。玉米是需肥量较大的作物,正常生长发育对 20 多种必要营养元素均有数量不等的需求,其中需求量较大的营养元素是氮、磷、钾“三要素”。在大量营养元素中,玉米对氮的吸收量最多,钾次之,磷较少;微量元素的吸收量虽然较少,但有些微量元素对玉米的生长发育及产量的形成则较为敏感。缺少任何一种营养元素都会直接影响玉米的生长发育,造成产量和品质降低。

玉米不同生育时期对氮、磷、钾“三要素”的吸收总趋势:苗期生长量小,吸收量也少;进入穗期随生长量的增加,吸收量也增多、加快,到开花达最高峰;开花至灌浆有机养分集中向籽粒输送,吸收量仍较多,以后养分吸收逐渐减少。

(5)土壤。玉米对土壤条件要求并不严格,可以在多种土壤上种植,以 pH 6.5～7.0 的中性土壤最为适应。但玉米一般耐盐碱能力差,特别是对氯离子较为敏感,玉米生产中尽量避免含盐量≥0.2%的土壤。

玉米植株高大,根系发达,要求的水肥条件相对较高。要使玉米高产稳产,必须创造一个良好的土壤环境,以土层深厚、结构良好,肥力水平高、营养丰富,疏松通气、能蓄易排,近于中性,水、肥、气、热协调的土壤种植最为适宜,避免土壤质地黏重,排灌不畅的下潮地。玉米高产田要求有机质含量在 1.0%以上,碱解氮 50 mg/kg 以上,速效磷 12 mg/kg 以上。

3　玉米的形态特征与器官建成

3.1　玉米营养器官的生长

3.1.1　根

玉米根系一般按其发生时期、部位、形态和功能,分为初生根(胚根)、次生根和支持根(图 7-1)。初生根又称为种子根,包括主胚根和次生胚根。次生根即地下根及其分支组成的根系。支持根为地上部近地表茎秆着生根系,主要起支持茎秆和吸收养分的作用。根系生长分为初生根的生长和次生根的生长。

初生根。种子萌发时,先从胚部长出胚芽和一条幼根,这条幼根垂直向下生长,可达 20～

40 cm，称为初生根。

次生根。初生根经过 2～3 d，下胚轴处又长出 2～6 条幼根，称为次生胚根，这两种胚根构成玉米的初生根。幼苗长出 2 片展开叶时，在中胚轴上方、胚芽鞘基部的节上长出第一层节根，由此往上可不断形成茎节，通常每长 2 片展开叶可相应长出一层节根。玉米一生节根层数依品种类型、水肥供应和密度大小而定，一般可长 4～7 节，根数多达 50～70 条。玉米次生根数量多，而且形成大量根毛，是中后期吸收水分、养分的重要器官，还起到固定、支持和防止倒伏的作用。

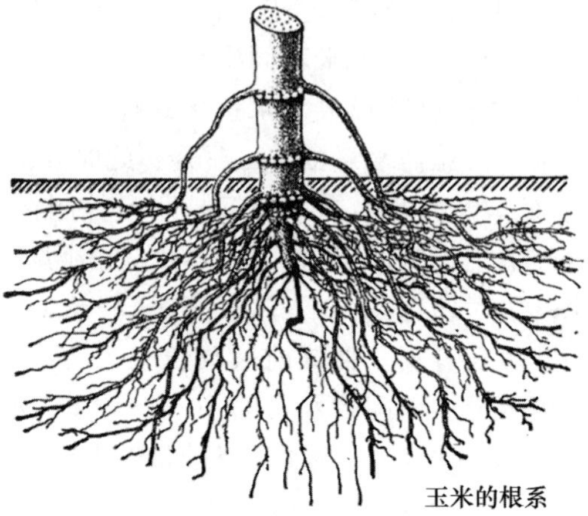

图 7-1 玉米根系

（引自中国玉米栽培学，1986）

支持根。玉米从拔节到抽雄，接近地表茎节 1～3 节上发出一些较粗的根，称为支持根，又叫气生根或气根。它入土后可吸收养分和水分，并对植株有强大的固定支持作用，对玉米后期抗倒增产作用很大。

玉米根系能深入土层 140～150 cm，最深处达 200 cm 以上，但 80% 以上根系集中在 30 cm 以下的土层，分布直径 1 m 左右，最大直径达 2 m 以上（图 7-2）。

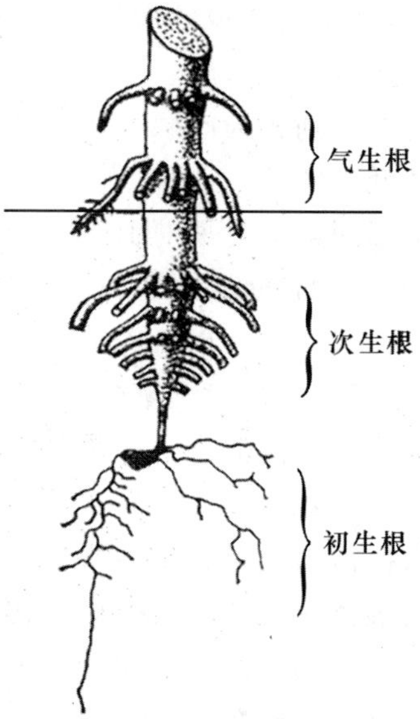

图 7-2 玉米根系在土壤中的分布

（引自山东农业科学院，1986）

3.1.2 茎

玉米茎秆粗壮，直径 2～3 cm；株高因品种类型及栽培条件而异。茎秆由茎、茎节和分蘖组成，有输导、支持、储藏以及着生叶片和果实的功能。茎秆的生长，玉米茎节在拔节初始即已形成，每一个节间是一个单位，茎秆伸长及茎中组织，主要由节间基部分生组织的细胞分裂、生长和分化形成。各节间伸长的顺序，自下而上依次进行。每个节间都经历一个慢—快—慢的伸长过程。

玉米茎秆增长速度随生育时期而变化。从拔节期至孕穗前，茎秆增长速度较慢，每昼夜增长不到 2 cm；孕穗初期至孕穗期，增长速度明显加快，每昼夜增长 4～6 cm；孕穗期至抽雄期，增长速度最快，每昼夜达 7～8 cm，最高达 14～15 cm；抽雄穗后茎秆增长停止。因此，茎秆伸长与结实器官的形成有一定的依从关系。

玉米植株间各节间长度表现出一定的规律性：基部粗短，向上逐节加长，至穗位节以上又略有缩短，而以最上部一个节间最长，且细。植株基部节间缩短与否，是鉴别玉米根系发育和植株健壮的重要标志。基部节间缩短，根系发育良好，抗倒能力强，是高产的象征；反之，根系弱，易倒伏，无法获得高产。苗期适当蹲苗可以收到茎基粗壮的效果。

茎秆的功能。输送水分和养分，支撑叶片，储存养料、后期转移到果穗和籽粒；茎具有向光性和负向地性，可以使倒伏茎秆直立，减少损失。

3.1.3　叶

玉米的叶片是重要的营养器官之一，主要是进行光合作用和蒸腾作用。叶片通过光合作用制造的光合产物，是植物各器官生长所必需的物质来源，对维持植物生命活动和产量形成有重要的意义。

叶的形态。玉米的叶片属于不完全叶，在茎秆上呈互生排列。由叶身、叶鞘、叶舌3部分组成。玉米叶片形状属于阔披针形。玉米不同节位叶片对器官建成所起的作用不同，根据其光合产物在各个器官中分配的数量和规律，可将玉米整株叶片分为4组。

(1)根叶组。玉米从出苗到拔节的苗期阶段，主要生长器官是根系，主要供生长的叶为叶龄指数30以下的展开叶片。

(2)茎叶组。从拔节到大喇叭口期，主要生长器官是茎秆，其次为雄穗，主要供生长的叶为叶龄指数30～60的展开叶片。

(3)穗叶组。从大喇叭口期到孕穗期，主要生长器官是雌穗，主要供生长的叶为叶龄指数60～80的展开叶片。

(4)粒叶组。孕穗期以后，雌穗即进入结实粒数、粒重形成为中心的时期，主要供生长的叶为叶龄指数80～100的展开叶片。

叶片的生长及功能。玉米一生的叶片数是品种的一种相对稳定的遗传特性。叶片数目的多少较大程度上决定植物光合作用叶面积的大小。单株各叶片面积的大小自下而上呈单峰曲线，同一植株不同部位的叶片，其面积大小差异很大，再往上又逐渐减小。

3.2　玉米生殖器官的生长

3.2.1　花(雌、雄穗)

玉米是雌雄同株异花作物，主要是依靠自然力——风力传播花粉，天然杂交率在95%以上，所以玉米属于异花授粉作物。玉米的花由两种花序组成:雌、雄花序。

(1)雄穗的结构特征。玉米雄穗为圆锥花序，生于茎秆顶部。雄穗主轴与茎秆相连并向四周分出若干分枝，分枝数目因品种而不同，一般15～25个，多者40个左右。雄穗主轴较粗，周围着生4～11行成对排列的小穗，分枝较细，通常仅着生两行成对排列的小穗，每个小穗有两朵小花，分枝越多，小花越多，散出的花粉也越多，因而有利于授粉;但是，分枝过多，雄穗过大，在形成过程中要消耗过多的养分，因此在育种上多选用雄穗分枝较少的材料作为杂交父本。

每对雄小穗中，一为有柄小穗，位于上方，一为无柄小穗，位于下方。每个雄小穗基部两侧各着生一个颖片(护颖)，两颖片间生长两朵雄性花，成对排列的两个小穗花内侧的两朵花为内侧花(第二朵小花)，外侧的两朵花为外侧花(第一朵花)。同一小穗中两朵小花结构相似，但上部的第一朵小花先成熟。每一朵雄性花由一片内颖、一片外颖及三个雄蕊组成。雄蕊的花丝顶端着生黄绿色的花药。雄蕊未成熟时花丝很短，成熟后内、外颖张开，花丝伸长，使花药露出颖片外面，散出花粉，即为开花。发育正常的雄穗可产生大量的花粉粒。据观察每一个雄穗有2 000～4 000朵小花，每朵小花有三个花药，每一花药产生约2 500个花粉粒。一个小穗约有15 000个花粉粒，一个雄穗花序能产生1 500万～3 000万个花粉粒。玉米能产生如此多的花粉粒，完全符合异花授粉的生物学特征。

玉米雄穗抽出2～5 d开始开花，也有的抽出7 d后才开花。开花顺序从主轴中上部开始，然后向上向下同时进行。各分枝的小花开放顺序与主轴相同，按分枝顺序，上中部的分枝先开花，然后上部和下部的分枝再开花。雄穗开始开花后，一般经历 2～5 d 为盛花期，但也有的 3～6 d 为盛花期。

玉米在适宜条件下，每一雄穗昼夜之间均有花朵开放，一般以上午 7:00～11:00 开花较盛，尤以上午 7:00～9:00 时开花最多，午后开花显著减少，夜间更少。如遇阴雨天气，则一日内开花最盛时间向后推迟，雨后不久仍能很快开花，在阴天无露水的晚上，如果温度适宜，不但当夜开花数量较多，而且能使次日的开花高峰时间由上午 7:00～11:00 提前到 6:00～8:00。所以，玉米实行人工辅助授粉，一般应在上午露水干后开花最盛时进行。

玉米雄穗开花始期至末期，温度以 20～28 ℃时开花最多，占开花总数的 46%～68%，低于 18 ℃或高于 38 ℃时雄花不开放。开花最适宜的相对湿度为 65%～90%，饱和湿度并不妨碍开花，但湿度过大时，散出的花粉易吸水膨胀，丧失生活力。温度在 25～28 ℃和相对湿度为 70%～90%时，开花最多，温度超过 30 ℃和相对湿度在 60%以下开花较少。

(2)雌穗的结构特征。玉米雌穗在植物学分类上属于肉穗状花序，受精结实后也称果穗，玉米的果穗就是一个变态的茎，由叶腋中的腋芽发育而成，上部 4～6 节的叶腋无腋芽，下部 4～5 节腋芽不发育或成分蘖。叶、芽同伸节位约相差 4 个叶原基。当茎顶生长锥分化为雄穗原始体时，叶与叶芽均停止发生。在一般玉米品种中，茎基部(地下节)的腋芽往往不发育或形成侧枝。位置较高的腋芽停留在分化的早期阶段，只有最上部的 1～2 个腋芽正常发育并形成果穗，多穗品种则有 3～4 个，甚至更多。

玉米果穗为变态的侧枝，果穗柄为缩短的茎秆，各节着生一片仅具叶鞘的变态叶，即苞叶。它包着果穗，起保护作用。一般苞叶数目与穗柄节间数目相等。苞叶的长短因品种类型不同而不同，有些品种在苞叶上仍长有小的叶片，称为剑叶，对光合、防虫有一定作用，但对授粉有影响。在苞叶的叶腋中，有的品种也和主茎叶腋一样能形成腋芽，当条件有利时，腋芽能形成第二级果穗，而使果穗发生分枝。果穗在茎秆上着生的位置因品种类型和栽培条件而不同。一般晚熟品种果穗着生高度以 80～90 cm 为宜，以便于机械化收获，过高容易倒伏，过低容易引起霉烂，也易遭兽害。

果穗的穗轴由侧枝顶芽形成。穗轴粗大，呈白色或红色，穗轴的粗细因品种类型而异，以较细的为好。一般其重量占果穗总重量的 15%～25%。穗轴中部充满髓质，有很多维管束分布在边缘的厚壁组织中。穗轴节很密，每节着生两个无柄小穗，成对排列成行，每小穗内有两朵小花，上位花结实，下位花退化，故果穗上的籽粒行数常呈偶数。但有时成对的小穗，由于发育不良而缺少一个，或一个小穗内两朵小花都能发育结实，因而粒行不成偶数或粒行不整齐。另外，有的籽粒是成对合生的，两颖果有孪生并列的胚，萌发出现孪生幼苗；也有的在同一小穗内，两朵小花联合发育成双籽粒，包含在同一果皮之内。果穗籽粒行数 8～30 行不等，一般品种籽粒行数为 12～20 行，粒行数多的具有丰产的特性。粒行数的多少，因品种而不同，但也与栽培条件有关。通常每个果穗有 200～800 粒或更多，一个中等大小的果穗，有 300～500 粒。一般晚熟品种每行的粒数较早熟品种多，穗粒数的多少除因品种不同外，栽培条件也有很大的影响。

每一雌小穗的基部两侧着生一个颖片(护颖)，其中一个为退化的小花，仅留有膜质的内外稃(颖)和退化的雌、雄蕊痕迹；另一个为结实的小花，其中包括内、外稃(颖)和一个雌蕊及退化的雄蕊。雌蕊是由两个心皮(也有人认为是三个心皮)组成的，它包括子房、花柱和柱头 3 部分。花柱和柱头统称为花丝，它是两个心皮强烈延长的顶端，因此具有两条维管束和中央结构。两条维管束穿过子房壁直达基部，在基部与其他小穗的维管束相连接。花丝实心，略呈扁状，其上有两条陷沟，表面密布茸毛，分泌黏液，有黏着外来花粉的作用，所以花丝任何部位都能接受花粉，花丝颜色分绿、红、棕、紫等。柱头是花丝顶端分叉的部分。多数人认为花柱极短，花丝不是花柱，而是柱头的延长。

同一株玉米，雌穗从苞叶露出叶鞘的时间一般比抽雄稍晚，推后晚 5～6 d。雌穗花丝开始抽出苞叶，即为雌穗开花(抽丝)，一般比同株雄穗开始开花晚 2～5 d，也有雌雄穗同时开花的，这决定于品种特性和密植、肥水等外界条件。一般穗柄短的品种，比穗柄长的品种抽丝性好；苞叶短、苞尖松的品种，比苞叶长、苞尖紧的品种抽丝性好；双果穗、多果穗的品种和自交系，往往雌花早熟、抽丝早。

在干旱、缺肥或种植过密、光照不良的情况下，雌穗发育减慢，而雄穗的发育则很少受到影响，因此容易出现雌、雄开花不协调的现象。在一个果穗上，由于各个小穗花着生部位和花丝伸长的速度不同，花丝从苞叶中抽出的时间也就有先有后，一般果穗基部以上 1/3 处的小花先抽丝，然后向上、向下伸展，顶部小花的花丝从苞叶中抽出的时间最晚。所以有些品种的果穗顶部花丝从苞叶中抽出时，已处于大田群体植株的散粉末期，粉源不足，容易造成秃顶现象；有些长果穗、长苞叶的品种，显然基部的小花成熟较早，但花丝需要很长时间才能从苞叶中抽出，实际上抽丝往往最晚，而且花丝因在苞叶内长期伸长而削弱生活力，所以也常常由于授粉不良造成果穗基部缺粒。因此，玉米开花后期，加强人工辅助授粉是减少秃顶缺粒、增加粒数的有效措施。一个果穗的第一条花丝从苞叶中抽出到全部花丝抽出，一般需 5～7 d。花丝长度一般为 15～30 cm，如果授粉不良，长时间不能受精，可伸长到 50 cm 左右，直到受精以后才停止伸长，2～3 d 后颜色变褐，并逐渐枯萎。

(3)雌、雄穗的分化。玉米雌、雄穗的分化、形成，与玉米的生育时期和根、茎、叶的生长以及营养物质的运转分配规律等密切相关，因此研究玉米雌、雄穗的分化过程，不仅要了解雌、雄花序分化在各时期的形态发育特征，更重要的是要了解雌、雄花序内在的生长发育与外部器官表现的相关性，然后将这些相关规律作为玉米栽培的理论基础，及时采取正确的农业技术措施，促进穗多、穗大、粒多、粒重，从而获得高产。

玉米雌、雄穗分化有一定的规律性，如花序各器官形成具有一定的顺序，外部形态与内部器官形成也密切相关，但因不同品种对外界条件的反应不同，因而雌、雄花序开始分化的日期及其分化速度也有不同程度的差别。

玉米雌、雄穗的分化与形成，是一个连续变化的过程，根据变化过程中形态发育特征，可分为生长锥突起期、生长锥伸长期、小穗分化期、小花分化期和雌穗原始体形成期等 5 个主要时期(图 7-3)。

3.2.2 授粉

玉米雄穗开花时，花粉中的花粉粒及雌小穗小花和胚珠中的胚囊都已成熟，花药破裂。花粉重量轻、数量多，每个花粉可产 2 500 多粒花粉，全花序多达 250 万粒左右。散粉可靠微风传至数米远，大风天气可达 500 m 以外，因此，制种田必须设置隔离区。

玉米授粉受精的过程：花粉粒落在花丝上，经过 2 h 萌发形成花粉管，进入胚囊，完成受精过程。授予花丝大量花粉，或者重复授粉，可促进花粉粒萌发和花粉管伸长。花粉粒在田间条件下，4 h 内活力最高，6 h 生活力显著降低，22～24 h 则全部丧失生活力。

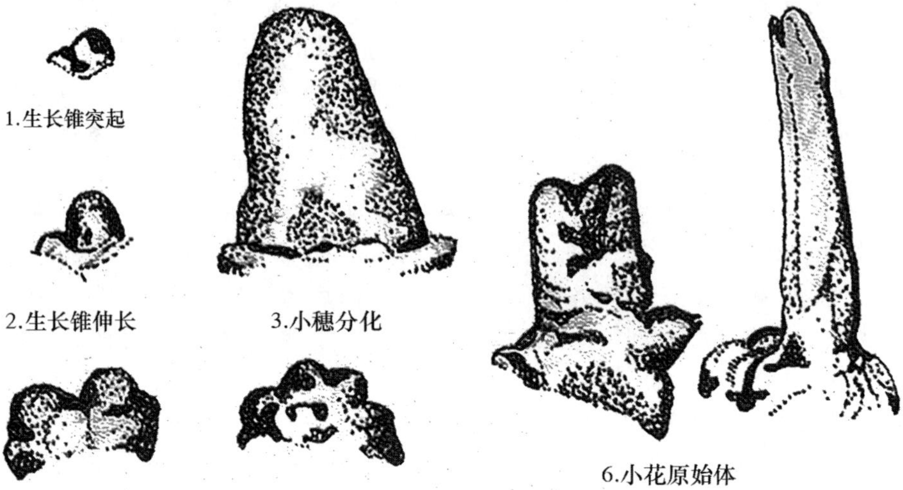

图 7-3 雌穗分化进程

(引自山东农业科学院,1986)

3.2.3 果实与种子(籽粒发育)

玉米种子的产生是由受精卵经过分化发育而成的,胚发育时间的长短因品种类型和外在条件而异。一般在授粉后 30～34 h(受精后 10～12 h),受精卵(合子)进行横向分裂,成为两个大小不等的细胞,下面较大的一个细胞发育为胚柄,是胚获得营养的暂时结构,上面较小的一个细胞继续分裂发育为胚。授粉后 4～8 d,胚胎变成大头棍状,上面增大的部分形成胚的本体,下面部分是胚柄,而后停止生长。授粉后 10～19 d 胚胎伸长形成盾片,胚芽鞘开始出现,随后胚根和胚轴显现出来。胚的第一片真叶约在授粉后第 13～14 d 开始形成,而与第一片真叶相对应的第二片真叶,在授粉后 15～16 d 分化出来,将近授粉后 20 d 时,第三和第四片真叶开始分化,第五片真叶在授粉后 30 d 才出现。从授粉后 30～40 d,真叶已经完成分化过程。中胚轴在授粉后 17～20 d 形成。授粉后 15～20 d 胚根分化明显,出现根冠和生长点。根的输导系统在授粉后 15～19 d 开始分化,22 d 即清晰可见。另在盾片节的上面发生不定根,第一对根分别发生在中胚轴的左右侧,第三条根发生在胚的外表。这些根属于初生根系中的次生胚根,也称种子根,在授粉 30～50 d 内形成。

胚乳在极核受精后,紧接着开始分裂。受精后 10～12 h,胚乳具有 20～30 个游离核。因此,胚乳的发育要比胚的发育开始得早些。胚乳所形成的核是沿着胚囊的周边排列,授粉后 3 d,游离核充满了整个胚。这时开始转向胚乳细胞形成阶段;授粉后 5～7 d,胚乳细胞充满整个胚囊。授粉后 7～8 d,胚乳细胞周边层转变为糊粉层,大致与胚开始分化是同时进行的;授粉后 10 d,在糊粉层的细胞里充满了小球状蛋白质的糊粉粒;授粉后 10～12 d,胚乳细胞质中先形成多糖,之后形成淀粉质体(造粉体);授粉后 15～20 d,胚乳细胞内形成淀粉粒;授粉后 20 d,胚乳细胞体积达到最大值,逐渐为淀粉粒所充满。淀粉粒的大量出现是乳熟期的开始。玉米种子中造粉体和淀粉的积累,是从种子顶端开始的,逐渐向下并沿着四周边缘扩展;授粉后大约 25 d，在整个种子中，胚乳细胞为淀粉粒所充满。但是淀粉粒还不十分紧密，细胞核变形弯曲，可以作为乳熟期和转向蜡熟期的特征，授粉 30～35 d 及以后，淀粉粒增大，充满了每一个细胞，胚乳细胞核仁几乎变得没有结构，且往往观察不到，但是并没有完全丧失活细胞的特性，这时大约处于蜡熟期。蜡熟后期储藏物质的积累已经结束，随后种子脱水变硬，并向完熟期过渡。

1. 籽粒的形成

种子在胚和胚乳发育的同时，其形态、干重和含水量等均发生一系列的变化。按其发育特点，可将种子形成过程大致分为 4 个时期，即形成期、乳熟期、蜡熟期和完熟期。各个时期所需时间的长短，因品种类型和栽培条件而异。

①形成期。自受精到乳熟初期止。一般早、中熟品种在授粉后 15 d 左右，晚熟品种在授粉后 20 d 左右。此期胚的分化基本结束，胚乳细胞已经形成，籽粒体积迅速增长。鲜胚体积日增量达 5%～6%，其体积占最大体积的 1/3～1/2，干重积累很少，但已初具发芽能力。日平均粒积增长为 3%～5%，进入种子形成末期，粒积约达最大体积的 75%。干物质积累速度慢而数量少，日增重仅 1%，粒重约占籽粒最大干物重的 10%。这一时期籽粒中水分含量高，在 80%～90%，籽粒外形珠状，呈乳白色，胚乳清浆状，后期稍带白浆。这时果穗轴基本定长、定粗、苞叶呈浓绿色。如果温度等外界条件不良，水分、养分供应不足，易形成“膜片状”籽粒，造成果穗秃顶。

②乳熟期。自乳熟初期至蜡熟初期止，15～20 d。一般早、中熟品种自授粉后 15 d 起，至 30～35 d 止，晚熟品种约自授粉后 20 d 起，至 40 d 左右结束。此期胚乳细胞内各种营养物质迅速积累，籽粒和胚的体积均接近最大值，整个籽粒干物质增长较快，日增干重最多，3%～4%，粒重积累干物质总量占最大干物质重的 70%～80%，阶段绝对累积量占 60%～70%。胚的干物质积累亦到盛期，日增干重达 2%～4%，累积总量占成熟期的 70%左右，阶段累积量占 60%左右，胚已具有正常的发芽能力，籽粒中的水分含量在 60%～80%，胚乳逐渐由乳状变为糯糊状。由于在较长时间内籽粒胚乳呈乳白色，故称乳熟期。此期苞叶呈绿色，果穗不时渐加长增粗，并逐渐向外甩出，与主茎保持一定角度。这一时期如水肥充足，温度适宜，光照良好，保持有较大而稳定的绿叶面积，将有利于籽粒增重，而不良的外界条件容易造成秕粒，影响粒重。

③蜡熟期。自蜡熟初期至完熟，为期 10～15 d。一般早、中熟品种自授粉后 30～35 d 起，至 40～50 d 止，晚熟品种约自授粉后 40 d 起，至 55 d 止。此期籽粒干物质积累速度慢、数量少，其干重累积总量和胚的体积均已达到或接近最大值，故为粒重缓慢增长和定局的时期。日增干重在 2%左右，阶段累积量占籽粒最大干物质重的 20%～30%，籽粒水分含量逐渐下降为 40%～50%，籽粒内的胚乳因失水而由糊状变为蜡状，故称蜡熟期。此期苞叶呈浅黄色，籽粒也呈现该品种固有的形状和颜色，但硬度不大，用指甲仍可掐破。

④完熟期。在蜡熟后期，干物质积累已停，主要是籽粒脱水过程，含水量由 40%下降到 20%。籽粒变硬，表面呈现鲜明光泽，用指甲已不能掐破，靠近胚的基部出现黑层，苞叶开始枯黄，即称完熟期。完熟期结束时，茎秆往往因其中一部分纤维素、果胶和木质素的分解而倒伏，此期时间较短，需及时收获。

2. 籽粒的形态构造

玉米的种子实质上是果实，植物学上称为颖果，通常也称种子或籽粒。玉米种子的形状、大小和色泽不尽相同。有的籽粒近乎圆形，顶部平滑，如硬粒型玉米；有的籽粒长而扁平，顶部凹陷，如马齿型玉米等。种子色泽有黄、白、紫、红、花斑等色。栽培上最常见的为黄色与白色两种。种子大小因品种和栽培水平而异，一般千粒重 200～350 g，最小的只有 50 多 g，最大的可达 400 g 以上。通常马齿型比硬粒型千粒重高，硬粒型比马齿型的容重大。籽粒出产率，即每个果穗的种子干重占果穗干重的百分比，其比例往往因品种而不同，一般为 75%～85%。刚收获的鲜果穗，其风干种子重占鲜果穗重的百分比，因成熟度而异，一般为 50%～60%。

玉米种子纵切观察，主要由果皮、种皮、胚乳和胚 4 部分组成。种子的外皮系由子房壁发育而成的果皮和内珠被发育而成的种皮所构成两者紧密相连，不易区分，习惯上均称为种皮（籽实皮）。生产上用的玉米品种，种皮大多数是透明无色的，极少数呈红、褐色。种皮有保护内含物的作用，占种子总重量的 6%～8%。胚乳位于果皮的下面，占种子全重的 80%～85%。胚乳的最外层由单层细胞构成，其细胞是含有多种蛋白质的糊粉粒，所以称为糊粉层。糊粉层下面的胚乳，分粉质胚乳和角质胚乳。粉质胚乳结构疏松，不透明，含淀粉量多而蛋白质少；角质胚乳的淀粉粒之间充满蛋白质和胶体状态的碳水化合物，使胚乳组织紧密，呈半透明状，并且蛋白质含量较多。胚乳的结构、蛋白质的含量与分布是玉米分类的依据之一。胚位于种子一侧的基部，占种子总量的 10%～15%。胚实质上就是尚未成长的幼小植株。胚由胚芽、胚轴、胚根、子叶（盾片）组成。胚的上端为胚芽，胚芽的外面有一胚芽鞘，胚芽鞘的顶端有一小孔的空锥体，有保护幼芽出土的作用。胚芽鞘内包着几个普通的叶原基和以后发育成茎叶的顶端分生组织（生长锥）。胚的下端为胚根，胚根外包有胚根鞘，胚根鞘在幼胚中连接着胚柄。胚芽与胚根之间由胚轴相连。在胚轴上，面向胚乳的一面有一片大的内子叶（外子叶退化），紧贴胚乳，在种子萌发时，有吸收胚乳养料的作用。这一片特殊的内子叶称为盾片。胚轴在盾片节与胚芽鞘节之间的节间部分，常称为中胚轴。另外，在种子的下端有一尖形的果柄，它可使种子附着在穗轴上，并且保护胚。果柄与种皮连接，在植物学上是穗轴的一部分。脱粒时，果柄常常留在种子上，如果将它去掉，则可看到胚的黑色覆盖物（黑层），即意味着种子已达到生理成熟的最高干物质重量，此时即可开始收获。当然，干旱也可能形成黑层，故应多加注意。

4 玉米产量构成

4.1 产量构成要素

玉米产量通常由单位土地面积上的穗数、穗粒数和千粒重 3 个因素构成。3 个因素中除千粒重主要受遗传支配外，穗数和穗粒数受环境的影响较大。

(1)穗数。穗数是构成玉米产量的主导因素，变化幅度较大，高产玉米田穗数高达 7.5 万～9.0 万穗/hm^2，低产玉米田只有 4.5 万～6.0 万穗/hm^2。

单位面积总穗数由每亩株数和单株结穗数的乘积构成。要想达到最高穗数，种植密度必须合理，并配合相应的栽培技术，协调个体与群体的关系。玉米由低产变高产，限制因素为穗数，应大力增加密度；若想由高产再高产，在确定单位面积穗数后，提高穗粒数是关键。

(2)穗粒数。穗粒数很大程度上取决于品种特性,但也受环境因素,特别是温度、栽培条件以及成熟早晚的影响。适宜的温度和充足的降水有利于穗分化,为形成较多的穗粒数奠定了基础;抽雄、开花期日平均温度 25.1 ℃,处于适宜温度(25～28 ℃),对于形成较多的穗粒数和减少秃尖极为有利。

(3)千粒重。千粒重的高低主要取决于品种的遗传特性,同时也受籽粒形成过程中温、光、肥、水等条件的影响。相对来说,千粒重比较稳定,受环境影响变化的幅度较小。所以选用高千粒重的良种,提高品种纯度和栽培技术是提高千粒重的有效途径。

4.2 玉米产量的形成

玉米植株的总干物质产量,称为生物产量。这些干物质中,除 5%左右为矿质元素外,其余的 95%左右来源于光合作用产物。在进行光合作用形成光合产物的同时,太阳能可转化为化学能,储存于光合产物中,这些能量是植物生命活动的基本动力。玉米光合作用的主要器官是叶片,在玉米生长发育过程中,可以不断进行光合作用,积累干物质,直至最后籽粒成熟。玉米的光合特性主要表现为光呼吸低,光饱和点高,光补偿点低,光能利用率高,因此有利于产量的进一步提高。

4.2.1 玉米干物质积累与栽培技术的关系

玉米从出苗到成熟,植株干物质积累速度呈规律地变化。玉米从出苗到拔节所需时间,约占全生育期的 1/4 或 1/3。这一阶段群体叶面积很小,干物质增长较少,每亩干物质仅为 13.2 kg,占总干物重的 1%略多,平均日增长量为 0.4 kg。从拔节到蜡熟期,时间约为 2 个月,占全生育期的 1/2,每亩干物质由 13.3 kg 增加到 862.9 kg,占总干物重的 80%以上,平均日增 13 kg。本阶段干物质积累速度近于直线增长,此后为缓慢增长阶段,所经历的时间为 20 d 左右,约占全生育期的 1/6,干物质纯增 134.9 kg,占总干物重的 13.5%。这一阶段积累的干物质,主要供籽粒生长。

4.2.2 产量容积与产量内容的“库”“源”关系

玉米籽粒的形成必须具备两个条件:一方面要有经过授粉并能进一步发育的种子,也就是“库”,或者称为产量容积;玉米产量容积由每平方米的雌穗数、每个雌穗上分化发育的粒数、受精率、根据籽粒大小上限计算的潜在重量 4 个方面的因素构成。另一方面要使这些授粉以后的种子,在整个发育过程中能不断地得到光合产物的供应,这就是“源”,或者称为产量内容。关于“库”与“源”的研究,实质上是产量形成研究的具体化。籽粒产量一方面取决于授粉时所形成的籽粒生长潜力,另一方面取决于从授粉到成熟这一阶段所提供的光合产物数量。“库”的大小可以用每株的籽粒数和每个籽粒的潜在重量的乘积来计算。而供充实籽粒所需要的光合产物数量“源”,可由灌浆期间净光合积累,加上植株在开花授粉前积存于茎秆、叶鞘、叶片中的光合产物的数量来估算。

4.2.3 影响玉米产量潜力发挥的限制因素

限制玉米籽粒产量的因素究竟是“源”还是“库”,并不是绝对的,往往因品种而异。从一般生产情况看,“库”与“源”之间有着相辅相成的辩证关系。如果在拔节至抽雄期所采取的技术措施得当，则可促进“库”的增长，即促进玉米的幼穗分化增加粒行数，同时建立相应的叶片、茎秆等营养体为后期的“源”打下基础。“库”多了，又能促进后期的光合强度，而光合强度的增加，又不断地建成了实际的“源”。这些都说明，“库”与“源”二者是对立的统一。当然，关于“库”与“源”，目前还有许多问题需要进一步深入研究。

除了“库”和“源”以外，由“源”到“库”还存在着一个“流”(运转和运转速度)的因素。在某种情况下，“流”还可能对产量产生重要影响。如在低纬度地区栽培的玉米，相当于茎秆重量40%的物质可能是蔗糖，但没有全被用于籽粒的形成；而在高纬度地区，这些储存物质可能全被利用。

4.3 影响玉米产量的因素

4.3.1 群体叶面积对产量形成的作用

叶面积指数是衡量作物群体叶面积大小的指标。在玉米群体发展过程中，叶面积指数由大到小，然后又下降，一般以玉米开花散粉时叶面积指数最大。不同品种，不同产量水平的玉米群体，其各发展阶段的叶面积指数都有明显差异。

4.3.2 光合势对产量形成的作用

叶面积指数虽然是作物产量形成的一个重要指标，但并不能说明作物某一阶段的生产能力。在叶子形成产量的过程中，主要取决于两个因素：一是叶子进行光合作用的时间，二是叶子的光合生产率。相同叶面积的群体，由于光合作用的时间不同，对产量形成的作用也不一样。叶面积与其进行光合作用时间的乘积称为光合势，即光合势的大小决定于叶面积和光合作用时间。

玉米群体发展过程中，光合势与叶面积的发展趋势相同，玉米种植密度及其管理措施对各生育阶段的光合势都有影响。在一定范围内，产量随光合势的增加而增加，但是相似的光合势并不一定有相似的产量，它与玉米品种增产潜力、栽培管理措施、地域条件等都有密切的关系。

4.3.3 净同化率与玉米产量形成的关系

净同化率是指单位时间内单位叶面积所形成的干物质。计算单叶片的净同化率时，在大田群体条件下计算净同化率的单位是 $g/m^2 \cdot d$，即每天每平方米叶子所积累的干物质。净同化率的高低直接影响植株干物质积累量。玉米的净同化率不但在生长发育时期彼此不同，而且受外界环境条件和栽培措施的影响也很明显。

玉米单株叶片净同化率呈谷峰相同的波浪式变化。大致在三叶期、雄穗生长至裂片期、雄穗小花分化期、抽雄期、籽粒建成初期、籽粒灌浆高峰始期出现 6 个高峰。玉米群体净同化率往往受群体结构以及外界条件的影响。

学习产出与评价

1. 能够识别不同玉米植株形态特征，各器官先后形成的生育时期划分。
2. 会分析玉米产量构成要素之间的关系及其影响因素。
3. 能准确识别常见玉米的类型(3 种以上)。
4. 初步学会环境因素对玉米生长发育的影响(如水分、温度)。

任务三　玉米栽培技术

知识目标：①能陈述玉米高产对土壤条件的要求；②能因地制宜地确定合理密植的范围；③能系统阐述地膜覆盖栽培的技术要点(5个以上)；④能陈述玉米病虫害绿色防控的技术要点。

技能目标：①初步学会玉米播种技术(两种方法)；②能根据玉米的需肥特点，指导玉米施肥；③学会玉米成熟期的鉴定方法；④学会玉米产量预测和室内考种方法(产量误差在20 kg范围内)。

素质目标：①了解特用玉米及其栽培技术，为产业振兴打基础；②积极付出，参与整个玉米生产管理和观察记载；③实习实训期间了解、体验农技服务的艰辛。

1　良种选用

全国玉米杂交种品种繁多，在选用时首先要注意玉米对温光的反应，其次要因地制宜。两熟制的春玉米，应选用中晚熟、高产杂交种；夏玉米或三熟制的秋玉米，应选用苗期长势旺、后期灌浆快、丰产性能好的早中熟杂交种；套种玉米应选用苗期耐阴、中后期生长旺盛、丰产性能好的杂交种。

玉米栽培历史悠久，是世界第一大作物，也是我国种植面积最大的作物。玉米种业是玉米产业的芯片，2019年，全球玉米种子市值约为159亿美元，占全球种子市场份额的近40%。中国玉米种子市值约为285亿元(约42亿美元)，占全国种子市场份额的近23%。北京是全国玉米种业科技创新的高地，玉米种子销售占全市农作物种子销售总额的45%以上，占全国玉米种子销售总额的15%以上，拥有57家玉米种子企业，并有多家大型农业企业，产业联动效应显著，引领作用强。2020年10月第28届北京种业大会——首届中国玉米产业链大会在北京召开，会上发布了《全球玉米产业发展报告》。面向全国广大种植户隆重推荐、宣传、示范、推广已经成为行业发展基石的20个“大品种”(表7-1)。

表7-1　“十三五”期间玉米推广面积较大的前20个玉米品种

玉米品种	育种单位	累计推广面积(亿亩)
郑单958	河南农业科学院粮食作物研究所	8.68
中单2号	中国农科院作物育种栽培研究所	4.89
丹玉13	丹东农业科学研究院	4.89
先玉335	铁岭先锋种子研究有限公司	3.44
浚单20	河南省鹤壁市农业科学院	2.85

续表 7-1

玉米品种	育种单位	累计推广面积(亿亩)
掖单 2 号	山东省莱州市农业科学院	2.80
农大 108	中国农业大学植物科技学院	2.74
掖单 13	山东省莱州市农业科学院	2.26
四单 19	吉林省四平市农业科学院	1.60
掖单 4 号	山东省莱州市农业科学研究所	1.08
豫玉 22	河南农业大学玉米研究所	1.05
四单 8 号	吉林省四平市农业科学院	1.05
京科 968	北京市农林科学院玉米研究中心	0.96
鲁单 981	山东省农业科学院玉米研究所	0.87
本玉 9 号	辽宁省本溪县农科所	0.86
登海 605	山东登海种业股份有限公司	0.85
掖单 12	山东省莱州市农业科学院	0.84
德美亚 1 号	德国 KWS 公司	0.71
掖单 19	山东省莱州市农业科学院	0.62
鲁单 50	山东省农业科学院玉米研究所	0.50

2 土壤选择

玉米适应性较强，对土壤要求不太严格，但需水、肥量大，耐涝性较差。因此，玉米丰产的土壤条件有以下要求。

(1)土层深厚、结构良好。玉米耕作层深度一般在 30 cm 以上。在一定范围内，玉米根系能深入土层 140～150 cm，最深处达 200 cm 以上，但 80%以上根系集中在 30 cm 以下的土层。在浅耕条件下，根系弱、根系少，玉米生长不良，产量下降。

(2)土壤疏松通气。玉米是需氧气较多的作物，土壤空气含氧量 10%～15%最适玉米根系生长，如果含氧量低于 6%，会影响根系正常呼吸作用，从而影响根系对各种养分的吸收。

(3)耕层有机质和速效养分高。有机质和养分状况是土壤肥力的重要因素。有机质主要组成为腐殖质，其中所含的胡敏酸可促进土壤微生物活动，利于土壤养分转化，使养分有效地释放和积累。有机质还能促进土壤中团粒结构的形成，改善土壤物理化学性质。玉米产量高低与土壤有机质含量有密切关系。根据高产玉米土壤分析结果表明，一般耕层土壤中有机质含量为 2%～3%，全氮含量＞0.16%，速效氮＞60 mg/kg，速效磷＞40 mg/kg，速效钾＞80 mg/kg。

(4)土壤微生态环境良好。土壤中有益微生物含量高，活动旺盛，病原物的活动和数量受到抑制或被控制在一定水平以下，即微生态环境良好，有利于土壤中养分有效化，土壤结构改善以及土传病虫害的防治，为作物的正常生长发育创造有利的土壤环境。

3 播种

3.1 播种期的确定与适期早播

玉米种子的发芽、出苗，与温度、水分、空气等条件密切相关。因此，玉米播种期的确定应参考种子萌发的最低温度、播种时的土壤墒情、保证能够在生长季节成熟等因素。

一般春播玉米，从种子萌动到出苗需10～15 d，而夏、秋播玉米则只需4～5 d。玉米种子在萌动时要吸收相当于自身重量50%的水分，所以土壤底墒良好，必须湿润，含有适当的水分，才能满足播种壮苗早发的需要。玉米发芽最低温度为6～7 ℃，10～12 ℃为幼芽缓慢生长的温度。春玉米一般以10 cm土温稳定在10～12 ℃时播种为宜。南方各省玉米适宜播种期差异很大。夏、秋玉米适宜早播的时间，取决于前作收获的迟早，也应争取早播。秋玉米延迟播种，后期易遭受地温危害，影响产量和品质。套种玉米还必须掌握适宜的共生期。

3.2 直播技术

根据各地气候和土质不同，直播可分为垄作、平作和分厢种植3种方式。播种方式有开沟条播和挖穴点播两种。播种深度根据土质、土壤墒情和种子大小而定，应深浅一致，保证播种质量。适宜播种量应根据种子大小及播种密度不同而定。播后覆土要及时、均匀细碎，最好用土杂肥盖种，以利出苗整齐。

(1)露地直播。大田生产多运用露地直播，此法操作简单，成本低廉，省工省力，有利于快速完成播种任务，提高功效。但对土壤墒情和整地质量要求较高，做到适期早播，播深适宜，就可保证正常出苗，实现早、全、齐、匀、壮的“五苗”要求。

(2)覆膜直播。地膜覆盖具有增温保墒，改变田间小气候和土壤理化性状，促进土壤养分分解，抑制杂草，减少病虫害，提早成熟，大幅度提高单产等作用。

覆膜播种主要有先铺膜后点(穴)播、先播种后铺膜两种方式。覆膜播种对整地质量要求较严，田间的残茬、土块(石块)都直接影响覆膜播种质量。先铺膜后点(穴)播:这种方式的优点是不需人工破膜放苗，节省劳力，幼苗出土分布均匀。但在出苗前覆膜保温性较差，存在出苗期遇雨会造成苗孔处土壤板结及苗孔与种子错位，导致出苗困难，需人工辅助出苗才能保全苗。先播种后铺膜:这种方式的优点是可以充分发挥覆膜效应，保温保墒好，覆膜播种质量高，出苗快而整齐。但放苗封土费时费工，放苗不及时可能出现高温烫伤苗。

(3)免(少)耕直播。这是一种保护性耕作方式，即不灭茬、不焚烧秸秆、不起垄，用免耕机在田间一次完成开沟、播种施肥、覆土镇压等多项作业的机械化种植技术。

3.3 育苗移栽

玉米采用育苗移栽具有适时移栽、解决两季矛盾造成的时令紧张，自然蹲苗、提高幼苗质量，移栽可保证株数、达到全苗，能够定向密植、提高光能利用率，相比直播可以节省种子30%～50%等优势。玉米育苗一般有营养球、营养块、营养钵(袋)、塑盘等方式。玉米育苗移栽要抓好3个环节。

(1)培育壮苗。选择靠近本田、土质疏松、排灌方便的地块做苗床。苗床整地要求达到细、净、平，然后做成宽1.3～1.6 m的畦。采用腐熟有机肥配合少量磷、钾化肥来配制营养土，装钵(袋)或做成球或营养块后播种。播种后浅土覆盖或盖土杂肥，稍加镇压，播种后的苗床可覆盖农膜或作物秸秆。播种至出苗，苗床应保持湿润，出苗后根据天气及苗情适当浇水。

(2)适期早播,适龄移栽。育苗移栽的播种期比直播一般提早 15 d。播期的确定主要依前作而定。当玉米长到 3～4 片叶时为移栽适宜期,此时为一、二层节根发生期。一般春玉米苗龄 20 d 左右移栽,夏秋玉米苗龄 7～10 d 移栽。

(3)提高移栽质量。选择晴天下午或阴天进行移栽,带土移苗,移栽后埋土 3 cm,覆土要严实,立即浇定根水。

4 合理密植与种植方式

合理密植就是充分利用温、光、水、肥等资源,协调好玉米个体与群体之间的矛盾,在群体达到最多的情况下,保证个体健康的生长发育,从而达到优质、高产的目的。玉米不能发生分蘖,自我调节能力较差,合理的密植就更为重要。

玉米的产量=每亩穗数×穗粒数×粒重

4.1 合理密植的原则

(1)品种不同密度也不同。一般株型紧凑,叶数较少,早熟的品种可适当密植,反之则要小一些。一般平展型密度在 3 500～4 000 株/亩,紧凑型在 5 000～6 000 株/亩,而一些地方种为 3 000 株/亩左右。穗位以上茎叶夹角小于 20°,密度为 5 500～6 000 株/亩,如掖单 4 号、鲁玉 10 号、掖单 51 号等。穗位以上茎叶夹角为 20°左右,密度为 4 500～5 000 株/亩,如掖单 13、掖单 12 等品种。穗位以上茎叶夹角为 25°左右,密度宜为 4 000～4 500 株/亩,如掖单 2 号等。穗位以上茎叶夹角大于 40°,密度宜为 3 000～3 500 株/亩,如丹玉 13、中单 2 号等。

(2)土壤肥力及栽培水平。土壤肥力条件好,栽培水平高,密度要大一些;反之则要小一些。

(3)光温条件。一般高温短日促进玉米发育,密度要大一些;反之则要小一些。

(4)种植方式。等行距密度要小,宽窄行(宽行 80～90 cm,窄行 50～60 cm)则要大一些。

一般来说,南方气温高,日照短,玉米生长发育较快,植株较矮,应适当密植;株型紧凑、矮秆、生育期短的品种可适当密些,反之宜稀;育苗移栽的玉米,植株较矮,可比直播的适当密些;地膜玉米集约耕作,发育进程快而整齐,株间条件比较一致,可比露地栽培适当增加株数。

4.2 种植方式

玉米的种植方式有 3 种。

(1)等行距单株留苗。一般行距 50～65 cm,株距 20～30 cm。其特点是植株分布均匀,充分利用地力和阳光,适于肥力较低,种植较稀时采用。其缺点是后期行间通风透光较差。

(2)等行距双株留苗。一般行距 60～75 cm,株距 35～60 cm,每穴留双苗,苗距 6～10 cm,相邻两行以错穴呈三角形为宜。也可采取株距相等方式,此方式在山区较普遍,行间适宜间作豆类。

(3)宽窄行。一般宽行距 85～100 cm,窄行距 30～48 cm,株距视密度而定。窄行以三角形错穴种植,宽行可以套种其他作物,这种方式种植密度较大,既保证了单位面积总株数,又便于田间操作,适于肥力较高的土壤种植。

5 施肥

5.1 玉米的需肥特性

(1)玉米对大量元素的吸收和利用。玉米对 N、P、K 的需要量顺序为:N-K-P。一般 100 kg 玉米籽粒需要纯 N 3.6 kg,K_2O 3.1 kg,P_2O_5 1.5 kg。N∶P∶K 为2.4∶1∶2.1,玉米各生育时期对营养元素的吸收和利用的速度是不同的。

玉米需肥最多的时期就是大喇叭口期到抽雄期,所以此期也被称为玉米的需肥临界期。

(2)对微量元素的需求。玉米对 B 和 Zn 有需求,一般可用 0.1%～0.5%的硼砂浸种 12～24 h 或者用 1%～2%的硼砂液作叶面喷施。而 Zn 可用 $ZnSO_4$ 0.2%～0.5%浸种 12～24 h,叶面喷施浓度为 0.5%～1%。

5.2 玉米的施肥

(1)施肥量。

施肥量=(计划产量所需要的养分－土壤提供养分)/(肥料中的养分含量×肥料利用率)

(2)施肥原则。施足基肥、用好种肥,轻施拔节肥,重施穗肥,适当施用攻粒肥,根据情况使用根外追肥。

(3)施肥方法见表 7-2。

表 7-2 夏玉米不同的肥料在不同时期的施用比例 %

肥料种类	厩肥	N	P	K
基肥	40～50	0	100	100
种肥	50～60	10	0	0
拔节肥	0	20	0	0
穗肥	0	60	0	0
籽肥	0	10	0	0

注:引自全国紧凑型玉米科研组,1992。

6 田间管理

6.1 苗期管理

管理目标为:保证苗全、苗齐、苗匀、苗壮,促进根系发育良好,植株敦实。

(1)防旱、防板结、助苗出土。播种后遇天气干旱,土壤水分低于田间持水量的 60%时,应及时采取浇水和松土保墒。夏秋玉米播后遇大雨,土壤板结,应及时松土,破除板结,散墒透气,助苗出土。

(2)查苗、补种、育壮苗。对缺苗断垄的要及时催芽补种或带土移栽。适时间苗、定苗,一般 3 叶间苗,4～5 叶定苗。对于地下害虫发生较重的地块,可以推迟定苗 1 个叶龄。间苗、定苗应按密度要求,去弱留壮,去杂苗病苗。如果是育苗移栽,一旦发现缺苗,要及时补缺。

(3)中耕施肥除草。玉米苗期中耕一般进行 2～3 次,定苗前进行第 1 次浅中耕;拔节前进行 1～2 次中耕,苗旁宜浅,行间宜深。苗期中耕对套种玉米尤为重要,在前作收获后,要及时进行中耕灭茬，追肥浇水，以保证全苗、壮苗。

(4)防治病虫害。玉米苗期主要害虫有地老虎、黏虫、金针虫等，要及时防治。

6.2 穗期管理

管理目标为：植株敦实粗壮，叶片生长挺拔有劲，营养生长与生殖生长协调，达到壮秆、穗大、粒多的目的。

(1)中耕施肥培土。在拔节前至小喇叭口期，要巧施拔节肥进行中耕培土，将肥料埋入土中；在大喇叭口期结合施穗肥，再进行1次中耕并高培土。

(2)灌溉与排水。玉米穗粒期(抽穗到开花灌浆期)需水量最多，占总需水量的43.3%～51.2%，因此，拔节后应结合施肥浇拔节水，使土壤水分保持在田间持水量的65%～70%。从大喇叭口期到抽穗期为玉米需水临界期，对水分反应十分敏感，应结合重施穗肥，重浇攻穗水，使土壤水分保持在田间持水量的70%～80%。若干旱缺水，低于田间持水量的40%时，就会造成干旱，使雄、雌穗不能正常发育，抽丝散粉延迟，授粉不良。土壤水分过多时，土壤缺氧，会使雄、雌穗发育受阻，空秆率增加，或造成倒伏，应注意做好排水工作。

(3)防治病虫害。穗期主要害虫有玉米螟、黏虫、蚜虫、铁甲虫等；主要病害有大斑病、小斑病、纹枯病等，要注意勤查，一旦发现，及时防治。

6.3 花粒期管理

管理目标是：养根保叶，延长功能期，防止贪青或早衰，以提高结实率和粒重，达到丰产、丰收的目的。

(1)根外追肥。根据玉米长势、长相，追施1～2次叶面肥，可用商品叶面肥，也可每次每公顷用磷酸二氢钾3.0～7.5 kg和尿素7.5 kg，兑水750 kg喷施。

(2)人工辅助授粉。在开花吐丝的晴天上午9～11时，先用采粉盘收集50～100株花粉混合后，用授粉器逐株均匀地授在雌穗花丝上，隔天授粉1次，连续进行3～4次。

(3)灌溉与排水。玉米抽雄到蜡熟期需水量约占总需水量的45%，特别是抽穗开花期对水分反应敏感。土壤水分保持在田间持水量的70%～80%，空气相对湿度为65%～90%，有利于开花受精。天气干旱，空气湿度相对低于30%时，会严重影响开花受精，应及时进行灌溉。玉米乳熟期降雨过多，土壤水分长时间超过田间持水量的80%以上，或田间渍水时，会使根的活力迅速下降，叶片变黄，也易引起倒伏，应注意做好排水。

7 病虫害绿色防控

针对玉米不同种植区域和生育期的重点病虫害，以绿色防控技术为支撑，大力推进专业化统防统治与绿色防控融合，实施秸秆粉碎还田、选用抗耐病虫品种，实施种子处理、苗期病虫害防治、赤眼蜂防螟和中后期病虫防治技术，实现节本增效，保障玉米生产安全。执行“预防为主，综合防治”的植保方针，树立“科学植保、公共植保、绿色植保”理念，以生态调控、生物防治、理化诱控、科学用药等技术防治玉米病虫草害。西南山地丘陵玉米区，重点防控玉米螟、二三代黏虫、纹枯病、大斑病、灰斑病、穗腐病。

7.1 农业防治

选用抗耐病虫品种，根据地下害虫、土传病害和苗期病虫害种类，选择适宜的种衣剂实施种子统一包衣；轮作倒茬、深翻灭茬、秋翻冬灌，清除田间地头杂草，减少病虫基数；深施有机肥，配方施肥，合理密植，提高玉米抗病虫能力；处理残存玉米秸秆，残存的玉米秸秆是玉米螟发生的主要来源，应用粉碎、碾压、沤肥、氨化等方法处理残存的玉米秸秆，消灭越冬的玉米螟幼虫，减轻危害；采取机械中耕或人工和化学除草的办法，清除玉米苗期田间杂草，减少害虫着生数量。

7.2 物理防治

灯光诱杀。通过高频电子灯光诱集、高压电网将害虫击晕后落入接虫袋，然后用人工或化学药剂等处理方法，将害虫消灭，从而达到防治害虫的目的。色板诱杀，在蚜虫、蓟马、灰飞虱严重的田块，分别悬挂黄色、蓝色、黄绿色粘板诱杀成虫，色板悬挂于玉米田间，高于植株15～20 cm，每公顷225～450块。

7.3 生物防治

保护利用寄生性天敌；推广应用白僵菌封垛防治越冬代玉米螟；“Bz菌剂＋水洗砂”灌心防治一代玉米螟(用量1 g/亩)；释放赤眼蜂防治二代玉米螟，在玉米螟、棉铃虫、桃蛀螟等害虫产卵初期至卵盛期，选用当地优势蜂种，放蜂1.5万头/亩至2万头/亩，每亩设置3～5个释放点，分两次统一释放。

7.4 化学防治

播前拌种可防治地下害虫、黑穗病，播前拌种选用“立克秀0.02%＋锐胜0.2%(高巧0.3%)＋35%丁硫克百威10 g/kg种子”。海岛素技术可使玉米生长健壮、提高玉米抗大斑病能力，在玉米苗期和拔节期，用5 mL海岛素兑水15 kg喷雾。玉米除草剂和杀虫剂混合使用，严格按照规定比例进行调制，确保农药配给的科学性。

8 收获与贮藏

8.1 玉米适期收获的意义

玉米收获过早会导致生育期不足而减产。而生育期不足减产的首要因素是缩短了玉米的灌浆时间，降低粒重。玉米80%～90%的籽粒产量来自灌浆期间的光合产物，只有10%～20%是开花前贮藏在茎、叶鞘等器官内，到灌浆期再转运到籽粒中来的。因此，灌浆期越长，灌浆强度越大，玉米产量就越高。玉米只有在完全成熟的情况下，粒重最重，产量最高。收获偏早，成熟度差，粒重轻，产量下降。有些地方有早收的习惯，常在果穗苞叶刚变白时收获，此时千粒重仅为完熟期的90%左右，一般减产10%左右，应予以纠正。当前生产上应用的玉米品种有些有“假熟”现象，即玉米苞叶提早变白而这时尚未停止灌浆。这些品种往往被提前收获造成减产，一般减产8%～10%。

玉米适当晚收不仅能增加籽粒中淀粉产量，其他营养物质也随之增加，玉米籽粒营养品质主要取决于蛋白质及氨基酸的含量。籽粒营养物质的积累是一个连续的过程，随着籽粒的充实增重，蛋白质及氨基酸等营养物质也逐渐积累，至完熟期达最大值。此外，适期收获的玉米籽粒饱满充实，籽粒比较均匀，小粒、瘪粒明显减少，籽粒含水量较低，便于脱粒和贮放，商品质量明显提高。

8.2 收获期的确定

每一个玉米品种在同一地区都有一个相对固定的生育期，只有满足其生育期要求，使玉米正常成熟,才能实现高产优质。判断玉米是否正常成熟不能仅看外表,而是要着重考察籽粒灌浆是否停止,以生理作为收获标准。玉米籽粒生理成熟的主要标志有两个:一是籽粒基部黑色层形成;二是籽粒乳线消失。玉米成熟时是否形成黑色层,不同品种之间差别很大。

玉米收获时期因品种、播期及生产目的而异。以籽粒为收获目的的玉米,收获适期应按成熟标志确定。春玉米有充分灌浆成熟时间,应在完熟期收获。青贮饲用玉米,为兼顾产量和品质,宜在乳熟末期至蜡熟期收获为宜,这时茎叶青绿,籽粒充实适度,植株含水量70%左右,不仅青贮产量高,而且营养价值高。甜玉米、糯玉米等特殊用途的玉米应根据需要确定最佳收获时间。

玉米收获后籽粒成熟的生理生化反应并未结束,物质的转化过程还在进行,所以一般收获的玉米果穗待晾干后再进行脱粒,以利籽粒后熟。

8.3 贮藏

玉米籽粒含水量在13%以下,贮粮温度不超过30 ℃,即可安全贮藏。食用玉米贮藏要求仓库干燥,通风凉爽,便于密闭,防潮隔热性能良好。入库前将仓库清洁消毒,保证无虫。籽粒在库内应按品种、质量等分类进行散装堆放或包装堆放。贮藏过程若发现籽粒发热时,应立即翻仓晾晒。玉米果穗宜搭架贮藏,因其胚部隐蔽,籽粒的顶部有角质层和果皮掩盖,微生物不易侵染,可以减轻玉米的霉变发热,贮藏性能好。

总之,玉米单产的持续提高,既得益于品种的遗传改良,也受栽培技术改进的影响。其中,栽培技术主要包括在增施肥料、加大密度、合理轮作、机械化操作以及病虫草的防治等方面的改良。品种、轮作、肥力、密度、播期、叶面杀菌剂等,这些因素是玉米高产的关键因素。合理密植是增产的重要栽培措施。研究结果表明,窄行距或双行可以使产量增加。播种行距一般为75 cm,少数行距为50 cm。种玉米最适宜生长的土壤pH在6.2以上。日常生产中,除了合理轮作外,还需及时补充P和K。据估算,亩产1 000 kg的玉米会带走土壤中约8 kg的P,约5 kg的K。施底肥可以确保苗期有充足的营养,促进根系的生长和发育。要确保玉米生长关键期N肥的充足。其中12片叶到抽雄期是N吸收的高峰期;从6片叶到籽粒成熟期对N的吸收是关键期;为防止缺少N而导致减产,可以施底肥或种肥。同时,注意锌、硼、硫等微量元素的合理施用。

知识拓展

特用玉米及其栽培技术

模式化栽培的关键技术

学习产出与评价

1. 学会示范田块的选择。
2. 能准确测算出当地玉米栽培的密度范围。

3. 会准确计算和折算玉米的施肥量。
4. 能系统阐述地膜覆盖栽培技术要点(5个以上)。
5. 初步会操作玉米播种规范(沟直、土细、田平)。
6. 初步会操作玉米施穗肥与高培土技术(施肥不伤根、田间无杂草、排灌方便)。
7. 学会玉米产量预测的方法(误差在20 kg范围内)。
8. 学生实践表现计入学生实践成绩,占30%,强调过程评价考核。

思考与练习

1. 术语解释:角质胚乳、粉质胚乳、穗三叶、气生根、见展叶差、叶龄指数。
2. 按籽粒形态结构可把玉米分为哪些类型?
3. 玉米一生先后可分为哪几个阶段?各有何特点?
4. 玉米正常播种的基本要求有哪些?
5. 简述玉米穗期的生育特点及田间管理措施。
6. 简述玉米间套种增产增值的机理及技术要领。
7. 玉米何时收获最合适?籽粒成熟的标准有哪些要求?
8. 试述玉米雌雄穗分化的特点。
9. 玉米一生的水分需求特点有哪些表现?生产管理上如何满足其要求?

参考文献

[1] 张建华,蔡保松. 玉米与现代生活保健. 上海:上海教育出版社,2001.
[2] 胡立勇,丁艳锋. 作物栽培学. 北京:高等教育出版社,2008.
[3] 刁操铨. 作物栽培学各论(南方本). 北京:中国农业出版社,1994.

项目8
小麦栽培（大麦栽培）

学习目标

知识目标：①能陈述小麦的遗传起源和类型、会识别当地主栽品种的形态特征；②能系统简述小麦生长发育规律及其与环境条件的关系；③能陈述阶段发育理论，并会运用阶段发育理论指导生产。

技能目标：①初步学会小麦/大麦成套丰产技术措施的操作要点；②初步学会小麦/大麦成套的高产理论指导生产。

素质目标：①"全真全程式"实践教学，按质按量参加校内实训基地建设，培养吃苦耐劳、团队合作精神，积极开展协作与交流，体验分工合作的快乐；②感悟"三农"人物——李振声。

内容提要

掌握小麦的起源和类型，小麦阶段发育与器官建成、产量形成的关系，小麦生长发育对环境条件的要求，为满足小麦对环境条件的要求而采取的调控措施。

主要内容：

小麦概述；小麦栽培的生物学基础；小麦栽培技术；大麦栽培。

任务一　小麦概述

知识目标：①能叙述小麦的遗传起源和分类状况；②能叙述云南小麦的生产特点和区划概况；③会分析云南小麦生产的优势和劣势。

素质目标：感悟"三农"人物——李振声。

1　小麦生产意义和概况

小麦在我国的种植面积和产量仅次于水稻，是居第二位重要的粮食作物。小麦籽粒营养丰富，蛋白质含量高，一般为11%～14%，高的可达18%～20%；氨基酸种类多，营养成分丰富，适合人体生理需要。麦胶蛋白和谷蛋白能使面粉加工制成各种食品，是食品工业的重要原料。

小麦在世界上分布极广。其中，欧、亚大陆和北美洲的栽培面积占世界总栽培面积的90%，非洲由于干旱小麦面积很少，赤道附近只能种在3 657 m以上的高度。世界上栽培的小麦主要是冬小麦与春小麦，面积比例约为4∶1。春小麦主要集中在俄罗斯、美国和加拿大，约占世界春小麦总面积的90%。

小麦是世界第一大粮食作物，是人类重要的食物来源，全球有35%～40% 的人口以小麦为主食。2016年，世界小麦种植面积约为22 010.76万hm^2，约占全球谷物种植面积的30.7%，远超过玉米、水稻，居世界谷物种植面积之首。全球小麦总产约74 946.0万t，约占世界谷物总产的26.3%，仅次于玉米和水稻，居第3位。小麦的主要产区集中在亚洲，面积约占世界小麦种植面积的45.6%，其次是欧洲占28.4%，北美洲占12.3%，大洋洲、南美洲和非洲各占5.1%、5.0%和4.0%。各洲小麦产量分布情况与种植面积所占比例基本一致。

中国小麦种植分布地域广泛，南起海南岛，北止漠河，西起新疆，东至海滨，遍及全国各地。从盆地到丘陵，从海拔10 m以下低平原至海拔4 000 m以上的青藏高原，从北纬53°的严寒地带到北纬18°的热带区域，都有小麦种植。种植面积稳定在2 400万hm^2(3.6亿亩)左右，居第3位。目前除海南省种植小麦极少，无官方统计其面积外，其他各地均有小麦种植。由于各地自然条件、种植制度、品种类型和生产水平的差异，形成了明显的种植区域。我国幅员辽阔，既能种植冬小麦又能种植春小麦。由于各地自然条件的差异，小麦的播种期和成熟期不尽相同，生育期最短的在80 d左右，最长的达到350 d以上。春(播)小麦多在3月上旬至4月中旬播种，也有5月播种的，个别的还有推迟到6月上旬播种的。冬(秋播)小麦播种最早的在8月中下旬，最晚可迟至12月下旬。广东、云南等地小麦成熟最早，有的在3月初收获，随之由南向北陆续收获到7月、8月，但主产麦区冬小麦多数在5月至6月成熟，而西藏林芝市可延迟至9月上旬，是中国小麦成熟最晚的地区，从种到收要近1年时间。台湾地区小麦一般在10月中下旬播种，翌年3月收获，所用品种为冬(秋)播春性小麦品种。因此一年四季都有不同地区小麦播种或收获。

中国栽培的小麦以冬小麦(秋、冬播)为主，目前种植面积和总产量均占全国常年小麦总面积和总产量的90%以上，其余为春(播)小麦。冬小麦平均单产高于春小麦。中国小麦主产区主要种植冬小麦，种植面积从高到低依次为河南、山东、安徽、河北、江苏、四川、湖北、陕西、新疆、山西、甘肃等11个省(区)，约占全国冬小麦总面积的94.93%(2015年)。种植春小麦的主要有内蒙古、新疆、甘肃、青海、黑龙江、宁夏、天津、河北、西藏等省(区)，以内蒙古面积最大，西藏单产最高，新疆产量第二，单位面积产量均在5 700 kg/hm^2以上(2015年)，小麦单产从1949年的641.85 kg/hm^2，到2015年5 392.65 kg/hm^2。

2　小麦的起源、传播与分类

2.1　起源与传播

小麦为禾本科小麦属作物。栽培小麦是由野生种进化来的，据研究野生一粒小麦是栽培小麦的祖先。根据染色体数目，小麦属又可分为二倍体小麦、四倍体小麦、六倍体小麦和八倍体小麦。常见的普通小麦为六倍体小麦(图 8-1)。在世界小麦生产中，以普通小麦种植最为广泛，占全世界小麦总面积的 90%以上；硬粒小麦也就是四倍体小麦的播种面积为总面积的6%～7%。

小麦是由西亚和中亚经土耳其传入新疆；从印度经云南、四川传入我国，是古丝绸之路物质和文化交流的产物。魏益民[13]研究认为，大约 3 800 年前的新石器时代晚期至青铜器时代早期，小麦首先在河西走廊地区作为春麦种植，逐步引入祁连山以南地区，到达海东和洮河流域，进入关中平原，然后进化为冬小麦。西汉时期，由于朝廷的重视和推广，小麦开始在黄河流域和淮河流域种植。由于小麦可秋播夏熟，产量稳定，具有救荒救灾的作用，使小麦在中国的种植区域持续扩大。近百年来，由于作物遗传育种和栽培技术水平的提高，小麦单产可达到700 kg/亩以上的新水平。

小麦在中国的传播和进化，对农业生产结构，饮食结构和饮食文化产生了深远的影响。由于我国栽培小麦的历史悠久，在长期自然选择和人工选择下，小麦品种资源极为丰富。全国有7 000 多个品种，其中属普通小麦的品种约占 96%，分布在全国各地，属圆锥小麦的品种仅占2%，零星种植在我国中、西部和西北部；属密穗小麦和硬粒小麦的不足 1%，分布在我国西南和西北地区。此外云南省西部地区还有一种独特的小麦类型，属普通小麦亚种，称云南小麦，此类型小麦春性强，极不易脱粒，称为“铁壳麦”。

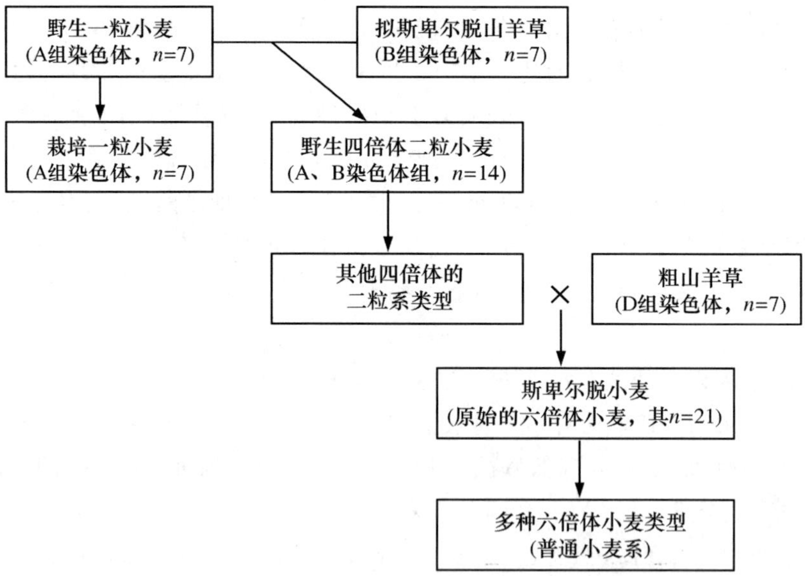

图 8-1 普通小麦遗传起源示意图(引自金善宝主编《中国小麦学》，1996)

2.2 分类

根据染色体数目、染色体组的异同、形态学特征、遗传学鉴定，将小麦属划分为三系五个种。生产上应用的 90%以上是普通小麦，其次为硬粒小麦，占 6%～9%，其余直接生产利用价值不大，但个别性状显著优于普通小麦的在育种上有利用价值。

3　小麦区划

我国小麦种植遍及所有农业区域，以普通小麦占绝大多数。生产上以冬小麦为主，占83%左右，主要分布在长城以南，岷山以东地区。冬小麦主要产区集中在华北平原的河南、山东、河北等省及苏北、皖北、关中平原。

(1)春麦区。东北春麦区、北部春麦区、西北春麦区。

(2)冬麦区。北部冬麦区、黄淮冬麦区、长江中、下游冬麦区、西南冬麦区、华南冬麦区。

(3)冬春麦兼播区。新疆冬春麦区、青藏春冬麦区。

4　云南小麦区划

云南小麦分为三个区。

(1)滇北晚熟麦区。包括昭通、东川、剑川等17个县(市、区)。生育期内日均温为10 ℃，可满足穗部充分发育，生育期210 d以上。大小春季节矛盾大，要实行玉米与小麦套作。

(2)滇中中熟麦区。此区域细分为两个区:①中晚熟麦区。有腾冲、保山、曲靖等26个县(市、区)。日均温11 ℃，有利于形成大穗，生育期200 d左右。一年两熟，在季节上有一定矛盾。②中早熟麦区。有绥江、永善、玉溪、楚雄、施甸等38个县(市、区)。日均温13 ℃，生育期180 d。本区水利条件好，是全省小麦的主产区和高产区。

(3)滇南早熟麦区。包括梁河、潞西、开远、个旧等33个县(市、区)。日均温14 ℃左右，生育期160 d。东部雨量较少，生产条件差；西部雨水较多，生产水平较高。

知识拓展

“三农”人物——李振声

学习产出与评价

1. 能叙述出小麦起源。
2. 能叙述中国小麦区划、生产概况。
3. 会分析云南小麦生产的优势和劣势。

任务二　小麦栽培的生物学基础

知识目标：①能简述小麦各生育时期与生长发育特性(形态-结构-功能)；②能陈述小麦阶段发育理论及其应用；③能陈述分蘖与群体数量的关系

技能目标：①运用小麦分蘖的知识，学会群体数量调控方法；②学会做发芽率试验，能确定播种量；③根据出苗情况，能分析出苗率低的原因。

1 小麦的一生

小麦的一生是从种子萌发→长成幼苗→产生新的种子的整个周期。需要经历几个不同的时期，陆续形成小麦的根、叶、茎、分蘖、穗、小花、籽粒等器官。

1.1 小麦的生育期

生育期是指小麦从播种到种子成熟历经的时间，以天数计。生育期的长短由品种特性、种植区的生态条件及播期决定。一般说来，冬小麦为230 d左右，春小麦为100 d左右。

1.2 小麦生育时期

小麦随着生长发育在内部和外部发生一系列变化，根据这些变化特征可划分为不同的生育时期，作为生长发育程度的判别和指导农业生产的依据。小麦的各生育时期与判断标准如下。

(1)出苗期。出苗率达到50%，苗高2～3 cm即为出苗期。

(2)分蘖期。分蘖的出现以第一片完全叶伸出分蘖鞘1.5～2 cm为标志，田间50%的植株达到此标准即为分蘖期。

(3)越冬期。日平均气温开始连续低于3～4 ℃时。

(4)返青期。春生叶片长度达2 cm左右，田间50%的植株达到此标准即为返青期。

(5)起身期。春生第一、第二叶的叶耳距达到1.5～2 cm，田间50%的植株达到此标准的即为起身期。

(6)拔节期。基部节间伸长至离地面1.5～2.0 cm，田间50%的植株达到此标准的即为拔节期。

(7)孕穗期(挑旗期)。田间50%的植株旗叶展开即为孕穗(挑旗)期。

(8)抽穗期。田间50%的植株麦穗抽出旗叶叶鞘一半。

(9)开花期。田间50%的麦穗表面出现花药。

1.3 小麦的生长阶段

(1)营养生长阶段(种子萌发—幼穗分化)。此期主要长根、叶等营养器官，主要指苗期。在叶期前幼苗较小，靠胚乳供应营养物质，到3叶期时，整个胚乳中养分已耗尽，幼苗开始由胚乳营养转向独立营养，此时称为“断奶期”。从出苗到3叶期，一般经历12～15 d。

(2)营养生殖生长阶段(幼穗分化—抽穗)。一方面进行穗的分化和发育，另一方面继续长根、叶及分蘖,完成茎秆伸长、长粗和充实。营养生长和生殖生长同时进行。

(3)生殖生长阶段(抽穗开花—籽粒成熟)。从开花受精经籽粒形成到灌浆成熟,籽粒成熟可分为乳熟期、蜡熟期和完熟期。

2　小麦的生长发育特性

2.1　春化阶段

所谓春化是指小麦种子萌动后,除正常的生长条件外,还必须经过一定的低温,才能抽穗结实的现象。接受低温反应的器官是萌动种子胚的生长点或幼苗茎生长点。一般以起身期(二棱期)为通过春化阶段的形态指标。依据小麦品种通过春化阶段所要求的温度高低及时间长短可将其分为以下品种。

(1)春性品种。在5～20 ℃下经5～15 d即可完成春化。未经春化处理的种子,春夏播种均能抽穗。

(2)半冬性品种。在3～15 ℃下经15～35 d即可完成春化。未经处理的种子,春播时抽穗延迟或不能正常抽穗。

(3)冬性品种。春化要求温度低,时间长,在0～8 ℃下,一般需35 d以上才能完成春化。未经处理的种子,春播一般不能抽穗。

2.2　光照阶段

小麦通过春化作用后即开始进入光照阶段。此期除要求一定的水分、温度、养分等条件外,光周期是主导因素。延长日照促进发育,缩短日照则延缓发育。光照阶段开始于二棱期(起身期),结束于雌雄蕊分化期(拔节期)。接受光照反应的器官是叶片。温度对光照阶段的进行也有较大的影响。据研究,4 ℃以下时光照阶段不能进行,20 ℃左右为最适温度。因此,有的冬小麦品种冬前可以完成春化阶段发育,但当气温低于4 ℃,便不能进入光照阶段。

小麦进入光照阶段后,新陈代谢作用明显加强,抗寒力降低,所以上述特性利于防止冬小麦冬季遭受冻害。小麦对日照的反应可分为3类。

(1)反应迟钝型。每日8～12 h日照即可通过光照阶段,南方冬麦区的春性品种属此类。

(2)反应中等型。8 h的日照下不能通过光照阶段。12 h可正常通过,半冬性品种多属此类。

(3)反应敏感型。在12 h以上日照下,才能通过光照阶段。一般冬性品种和北方春麦区品种多属此类。

2.3　阶段发育理论在小麦生产上的应用

阶段发育与器官形成之间有密切关系。春化阶段是决定叶片、茎节、分蘖和次生根数多少的时期,光照阶段是决定小穗数多少的时期。春化阶段较长的冬性小麦的绿叶和分蘖数多于春化阶段短的春性小麦。延长春化阶段可增加分蘖数;延长光照阶段有利于增加小穗数和小花数,从而形成大穗。在生产上的应用表现如下。

(1)引种。北方冬性品种南移,由于南方温度较高,日照时数较短,春化及光照阶段发育延缓,表现为迟熟,甚至不能抽穗。南方的春性品种北移,表现为早熟,冻害严重。如同纬度地区引种一般较易成功,但必须注意各地的海拔及有关生态条件。

(2)播种期。冬性品种的耐寒性强,可适当早播,宜安排在早茬地上。春性品种抗寒性弱,可适当晚播,宜安排在晚茬地上。春性品种如播种过早,可能在年前就完成光照阶段的发育而拔节,易受冬春冻害死亡。

(3)播种密度。冬性品种的分蘖在春化和光照两个阶段进行,分蘖期长,分蘖力强,播种密度可适当降低。春性品种的春化阶段短,分蘖在光照阶段中进行,此时幼穗分化已开始,因而分蘖力较弱,播种量适当大些,才能达到增穗、增产。

3 小麦的器官建成

3.1 种子萌发与出苗

3.1.1 种子形态和构造

种子由胚、胚乳和皮层 3 部分构成。

3.1.2 种子萌发与出苗

(1)萌发。小麦种子萌发必须经历 3 个过程:①吸水膨胀过程(物理过程)。大分子物质(淀粉、蛋白质、纤维素)在水分较多时,由凝胶状态转变为溶胶状态,体积不断增大。当吸水过麦粒干重的 42%~45%时吸胀过程结束。②物质转化过程(生化过程)。随种子膨胀,呼吸作用加强,各种酶活性加强,将胚乳中贮藏物质转化为易被胚吸收利用的简单物质(可溶性含氮化合物)。③发芽过程(生物学过程)。当种子吸水达自身干重的 45%~50%时开始萌发,胚根鞘首先突破皮层,称为露白,也称萌发。

(2)出苗。胚根鞘长约 1 mm 时,主胚根伸出根鞘,接着从胚轴两侧生出第一对侧根。当芽长至种子长度的一半时,称为发芽。小麦种子发芽后,芽鞘向上伸长顶出地面为出土。胚芽鞘见光后停止伸长,接着第一片真叶从芽鞘顶端伸出。当第一片真叶伸出芽鞘 2~3 cm 时为出苗;田间有 50%的苗达到出苗标准为出苗期。

3.1.3 影响小麦萌发出苗的条件

(1)内因。有品种特性因素,如休眠期的差异。也有种子活力的因素,包含发芽率、发芽势等。

$$发芽率=(7\ d 内发芽种子数/供试种子数)\times 100\%$$

$$发芽势=(3\ d 内发芽种子数/供试种子数)\times 100\%$$

(2)环境因素。

①水分。适宜于发芽的田间持水量为 70%~80%,<50%时出苗困难。②氧气。种子萌发需要足够的氧气,空气中含氧 20.8%时,发芽率可达 100%,而当土壤中氧含量为 5.2%时,发芽率降至 87%。③温度。种子萌发的最低温度为 1~2 ℃,适宜温度为 15~20 ℃,最高温度为 30~35 ℃。在 10 ℃以下时发芽不齐,出苗率低;超过 24 ℃时发芽率下降。④播种深度。播种过深,芽鞘伸长过度,出苗延迟,出苗率下降,苗瘦苗弱,叶片狭长,分蘖少,发根差;播种过浅,表层土壤容易失水干燥,不利于出苗,且冬季易遭冻害。一般淮北地区 3~5 cm,淮南地区

2～3 cm,河北省 4～5 cm。

3.2 根的生长

3.2.1 根系的形成

小麦根系为须根系,由初生根和次生根组成,初生根最初由 1 条胚根加 3～5 条不定根构成(种子根)。根系的形成和伸长在小麦一生中延续时间较长,从胚根开始直至抽穗时才基本结束。旱地小麦由于干旱影响次生根的发生,初生根的作用更重要。

次生根的形成是在植株开始分蘖的同时或稍后从分蘖节上发生。一般每长一个分蘖,在分蘖节上长出 1～2 条次生根,当分蘖本身具有 3 片叶后,在分蘖鞘和分蘖第一叶基部也长出次生根,逐步形成了独立的次生根系。次生根与分蘖节位高低有关,较低的分蘖节有较多的根数。次生根数与分蘖所处的条件有关,在干旱条件下,次生根不发生,适宜条件下可达 100 条以上。

种子根吸收磷酸能力较强,而次生根可以有效地利用氮素营养和土壤表层水分。

3.2.2 根系分布

小麦根系主要分布在 0～40 cm 的土层内,占总根量的 85%以上,其中以 20 cm 以内根系最为集中,占总根量的 70%～80%。因此,浅耕(根主要分布在 0～15 cm 或 20 cm)不能很好地利用耕作层以下的肥力。

3.2.3 影响根系生长的条件

(1)温度。2 ℃开始生长,16～20 ℃生长最快,超过 30 ℃生长显著受抑。

(2)水分。土壤水分在 60%～70%时,根系生长最为有利,超过 70%,就会受影响。

(3)光照。光照越弱,根的生长越少。

(4)养分。氮、磷、钾配合施用,能促进根系生长;但 N 过多,叶生长旺盛,消耗大量养分,削弱根系的发育。

3.3 叶的生长

(1)叶的构造。具有禾本科植物完全叶的构造,由叶片、叶鞘、叶枕、叶耳、叶舌 5 部分组成。

(2)叶的分化与形成。各功能叶组的形成见图 8-2。影响叶片分化的因素:①品种特性。主茎叶数是小麦冬春性的重要外部指标,一般春性品种主茎叶少,冬性品种主茎叶多。②气候环境:叶片受不同纬度所造成的温光条件影响,一般随纬度增高叶数变少,反之则增多。③栽培技术:播期早,主茎总叶数多,播期晚,主茎叶数少。

(3)叶层分工。①近根叶组。指着生在分蘖节上的所有叶片。其制造的光合产物主要供根系、分蘖和新生叶片的生长(壮苗、安全越冬)。②中部叶组。指包围在茎基部第 1、第 2、第 3 节间的抱茎叶。其光合产物主要供给春季发根分蘖、新生叶、基部第 1、第 2 节间伸长、长粗、充实及幼穗进一步分化发育用,与培养壮秆大穗关系密切。③上部叶组。指旗叶、倒 2 叶和倒 3 叶,其光合产物在抽穗前主要供小花分化和中上部节间的伸长、充实,抽穗后的光合产物主要供给籽粒灌浆,有少量供给根系。

3.4 分蘖的发生与消长

小麦的分蘖是发生在地下节间不伸长的茎节上的分枝;发生分蘖的地下节群紧缩在一起,称为分蘖节。

3.4.1　分蘖的发生

分蘖的出现通常以其第一片完全叶伸出分蘖鞘1.5～2 cm为标志。0代表主茎，C代表由胚芽鞘长出的分蘖(胚芽鞘蘖)，Ⅰ、Ⅱ、Ⅲ……代表由下向上着生于主茎第1、第2、第3……片真叶叶腋中的一级分蘖的蘖位；一级分蘖长出二级分蘖，用Ⅰp、Ⅰ1、Ⅰ2、Ⅰ3……表示；二级分蘖长出的三级分蘖，用Ⅰ11-p、Ⅰ11-1、Ⅰ11-2、Ⅰ11-3……表示，以此类推。

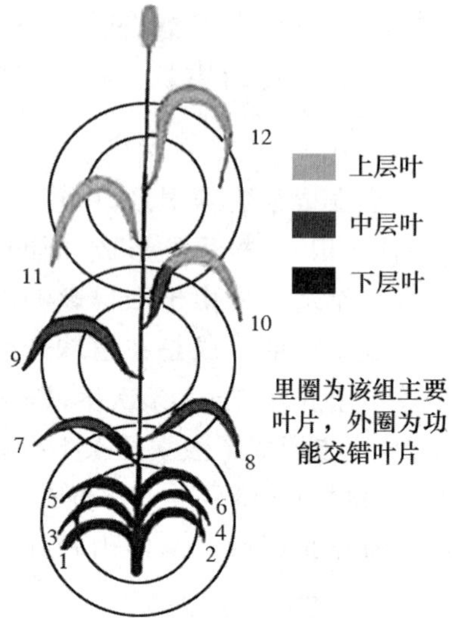

图8-2　小麦叶片功能的分组
(引自王荣栋，尹经章，2004)

分蘖发生的规律符合叶蘖同伸关系。主茎出现第3叶(3/0)时，可长出胚芽鞘分蘖(C)；主茎第4叶伸出(4/0)时，第1叶分蘖伸出(Ⅰ)；主茎第5叶伸出第2叶分蘖长出(Ⅱ)，分蘖发生与主茎叶片出现保持$n-3$的同伸关系，称为叶蘖同伸关系。二级分蘖的发生与相应的一级分蘖叶片伸出的关系同样符合$n-3$的同伸关系。实际中，当水肥不足，栽培技术不当时，同伸关系破坏，甚至出现“缺位”现象。

3.4.2　影响分蘖发生的因素

小麦单株产生分蘖多少的能力称为分蘖力。分蘖力存在品种间的差异，并受种子质量和播种质量、栽培环境的影响。

(1)温度。分蘖的最低温度为2～4 ℃，6～13 ℃分蘖生长缓慢，比较健壮；>14 ℃分蘖生长加快，但健壮程度较差；>18 ℃分蘖受抑。

(2)水分。适宜于分蘖的土壤水分为田间持水量的70%左右，渍水和干旱均不利于分蘖发生。

(3)养分。分蘖期适宜的氮、磷营养，可促进分蘖发生。

(4)光照。基本苗少、光照条件好、幼苗健壮，分蘖力强。

(5)播种质量。播种过深、地中茎过长、出苗延迟，苗弱蘖少。

3.4.3　分蘖消长规律

小麦进入分蘖期后，分蘖数不断增加，群体随之增大，一般临近拔节期，分蘖数达最高峰，此后由于营养与生长中心的转移，分蘖向两极分化。群体总茎数下降，直到抽穗前后穗数才稳定。南方麦区冬季温暖，小麦不停止生长，故分蘖是单峰曲线。北方麦区有稳定的封冻期，分蘖停止，在年前及春季各形成一个最高峰，分蘖动态呈双峰曲线。分蘖衰亡表现出“迟到早退”的特点，即晚出现的分蘖先衰亡。拔节至孕穗期是无效蘖集中衰亡的时期。分蘖的有效性实际存在3种情况。

(1)有效分蘖。拔节后具有3叶以上的分蘖，由于具有自身的根系能独立营养，可继续生长抽穗结实。

(2)无效分蘖。拔节后具有3叶以下的小蘖。

(3)动摇分蘖。拔节后具有2叶1心的分蘖，条件好可发展为有效分蘖，条件不好则成为无效分蘖。

3.5　茎的生长

(1)茎的形态结构。茎秆由节和节间组成,具有支持、输导、光合和贮藏作用。按位置和形态,可分为地上、地下两部分,地下节间不伸长构成了分蘖节,地上节间伸长,数目较稳定,一般为4～6个,多为5个。

(2)茎的形成和伸长。小麦茎原始体在茎生长锥伸长前形成,当分蘖基本停止时,节间开始伸长。基部节间伸长至离地面1.5～2.0 cm时为拔节。节间伸长自下而上顺序进行,并有一定的重叠性。当基部第一节间迅速伸长时,第二节间开始伸长;第一节间伸长减慢时,第二节间开始迅速伸长,以此类推,株高到开花时基本定型。

(3)影响茎生长的环境条件。①温度。10 ℃左右茎开始伸长,随气温升高而加快,12～16 ℃有利于壮秆,高于20 ℃茎秆易徒长,造成纤细软弱,易倒伏。②光照。充足的光照有利于形成壮秆。③水分。拔节期在多肥情况下,水分过多,影响茎秆木质化,易倒伏(高产麦田)。④养分。钾素可以促进茎秆内机械组织的形成,使茎秆粗壮,抗倒伏。氮素过量促使茎细胞伸长,使茎秆壁变薄,易发生倒伏。磷肥能加速茎的发育,提高茎抗折断能力。

3.6　穗的分化和形成

(1)麦穗的构造。麦穗为复穗状花序,由穗轴和小穗组成。穗轴每个节片上端着生一枚小穗,小穗互生排列在穗轴上。小穗由小穗轴、2片护颖和3～9朵小花组成,但通常仅2～3朵结实。小花由外稃、内稃、3个雄蕊、1个雌蕊和2枚鳞片组成。芒是外稃的延伸物,着生在外稃顶端,其颜色与外稃颜色相同或不同。详见图8-3。

(2)穗的发育分化过程(8分法)。

①生长锥伸长期。

②单棱期。

③二棱期(小穗原基分化期)。

④护颖原基分化期。

⑤小花原基分化期。

⑥雌雄蕊原基分化期。

⑦药隔分化期。

⑧四分体形成期。

(3)影响穗分化的环境条件。①温度。高温能加速穗分化进程,缩短分化时间,小花、小穗数目减少。10 ℃以下光照阶段缓慢,穗分化时间延长,有利于形成大穗。四分体时对低温敏感,5 ℃以下低温持续时间长,会导致花粉发育不好。②光照。延长光照时间能加速分化进程,长日照结合高温,分化进程加快,不利于形成大穗。缩短光照时间则分化进程减慢,可增加穗长和小穗数。雌雄蕊至四分体形成期,需强光照,若光照不足,则会导致小花大量退化,并引起花粉不育。③水分。水分不足,影响穗部性状,药隔和减数分裂期是水分"临界期"。此期需保持70%左右的田间最大持水量,若过干则会导致花粉、子房发育不良,并导致结实率下降。④养分。氮肥可促进小穗、小花的分化强度,延长穗分化的时间。药隔到四分体形成期追肥,可减少小花退化,并可提高结实率。缺P则会导致花粉、胚珠不孕。适当C/N,可争取穗大粒多。

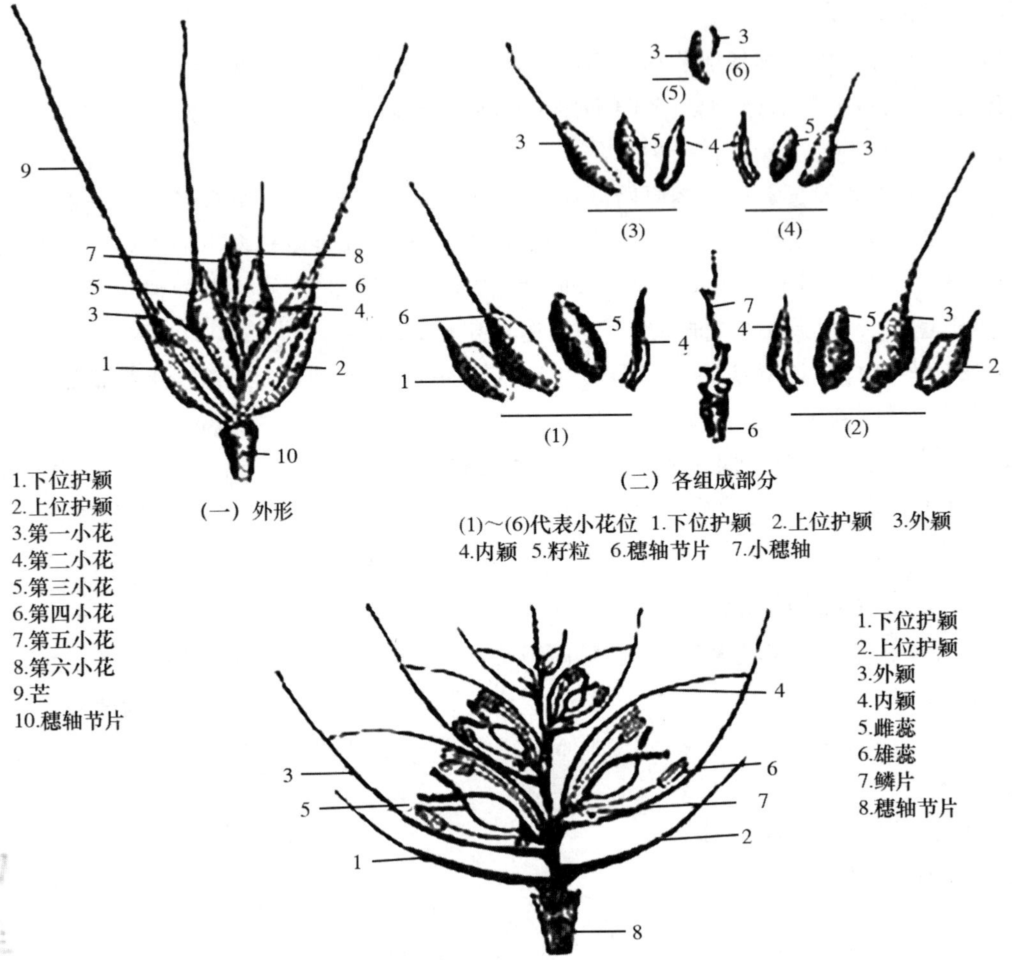

（一）外形

1.下位护颖
2.上位护颖
3.第一小花
4.第二小花
5.第三小花
6.第四小花
7.第五小花
8.第六小花
9.芒
10.穗轴节片

（二）各组成部分

(1)～(6)代表小花位 1.下位护颖 2.上位护颖 3.外颖 4.内颖 5.籽粒 6.穗轴节片 7.小穗轴

1.下位护颖
2.上位护颖
3.外颖
4.内颖
5.雌蕊
6.雄蕊
7.鳞片
8.穗轴节片

（三）各组成部分发生部位示意

图 8-3 小麦小穗的构造

（引自四川农业大学、贵州农学院和云南农业大学主编《作物栽培学各论》，1992）

3.7 抽穗、开花、结实

3.7.1 抽穗、开花

幼穗分化完成后，穗下节间伸长，麦穗从旗叶鞘中伸出一半时，称为抽穗。抽穗后 3～5 d 开花，开花主要集中在上午 9～11 时和下午 3～5 时。在大田条件下花粉散出后仅能存活几小时，授粉后 1～2 h 花粉在柱头上萌发形成花粉管再经 24～36 h 穿过柱头进入子房，经珠孔进入胚囊受精。

开花最适温度为 20 ℃左右，大气相对湿度为 70%～80%。如温度低于 9 ℃或高于 30 ℃；相对湿度低于 30%或多雨湿度过大，均会影响受精能力。开花时植株内部物质新陈代谢旺盛，需保持充足的水、肥供应。

小麦从开花，灌浆直到成熟为开花结实期。生长中心转入穗部籽粒的形成和发育，是决定产量和品质的关键时期。

3.7.2　籽粒形成与灌浆成熟

(1)籽粒形成过程。从受精坐脐开始，历时10～12 d。此期胚和胚乳迅速发育，胚乳细胞数目在此期决定，因而是形成籽粒潜在库容的时期。

当籽粒长度达最大长度的3/4时(多半仁)，该过程结束，该期的明显特点是：①籽粒长度增长最快，宽度和厚度增长缓慢；籽粒含水量急剧增加，含水率达70%以上，干物质增加很少；籽粒外观由灰白逐渐转为灰绿，胚乳由清水状变为清乳状。②籽粒已具发芽能力，这段时期为籽粒形成期。③此期如有不良环境或营养不足，则部分籽粒停止发育退化。

(2)灌浆过程。①乳熟期。12～18 d，“多半仁”后长度先达最大，然后是宽度和厚度明显增加，到开花后20～24 d达到最大(顶满仓)。干重迅速增加，含水率由70%降到45%。籽粒颜色由灰绿变为鲜绿再变为绿黄色，表面有光泽，胚乳由清乳变为乳状。②面团期。3 d，含水率降到40%～38%，干重增加转慢，籽粒表面由绿黄色变为黄绿色，失去光泽，胚乳呈面筋状，体积缩减，灌浆停止。

(3)成熟过程。①蜡熟期。含水率由40%～38%急降到22%～20%，籽粒由黄绿变为黄色，胚乳由面筋状变为蜡质状，籽粒干重达最大值(3～7 d，收获最佳时期)。②完熟期。含水率下降至20%以下，干物质停止积累，体积缩小，籽粒变硬。此期收获易断穗落粒，造成损失，且由于呼吸消耗，籽粒干重下降。

3.7.3　影响籽粒生长的环境因素

(1)温度。小麦籽粒形成和灌浆的适宜温度为20～22 ℃，高于25 ℃和低于12 ℃均不利于灌浆。在适温范围内随温度升高，灌浆强度增大，但高于25 ℃以上时，会促进茎叶早衰，显著缩短灌浆持续时间，粒重降低。灌浆期间白天温度适宜，昼夜温差大，有利于增加粒重。

(2)光照。光照不足影响光合作用，并阻碍光合产物向籽粒中转移。籽粒形成期光照不足减少胚乳细胞数目，灌浆期光照不足降低灌浆强度，影响胚乳细胞充实，均会导致粒重下降。群体过大，中、下部叶片受光不足也影响粒重的提高。

(3)土壤水分。籽粒生长期适宜的土壤水分为田间持水量的70%左右，过多过少均影响根、叶功能，不利灌浆。一般应在籽粒形成和灌浆前期保持较充足的水分供给，但在灌浆后期维持土壤有效水分的下限，可加速茎叶贮藏物质向籽粒运转，促进正常落黄，有利提高粒重。

(4)矿质营养。氮素，后期适当的氮素供给，有利于维持叶片光合功能。但供氮过多，会过分加强叶的合成作用，抑制水解作用，影响有机养分向籽粒输送，造成贪青晚熟，降低粒重。磷、钾营养充足可促进物质转化，提高籽粒灌浆强度，因此后期根外喷施磷、钾肥有利增加粒重。

增加粒重的途径一是增加籽粒干物质来源。二是扩大籽粒的容积。三是延长灌浆时间和提高灌浆强度。四是减少干物质积累的消耗。

4　小麦产量与品质形成

4.1　小麦的产量形成

成熟的小麦植株所形成的全部干物质称为生物产量，包括根、茎、叶、穗和籽粒。而经济产量是指栽培目的需要的那一部分产品，即小麦籽粒。

4.1.1 小麦产量构成因素

小麦的产量构成因素即单位面积穗数、每穗粒数和粒重。穗数的多少取决于基本苗数、单株分蘖数和分蘖成穗率。每穗粒数决定于小花的分化和退化。粒重取决定后期光合产物数量及其向籽粒的运输。经济系数的大小依赖于生物产量转化为经济产量效率的高低，小麦一生干物质积累速度、积累量拔节到抽穗最快，占一生总量的 5%～50%；抽穗到成熟占总量的 30%～50%。

4.1.2 小麦的群体结构内容和指标

(1)群体结构内容。包括群体的大小、群体分布、群体长相及群体组成。

(2)群体结构的形态生理指标。每亩基本苗数、茎蘖数、穗数、叶面积指数、叶面积垂直分布、叶片倾角、群体内光分布和群体光合速率等。

群体的大小。①单位面积基本苗数。②单位面积总茎数。是生产中采取控制或促进措施的主要依据。高产田冬前单位面积总茎数为计划穗数的 1.2～1.5 倍，一般大田为 1.8～2.0 倍。春季最大总茎数为计划穗数的 2 倍为宜。③单位面积穗数。④叶面积指数。冬前 1 左右，起身期 1.5～2.0，拔节期 3～4，挑旗期 5～6，灌浆期较长时间保持在 3～4 较好。⑤干物质积累与分配。出苗到拔节：干物质量占一生最高量的 20%左右；拔节到乳熟期：干物质量占总干物质量的 65%以上。

群体的分布。指组成群体的小麦植株在垂直和水平方向的分布。垂直分布主要指叶层分布或叶层结构，包括叶片大小、角度、层次分布和植株高度等。在叶面积指数相近的情况下，叶片小而挺的群体比叶片大而平展的群体株间或底层的光照条件好。水平分布，即小麦植株分布的均匀度和行株距的配置。

群体的长相。群体的长相是群体结构的外观表现，包括叶片挺拔、叶色、生长整齐度、封垄早晚和程度。

群体的组成。群体的组成是指组成群体的作物种类和品种。

群体的自动调节。随着某些条件的变化(种植密度、肥、水、光等)，作物的某些生育过程(如分蘖的消长)的速度和方向也随之变化，以适应新的环境，这种性能称为自动调节作用。小麦合理群体结构是根据当地生态、生产条件和品种特性，采用栽培技术使麦田的群体大小、分布、长相和动态等有利于群体与个体的协调发展，从而能经济有效地利用光能和地力，使穗多、穗大、粒多、粒饱达到高产、稳产、低耗的目的。

4.1.3 建立小麦合理群体结构的途径

根据气候条件、生产条件、品种特性确定适宜的穗数范围和相应的茎蘖数和基本苗；在基本苗确定后，要因苗促控管理，达到预期的群体动态指标。

(1)以主茎成穗为主的途径。基本苗较多，每公顷 450 万～600 万。通过增加苗数弥补单株分蘖不足，以争取足够穗数。采用这一途径的晚播冬小麦麦田，拔节前应适度控制无效分蘖，避免群体过大带来倒伏的风险。适用于晚播冬小麦或春小麦分蘖期短的自然条件。

(2)主茎和分蘖并重的途径。每公顷基本苗 195 万～300 万，群体中等，在总穗数中主茎穗与分蘖穗各占 50%。一般选用分蘖力中等或偏上、穗型较大、秆壮抗倒的品种，利用冬前分蘖成穗、群体不太大，个体发育较好，以争取较大的穗粒重而增产。

(3)以分蘖成穗为主的途径。基本苗少(每公顷120万～180万),群体较小(春季最大总茎数不超过计划穗数的2倍),分蘖成穗率较高(50%以上)。

通过减少基本苗数控制无效分蘖,防止群体过大;通过提高分蘖成穗率保证单位面积穗数,从而实现个体发育健壮,群体结构合理,穗足穗大,粒多粒饱,倒伏威胁小。

4.2　小麦的品质

小麦品质即籽粒品质,是指它对某种特定最终用途的适合性。小麦品质包括营养品质和加工品质等。

(1)营养品质。主要指蛋白质含量及其氨基酸组成的平衡程度。

(2)磨粉品质(一次加工品质)。以籽粒容重、硬度、出粉率、灰分、面粉白度等为主要指标。

(3)食品加工品质(二次加工品质)。以面粉吸水率、面筋含量、面筋质量、面团特性和稳定时间等为主要指标,以此决定其为强筋粉、中筋粉或弱筋粉。

此外,还有一大类是专用小麦。专用小麦是指那些具有不同品质特性、专门用以制作某类或某种食品,如面包、面条、馒头、饺子、糕点、饼干等,或专门用作某种特定用途的小麦。国家质量技术监督局于1999年批准颁布了中国优质专用小麦的国家标准。其中,强筋和弱筋小麦的品质指标见GB/T 17892—1999和GB/T 17893—1999。

学习产出与评价

1. 能阐述小麦阶段发育理论及其应用。
2. 能简述小麦各生育时期与生长发育特性。
3. 根据出苗情况,能分析出苗率低的原因。
4. 能准确计算出播种量。
5. 能画出小麦分蘖的示意图。

任务三　小麦栽培技术

知识目标:①能简述整地要求和抢墒播种的含义;②能陈述小麦种子萌发的必要条件;③能陈述小麦“三肥四水五苗”。
技能目标:①学会耕地质量检查和小麦抢墒播种的水分观测;②掌握小麦需肥需水规律,会指导大田肥水运筹。③学会小麦播种技术和苗情调查;④学会旱地除草剂的使用方法。
素质目标:①具有团队合作精神,积极开展协作与交流,体验分工合作的快乐;②积极付出,参与整个生育期的观察和记录。

1　整地

1.1　土壤要求

小麦适应性强,各种土壤均可种植。要获得小麦高产,则必须具备良好的土壤条件。高产小麦要求的土壤是:耕层深厚,旱地根深20～23 cm,水田16～20 cm;土壤养分丰富,有机质含量沙性土壤不低于1.2%，黏性土在2.5%以上，全氮含量大于0.1%，土壤pH 6.8～7.0；质地适中，结构良好，保水力强，透气性好；土地平整，能灌能排；灌水均匀，排水干净。

1.2 麦田整地

麦田整地的基本要求是：深耕细整，土碎地平，水分适度。

(1)稻茬麦田整地。稻茬麦田，稻田土壤一般土层深厚，肥力较高，但由于长期淹水，土壤板结，尤其是各种泥田，质地黏重，宜耕期很短，严重影响整地播种质量，所以稻田整地的关键是排水。

对于"中稻—小麦"的稻麦两熟田，应争取在收前10 d左右排水，收后在土壤水分适宜时，及时翻耕炕田，耕后随即开出水沟，土表现白后进行粗耙碎土。小麦播前再浅犁细耙开厢播种。对"早稻—晚稻—小麦"和"小麦—玉米—晚稻"的三熟田，由于晚稻收获迟，季节紧，无时间炕土，土壤湿，在秋雨多的地区，土壤处于渍水状态，因此应在晚稻散籽后就及时开沟排水。晚稻收后及时翻耕，采取薄片晒垡，然后碎土整平，开厢播种。

(2)旱地麦田整地。旱地麦田主要分布在丘陵坡台地上，多数土壤瘠薄，肥力较低，保水保肥能力差。因此，应逐渐加深耕作层，注意保蓄水分，要结合增施有机肥而不断改善土壤的生产性能。

对于前作为早玉米、芝麻、高粱等的早茬地，有充足的时间整地。且前作收后气温也高，可浅耕灭茬，然后翻耕炕土，在土垡发白时，及时耙细整平，以备播种。对于甘薯、棉花和其他晚秋作物的晚茬地，收播时间紧迫，与小麦播种季节矛盾大，常造成小麦迟播减产。这类土可采取边收获前作物，边翻耕边施肥，边耙地、边播种，尽量争取小麦能适时早播。

采用丘陵高台位聚土免耕栽培时可沿坡面等高线横向开厢，厢宽2 m，其中1 m作垄，1 m作沟。在拟作垄的1 m的土壤上均匀撒施有机肥(15～22.5 t/hm^2)，深耕混匀。再将拟作垄沟的1 m宽内的大部分表土聚于垄面，精细整实，形成约30 cm的弧形垄，垄沟内培肥改土，然后将小麦种于垄面，玉米种于垄沟。为了加快垄沟土壤培肥，秋冬季节应种植绿肥。麦田耕作整地的质量要求：深、透、碎、平、实、足。即深耕深翻加深耕层，耕透耙透不漏耕漏耙，土壤细碎无明暗坷垃，地面平整，上虚下实，底墒充足。播前整地可起到平整地表、破除板结、匀墒保墒、深施肥料等作用，是保证播种质量，达到苗全、苗匀、苗齐、苗壮的基础。

2 选用良种

2.1 选用良种的原则

我国地域辽阔，各种自然条件、生产条件各异，因此选用良种必须因地制宜，合理使用。其一般原则如下：①考虑当地耕作制度。早茬麦应选用耐寒性强可适当早播、不易早穗的半冬性中熟中高产品种；晚茬麦，由于季节紧，应选用适于迟播而早熟的春性高产、矮秆品种。②考虑自然灾害的特点。在冬季气温较低，冬春少雨，小麦生长后期，病虫、涝渍、旱风灾害严重的地区，应选早熟、耐湿耐旱、抗锈病的品种；在冬季气温较高，春后多雨，小麦生长后期病虫、渍害严重的地区，应选早熟、耐湿性强、耐赤霉病、耐迟播的品种。丘陵坡台地土、肥、水条件差，宜选耐旱、耐瘠品种。高寒山区所选品种的耐寒性要强。③考虑生产、生态条件。日照少，湿度大的地区，群体不宜过大，穗数宜少。宜选用分蘖较少、叶片较窄、穗大而穗数偏少的穗重型品种;丘陵地区土壤瘠薄受冬干春旱影响较大,应选用耐瘠抗旱、分蘖力较强,叶片较窄,穗小而穗数较多的穗数型品种;平原肥水条件好,生产水平高的地区,则应选用耐肥抗倒、生产潜力大的高产品种。

2.2 良种类型

小麦良种根据其穗部结构和产量构成的关系,常分成3种类型,即:穗重型(单穗重1.6 g以上,千粒重42～50 g,每穗结实40～50粒,经济系数0.45以上,单产6 750 kg/hm^{2}以上。如绵阳28等)、穗数型(单穗重1.2 g以下,千粒重较低,为35～38 g,每穗结实40粒左右,经济系数0.4～0.45,单产6 000 kg/hm^{2}左右。如川育8号等)、中间型(穗部性状及产量介于穗重型和穗数型之间。如川麦28等)。

2.3 品种搭配

搭配品种是相对于当家品种而言的,当家品种是指在本地区占主导地位,但适应某些特殊条件(晚茬、间作套种、某些病区等)的品种。在一个地区,往往因地势、土质、地力、灌溉条件等不同而要求种植不同的品种。具有不同优点的品种合理搭配,有主有次,各得其所,各展其才,才可充分发挥良种的增产稳产作用,促进小麦的全面均衡增产。有些新品种在刚推广时,由于种子量少,农民认识不足,只能先做搭配品种,随着大面积试种和农民的逐渐认识,可能很快就上升为当家品种。

在确定产品搭配规划时,应着重考虑以下几点:①根据本地自然灾害和病虫害特点,选用抵抗不同自然灾害和病虫害的品种进行搭配,这样可以减轻某种灾害突然发生造成的损失,有利于小麦稳产高产;②根据本地的不同地势、肥力水平、栽培条件、播期早晚搭配品种,以便更好地发挥土地和品种的增产潜力;③选用不同熟期的品种进行搭配,可以更好地调节和利用农时、劳力和农机具。在复种指数高的地区合理搭配晚熟小麦品种,有利于获得高产。

3 合理密植与播种

3.1 合理密植

3.1.1 合理密植的依据

小麦生产是通过光合作用将日光能转变成有机物质的过程。田间种植密度影响小麦的光合面积。光合面积主要指叶面积,其大小一般用叶面积系数表示。小麦各生育阶段适宜叶面积系数为:越冬始期0.6～1.0,起身拔节期2.5～3.5,挑旗期5.5～6.0,灌浆期4.0左右。密度过低,生长不良时,小麦各生育期叶面积系数低于适宜值,浪费光能,形成的光合产物减少;相反密度过高、叶面积系数过大时,虽群体截获光能增多,但呼吸作用消耗光合产物也增加,中、后期株间通风透光不良,功能叶片死亡提早,光合寿命缩短,合成有机物质减少。

3.1.2 穗数

单位面积上的穗数由主茎穗和分蘖穗两部分组成。据研究,高产小麦的苗穗结构有3种情况。①土壤供肥力强,施肥充足,品种分蘖力强,分蘖成穗高,一般采用小播量,并适当早播,基本苗150万～180万/hm^2,成穗345万～405万/hm^2,其中分蘖穗占1/2,即分蘖成穗。单产可达6 750 kg/hm^{2}以上。②土壤肥力中上水平,施肥水平中等,品种分蘖力和成穗率较低,可采取中播量，并能适时播种，基本苗225万～240万/hm^2，成穗330万/hm^2，分蘖穗占1/3，即主茎穗与分蘖穗并重。单产可达6 000～6 750 kg/hm^2。③对于肥力水平较差，靠施肥供应养分的丘陵区的坡台地和迟播麦，应采取大播量，基本苗300万～375万/hm^2，成穗405万～450万/hm^2，依靠主茎成穗为主，单产可达3 750～4 500 kg/hm^2。

对于不同产量水平如何安排恰当的基本苗，以及主茎穗与分蘖穗的比重，四川省农科院作物所经过5年的研究表明：单产达到5 250 kg/hm^2，基本苗225万～270万/hm^2为宜；单产达到6 000 kg/hm^2左右，基本苗225万/hm^2为宜；单产达到6 000～7 500 kg/hm^2，基本苗180万/hm^2为宜。实际应用时再根据具体情况调高调低。随着产量增加，主茎穗比重应逐渐减小，分蘖穗比重增大，单产达到6 750 kg/hm^2以上，主茎穗与分蘖穗比重应接近1∶1。

3.1.3 播种量及播种方式

(1)播种量的计算。基本苗数确定后，根据每亩种籽粒数、发芽率、常年田间出苗率等计算播种量。

$$\text{播种量}(\text{kg/hm}^2)=\frac{\text{计划基本苗数}(\text{株/hm}^2)}{\text{每千克种子粒数}\times\text{种子净度}\times\text{发芽率}\times\text{田间出苗率}}$$

(2)播种方式。同一种密度，可以采用不同的种植方式，一般分为条播、撒播和点播。3种方式对小麦群体和个体的影响存在差异。条播一般行距20 cm，有利于实行机械化栽培，覆土均匀，出苗整齐，便于田间管理，小麦中、后期通风透光良好；撒播，简单易行，有利于抢季节，但种子覆土深浅不一，降低出苗率，不便于田间管理，小麦后期通风透光不良；点播，便于集中施肥，但一穴种子数多，个体发育不平衡，播种费工，只有零星种植。建议可以推广小窝密植技术。

知识拓展

小窝密植技术

3.2 播种

3.2.1 播种前种子精选与处理

(1)种子精选。晒种：小麦种子经过晒种，能改善种皮通透性，播种后吸水膨胀快，酶的活性增强，有利于种子发芽出苗。一般在播种前1周左右将麦种摊晒2～3 d。精选种子：实践证明，在相同栽培条件下，大粒种子比未经精选的混合种子可增产10%左右。方法是：首先进行风选和筛选，然后用泥水和盐水选种，盐水选种可用碳酸铵溶液，浓度为1.1～1.2波美度(即17%的浓度)或用鸡蛋测，鸡蛋以露出水面5分硬币大小即可；泥水选种用40 kg黄泥加入100 kg水，充分让泥溶于水。选种液准备好后，把待选的麦种放入水中，搅拌均匀后，把浮于水面的杂质及秕粒、小粒种子清除，随即将麦种捞出，并用清水冲洗干净，晾干即可播种。

(2)种子处理。迟播麦用浓度为40 mg/kg的萘乙酸液浸种6 h,晾干后播种,可提早出苗,提高出苗率;用50%矮壮素250 g,加水5 kg,喷拌麦种50 kg,能防止旺长。此外,应积极推广种子包衣技术(使用方法见包衣剂的“使用说明”),以促进小麦发育,减少病害为害,提高小麦产量。

3.2.2　适期播种

适期播种是达到全苗、壮苗、夺取高产的一个重要环节。因为适期播种不仅可以充分利用秋末冬初气温高于12 ℃的生长季节,使麦苗在低温到来前能生长2～3个健壮分蘖和3～4条发育良好的次生根,而且可以避免减轻霜冻、病害和干旱等自然灾害。若过早播种,由于苗期温度高,茎叶生长繁茂,易引起早期徒长。

确定小麦适宜播种期的主要依据是温度条件。多年的生产实践表明,适宜播种期的日平均温度为:冬性品种16～18 ℃;半冬性品种14～16 ℃;春性品种12～14 ℃。所以在同一地区,在使用不同类型品种时,应先播冬性、半冬性品种,后播春性品种。还要根据地势、肥水条件,先播山地,后播丘地;先播阴山,后播阳山;先播瘦地,后播肥地。小麦一般在10月下旬至11月上旬播种。

3.2.3　提高播种质量

云南省秋冬季节播种存在两种情况:一是旱地麦需要抢墒播种。二是稻田麦需要及时排水,板沟起土盖麦,注意土块尽量做到细碎,覆土不能太深。不论是稻田麦还是旱地麦,争取“五苗”(全、齐、壮、匀、足),消灭“三籽”(深籽、露籽、丛籽),播种质量需做到:①掌握适宜的开窝(沟)深度,一般以3～4 cm为宜,田湿偏浅,干旱稍深,但切忌过深,过深会造成地中茎过长,分蘖瘦弱,影响分蘖和次生根生长。②根据每亩基本苗和窝数、用种量,确定每窝播种粒数,做到均匀一致。③抓住土壤干湿适宜时开窝开沟,随开随播。④种肥是化肥的,应兑入粪水中施,不要干施,以免产生肥害。⑤盖种深度不超过2 cm,以能盖住种子、不露籽为宜,使分蘖节能处于适宜位置,保证分蘖正常发育生长。

4　施肥

4.1　小麦需肥总量

小麦需肥总量为每生产100 kg籽粒,需氮(3.1±1.1) kg、磷(1.1±0.3) kg、钾(3.2±0.6) kg;三者的比例约为2.8∶1∶3.0。随着产量水平的提高,氮的相对吸收量减少,钾的相对吸收量增加,磷的相对吸收量基本稳定。

4.2　小麦一生吸肥规律

(1)起身期以前。麦苗较小,氮、磷、钾吸收量较少。

(2)起身以后。植株迅速生长,养分需求量也急剧增加。

(3)拔节至孕穗期。对氮、磷、钾的吸收达到一生的高峰期。对氮、磷的吸收量在成熟期达最大值,对钾的吸收到抽穗期达最大累积量,其后钾的吸收出现负值。

4.3　施肥技术

4.3.1　小麦的需肥量

据各地对不同产量水平需氮、磷、钾数量的测定得出的普遍规律是,大约每生产100 kg小麦籽粒，需纯氮3 kg左右，磷1～1.5 kg，钾2～4 kg，氮、磷、钾三要素的比例为3∶1∶3。在对施肥量实际计算时，由于存在肥料当年利用率的问题、土壤基础肥力的问题、肥料的流失与固定问题，往往实际施肥量要大于吸收量，才能满足小麦的需要。

4.3.2 确定施肥量的前提条件

影响合理施肥量的因素较多，其中主要是土壤本身的供肥能力、各种肥料的有效成分含量及利用率，在确定施肥数量时，必须首先了解土壤供肥量及肥料利用率。

(1)麦田土壤的基础肥力与供肥水平。麦田供肥水平可通过麦田当季土壤有效养分的测定结果按下式计算：

土壤供肥量＝土壤中某元素有效含量(ppm)×0.15

式中的系数0.15为土壤表层20 cm土重，即15万kg与ppm单位(百万分之一)的约数。麦田供肥能力还可用经验法求得，即麦田基础肥力产量(以百千克为单位计)乘以百千克籽粒对氮、磷、钾的需求量。基础肥力产量即指该土壤在当季不施肥条件下可能获得的产量。如基础肥力产量为100 kg，则每50 kg籽粒需纯氮3 kg，磷1～1.5 kg，钾3～4 kg。100 kg籽粒的基础肥力，纯氮6 kg，磷2～3 kg，钾6～8 kg。

(2)肥料利用效率。各种肥料的利用率，因肥料类型、质量、肥料品种搭配以及施用数量而异。腐熟的优质有机肥，当年利用率可达40%，一般的有机肥仅20%～25%。氮素化肥利用率为50%～70%。碳酸氢氨及氨水，因挥发性强，其利用率普遍在40%以下。磷肥利用率为15%～30%，钾肥利用率为50%～70%。

4.3.3 制定小麦施肥量方法

确定小麦经济有效的施肥量是个复杂的问题，影响因素较多，主要有计划产量指标、土壤供肥能力、施肥种类、肥料利用率等。这里介绍几种简单的确定小麦施肥量的方法。

(1)需肥倍数法。据河南省农科院所做大量调查分析发现，小麦每100 kg的产量，并非完全与3∶1∶3的氮、磷、钾施用量相一致。由于肥料的利用率、肥料的流失、土壤原有养分水平及氮、磷、钾的比例等原因，使投入的肥料的实际效应总是低于理论效应，即小麦的施肥量与小麦的需肥量有一定的倍数关系。其中，氮素的施肥量相当于需求量的2倍，磷相当于3倍，钾相当于1倍左右。利用这种肥料综合利用率的方法，在确定施肥量时，只需在确定了产量指标之后，将产量指标乘以耗肥率(每100千克产量所需的元素量，如氮为3%)，即可求出需肥量，然后再乘以需肥量倍数，就得到应施入的某元素的量。例如，产量指标为400 kg需施入的氮、磷、钾肥的数为：纯氮＝400×3%×2＝24 kg，磷＝400×1%×3＝12 kg，钾＝400×3%×1＝12 kg。再将上述结果，根据所有肥料中该元素的含量及利用率，折算成该肥料的实际施用量。

(2)以产定肥计算法。根据小麦产量指标，确定具体的氮、磷、钾肥的施用量。其计算公式如下：

小麦计划产量的施肥量(kg/亩)＝[产量需肥量(kg/亩)－土壤供肥量(kg/亩)]÷肥料养分含量(%)÷肥料利用率(%)

土壤供肥状况一般以不施肥麦田产出小麦的养分量测出土壤能提供的养分数量。氮肥的当季利用率一般为30%～50%，磷肥为10%～20%，高者可达到25%～30%，钾肥多为

40%～70%。

每生产 100 kg 籽粒，需氮(3.1±1.1) kg、磷(1.1±0.3) kg、钾(3.2±0.6) kg；三者的比例约为 2.8∶1∶3.0。如单产 500 kg/亩左右的产量水平下，每亩小麦大约需要纯氮 15 kg，磷 5～7.5 kg，钾 15 kg。随产量水平提高，总的需肥量也有所提高，但单位产量的需肥量有所降低。

再如单产 600 kg/亩以上的超高产小麦吸收氮磷钾的量为：氮 13.58～19.05 kg，平均为 15.97 kg；磷 7.01～8.79 kg，平均为 8.17 kg；钾 11.2～18.72 kg，平均为 16.13 kg；比 500 kg 产量水平稍有提高。

实际施肥量：秸秆还田补充氮 2～3 kg、磷 1.5 kg。因此，氮 12～13 kg(500 kg 水平)，14～16 kg(600 kg 水平)，磷 3.5～6 kg(500 kg 水平)，5.5～7 kg(600 kg 水平)，钾 10 kg 以上(500 kg 水平)，钾 15～18 kg(600 kg 水平)。土壤母质中含钾量较高，可以供应较大部分的钾肥。施钾量超过钾 7 kg/亩后几乎不增产。如果考虑到保持土壤的钾素肥力，由目前生产上的一般用量 5～7 kg/亩，提高到 10 kg/亩以上。

4.3.4 施肥时期和方法

(1)底肥(基肥)。磷肥、钾肥、部分氮肥(40%～60%)及硫、锌等微肥。配合整地，深施做基肥用。

(2)追肥。主要是剩余的氮肥(40%～60%)在起身—拔节期配合灌水施用。后期灌浆时，视情况而定，可以叶面喷施磷酸二氢钾。

5 灌溉

5.1 小麦对水分的需求

作物每生产一个单位的籽粒需要消耗的水分量称为耗水系数(kg/kg)。单位土地面积上每毫米水的籽粒生产量为水分生产率[kg/(mm · hm^2)]。小麦一生的总耗水量为 400～600 mm(4 000～6 000 m^3/hm^2)。据单玉珊(2001)研究，在产量为 2 250～7 500 m^3/hm^2 范围内，随着产量提高，耗水量呈线性增加，耗水系数降低，水分生产率提高。

5.2 小麦不同生育时期的耗水量

水浇地小麦不同生育时期土壤耗水深度，苗期主要消耗 0～40 cm 的耕作层水分。中期耗水主要在耕作层以下至 100 cm。后期耗水主要在 40～140 cm。

小麦不同生育时期的耗水量也不同。①播种至越冬：耗水量占全生育期的 15%左右。②越冬至返青：耗水量只占总耗水量的 6%～8%，耗水强度在 10 $m^3/(hm^2. d)$左右。③返青至拔节期：耗水量只占总耗水量的 15%左右；④拔节到抽穗：耗水量占总耗水量的 25%～30%，抽穗前后耗水强度在 45 $m^3/(hm^2. d)$以上；⑤抽穗到成熟：耗水量占总耗水量的 35%～40%。

5.3 灌溉技术

麦田灌溉技术主要涉及灌水量、灌溉时期和灌溉方式。灌水总量＝小麦一生耗水量－播前土壤贮水量－生育期降水量＋收获期土壤贮水量。灌水时期的依据如下。

(1)苗期。田间最大持水量的 75%～80%。

(2)分蘖过程。75%左右。

(3)拔节至抽穗阶段。70%～80%。

(4)开花至灌浆中期。土壤水分宜保持在75%左右。

6 田间管理

麦田的田间管理,一是通过肥水等措施满足小麦对肥水等条件的要求,保证植株良好发育;二是通过保护措施防御(治)病虫草害和自然灾害,保证小麦正常生长;三是通过促控措施使个体与群体协调生长,实现栽培目标。

6.1 苗期管理

苗期是指从出苗至起身这一阶段。苗期的生育特点是以长叶、长根、长蘖的营养生长为中心。

6.1.1 调控目标

(1)出苗至越冬。在保证全苗基础上,促苗早发,促根壮蘖,安全越冬,达到冬前壮苗指标(即单株同伸关系正常,叶色适度,主茎5～7片叶,分蘖3～8个,次生根10条左右,冬前总茎数为成穗数的1.5～2倍,叶面积指数1左右)。

(2)返青至起身。早返青,叶色葱绿,长势茁壮,分蘖敦实,根系发达,叶面积指数2左右。

6.1.2 苗期管理措施

(1)查苗补种,疏苗补缺,雨后松土破除板结。

(2)灌冬水。浇水时间在日平均气温稳定3～4℃,夜冻昼消水分得以下渗时。

(3)耙压保墒防寒。

(4)返青时进行顶凌耙压保墒,促进麦苗早发稳长。缺肥黄苗可趁春季解冻"返浆"之机开沟追肥。旱年、土地墒情不足的麦田可浇返青水。

(5)"僵苗""小老苗""黄苗"可采取疏松表土,破除板结,结合灌水,开沟补施磷、钾肥。对生长正常和过旺麦苗及早镇压,不施返青肥水。

6.2 中期管理

中期是指起身、拔节到抽穗这一阶段,中期生育特点是根、茎、叶等营养器官与小穗、小花等生殖器官分化、生长、建成同时并进。从产量构成因素的形成看,起身后分蘖两极分化,是提高成穗率,也就是增加穗数的关键时期;与此同时,穗分化由二棱期直到开花,关系到小穗小花的分化和退化,因此也是粒数形成的关键时期。中期是小麦群体与个体的矛盾,营养生长与生殖生长的矛盾,产量构成因素之间的矛盾及群体生长与栽培生态环境的矛盾集中出现的时期,形成了复杂的相互影响关系。这个阶段的管理措施能否调控上述矛盾,不仅直接决定穗数和粒数的形成,也关系到中后期群体与个体的稳健生长和产量的形成。

6.2.1 栽培管理目标

根据苗情类型,适时、适量地运用水肥管理措施,协调地上部与地下部、营养器官与生殖器官、群体与个体的生长关系,促进分蘖两极分化,创造合理的群体结构,实现秆壮、穗齐、穗大,为后期生长奠定良好基础。叶面积指数5左右。

6.2.2 管理措施

(1)起身期。群体较小、苗弱的麦田,要在起身初期施肥、浇水,提高成穗率。但对旺苗、群体过大的麦田,可控制肥水,进行深中耕切断部分次生根,促进分蘖两极分化,防止过早封垄而发生倒伏;对于一般麦田在起身中期施肥、浇水。旱地麦田要进行中耕除草、防旱保墒。

起身期肥水的作用:①起身期肥水可以推迟分蘖的两极分化,提高分蘖成穗率,增加穗数而不增加总分蘖数。但也有可能造成小分蘖迟迟不退化,恶化群体;②起身期肥水可以减少不孕小穗,促进小花分化总数,有利于争取穗大粒多(增粒数);③起身期肥水可以促进倒 2、3 叶面积增大,有利于增加灌浆期光合产物,提高粒重,但也可能造成叶面积过大而郁蔽。④对茎秆来说,起身期肥水能促进基部节间伸长,引起倒伏。总之,起身期肥水对群体小的麦田弊少利多;群体适中的利弊皆有;群体大的有弊无利。

(2)拔节期。壮苗的春季第一次肥水应在拔节期实施,对旺苗需推迟拔节水肥;起身期追肥浇水的麦田,在拔节期控制肥水。旱地小麦要及时防治红蜘蛛,做好吸浆虫的检测与预防工作。

拔节期肥水的作用:①拔节期的肥水可以有效减少不孕小穗和不孕小花,是提高粒数最为稳健和有效的关键措施。②拔节期肥水又能促进发育较慢的中等蘖赶上大蘖,提高成穗整齐度。③拔节期肥水促进旗叶增大,延长后期叶片功能期,提高粒重。④拔节期肥水促进中上部节间伸长,有利于形成合理株型和大穗。

(3)孕穗期。此期是小麦需水的"临界期",供水极为重要。对麦叶发黄、氮素不足及株型矮小的麦田,也可适量追施氮肥。

孕穗期肥水作用:①孕穗期正值四分体形成,对水分敏感,是水分临界期。②由于此时小花集中退化,保证肥水可以促进花粉粒正常发育,减少小花退化,提高结实率,增加穗粒数。③保证孕穗期肥水还可以延长灌浆期间绿色部分的功能期,积累较多的光合产物,有利灌浆,提高粒重。

6.3 后期管理

后期从抽穗开花到灌浆成熟止。其生育特点是以籽粒形成为中心的开花受精、养分运输、籽粒灌浆、产量形成的过程。

(1)调控目标。保持根系活力,延长叶片功能期,抗灾防病虫,防止早衰与贪青晚熟,促进光合产物向籽粒运转,争取粒重。高产田块叶面积指数可达 7.9。

(2)管理措施。①在开花后 15 d 左右即灌浆高峰前及时浇好灌浆水,同时注意防倒。②对抽穗期叶色转淡,供氮、磷、钾不足的麦田叶面喷肥,以增加粒重。③及时防治白粉病、锈病、蚜虫、黏虫、吸浆虫等病虫为害。

7 病虫害绿色防控

针对我国不同生态区小麦秋冬季主要病虫害发生种类及危害状况,坚持"突出重点、分区治理、因地制宜、分类指导"的原则,贯彻"预防为主,综合防治"的植保方针,树立"科学植保、公共植保、绿色植保"理念,采取绿色防控与统防统治相融合的防控策略,运用农业、生物、物理、化学等综合措施,以种植抗病品种为主,大力推广药剂拌种、合理采取适期晚播、清除田间自生麦苗和地边路旁杂草等措施,有效控制小麦病虫草害,为全年小麦病虫害防控打好基础,确保小麦生产安全。

7.1 农业防治

在高产量和优质的前提下，应选择抗病虫较强的品种，合理轮作可以恶化单食性害虫或寡食性害虫食物链，令其无法觅食，从而减少种群数量。不同作物套种可以利用植物产生的化感物质抑制虫害的发生或诱集灭敌，减少病虫害发生，同时创造最佳的生态环境，使用生物群落内部控制虫害和疾病的发生。及时清除病残体，减少病原体的感染源；秋耕深翻，减少越冬的虫源；结合中耕除草，及时清除田间、地埂的杂草，以减少虫卵。

7.2 物理防治

灯诱技术，利用害虫的趋光特性引诱害虫，并通过高压电网将害虫击晕后落入接虫袋，然后杀死害虫。利用病虫适应生存温度范围的特性来消灭病虫害，通过变化温度杀死或减少病虫害，如温烫浸种、蒸汽灭菌、太阳辐射等可杀死土壤病原微生物和杂草种子。

7.3 生物防治

利用赤眼蜂防治菜青虫，利用七星瓢虫、草蛉、食蚜蝇等防治蚜虫和螨类等，利用青蛙捕食蛾类等害虫。性信息素诱杀剂是利用昆虫的性外激素，引诱同种雄性昆虫达到诱杀或迷向的作用，影响正常的害虫交配，从而降低了种群数量，以达到控制效果。

7.4 化学防治

小麦药剂防治病虫害，常用的杀虫剂有吡虫啉、啶虫脒、吡蚜酮、噻虫嗪、溴氰菊酯、高效氯氟氰菊酯、高效氯氰菊酯、氰戊菊酯、敌敌畏、抗蚜威、阿维菌素、苦参碱等。其中，吡虫啉和啶虫脒不宜单一使用，要与低毒有机磷农药合理混配喷施。常用的杀菌剂有三唑酮、烯唑醇、戊唑醇、己唑醇、丙环唑、苯醚甲环唑、咪鲜胺、氟环唑、多菌灵、甲基硫菌灵、氰烯菌酯、蜡样芽孢杆菌、井冈霉素等。

8 适时收获

及时收获是实现减少呼吸、淋溶消耗，保证丰产丰收，高产优质的重要一环。千粒重以蜡熟末期最高，且籽粒品质好。此时收获，不易断穗落粒，且能早腾茬夏播，是人工收获的最适期。但是如果收获任务大，也可以提早到蜡熟中期，不早于蜡熟初期收割，经晾晒后脱粒。由于成熟较差，应在下午收割，随收随捆，以免落粒，并运回场院脱粒。机械收割应在完熟初期，以下午为好；但如在完熟初期人工收割应在上午或早晨，应便于捆扎。种用小麦也以蜡熟末期到完熟初期收获为宜。收获期限不应超过 4～8 d。大面积种植时，应做好收获计划。应先收早熟品种，后收晚熟品种；先收旱地，后收水浇地。错开收获期，提倡机械收割，不焚烧秸秆。

学习产出与评价

1. 能准确说出小麦整地要求，并学会耕地质量检查和抢墒播种的水分观测。
2. 能准确说出小麦“三肥四水五苗”。
3. 初步学会根据小麦需肥需水规律理论，指导大田肥水管理。
4. 学会小麦播种操作。
5. 学会旱地除草剂的使用。

6.具有团队合作精神，积极开展协作与交流，体验分工合作的快乐。

7.积极付出，参与整个生育期的管理和观察，将学生实践表现计入学生实践成绩，占30%，强调过程评价。

思考与练习

1. 术语解释：冬小麦、春小麦、春性品种、冬性品种、有效分蘖决定期。

2. 什么是小麦的阶段发育特性？其在生产上的具体应用有哪些？

3. 小麦叶片依着生部位及功能分为哪几组？

4. 生产上可采取哪些有效措施使小麦穗大粒多而高产？

5. 影响小麦播种期的主要原因是哪些？

6. 试述小麦田间的主要管理技术。

7. 小麦提倡精量播种技术，试计算凤麦15号的播种量(千粒重40g，发芽率90%，种子净度98%，常年田间出苗率60%)。

参考文献

[1]　赵广才，常旭虹，王德梅，等．小麦生产概况及其发展．作物杂志，2018(4)：1-7.

[2]　赵广才．中国小麦种植生态区划研究(一)．麦类作物学报，2010，30(5)：886-895.

[3]　中华人民共和国国家统计局．国际统计年鉴．北京：中国统计出版社，2018.

[4]　湖南省常德农业学校．作物栽培．北京：中国农业出版社，1980.

[5]　四川农业大学等．作物栽培学．贵阳：贵州科技出版社，1992.

[6]　金善宝．中国小麦学．北京：中国农业出版社，1996.

[7]　卢良恕．中国小麦栽培研究新进展．北京：中国农业出版社，1993.

[8]　金善宝．中国小麦生态．北京：科学出版社，1991.

[9]　金善宝．中国小麦品种志．北京：中国农业出版社，1986.

[10]　吴琼锋，周晓舟．作物生产技术．北京：化学工业出版社，2011.

[11]　胡立勇，丁艳锋．作物栽培学．北京：高等教育出版社，2013.

任务四　大麦栽培

内容提要

掌握大麦的起源和类型，大麦生长发育对环境条件的要求，为满足大麦对环境条件的要求而采取的调控措施。

主要内容：大麦概述；大麦生长发育特性；中国大麦生产概况和区划；大麦栽培技术。

1 大麦概述

1.1 大麦分类

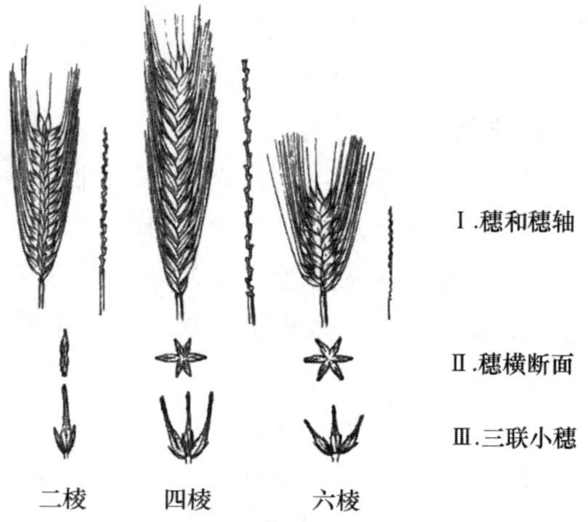

图 8-4 不同类型大麦穗型、小穗在穗节上的排列方式和横断面

(引自翁训珠 1987)

大麦为禾本科大麦属谷类植物。栽培大麦有 3 个种:大麦六列型,其花穗有两个相对的凹槽,每个凹槽着生 3 个小穗,每个小穗着生 1 朵小花,结籽 1 粒。二行大麦为两列型,小穗中有一中心小花,可结籽,侧生小花通常不育。不规则型大麦或称阿比西尼亚中间型,很少栽培,中心花能育,侧生小花能育或不育。

大麦是有稃大麦和裸大麦的总称。一般有稃大麦称皮大麦,其特征是稃壳和籽粒粘连;裸大麦的稃壳和籽粒分离,称裸麦,青藏高原称青稞,长江流域称元麦,华北称米麦等。

有经济价值的是普通大麦种中的两个亚种,即二棱大麦亚种和多棱大麦亚种。通常将多棱大麦称为六棱大麦(图 8-4)。

大麦按用途分,可分为啤酒大麦、饲用大麦、食用大麦(含食品加工)3 种类型。

1.2 大麦起源

大麦原产中东,是 16 世纪犹太人、希腊人、罗马人和大部分欧洲人的主要粮食作物。

大麦属于一年生、越年生或多年生草本,其中普通大麦具有栽培价值。大麦分布较广,南纬 50°到北纬 70°的地区均有种植,我国西藏高原海拔 4 750 m 的地区仍有种植。世界大麦种植总面积和总产量仅次于小麦、水稻、玉米居第四位。中国为大麦的主产国之一,已有 5 000 多年的栽培历史,2005 年种植面积 83 万 hm^2,总产量 344.42 万 t,面积和产量在水稻、小麦、玉米和粟之后,居第五位。大麦具有早熟抗旱、耐盐、耐瘠薄、抗病、丰产、广适等特点,且具有食用、饲用、酿造、医药等多种用途,有很好的栽培应用前景。

1.3 大麦在国内外的分布

大麦分布于 50°S 到 70°N,海拔 1～4 750 m,世界大麦的栽培面积 5 666 万 hm^2,总产量 1.3 亿 t。俄罗斯(1 070 万 hm^2)、加拿大(406 万 hm^2)、乌克兰(346 万 hm^2)、澳大利亚(226 万 hm^2)、德国(221 万 hm^2)、美国(192 万 hm^2)、中国(165 万 hm^2)和法国(153 万 hm^2)。中国大麦栽培主要分布在长江中下游地区、东南沿海地区和青藏高寒地。

1.4 大麦的优点及广泛用途

(1)早熟、丰产、广适性。大麦为长日照作物,生育期较小麦短,春大麦一般生育期为 65～140 d,较小麦早熟 15～20 d,且播种时间范围大,可作为良好的间套作、复种作物,可提高复种指数。大麦增产潜力巨大。

(2)抗逆性及耐瘠性。大麦具有较强的抗寒性,耐低温能力比小麦强,在热量条件较差的中高海拔、高纬度寒冷地区,都适宜大麦生长,我国西藏地区种植的裸大麦—青稞,均种植在海拔3 000 m以上地区;大麦抗旱性较好,据试验证明,在春旱严重的年份,大麦产量明显高于小麦;大麦还具有较强的耐盐碱性及耐瘠性,适宜pH为6～8。

(3)粮饲兼用。大麦在远东一些国家是重要的食用谷物,我国至今用裸大麦做成的糍粑仍是青藏高原和西南地区近7 000万人口的一种主食,长江中下游沿海各省有大麦同大米及小麦面合起来食用的习惯。大麦的饲用价值相当于玉米的95%,淀粉含量略低于玉米,粗蛋白质比玉米高10%,尤其可消化蛋白明显高于玉米,赖氨酸、蛋氨酸、烟酸等氨基酸均比玉米高。大麦是补充饲用玉米巨大缺口的能量饲料作物;据研究,用饲料大麦代替部分玉米喂猪,可提高瘦肉率6%～9%;大麦作饲料可提高产蛋率,改善奶及鱼产品的品质;大麦作为青饲料、粗饲料含有较高的粗纤维,综合营养价值远远高于小麦等谷类作物;酒糟、饴糖渣等大麦加工副产品也富含蛋白质和维生素,是较好的饲料。大麦营养成分见表8-1。

表8-1　大麦可食部的营养成分(每100g中含)

成分名称	含量	成分名称	含量	成分名称	含量
磷(mg)	381	水分(g)	13.1	能量(kcal)	307
能量(kJ)	1 284	蛋白质(g)	10.2	脂肪(g)	1.4
碳水化合物(g)	73.3	膳食纤维(g)	9.9	锰(mg)	1.23
灰分(g)	2	铜(mg)	0.63	钾(mg)	49
镁(mg)	158	硫胺素(μg)	0.43	核黄素(mg)	0.14
烟酸(mg)	3.9	铁(mg)	6.4	维生素E(T)(mg)	1.23
a-E	1.23	锌(mg)	4.36	硒(μg)	9.8
钙(mg)	66	碘(mg)	0	胡萝卜素(mg)	0
钠(mg)	0	视黄醇(mg)	0	维生素C(mg)	0
(β-γ)-E	0	δ-E	0	维生素A(mg)	0
胆固醇(mg)	0				

注:引自360搜索"大麦营养成分含量表"。

(4)药食同源。大麦的医用和营养价值已被广泛应用,据《本草纲目》记载:"大麦味甘、性平、有平胃止渴、消渴除热、益气调中、宽胸下气、消食补虚、壮血脉、益颜色、实五脏、化谷食之功"。中药麦芽由大麦籽粒经发芽干燥而成;大麦中含有的麦黄酮、麦角类物质、β-葡聚糖、大麦芽碱、尿囊素等多种活性成分,均有抗衰老、降血脂、调剂血糖、促孕抑乳等药用功能。大麦是制造啤酒不可替代的主要原料,还是特色酒类的制作原料;从大麦幼苗中提取的"麦绿素"饮料在美国、日本等发达国家已成为一种时尚的保健食品,此外,大麦还可制成麦曲、饴糖、酱油、味精、麦乳精等食品。

2　大麦生长发育特性

2.1　大麦与小麦发育特性差异

春大麦全生育期60～140 d,冬大麦160～250 d。生育期随纬度、海拔、播期的变化规律同小麦。大麦种子萌发与出苗特性,根、茎、叶、分蘖等营养器官的生长特性均与小麦的相似。

但生殖器官的发育与小麦的稍有差别,表现为:①穗和籽粒的形态。穗状花序、三联小穗、小穗轴形态、芒的光合能力。②幼穗分化过程。共10个时期。在二棱期之后有三联小穗分化期;在药隔形成期后有雌蕊柱头二裂分叉期、雌蕊柱头毛状突起期。③抽穗和开花授粉。穗顶第1小穗露出旗叶鞘时为抽穗。在穗未完全抽出前就已开花授粉,也有抽穗后随即开花的。④籽粒灌浆过程、分期均与小麦类似。成熟时的千粒重,二棱大麦为35～40 g,四棱大麦为30～40 g,六棱大麦为25～35 g。

2.2 大麦对环境条件的要求

(1)温度。种子发芽最低温度为1～2 ℃,适宜温度为20 ℃,最高温度为30 ℃,一般春大麦4 ℃时播种,5～7 d萌发,播种到出苗100 ℃积温,春大麦营养生长适宜温度为10～15 ℃,抽穗期适宜温度为17～18 ℃;冬大麦18～20 ℃条件下,72 h种子即可萌发。冬大麦越冬期间的抗寒性不如冬小麦。

(2)水分。需求与小麦类似。

(3)土壤。排水良好的肥沃砂壤土或黏壤土为好,pH 6.5～7.8为宜。抗盐,盐害阈值相当于土壤含盐量0.5%左右。

(4)养分。每生产100 kg籽粒需吸收氮2.37～3.25 kg,磷0.46～2.14 kg,钾1.31～2.60 kg。春大麦生育期短,从生长初期就要保证养分供应。

3 中国大麦生产概况和区划

全世界大麦播种面积在20世纪70年代末约9 600万 hm^2。年产量近18 000万 t,其中约1/2的产量用作饲料,其余供人类食用,或用以制麦芽糖。啤酒主要用大麦芽制造,总产量的10%以上用于制造啤酒。大麦芽也用于制蒸馏饮料。

3.1 中国生产概况

大麦在我国是个古老的作物。据考证,早在新石器时代中期,古羌族(居住在青海)就已在黄河上游开始栽培,距今已有5 000年的历史。大麦具有早熟、耐旱、耐盐、耐低温冷凉、耐瘠薄等特点,因此栽培非常广泛。据统计,我国大麦种植面积在20世纪30年代曾达到638万 hm^2,总产85亿 kg;20世纪50年代,面积缩小到387万 hm^2,总产34.5亿 kg;20世纪70年代,面积又扩增到650万 hm^2,总产99亿 kg,单产1 522.5 kg/hm^2。目前,已缩减到100万 hm^2,单产量3 990 kg/hm^2。1996年中国大麦面积105万 hm^2,总产374万 t,平均单产3 570 kg/hm^2。中国啤酒大麦面积接近66.67万 hm^2,总产230万 t。

我国大麦的分布在栽培作物中最广泛,但主要产区相对集中,主要分布在长江流域、黄河流域和青藏高原。啤酒工业的发展和对大麦原料的需求日益增多。西北和黑龙江等地啤酒大麦发展较快,目前种植面积较大的有河南、江苏、浙江、四川、云南等省。

3.2 中国大麦生态区划

根据光、温条件以及地理位置、播种期等特点,将中国栽培大麦划分为3大区域12个生态区。

(1)裸大麦区。Ⅰ.青藏高原裸大麦区;

(2)春大麦区。Ⅱ.东北平原春大麦区;Ⅲ.晋冀北部春大麦区;Ⅳ.西北春大麦区;Ⅴ.内蒙古高原春大麦区；Ⅵ. 新疆干旱荒漠春大麦区。

(3)冬大麦区。Ⅶ. 黄淮冬大麦区；Ⅷ. 秦巴山地冬大麦区；Ⅸ. 长江中下游冬大麦区；Ⅹ. 四川盆地冬大麦区；Ⅺ. 西南高原冬大麦区；Ⅻ. 华南冬大麦区。

3.3 中国大麦种植区划

(1)北方春大麦区。包括东北平原，内蒙古高原，宁夏、新疆全部，山西、河北、陕西北部，甘肃景泰和河西走廊地区，属一年一熟春大麦区。20 世纪 80 年代后期，啤酒大麦发展很快，最大面积曾达到 66.7 万 hm^2，而后逐年减少，至 1995 年 13.3 余万公顷。该区在大麦生长季节日照长，昼夜温差大，对籽粒碳水化合物积累有利，千粒重高。特别是西北，天气晴朗，有黄河水，祁连山和天山雪水灌溉，啤酒大麦籽粒色泽光亮，皮薄色浅，发芽率高，是我国优质啤酒大麦生产潜力较大的基地。黑龙江省的松花江和三江平原，地域广阔，土壤肥沃，7 月下旬进入雨季，适合种植早熟品种，也是我国比较好的啤酒大麦基地之一。

(2)青藏高原裸大麦区。包括青海、西藏全部，四川甘孜、阿坝两个藏族自治州，甘南藏族自治州，云南迪庆藏族自治州。大麦种植在海拔 3 000 m 以上，属高原气候，阴湿冷凉，昼夜温差大，一般无霜期短。3 月下旬至 4 月中旬播种，7 月下旬至 9 月上旬成熟，一年一熟，以多棱裸大麦为主，是藏族人民的主要食粮。

(3)黄、淮以南秋播冬大麦区。包括山东，甘肃的陇东和陇南，晋、冀、陕南部及其以南各省，四川盆地，云贵高原 6 个生态亚区，是我国大麦的主要产区。秋季播种，根据越冬期的低温程度不同，品种有冬性、半冬性和春性。黄、淮冬麦区冬季气温低，品种属冬性。该区降水量适中，大麦比小麦早熟 10 d 左右，收获前后天气晴朗，历史上就有种大麦的习惯，是我国啤酒大麦基地之一。长江流域、四川盆地以南地区，大麦面积占全国的一半左右，是我国大麦的主要产区。该区气候温暖潮湿，降水量大，大麦作为早稻的前作，主要用作饲料。江苏的淮河以北和盐城地区，降雨量一般比长江以南少，大麦籽粒色泽比较好，千粒重较高，也是比较理想的啤酒大麦基地。

3.4 云南省大麦生产概况

云南是中国大麦资源多样性中心，常年种植 22 万～23 万 hm^2，居全国首位，总产约 60 万 t，平均产量 3 t/hm^2。其中啤酒大麦 9.2 万 hm^2，总产 25 万 t。饲料大麦 11.4 万 hm^2，总产 31 万 t。青稞 1.4 万 hm^2，总产 4 万 t。云南发展大麦的生态条件是全国最好的。大麦对解决云南大(烟草、水稻、玉米)小春(小麦)节令矛盾、冬春干旱、蚕豆斑潜蝇危害、小麦锈病和发展多熟制等结构调整、促进啤酒工业和畜牧业的发展起了重要作用。

知识拓展

云南“云大麦 2 号”

3.4.1 云南省栽培大麦的分类研究

云南栽培大麦含1个种2个亚种305个变种(新变种154个),着重报道新命名的68个新变种。二棱大麦和多棱大麦变种分别占变种总数的42.3%和57.7%。以有稃型变种居多,钩芒、籽粒深色型等显性基因控制的变种占绝对优势,窄护颖变种占绝大多数,尤其是禄劝大麦变种群,占全省栽培大麦变种总数的61.6%。大麦变种类型丰富,群体复杂,性状独特是云南栽培大麦的特色。

3.4.2 云南发展大麦的五大优势

(1)自然优势。云南属低纬高原季风气候,农业资源十分独特,气候温和,水源好,具有得天独厚的自然优势。云南省地处我国的西南边陲,处于东亚季风和东南亚季风的过渡区域,境内的山地面积占总面积的94%,海拔大多在1 000～2 000 m,冬春干旱少雨。而大麦具有抗旱性强、耐瘠薄的特点,在山地仍能正常种植,有利于补充解决畜牧业饲料短缺的矛盾。在大麦生育期内≥0 ℃积温累计可达1 800 ℃左右,接近于华南大麦区的大麦生育期间的热量,降水量130～150 mm,日照时数1 200 h以上,适宜大麦生长,生育期130～200 d。全省气候年均日较差大,有利于大麦干物质的积累。光照充足,有利于大麦光合作用的进行,特别是抽穗至成熟期光照充足,有利于大麦籽粒灌浆。

(2)自身优势。大麦对环境的适应性和抗旱性、耐瘠薄能力强,全省又有大片的可垦荒地。以大麦作为开发地的先锋作物具有广阔前景,同时大麦的生产成本比小麦低,播种量和施肥量比小麦低30%～40%,价格稍高于小麦。生育期较短,有利于解决茬口矛盾。

(3)市场优势。随着我国经济的发展和人民生活水平的不断提高,对啤酒的消费不断提高。据国家统计局公布,中国啤酒2002年产量为2 386.86万t,是世界啤酒第一生产大国。随着麦芽厂的不断建立,必须有稳定、充足的优质原料来源。同时畜牧业也在不断发展,对饲料的消费也在不断增加,大麦作饲料营养价值高,特别是家畜生长需要的烟酸含量要比玉米高出2倍多,所含可消化蛋白比玉米高18.2%。这就形成了一个对啤酒大麦、饲料大麦需求的广阔市场。

(4)政策与技术优势。从2004年开始,昆明市政府把发展啤酒大麦生产作为冬季农业开发项目之一,并提供资金进行扶持,全市已发展大麦2.3万hm^2。在技术方面,昆明市农科院自2 000年来,一直从事大麦的引种、选育及优质高产种植技术的研究与推广工作,有较强的技术力量,与县(市、区)农业技术推广中心、基层农科站进行技术合作,利用昆明市的农业推广体系积极向农户推广优良品种和优质高产栽培技术,已获得了较好的成效。

(5)农业农村部规划的啤酒大麦种植生产基地。云南是农业农村部最近纳入规划的啤酒大麦种植生产基地之一。云南省的啤酒大麦生产基地初步形成。但这些啤酒生产基地的面积和规模还不能满足西南各省和周边国家啤酒产业的需要,更别说满足国内其他地区的需要了。因此,云南省应积极在昆明建立新的啤酒生产基地,满足啤酒产业的需要,这也符合农业农村部将云南省列为啤酒大麦生产基地之一的规划要求。

知识拓展

啤大麦

4　大麦栽培技术

4.1　轮作与茬口选择

冬大麦区可以一年两熟或两年三熟，夏收后复种棉、稻、玉米、甘薯、大豆。也可以套作或轮作烟草、谷子、甘薯等。春大麦区一年一熟或两年三熟，与多种作物轮作。

4.2　选用良种

大理州啤酒大麦品种可选用 s500、s-4、凤大麦 6 号、凤大麦 7 号；饲料大麦品种可选用 v43、94dm3、凤大麦 5 号。

4.3　整地和施肥

(1)整地。冬大麦整地时机和方法与冬小麦相似，春大麦一般在冬前深耕，结合耕地施足基肥，冬季注意接纳雨雪或进行冬灌，春季顶凌播种。

(2)施肥。增施氮肥对粒用和饲用大麦有显著增产效应。不同生育期施肥效果同小麦，氮磷钾配合施用。产量 6 000 kg/hm^2 的大麦，每公顷施纯氮 180～220 kg，磷 300～450 kg，缺钾土壤还应施钾 120～150 kg，磷钾肥应作基肥，氮肥重施基肥，少施或不施追肥。

4.4　种子处理

晒种和精选种子可以提高整齐度和发芽率。种子消毒可预防黑穗病、条纹病、网纹病等种子带菌为主要侵染途径的病害。消毒方法为冷浸日晒；1%石灰水拌种；多菌灵、福美双或“402”杀菌剂浸种或拌种。

4.5　播种与密度

(1)播种适期。冬大麦：①冬性品种日平均气温 16～18 ℃即可播种；②弱冬性品种日平均气温 14～16 ℃即可播种；③春性品种日平均气温 12～14 ℃即可播种。春大麦气温高于 0～3 ℃，土表解冻时顶凌播种。

(2)基本苗。冬大麦 300 万～330 万苗 hm^2，春大麦 380 万～450 万苗 hm^2。

(3)播种方式。窄行距(15 cm)机械条播，覆土 2～3 cm，不超过 5 cm。

4.6　田间管理

(1)灌溉。北方常年春旱；孕穗到籽粒灌浆期间灌水可提高品质(尤其啤酒大麦)。灌溉与追肥结合，喷灌可结合喷施化肥、喷药治虫。

(2)除草。窄行播种、免耕大麦都应化学除草。防除阔叶杂草：大麦分蘖期 72% 2,4-D 丁酯乳油 750 mL/hm²,兑水 600～750 kg 喷洒。防除禾本科杂草:杂草 1～2 叶期 15%燕麦灵乳剂 3～3.5 kg/hm²,兑水 250～300 kg 喷雾;65%野燕枯可溶性粉剂 1.5～2 kg/hm²,兑水 600 kg,并加助剂“Agral60”(按喷用药液量的 0.5%加入)在野燕麦 3～5 叶期喷洒。

4.7 收获

蜡熟末期干物质积累达最大值,为收获适期。适期收获的产量高,品质好。收获过早,千粒重低,饱满度差,品质下降。收获过迟易断穗,多雨年份会因雨淋使粒重降低甚至穗发芽,降低产量和品质。《中华人民共和国啤酒大麦国家标准》(GB7416—1987)节选如表 8-2、表 8-3 所示。

表 8-2 中华人民共和国啤酒大麦国家标准(GB 7416—87)感官指标

项目	二棱、多棱		
	优级	一级	二级
外观	淡黄色、具有光泽,无病斑粒,无霉味和其他异味	淡黄色、具有光泽,无病斑粒,无霉味和其他异味	黄色、无病斑粒,无霉味和其他异味
夹杂物(%)≤	1.0	1.5	2.0
破损率(%)≤	0.5	1.0	2.0

表 8-3 中华人民共和国啤酒大麦国家标准(GB7416—87)理化指标

项目	二棱			多棱		
	优级	一级	二级	优级	一级	二级
水分(%)≤	13	13	13	13	13	13
千粒重(%)≥	42	38	36	40	35	30
发芽势(%)≥	92	90	85	92	90	85
发芽率(%)≥	97	95	90	97	95	90

知识拓展

云南省大理州稻茬大麦免耕栽培技术

项目9 烟草栽培

学习目标

知识目标：①能陈述烟草分类、会识别当地主栽品种的形态特征；②能陈述云南省烟草生态适宜类型划分标准；③能系统简述优质烟栽培种肥水运筹和病虫害防控的要点。

技能目标：①初步运用烤烟漂浮育苗技术理论培育壮苗；②初步学会成套的优质适产理论指导烤烟大田管理；③初步学会烟叶烘烤和烟叶分级。

素质目标：①体验烟草成长的快乐和烟农的幸福与艰辛；②参观现代化漂浮育苗温室群，遵守安全消毒要领，体验工厂化设施农业的效益。

内容提要

了解云南省现代烟草业生产的概况，掌握烟草的生长发育规律，熟悉漂浮育苗技术流程和管理技术，学会烤烟大田管理各个环节的技术要点，学会采摘成熟烟叶。漂浮育苗培育壮苗是烟草重要的栽培技术，也是现代化设施农业育苗的发展趋势。

主要内容：

烟草概述；烟草栽培的生物学基础；烟草栽培技术（一）育苗；烟草栽培技术（二）移栽；烟草栽培技术（三）大田管理

任务一 烟草概述

知识目标：①能叙述烟草的起源、传播和分类方法，并能就分类举例说明；②能简述云南省烟草的生产概况；③能陈述云南省烟草生态适宜类型划分标准。

素质目标：①认同“云烟甲天下”，加深对云南省烟草财政的认知；②能解释并认同吸烟的利弊。

1 烟草生产的意义

（1）烟草是我国重要的经济作物之一，其种植面积和总产量居世界第一位。2019 年全国共有 500 个县、4 235 个乡种植烟叶，涉及烟农 92.36 万户，种植面积 89.82 万 hm^2，2019 年烟农实现收入 500 亿元。烟叶生产是农民增收的重要来源。

(2)烟叶的主要用途是作为卷烟工业原料。以烟叶作为原料的卷烟是一种高税率的产品，2014 年烟草行业全年实现工商税利总额跨越了一万亿元大台阶，达到 10 517.6 亿元。2020 年全国烟草行业实现工商税利总额 12 803 亿元(表 9-1)。

表 9-1 中国烟草行业历年税利表 亿元

年份	2000	2005	2010	2014	2016	2018	2020
税利	1050	2400	6 045.5	10 517.6	10 795	11 556	12 803

注：引自中国经济网，2021-02-02。

(3)烟草的多用途研究。①烟草是生物科学研究的重要工具。可将某些有利的基因导入烟草。如瑞典科学家将人体基因注入烟草，从中提取血清蛋白活化剂 TPA，具有溶解血液凝块的作用。②烟草有重要的药用价值。可预防寒湿病、活血御冻、缓解倦意、解郁；烟碱可用于治疗注意力功能失调症。③用烟草生产食品的研究已获得突破。从烟叶中提取柠檬酸和苹果酸，可用于糖果食品工业；提取蛋白质。④用烟草提取化工原料。从叶片提取烟碱(尼古丁)；从烟籽中榨取油脂；从烟花中提取香精；烟茎压制纤维板或制成活性炭。⑤以卷烟作为药物的载体。将药物制剂加入卷烟，烟气可直达胸肺与病变部位直接接触，或被血管吸收通达全身，这种效果优于用药物经吞服、通过消化再被吸收。

但是“吸烟与健康”问题逐步受到全社会的重视。

知识拓展

吸烟与健康

2 烟草的起源、传播和类型

2.1 烟草的起源与传播

烟草原产于美洲南部安第斯山。1492 年哥伦布来到美洲大陆，发现印第安人吸烟，并将烟草带回欧洲。

15 世纪以后，烟草传入世界各地。目前烟草在 N 60°到 S 45°的地区都有种植，但主产区集中在 N 45°到 S 30°。

烟草大约公元 16 世纪中后期通过三条途径传到我国。途径一：在 1563—1640 年，从吕宋(今菲律宾)传到福建，然后传到其他地区；途径二：在 1620—1627 年，从印度尼西亚或越南传入广东再传到其他各省；途径三：在 1616—1617 年，从日本到朝鲜，再传入东北地区。

2.2 烟草的类型

按植物学分类，烟草属茄科、烟属植物，目前发现烟属有 66 个种，栽培的主要是红花烟草种(普通烟草种)和黄花烟草种。我国栽培的烤烟大都属于红花烟草种。

(1)按烟叶品质、生物学性状、栽培及调制方法分类，一般分为烤烟、晒烟、晾烟、白肋烟、香料烟、黄花烟 6 个类型。

烤烟(Flue-cured tobacco)：田间成熟的烟叶，经采收、编竿、装入烤房内由人工控制热能烘烤干燥称为烤烟。烤烟是卷烟工业的主要原料，栽培面积最大，烤烟适宜种植在中等肥力的壤土或沙壤土上，种植密度 1 100 株/亩。分次采收，利用烤房内的火管烘干。

晒烟(Sun-cured tobacco)：利用阳光照射使烟叶变黄干燥。晒烟有晒红烟和晒黄烟两种，是水烟、斗烟、雪茄填心烟、嚼烟、鼻烟和卷烟的原料。

晾烟(Air-cured tobacco)：通过阴凉通风场所晾制而成的烟叶。深色晾烟包括雪茄烟和地方性晾烟。

白肋烟(Burley tobacco)：原是美国一个晾烟类型，因其风格独特，被单列为一个烟草型。白肋烟茎秆和叶脉均呈乳白色，适于种植在氮素较高的肥沃土壤上。晾制后叶色深褐，烟碱含量较高，含糖量较低，叶片薄，填充力高，吸收能力强，容易吸收卷烟工艺中的加香加料，具有白肋烟独特的香味，是制造混合型卷烟的主要原料之一。

香料烟(Oriental tobacco)：香料烟又称土耳其型或东方型烟草，属浅色晒烟，香味独特，另成一类。香料烟适于有机质少，肥力较低，表土较薄的山坡砂砾土上种植，种植密度 15 000 株/亩左右，栽培中不封顶。叶片小而厚，叶的化学成分介于烤烟和晒黄烟之间，香味浓郁，是混合型卷烟的主要原料之一。

黄花烟(Nicotiana rustica L.)：黄花烟与上述几种类型的区别是在植物分类学上属于不同的种。黄花烟花冠为黄绿色，叶片小呈心脏形，生育期短，晒制干燥。我国甘肃种植较多，新疆、吉林、黑龙江有一定量生产。兰州的青丝烟、东北的蛤蟆烟和新疆的莫合烟等都是著名的黄花烟。黄花烟化学成分中，烟碱、总氮、蛋白质含量较高，含糖量较低，劲头大，烟味浓烈。

(2)烟制品的类型。以烟叶为原料，经加工制成的产品称为烟制品。因原料和制造工艺不同可以分为纸卷烟、叶卷烟、斗烟、旱烟和水烟、鼻烟、嚼烟几种。

3 烟草生产的特点

烟草是经济作物，其生产工序复杂，农业用工多。产量与品质并重，对环境条件敏感。烟叶的经济价值较高，技术性强。

4 烟草生产概况

(1)世界范围。世界各大州都有种植，面积在 490 万 hm^2左右，产量 570 多万 t。世界烟草主要生产国的 2005 年生产情况见表 9-2。

表 9-2 世界烟草主要生产国的 2005 年生产情况

国家	面积(万 hm^2)	总产(万 t)	单产(t/hm^2)
中国	159.7	340.7	2.133
美国	30.4	30.4	2.437
巴西	27.3	37.3	1.366
印度	26.0	45.0	1.059
日本	5.3	13.7	2.549
加拿大	3.7	0.9	2.420
哥伦比亚	2.3	0.37	1.617
俄罗斯	1.8	1.3	0.722
法国	1.4	0.36	2.531
德国	0.3	0.79	2.538

注:资料来源于 Univer Leaf Tobacco Company. Ine,Supply and Demand(2005)。

(2)中国。中国烟草面积和总产量居世界第一位。2012 年(“双控”指导下,自 2012 年后,面积和产量逐年下降)烟草种植面积为 159.7 万 hm^2,产量达 340.7 万 t。我国烟草分布广泛,东起黄海之滨,西至伊犁谷地,南起海南岛,北迄白山黑水之间。

中国烟草分布情况:从 E 75°至 134°,N 18°至 50°,从低于海平面的吐鲁番盆地到海拔 3 000 m 以上的高原山区都有烟草分布。

中国有 8 个世界第一:烤烟面积第一;烤烟产量第一;烤烟增长速度第一;卷烟销量第一;卷烟销量增长速度第一;吸烟人数第一;吸烟人数增加量第一;烟税增长速度第一。三个“三分之一”:烟民占世界的三分之一;烟叶产量占世界的三分之一;卷烟销量占世界的三分之一。

(3)云南。云南省是中国烤烟种植面积、总产量、卷烟产量、销售量最大的省份,种植面积占全国种植面积的 1/3,2012 年烤烟面积 52.58 万 hm^2,总产量 111 万 t。也是烤烟、香料烟质量及卷烟质量最好的省份。2019 年云南烟草产量 92 万 t,第二位的贵州只有 26 万 t。

烟草产业是云南省支柱产业。两烟税利实行以来,云南烟草累计实现税利 9 822 亿元,占全省 GDP 的 15.1%,累计实现税金 7 988.9 亿元,占同期全省财政收入的 53%。烟叶种植收入是农民收入的重要组成部分,30 年来,全省累计实现烟农交售现金收入 1 880.9 亿元,成为农民最重要的收入来源之一。2020 年云南省收购烤烟 1 606 万担,实现烟农售烟总收入 236.49 亿元,户均收入 4.29 万元。

5 烟草种植区划

全国划分为 7 个一级区和 27 个二级区。云南省依据烤烟生产的自然条件、社会经济条件、栽培调制技术及烟叶品质等多种因素,本着烤烟生产的自然条件和社会条件的一致性,烟叶品质和风格的基本一致性,烤烟生产上存在的主要问题和发展方向的基本一致性,尽量保持现行县行政区划的基本完整性等原则,将全省划成 6 个烟区。

(1)滇中烤烟区。包括玉溪的全部、楚雄的东部、昆明的南部和东南部的大部分地区。全省优质烟区,人多地少。

(2)滇东烤烟区。包括曲靖的大部分、红河的东北少部分地区和昆明的东部部分地区。全省最大烤烟区，但高海拔区成熟期温度偏低。

(3)滇西烤烟区。包括楚雄西部、大理的全部、保山的西部和西北部的大部分地区、丽江的西部部分地区以及临沧的北部。适宜种烟，烟叶质量较好，但烤烟布局需进一步完善。

(4)滇东南烤烟区。包括红河东南的大部分、文山全部。本区烤烟近年来发展较快，但生产条件和栽培技术有待改善与提高。

(5)滇东北烤烟区。包括昭通大部分、曲靖的东北角部分地区。主要问题是热量不足，应进一步调整烤烟的布局。

(6)滇西南烤烟区。主要包括临沧和思茅的大部分、红河的西南角部分地区、西双版纳和德宏的部分地区。本区晾晒烟生产历史悠久，烤烟生产起步较晚。

6 烟草生态适宜类型划分的指标

依据气温、霜期、日照、降水量、土壤等状况划分为最适宜、适宜、次适宜、不适宜四个类型。云南烤烟不同适宜类型划分指标见表9-3，云南省烤烟适宜类型及县名见表9-4。

表9-3 云南烤烟不同适宜类型划分指标

主要指标	最适宜	适宜	次适宜	不适宜
海拔/m	1 400～1 800	1 200～1 400 1 800～2 000	<1 000 2 000～2 200	≥2 200
坡度	<25°	<25°	<25°	>25°
6—8月日均≥20 ℃的持续天数/d	≥70	≥70	<70	<50
9月下旬平均气温/℃	≥17	≥17		
0～60 cm土壤含氯量/(mg/kg)	<30	<30	<45	≥45
土壤pH	5.5～6.5	6.5～7.5		
无霜期/d	≥120	≥120	≥120	<120

注：引自云南烟草科学研究院，2008。

表9-4 云南省烤烟适宜类型及县名

类型	县(市)地名	
最适宜	玉溪 峨山 江川 澄江 华宁 易门 新平 宜良 路南 富民 蒙自 弥勒 建水 石屏 广南 丘北 砚山 宾川 牟定 永仁 禄丰 楚雄	22县市
适宜	姚安 通海 武定 禄劝 大姚 南华 元阳 泸西 屏边 开远 个旧 罗平 陆良 曲靖 富源 嵩明 寻甸 威信 大关 彝良 晋宁 安宁 呈贡 文山 西畴 马关 巍山 南涧 永平 漾濞 保山 腾冲 昌宁 施甸 临沧 双江 凤庆 镇沅 墨江 景东 云县 永德 耿马 华坪 永胜 祥云 西山 官渡 麻栗坡	49县市
次适宜	剑川 鹤庆 洱源 云龙 大理 碧江 潞西 盈江 瑞丽 梁河 陇川 泸水 贡山 福贡 龙陵 沧源 镇康 景洪 勐腊 勐海 西盟 孟连 江城 景谷 普洱 思茅 澜沧 双柏 元谋 富宁 金平 绿春 红河 河口 元江 师宗 马龙 宣威 会泽 东川 永善 巧家 绥江 鲁甸 盐津 昭通 畹町 水富	48个县
不适宜	中甸 德钦 维西 兰坪 宁蒗 丽江	6个县

注：引自云南烟草科学研究院，2008。

学习产出与评价

1. 能叙述烟草的起源、传播和分类方法，并能就分类举例说明。
2. 能陈述云南省烟草生态适宜类型划分标准，会判断当地烟草的适宜类型。
3. 能叙述烟草的类型及各自特点。
4. 能解释并认同吸烟的利弊。

任务二　烟草栽培的生物学基础

知识目标：①能简述烟草各生育时期与生长发育特性（形态—结构—功能）；②初步学会环境因素对烟草品质的影响分析；③能陈述烟草品质的内涵及提升品质的途径；④能说出烟草全生育期的 8 个时期。
技能目标：①学会烟草形态与类型的观察与识别；②运用要素分析法分析“云烟甲天下”。

1　烟草的形态结构与生理机能

1.1　根

（1）根的形态。烟草的根系为直根系，由主根、侧根、不定根 3 部分组成。不定根可达总根量的 1/3，对烟草生长有很大的作用，由于移栽过程中主根被切断，因此长成的烟株主根不明显，侧根和不定根都很发达，成为根系的主要部分（图 9-1）。

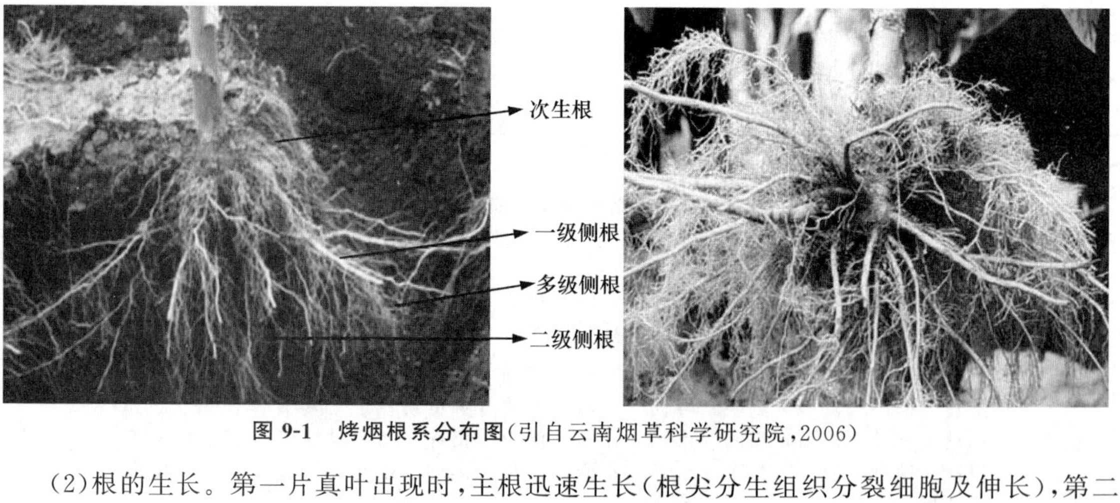

图 9-1　烤烟根系分布图（引自云南烟草科学研究院，2006）

（2）根的生长。第一片真叶出现时，主根迅速生长（根尖分生组织分裂细胞及伸长），第二片真叶出现时，主根上就发生侧根。在适宜条件下茎基部分化根原基长成不定根（表 9-5）。

表 9-5　烟草苗床期根系生长与叶片数的关系

叶片数	主根长	不定根数	不定根长	一级侧根数	一级侧根长	二级侧根数	二级侧根长	三级侧根数	三级侧根长
两片子叶	0.72								
一片真叶	0.89	出现							
两片真叶	1.29	1	0.71	出现					
三片真叶	2.14	2.11	1.48	3	0.5	出现			
四片真叶	4.68	4.86	1.55	8.43	1.46	4.4	0.63		
五片真叶	6.86	5.6	4.29	14	2.17	9.7	1.19	出现	
六片真叶	7.5	13	6.3	50	3.65	60	1.56	28	1.6
七片真叶	8.9	18	6	80	4.5	100	2.5	37	1.2
八片真叶	11.3	24	6.55	154	3.4	105	2.8	51	1.3

注:引自云南烟草科学研究院,2003。

(3)根的生理机能。①吸收机能。主要是吸收矿质元素、水分等。②合成作用。烟草根系具有特殊的合成功能,主要合成如氨基酸、激素、烟碱(99.5%)等。

(4)影响烟草根系生长发育的主要因素。①温度。适宜温度为30 ℃左右。②水分。适宜土壤水分含量为土壤相对持水量的60%~80%。③通气性。主要是指土壤中的空气量和土壤空气中氧气与二氧化碳的比例。④pH。适宜的土壤pH范围是5.5~6.5。⑤栽培技术。施肥、覆盖地膜、培土、种植密度、打顶。

1.2　茎

(1)茎的形态。茎是由顶芽不断分生而成,由节和节间组成,一般基部节间短,中、上部节间较长,节上着生叶和腋芽。每个叶腋里有一个正芽和1~2个副芽,都能萌发成分枝。

(2)茎的横切面。表皮(表皮上有茸毛)、皮层、中柱(中柱鞘、韧皮部、形成层、木质部、环髓带和髓)。如图9-2所示。

(3)茎的生理机能。①输导作用(水分和养料)。主要靠木质部导管输送水分和养料,靠韧皮部筛管输送叶片制造的有机物。②支撑作用。③具有一定的光合作用。

图 9-2　烤烟主茎截面

(引自云南烟草科学研究院,2006)

1.3 叶

1.3.1 叶的形态

(1)叶片组成。烟草的叶是没有托叶的不完全叶,普通的烟草品种没有叶柄,少数品种有叶柄(图 9-3)。

(2)叶片的大小与厚度。叶片的大小与厚度,因类型和品种不同差别很大。同一品种因着生部位、肥力和光照条件的不同而有明显变化。

叶面积系数=叶片实际面积/叶片长×宽

多数品种的叶面积系数为 0.634 5 左右

叶面积指数=株数×单株叶面积/亩

烤烟叶片的厚度一般为 0.2～0.35 mm,因品种、肥水、部位而不同。

(3)叶形。叶片的形状(叶形)主要是由品种遗传特性所决定的,是区别品种的主要特征(图 9-4)。

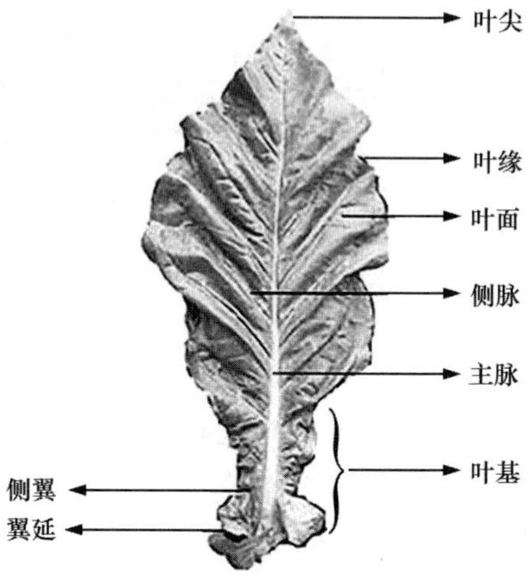

图 9-3 烟草叶片各部分名称

(引自许美玲,2002)

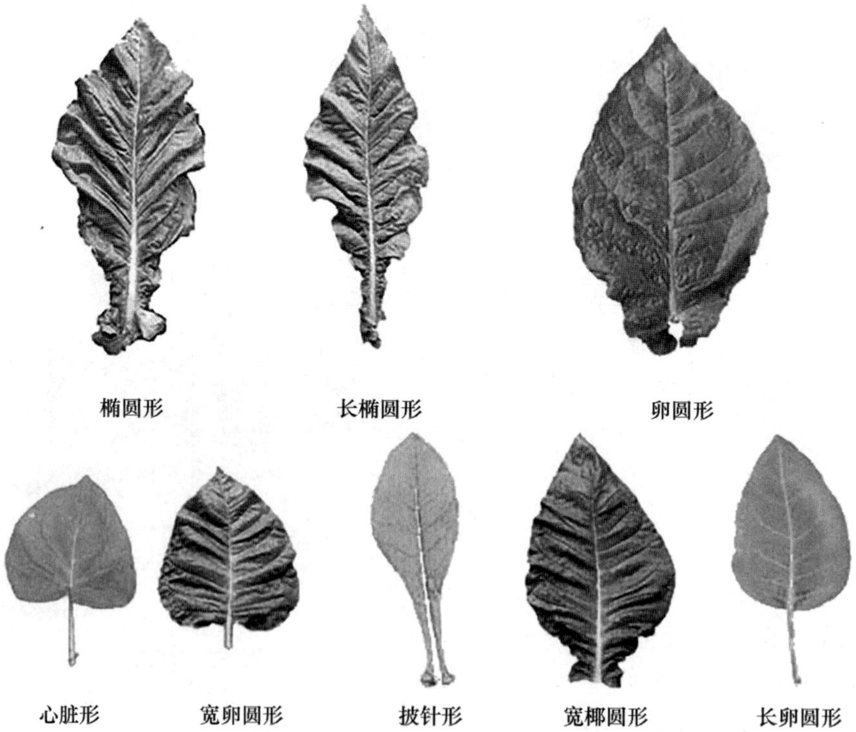

图 9-4 烤烟各种叶形

(引自云南烟草科学研究院,2006)

(4)叶片数目。每株烟的叶片数,是指有效叶数而言。烤烟不同品种叶数不同,同一品种内,单株叶片数比较稳定。但也受到环境条件和栽培条件的影响。

(5)叶片在茎上的着生。互生(轮生),但烟叶的需光特性和自我调节的能力会使在行间烟叶的分布多于株间。叶片与茎形成的夹角不同而形成不同的株形，如筒形、伞形、塔形。

1.3.2　叶片的构造

叶片结构可分为表皮、叶肉和叶脉3部分。表皮：气孔、保护毛、腺毛（香气）。叶肉：海绵组织、栅栏组织（光合作用）。叶脉：维管束，运输管道。

1.3.3　叶片的生理机能

光合作用：光合强度因叶片着生部位而异，同时受密度、施肥、灌溉的影响。因此应该合理密植、合理灌溉、合理施肥。

蒸腾作用：促进吸收和转运，不同部位的蒸腾作用不同（上＞中＞下），上部叶片吸水能力较强。

吸收作用：叶片大，气孔多，角质层薄，有利于叶面喷施。

1.4　花、果实及种子

（1）花。烟草的花序为有限聚伞花序，花为两性花（5雄1雌），自花授粉，天然杂交率为1%～3%。开花顺序：主茎顶端第一朵中心花先开放，随后由上而下的花枝依次开放。花期30～45 d（图9-5）。

图9-5　烤烟花序

（引自云南烟草科学研究院，2006）

（2）果实。烟花开放受精后，子房和胚珠发育成果实和种子。烟草果实为蒴果，卵圆形。一个果实内含有2 000～4 000粒种子。从开花到果实成熟需30 d左右。

（3）种子。烟草种子十分细小，1 g种子有12 000～18 000粒，千粒重为50～90 mg，一株烤烟能产生种子12～15 g，大约150 000粒种子，每亩可收种子8～10 kg。

2　烟草对环境条件的要求

以云南烟区生产优质烤烟的自然优势为例，环境条件包括气候条件和土壤条件，生产优质烟叶需要较高的温度，适当的水分，充足的光照和良好的土壤。

2.1 温度

(1)温度三基点。适宜温度25～28 ℃,最低温度10 ℃,最高温度35 ℃。如果烤烟生育前期低于13 ℃,将抑制生长,促进发育,导致早花。从提高烟叶品质出发,对气温条件一般要求在20～25 ℃。

(2)积温。烤烟大田生长期≥10 ℃的活动积温为2 000～2 800 ℃,≥10 ℃有效积温为1 000～1 800 ℃时,可以生产优质烟叶。

(3)昼夜温差。昼夜温差大,有利于烟株生长和干物质的积累。

云南在烤烟生长的夏季气温都在20 ℃以上,能满足烟株正常生长发育的需要,达到形成优质烟的热量要求(表9-6)。

表9-6 云南主产烟区3—9月各月平均气温 ℃

地点	3月	4月	5月	6月	7月	8月	9月
玉溪	13.2	17.0	20.0	20.8	20.7	20.2	19.1
昆明	12.6	16.1	18.9	19.6	19.7	19.1	17.5
蒙自	17.7	20.9	22.6	22.9	22.8	22.2	21.0
楚雄	14.2	17.5	20.3	21.0	20.8	20.2	18.7
沾益	13.1	16.9	18.6	19.2	19.8	19.2	17.3
大理	13.0	15.6	18.7	20.0	20.0	19.2	17.9
文山	16.5	20.1	22.1	22.6	22.0	22.0	20.6
昭通	8.5	12.7	15.8	17.5	19.7	19.0	16.0

注:引自云南烟草科学研究院,2003。

2.2 光照

(1)光照强度。烟草是喜光作物,只有在相对充足的光照条件下才有利于光合作用,提高产量和品质。光照太强或太弱都不利于烟株的生长和品质的形成。因此,生产优质烟叶要求充足的光照。

(2)日照时数。烤烟大田生长期间日照最好达到500～700 h,日照百分率在40%以上,采烤期达280～300 h,日照百分率在30%以上,才能生产出优质烟叶(表9-7)。

表9-7 云南主产烟区3—9月日照时数 h

地点	3月	4月	5月	6月	7月	8月	9月	6—9月合计
玉溪	244.4	235.9	217.6	149.3	137.2	148.6	133.4	568.5
昆明	266.3	253.6	225.3	141.6	141.6	160.5	138.3	582.0
蒙自	231.2	227.1	208.5	145.0	150.7	157.7	151.8	605.2
楚雄	251.1	237.5	232.8	165.1	139.1	152.3	144.7	553.2
沾益	238.9	230.1	194.5	132.4	145.2	156.6	119.0	611.2
大理	227.3	199.3	202.1	156.5	150.0	157.6	151.8	616.0
文山	211.8	221.6	199.9	148.9	163.6	158.8	148.8	620.1
昭通	207.4	207.5	184.7	130.2	186.9	185.1	133.0	635.2

注:引自云南烟草科学研究院,2003。

(3)日照长短。大多数品种对日照反应不敏感,属于中性作物。

云南烟草多栽培在丘陵地带,海拔较高,一般在1 600～1 800 m,空气稀薄、清新,日照的短波光线较强,光合有效辐射率高,最主要的是烟草生长正值雨季,经常是晴间多云和多云间阴的天气,阳光时射时遮,形成和煦的光照,对烟草生长十分有利,叶片厚薄适中,调制后外观色泽好,油分足,弹性好,烟碱含量适中,因而形成的烟叶品质良好。

2.3　水分

烟草整个生长发育过程需水量很多,据研究,每生产1 kg干烟叶,大约需水750 kg,未成熟的叶片,含水量高达90%以上。一般认为,烟草大田生育期间,月降水量平均在100～130 mm比较适宜。

(1)还苗期。100 mm,有利于还苗。

(2)伸根期。80～100 mm,有利于生根。

(3)团棵期。150～200 mm,促进旺盛生长。

(4)成熟期。100 mm,有利于适时成熟。

云南水分条件:大田生长期间正值雨季,雨量6月130～150 mm,7月180～200 mm,8月、9月95～180 mm,正常年份能满足需要(表9-8)。存在的问题:在雨季来得晚的年份,5月初烤烟移栽时,雨量少,天气干旱,不利于移栽和成活。

表9-8　云南省主产烟区3—9月降水量　　mm

地点	3月	4月	5月	6月	7月	8月	9月
玉溪	15.6	30.8	90.6	140.1	173.7	185.1	108.1
昆明	16.2	26.8	91.9	173.2	204.8	205.9	121.6
蒙自	25.7	51.1	87.6	126.5	164.3	159.5	91.2
楚雄	11.1	18.3	65.1	133.2	170.4	181.3	115.0
沾益	17.9	37.6	113.1	214.2	172.9	180.8	116.6
大理	33.3	24.1	63.4	188.9	182.0	222.5	161.9
文山	25.8	56.3	120.8	148.5	193.1	195.6	105.4
昭通	11.9	34.9	83.1	134.5	151.6	118.8	101.6

注:引自云南烟草科学研究院,2003。

2.4　土壤

土壤质地疏松,结构良好,通透性好,保水保肥,排水方便;微酸性至中性;氮素和有机质含量适中,磷钾含量丰富;早春土温回升快,无有害因素。

(1)地形地势。山坡地和丘陵地所产烟叶品质最好。

(2)土壤质地。壤土较为适宜。

(3)土壤肥力。烤烟要求土壤肥力中等,有机质和氮素含量适中。

有机质2%～2.5%,速效氮40～60 mg/kg,速效钾>100 mg/kg,速效磷>10 mg/kg,氯<30 mg/kg。

(4)土壤酸碱度。pH 5.5～7.0较为适宜。

云南土壤情况:云南有田烟、地烟和山地烟。烟区一般含有机质0.6%～2.4%,速效氮

60～100 mg/kg，速效钾 100 mg/kg 以上，总体上较适宜，但是磷钾显得不足。云南大部分地区 pH 低于 7，是较为适宜的酸碱度。

2.5 风、冰雹

烤烟叶面积大，叶片细胞组织脆弱，5 级以上大风对烟草危害很大，风灾使叶片互相摩擦，发生伤斑，甚至叶片折断。冰雹对烟草危害比其他作物大，一经发生，使烟叶出现大量残伤破损，降低等级，严重时叶片全部脱落，只剩下烟杆。因此，经常遭受冰雹的地区不宜种烟。

3 烟草的生育过程

烟草的一生包括营养生长和生殖生长两个阶段，前者是量的增加，后者是质的飞跃。但从生产过程来讲，从播种到收获分为苗床期和大田期两个栽培过程，根据烟株的生长发育和对环境条件要求的不同又分为 8 个生育期。

3.1 苗床期

从播种到成苗移栽，50～70 d。

(1)出苗期(从播种到出苗)。子叶展开在土壤表面称为出苗。一般需要 10～20 d。

特点：幼胚器官生长发育，为形成烟苗自养生活所必需的器官打下基础。

措施：保温、保湿、保通气，适当光照。

影响出苗的因素主要有：温度、水分、氧气、光照。①温度。出苗适宜温度 25～28 ℃；最低温度 10～12 ℃(<10 ℃时萌动很缓慢，<2 ℃时遭受冻害)；最高温度为 35 ℃(>35 ℃时遭受灼伤)。②水分、氧气。漂浮育苗应装盘松紧适宜，常规育苗应保持田间最大持水量的 80%，苗床 6.6 cm 以下的土壤保持湿润而不是潮湿。③光照。不是烟草种子出苗的必要条件，但有一定的促进作用，特别是萌发初期。

(2)十字期(出苗到第三片真叶出生)。又称小十字期即第三片真叶出生时，刚好 2 片真叶和 2 片子叶交叉成十字。此期生长特点是：输导组织刚刚开始发生，根系入土约 4 cm，侧根开始发生，尚无须根，光合能力弱，对外界环境条件敏感，生长缓慢和幼弱的阶段是生存的关键时期。生产上可以采取的措施是：及时供给适量磷钾肥，促进根系发育；进行间苗、除草；防治病虫害。

(3)生根期。也叫猫耳期(第三真叶到第七真叶出生)，此期生长特点是：根系生长十分活跃，合成能力提高；输导组织完善。此期是培育壮苗的关键时期。生产上可以采取的措施是：供给适当的水分；视苗色合理追肥；防治病虫害；剪叶(漂浮育苗)，是进行营养袋假植排苗的最佳时期(常规育苗)。

(4)成苗期(第七真叶长出到幼苗移栽)。要注意“炼苗”。此期生长特点是：生长中心移到地上部分。生产上可以采取的措施是：通过控制水分、揭膜、剪叶等手段进行炼苗。

3.2 大田期

从移栽到采烤结束，一般 100～120 d。

(1)还苗期(从移栽到成活)。烟叶不出现凋萎现象，且有新叶产生时即为还苗。一般是 7～10 d。此期生长特点是：移栽时，根系受到损伤，影响吸收机能，但蒸腾作用照常进行，引起烟株体内水分亏缺。生产上可以采取的措施是：选择壮苗移栽，浇足定根水，加速生根，保证成活。

(2)伸根期。也叫团棵期(从成活至团棵),烤烟移栽30～40 d后,株高大约33 cm,叶数达13～16片,烟株宽度与高度之比约为2∶1,株形近似球形,称为团棵。伸根期一般需要25～30 d。伸根期是根系伸展发达的关键时期,是烟株旺盛生长的准备阶段,也是栽培管理的一个重要时期。此期生长特点是:以根系生长为主,地上部分生长相对较慢。生产上可以采取的措施是:促进根系的生长,进行中耕、施肥和培土。

(3)旺长期(从团棵到现蕾)。一般需要25～30 d。烟株团棵后3～5 d,即进入旺盛生长阶段。旺长期是需水需肥最多的时期,也是水分临界期。此期生长特点是:茎基部发生不定根;茎秆迅速生长膨大;新叶不断出现,叶面积迅速扩展,光合产物积累增多,是决定产量和品质的关键时期。生产上可以采取的措施是:既要促进茎叶的旺盛生长,又要保证充分的光照条件;注意水分管理、病虫害防治。

(4)成熟期(从现蕾到采收结束)。需要50～60 d。烟株现蕾后,下部烟叶逐渐衰老,叶片自下而上逐渐成熟,陆续采收。此期的生长特点是:烟株由营养生长转入生殖生长。生产上可以采取的措施是:控制生殖生长和腋芽的发生,注意及时封顶打杈,改进光照条件,促进烟叶的分层落黄成熟。

4 烟草的产量和品质

4.1 烟草的产量

烟草的产量包括生物产量和经济产量,经济产量即为烟叶产量。其经济系数一般在0.5左右。烟草的产量由单位面积的株数、每株留叶数、单叶重三大因素构成。

4.2 烟草的品质因素

烟叶品质是一个综合的概念,具有时间性和地域性。人们广泛采用外观品质、化学成分、评吸鉴定、物理特性和烟叶卫生等5个方面,评定烟叶的品质。

4.2.1 外观品质

烟叶外观品质包括部位、颜色、成熟度、身份、油分、色泽、叶长、残伤等(表9-9)。

表9-9 烤烟主要外观质量特征

指标	部位	颜色	成熟度	身份	油分
特征	①上部 ②中部 ③下部	①柠檬黄 ②红棕 ③青黄 ④橘黄	①完熟 ②成熟 ③尚熟 ④欠熟 ⑤假熟	①薄 ②稍薄 ③中等 ④稍厚 ⑤厚	①多 ②有 ③稍有 ④少
最佳特征	中部	橘黄	成熟	中等	多

注:引自云南烟草科学研究院,2003。

(1)部位。在烟叶分级中,部位是一个重要因素。烤烟的中部烟叶和中部偏上(上二棚)叶片质量最好(图9-6)。香料烟以顶叶最好,白肋烟以中部及下二棚烟叶质量较好。

(2)颜色。烤烟颜色以橘黄色为最佳,其次有柠檬黄。

(3)成熟度。是衡量烟叶田间发育过程和质量水平的重要指标,是衡量烟叶质量水平的核心指标,也是首要分级因素。成熟度好的烟叶颜色均匀一致,油分足,香气质好量足,吃味醇和。烤烟田间成熟度分为未熟叶、欠熟叶、适熟叶、过熟叶;调制后烟叶呈现的不同成熟程度状态划分为完熟、成熟、尚熟、欠熟、假熟5个程度档次。

(4)身份。身份是指烟叶的组织构造密度,即叶肉细胞的大小及排列的疏密程度。厚薄适中为好。

(5)油分。油分是指叶片内含有的一种柔润的半流体物质(芳香油和树脂),一般油分多烟叶香气质好、弹性强。

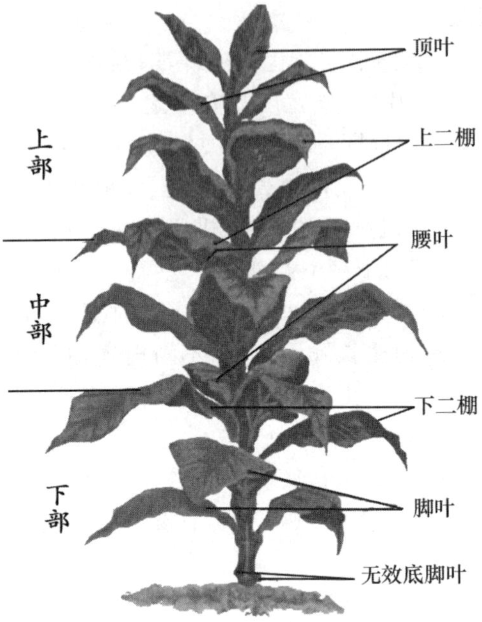

图 9-6 烤烟叶位示意图

(引自云南省烟草科学研究院,2005)

4.2.2 化学成分

烟叶的化学成分复杂,含有5 289种,可分为9类,但通常测定的化学成分有3类。

(1)碳水化合物(非含氮化合物)。通常测定还原糖,包括糖、淀粉、纤维素、果胶质、芳香油等。

(2)含氮化合物。蛋白质、氨基酸、烟碱等。

(3)矿物质。主要有K、Ca、Mg、S、Cl等。

优质烟叶要求烟叶内主要化学成分含量适宜而且比例要协调(表9-10、表9-11)。

表 9-10 烟叶内主要化学成分适宜含量

化学成分	总糖	还原糖	总氮	蛋白质	烟碱	钾	氯	淀粉
适宜含量	18%～22%	16%～18%	1.5%～3.5%	8%～10%	1.5%～3.5%	2%以上	1%以下	4%以下

注:引自云南烟草科学研究院,2005。

表 9-11 烟叶内主要化学成分协调性指标

指标	糖蛋比:施木克值(总糖/蛋白质)	糖碱比(还原糖/烟碱)	氮碱比(总氮/烟碱)	钾氯比(钾/氯)	油碱比(焦油/烟碱)
比值	2～2.5	8～10	1	大于4	10以下
备注	吃味的指标	劲头、醇和性	香气	燃烧性	安全性

注:引自云南烟草科学研究院,2005。

知识拓展

影响烟碱含量的因素

4.2.3　评吸鉴定

烟叶卷制后通过吸烟者的感觉评定内在质量，主要是比色、比香、比吃味（表 9-12）。

（1）香气。是以一种愉快与舒适的气相物质在鼻腔里的生理反应。香气类型以清香、香气质芳香宜人、香气量充足、无杂气为优。

（2）劲头。即烟碱引起人体兴奋的程度，反映为“过瘾”或“不过瘾”，“劲大”或“劲小”。劲头与烟碱（尼古丁）含量成正比关系。

（3）吃味。烟气反映在口腔内是包括酸、甜、苦等味道感觉的总称。吃味和谐的烟叶，烟气带甜略酸且具有浓郁的香味，其生理强度和刺激性也能较好结合。

（4）刺激性。指燃吸时烟气对鼻腔、喉部、口腔的刺激反射状态。刺激性主要与挥发碱类等含氮化合物有关。刺激性越小越好。

（5）余味。指吸烟过程中烟气微粒沉降在舌与口腔中的一种爽快与否的感觉。以纯净舒适略带甜者为好，不舒适及苦涩者为差。

（6）燃烧性。包括阴燃保火力、燃烧速度、燃烧完全性、燃烧均匀性及聚结性。一般阴燃值在 2 s 以上，快慢适中，燃烧充分、均匀，烟灰以白色为好，聚结性以暂时密集为好。

表 9-12　卷烟感官质量评判标准（2005 年，国家标准）

分数段	光泽		香气		谐调		杂气		刺激性		余味	
	指标	最高分值	指标	最高分值	指标	最高分值	指标	最高分值	指标	最高分值	指标	最高分值
Ⅰ	光泽油润	5	香气丰满、细腻	32	谐调	6	无杂气	12	无刺激	20	纯净、舒适	25
Ⅱ	光泽较油润	4	香气充足、稍粗糙	28	较谐调	5	微有杂气	10	略有刺激	17	较净、较舒适	22
Ⅲ	光泽较暗淡	3	香气淡薄、较粗糙	24	尚谐调	4	略有杂气	8	较有刺激	15	尚净、尚舒适	20

知识拓展

评吸术语

4.2.4　物理特性

烤后叶的厚度为 0.10～0.14 mm，单叶重 7～14 g，平衡水含量 12%，含梗率 25%～30%。

4.2.5　烟叶卫生（烟叶安全性）

控制烟叶中农药残留、重金属（砷、铅、汞和镉等）、烟气中特有的有害物质（焦油、亚硝胺等)，提高卷烟安全性的途径如下。

(1)农业措施。①培育低焦油烟草品种。②提高烟叶含钾量。③优化栽培技术措施。④测定土壤重金属含量。⑤合理用药，减少农药残留。⑥发展晒晾烟，为混合型卷烟提供原料。

(2)工业措施。①改善滤嘴性能。②提高烟丝填充力。③采用高透气度卷烟纸。④增加三丝用量(膨胀烟丝、膨胀梗丝、再造烟叶)。⑤发展加香加料技术，开发新型香料。⑥改进卷烟烟叶配方。⑦开发药物烟和无烟气的烟制品。

4.3 烟草的产质关系

4.3.1 产质矛盾

优质的烟叶取决于个体的良好发育。较高的产量决定于群体结构的大小，在一定产量范围内，品质随产量增加而提高。但超过一定幅度，品质随产量继续上升而下降，出现了产与质的矛盾，即产量较高，品质下降，产量较低，也不能获得较好的品质。

4.3.2 优质适产

优质和适产是两个不同的概念，但具有不可分割的统一内涵，同时存在于烟叶商品之中。优质包括外观质量、化学成分、烟气质量、物理特性和烟叶卫生等 5 个方面达到优良的特征特性。适产在品质达到最好水平时，获得最多的产量范围，这就是优质适产的基本含义。优质适产就是指质量达到最高点时的产量范围。

由于全国烤烟产区范围广阔，不同地区优质适产范围必然有一定程度的差异。据此提出全国适宜产量范围在 125～175 kg/亩。云南省烤烟优质适产的指标体系如下。

(1)质量指标。①外观质量：成熟度好、叶色橘黄(金黄)；叶片厚薄适中；组织疏松、有弹性，油分有(足)。②风格特点：清香型、清偏中、中偏清，香气质较好，香气量充足，刺激性小，劲头适中，余味舒适，燃烧性中至强，灰白色。③内在质量：水溶性总糖含量为 25%左右；烟碱(尼古丁)含量下部叶 1%左右，不超过 1.5%，中部叶 2.0%～2.5%，上部叶<3.5%；总挥发碱 0.4%～0.6%；总氮含量略低于烟碱；蛋白质含量 8%左右；氯含量 0.1%～0.9%；钾含量 2%～3%。

(2)产量范围。125～175 kg/亩。

(3)个体形态指标。①株型：似筒型或腰鼓型。②株高：100～110 cm。③叶数：18～20 片。④叶片大小：脚叶长 63 cm，宽 28 cm±10%，腰叶长 72 cm，宽 25 cm±10%，顶叶长 55 cm，宽 18 cm±10%。⑤单株叶面积：成活期 0.06～0.1 m^2，摆盘期 0.1～0.33 m^2，团棵期 0.33～1.06 m^2，旺长期 1.06～1.65 m^2，现蕾期 1.65～2.00 m^2。⑥单叶重：下部叶 6～8 g，中部叶 8～10 g，上部叶 7～9 g。

(4)群体结构指标。①密度与整齐度：每亩栽烟 1 000～1 200 株，全田烟株整齐一致。②生育期天数：移栽后 5～7 d 为还苗期，56～60 d 为现蕾期，120 d 左右采收结束。③叶面积指数：成活期 0.02～0.06，摆盘期 0.1～0.3，团棵期 0.5～0.6，旺长期 1.6～2.8，现蕾期 2.8～3.0，田间最大叶面积指数 3%±10%。

4.4 优质适产主要措施

优质适产主要是统一产质矛盾，除了选用良种、区域化布局、规范化栽培、专业化调制外，在栽培方面主要措施是:①合理的种植密度是“优质适产”的基础。②合理施肥是“优质适产”的关键技术措施。③烟株的封顶打杈是“优质适产”的必备条件。④病虫害的综合防治是“优质适产”的保证。

学习产出与评价

1.能简述烟草品质的5个要素。
2.能简述烟草优质适产的主要措施。
3.能简述烟草全生育期的8个时期。
4.初步学会环境因素对烟草品质的影响分析(环境因子分析法)。
5.在生产中能准确识别烟草形态与类型。

任务三　烟草栽培技术(一)　育苗

知识目标:①能列举烟草育苗方式;②能陈述烟草苗期生长过程。
技能目标:①初步学会烤烟漂浮育苗技术中的温度、湿度、肥水和病害控制要领;②能运用烤烟漂浮育苗技术培育出壮苗。
素质目标:①参观烤烟专业合作社育苗基地,并思考工厂化育苗的利弊;②积极付出,参与苗期管理和生育期观察。

1　烟草育苗的意义和要求

育苗的意义在于便于精细管理,培育壮苗。缩短大田期,经济利用土地,提高复种指数。提高烟苗整齐度。

育苗要求做到“壮、齐、足、适”。一般壮苗的标准:根系发达、幼茎粗壮、抗逆性强、叶色正常。烟草漂浮育苗壮苗的外观标准:苗龄60～65 d,叶色正绿,根系发达,茎秆柔韧不易折断,苗高15～20 cm,茎高10～12 cm,茎围1.8～2.5 cm (茎直径≥0.5 cm),根干重 ≥0.05 g,茎干重≥0.2 g。

烟草育苗技术发展历程经历了3个时期:①平畦育苗:畦面10 m×1 m,撒播,以农家肥和土壤为主,粗放经营、费工费时,烟苗根系不发达。②营养袋育苗:人工配置农家肥、化肥、细土,技术精细,烟苗个体发育较好,根量增加。③设施育苗阶段:采用配置的基质、营养液育苗,集约化管理,摆脱土壤限制。烟苗健壮、均匀、一致,无病无毒。常见的有托盘育苗、漂浮育苗、湿润育苗、砂培育苗。

2 烤烟漂浮育苗技术

2.1 漂浮育苗的定义

在温室或塑料大棚内，把烟草包衣种子播种在填满基质的多孔聚苯乙烯育苗盘上，再将育苗盘漂浮在盛有营养液的水池上面，人为控制温度、光照、湿度、水分等环境，使种子萌发、幼苗生长并培育成苗的方式。

2.2 漂浮育苗的优点

(1)根系发达，烟苗健壮(基质疏松透气、营养水分充足、温度湿度适宜)。

(2)烟苗整齐、成苗率高(苗穴容积、基质装填、营养条件、环境条件、剪叶等均一致)。

(3)烟苗卫生，病虫害少。

(4)减少育苗用地，提高育苗效率。

(5)实行专业化、商品化生产与经营。

(6)移栽运输方便(消除起苗环节、质地轻、运输方便、移栽效率高)。

2.3 漂浮育苗技术

2.3.1 育苗前的准备

漂浮育苗的组成系统：育苗棚、育苗池、育苗盘、基质、营养液。

(1)选择育苗场地、搭建育苗棚。选择地势平坦、向阳，地温回升快，靠近水源，管理方便的地方。在育苗场地上搭建育苗棚，目的是为烟籽萌发和烟苗生长提供适宜的温湿度。其原则为经济适用、操作方便、利于培育壮苗。规格分为小棚、中棚、大棚。

(2)育苗池建盖。用砖块或空心砖砌成，用于装营养液。育苗池深度一般 20 cm 左右，长和宽根据地点和育苗盘大小而定，一般长宽比例超过 4∶1。育苗池的宽度可比实际放入的育苗盘总宽度多 3～5 cm，长度可比实际放入的育苗盘的长度长 5～10 cm(图 9-7)。用黑色塑料薄膜铺在苗池底部和四周。

图 9-7 育苗池基础工程示意图(引自云南省烟草科学研究院，2006)

(3)育苗盘准备。育苗盘可选择用聚苯乙烯塑料泡沫制成的育苗盘，起盛装基质、使基质和烟苗漂浮在营养液表面生长的作用。使用旧盘时，应用次氯酸钠、福尔马林或高锰酸钾等消毒。

一般育苗盘的规格为 66.5 cm×34 cm×5 cm，育苗盘上一般有 100～300 个孔穴，生产上使用的育苗盘的规格有 128、162、200 孔等。

(4)基质的准备。基质的作用是固定烟苗，进行水、气之间的协调，提供烟苗生长的部分营养。其主要成分为草炭(泥炭)40%～60%、蛭石 20%～25%、珍珠岩 20%～25%。基质选择可充分利用当地自然资源，如甘蔗渣、麦壳、秸秆、火山石等代替草炭。但基质均要消毒(厂家进行高温消毒)。

(5)营养液的准备。理论上营养液必须提供烟苗生长的必需营养元素。实际上营养液中只要含有氮、磷、钾即可满足烟苗的生长需求。氮磷钾比例以 1:0.5:1为宜(表 9-13)。不论采用全营养液还是复合肥，施肥浓度不能超过 0.3%。

表 9-13 常用营养液矿质养分含量 mg/kg

元素	N	P_2O_5	K_2O	Mg	S	Fe	Mn	B	Cu	Zn	Mo
含量	0	10	20	0.05	0.05	0.05	0.05	0.02	0.02	0.02	0.005

注：引自云南中烟工业有限责任公司，2015。

(6)种子。云南省经烟草评审委员会审评，允许在云南烟区推广种植的烤烟品种共有 17 个，即红花大金元、云烟 317、云烟 85、云烟 87、云烟 201、云烟 202、云烟 203、云烟 97、云烟 98、云烟 99(云 85x9147)、G-28、K326、NC 82、V2、K346、RG11、RG17，其中 10 个是云南省自主选育的品种，7 个品种是引进的品种。

云烟 99，是云南省烟草农业科学研究院、中国烟草育种研究(南方)中心采用云烟 85 与 9147 杂交选育而成的烤烟新品种，于 2011 年 12 月 13 日通过第六届全国烟草品种审定委员会审定。

主要农艺性状：该品种株式塔形，叶片长椭圆形，叶色绿，茎叶角度中等，主脉稍粗，田间长势强，整齐度较好，移栽至现蕾 60 d 左右，分层落黄特征明显，大田生育期 120～130 d，有效叶片数 18～20 片，茎围 10～11 cm，节距 5.2～6.4 cm，最大腰叶长 69～75 cm、宽 28～35 cm。云烟 99 与 K326 相比，自然株高稍矮，着生叶少 2～3 片，有效叶少 2 片左右，茎围稍粗、节距稍大，最大腰叶比 K326 稍长、叶宽比 K326 宽。

该品种抗黑胫病和赤星病，感 TMV 和根结线虫病，对主要病害的综合抗性与 K326 相当。

主要品质性状：与 K326 相比，还原糖含量稍高、总植物碱和总氮略低、钾含量相当，主要化学成分协调性较好。原烟颜色多为金黄色，成熟度好，叶片结构和身份好于 K326，总体外观质量稍好于 K326。原烟感官质量档次为中等或中等偏上，总体上稍好于 K326。

生产示范表现：多年多点示范，综合经济性状表现优于 K326 和目前主栽品种。

栽培及调制技术要点：云烟 99 需氮量与 K326 相近，氮磷钾配比以 1:1:(2.5～3)为宜，适应性较广，在烟草 TMV 高发区慎重选择种植。在烘烤中，叶片变黄速度和失水速度中等，变黄与失水协调性好，易烘烤，采用中温中湿变黄、高温低湿干燥的方法烘烤。

包衣种的定义：将微小的烟草种子外面包上粉料、肥料、农药、生长调节剂等形成比种子体积(重量)大几十到 200 倍的单粒丸，称为丸化种，其特征就像给种子穿上一层衣服，也称为包衣种。

2.3.2 播种

播种的流程有装基质、播种、漂浮育苗盘3步。

(1)装基质。基质装填前要喷水,使基质湿润,把基质堆满盘后用木板刮平,即可等待播种。装盘原则是均匀一致、松紧适中。当天装盘,当天播种并入育苗池。

(2)播种。移栽前55～65 d播种,每穴播1～2粒包衣种子,覆盖2 mm过筛的草炭,然后均匀地反复喷洒清水,确保包衣种子吸足水分而裂解。

(3)漂浮育苗盘。将播种后的育苗盘即时放入灌好营养液的育苗池中,避免基质干燥漏失或吸不上水成干穴,影响出苗。

2.3.3 育苗过程管理

(1)水肥管理。营养液中的水分和养分随着烟苗的吸收而逐渐减少,因此要适时补充以保持适宜的浓度。一般大十字期前水分10 cm左右,大十字期后水深以育苗盘面与池埂平齐为宜。

(2)温湿度控制。通过棚膜的揭盖进行温湿度管理,原则为防止高温烧苗的前提下,尽量提高棚内积温。从出苗至小十字期以保温为主,注意温度不宜超过30 ℃;从大十字期到成苗,开始揭膜通风降温,使床面经常有水平气流。大于35 ℃时开始揭膜通风降温,下午应及早关闭棚膜以保温。

(3)剪叶。修剪的原则:前促、中稳、后控。修剪的时间:5～6片真叶期、苗高5 cm,距离生长点3～4 cm处开始修剪;在晴天下午。剪叶面积:每次剪叶一般不超过单叶面积的50%。修剪频度:一般5～7 d剪苗一次,直至成苗,共3～4次。使用工具:剪刀、弹力剪叶机、电动剪叶机。必须重视消毒:福尔马林、5%次氯酸钠、20%漂白粉液。

(4)掐叶露秆。剪叶后应用手掐去烟株下部的2～4片黄叶和老叶,使茎秆充分接受光照,增强茎秆的韧性。

(5)病虫害防治。病虫害防治以预防为主,综合防治;以苗床卫生保健为主,化学防治为辅。在漂浮育苗过程中,搞好病虫害防治工作是漂浮育苗是否成功的一项重要措施。合理选择育苗场地,育苗场地周围不能有菜地,不能有烤房。

烟草漂浮育苗技术最大的风险在于病害的防控,所以应设置必要设施、保障育苗安全,保证消毒到位。①棚体:严格执行"一网一膜",即使用防虫网、塑料膜。②棚区:设隔离带、警示牌、参观棚、消毒池。③剪叶病害防治:剪叶时叶片要干,无水剪叶有利于剪后伤口愈合。剪叶前操作人员必须认真洗手,机械剪叶,每剪完一个育苗棚(小棚)或一池苗(大棚)后要洗手和消毒剪叶器械,手工或弹力剪叶器每剪完一盘须消毒一次。修剪下来的烟叶应及时清理,以免病菌滋生,剪完叶后剪叶工具应消毒后再收藏。④剪刀消毒:每人准备两把剪刀,轮流剪叶和清洗,保证剪刀浸泡消毒时间在5 min以上。⑤视苗情酌情喷施药剂:猝倒病、黑胫病、立枯病、根黑腐病以及TMV是烟草苗期的主要病害;防治药剂:甲霜灵、甲基托布津、瑞毒霉、病毒比克、病克毒克。

(6)锻苗。锻苗时间:烟苗掐叶露秆后。锻苗方法:①揭去拱棚的薄膜。②将育苗盘移出育苗池放置在外部环境中,当育苗盘中烟苗有萎蔫表现时再移入育苗池中。

2.3.4　漂浮育苗中应注意的几个问题和对策

(1)干穴现象。干穴的原因是装盘不好,基质水分不足。对策:压实空穴,补足基质,浇水。

(2)螺旋根。基质有机质含量过高,装填过紧;播种过浅、基质漏失;出苗前期遇寒冷、阴雨天气;成苗期光照过强等都会导致螺旋根。对策:基质装填松紧适宜;出苗初期苗床保温;成苗期适度遮阳。

(3)盐害。原因是高温、低湿和空气流动过快。对策:及时对育苗盘浇水淋洗。

(4)冷害和热害。冷害会产生叶片畸形、发黄,移栽后烟株滋生腋芽,甚至出现早花。对策:早晚紧闭棚膜;棚上加盖草席、麻片等保温。若高温则易产生烧苗(超过35 ℃以上)。对策:及时通风降温并盖遮阳网。

(5)绿藻的控制。绿藻易产生的地方一是池水中,二是育苗盘表面。池水中绿藻的控制主要是要控制好育苗池大小与育苗盘间的间隙,避免漏出过大空隙。育苗盘上绿藻的产生是由于使用过的育苗盘清洗、消毒不彻底;苗肥中磷肥量过多;育苗棚中湿度过大或未及时揭除遮阳网。对策:严格做好旧育苗盘的清洗、消毒;苗肥中的氮磷比例控制在1∶0.5内;及时揭膜通风排湿;及时揭开遮阳网。

知识拓展

漂浮育苗技术探索

学习产出与评价

1.能系统陈述烤烟漂浮育苗技术规范。

2.能准确说出烤烟苗期生长的4个阶段。

3.初步学会漂浮育苗技术的温度、湿度、肥水和病虫害控制要领,为生产提供指导。

4.初步学会漂浮育苗技术的装盘、播种和病虫害控制方法,为生产提供指导。

5.学会安全操作剪叶机械完成剪叶作业。

6.参观烤烟专业合作社育苗基地,并思考工厂化育苗的利弊。

7.积极付出,参与苗期管理和生育期观察,将学生实践表现计入学生实践成绩,占30%,强调过程评价考核。

任务四　烟草栽培技术(二)　移栽

知识目标:①能简述烟草地膜覆盖的技术要点;②能陈述优质适产密度确定的原则和方法;③能陈述大田整地要求。

技能目标:①学会壮苗的判断方法;②学会地膜栽烟的技术要领。

素质目标:①按质按量完成栽种任务,体验山地栽烟的艰辛;②调查大田生产中农机具整地的概况,学会如何与烟农沟通交流。

1　种植制度

烟草的种植制度有轮作、间套作和复种。

(1)轮作。烟草是忌连作作物,烟草最适宜的前作是禾谷类作物、油菜和豆菜,茄科与葫芦科作物不宜作烟草前作,因其有共同的病虫害,最好 2～4 年轮作一次,烟草的轮作方式有水旱轮作和旱地轮作(表 9-14、表 9-15)。

表 9-14　连作与轮作烟株田间农艺性状分析

时间	处理	株高/cm	茎围/cm	节距/cm	单株叶面积/m^2	叶面积系数	根鲜重/g	根干重/g
2000 年	连作	75.33	8.92	4.00	1.7104	2.57	307.50	75.75
	轮作	88.17	10.75	6.25	2.2000	3.30	414.75	111.50
2002 年	连作	55.20	8.80	2.67	0.8400	1.26	281.75	67.75
	轮作	102.00	11.67	4.00	2.1700	3.18	445.75	124.25

注:引自云南烟草科学研究院,2008。

表 9-15　连作与轮作田间病害发病率情况调查

时间	处理	黑胫病		花叶病		赤星病	
		病指	发病率	病指	发病率	病指	发病率
2000 年	连作		16.5%		1.6%		67.4%
	轮作		3.7%		3.2%		41.9%
2002 年	连作	0.157	29.36%	0.011	8.62%		34.5%
	轮作	0.036	11.05%	0.053	1.72%		27.3%

注:引自云南烟草科学研究院,2008。

(2)套作。南方部分烟区实行套作,在前作生长后期套种烟草,主要是麦套烟,小麦要选择矮秆、抗倒伏的品种,乳熟期套烟,共生期 20 d 左右。烟后套种马铃薯、玉米、大豆、萝卜等。常见的有烤烟/玉米(马铃薯)。

2　大田整地

大田整地包括深耕、碎垡、平整和起垄等作业。总的要求为垄土细碎、垄形饱满，垄沟直、沟底平，高低、宽窄一致。深耕整地要求做到早、匀、净、细。烤烟大都起垄种植，因为垄作可以增厚土层，增加受光面积，提高土温，使根系发达，烟碱含量上升，管理方便，便于排灌，减少病虫，品质产量上升。

3　移栽与密度

3.1　种植密度

合理的种植密度和种植方式均为优质适产栽培要妥善解决的问题。种植密度与生物学性状及产量、质量有关，密度过大，茎秆细长，叶片小薄，化学成分含量下降。确定种植密度的依据是：①品种特性：株高、叶数、株型、生育期。②土壤条件：肥沃、日照充足、肥水充足与否。③栽培条件：管理水平高低。

云南省烟草植株密度根据土壤肥力的高低：田烟以每亩 1 000～1 200 株、行距 100～120 cm、株距在 50～60 cm 为宜；地烟以每亩 1 100～1 300 株、行距 90～100 cm、株距 50～60 cm 为宜。

3.2　移栽

（1）移栽期的确定。①气候条件：主要是温度和降水量两个因素。②种植制度：前作早迟。③品种特性：生育期长短。④成苗因素。

云南省大多数在 5 月上旬移栽，5 月中下旬进入雨季，5—8 月平均温度在 20 ℃左右，这段时间最适合烤烟生长和叶片成熟，5 月初的抗旱移栽是夺取优质适产的关键。

（2）移栽的方法。烤烟生产一般采用单垄条栽，宽行窄株。栽足、栽好是优质适产的基础。一般选择晴天下午和阴天移栽。

（3）地膜覆盖栽烟。精细整地、细碎平整土壤，按预定的行距开沟起垄，垄高 20～30 cm，垄面圆平（板瓦形）。按预定的株距打塘，肥料一次施足，土肥相融，浇透底水后，立即盖膜。盖膜时两头拉紧，紧贴垄面，用土压严压实地膜边缘。然后按塘撕膜栽烟，烟株四周围土压紧，浇足定根水。可以先盖膜后栽烟，也可以先栽烟后盖膜（图 9-8）。

图 9-8　地膜栽培烟

3.3 保证移栽质量

大小苗分类移栽，保证同一田块所栽烟苗大小均匀一致。质地较黏重的土壤，雨天或土壤湿度过大时不宜栽烟。在气温较高的晴天，宜傍晚栽烟。天旱栽烟，将大叶部分去除或摘去底叶（图 9-9）。移栽时保持根系与肥料间 8～13 cm，可防治肥害。适当深栽，应将 2/3 幼茎入土，防止幼茎老化，同时浇足定根水。

图 9-9 膜下移栽

学习产出与评价

1. 能叙述地膜栽烟的技术要点（膜下和膜上栽烟两种方法）。
2. 知道优质适产密度确定的原则，会计算云南省烤烟的移栽规格。
3. 知道大田整地和土壤培肥要求。
4. 初步学会壮苗的判断方法（外观根、茎、叶、苗盘）。
5. 初步学会地膜栽烟的技术，按质按量完成栽种任务。
6. 调查大田生产中农机具整地的概况，学会如何与烟农沟通交流。
7. 将学生实践表现计入学生实践成绩，占 30%，强调过程评价考核。

任务五 烟草栽培技术（三） 大田管理

知识目标：①能系统陈述烤烟大田 4 个时期和各时期常规管理工作；②会运用烤烟大田肥水运筹理论指导大田生产；③初步学会烤烟试验设计与实施（如肥效试验）。

技能目标：①初步学会烟草病害的识别和防治技术；②能熟练操作封顶打杈，并能说出注意事项；③会判断烟叶成熟的标准；④能熟练编烟，并能说出装烟的注意事项；⑤初步学会烤烟三段式的烘烤技术；⑥初步学会烤烟 42 级分级方法；⑦初步学会烤烟烟叶分级的方法。

素质目标：体验烟草成长的快乐和烟农的艰辛。

1　营养特性与施肥

植物生长需要17种必需营养元素：碳、氢、氧、氮、磷、钾、钙、镁、硫、铁、锰、锌、铜、硼、钼、氯、镍。17种营养元素含量不同，但对植物同等重要，不可替代。

1.1　烟草所需的营养元素及营养作用

(1)N素的作用。影响新陈代谢，不足和过多都会影响品质。氮不足引起产量低、叶色浅，无光泽、香气不足。氮过量则成熟延迟、腋芽生长、病害增多、烟碱超标、品质差。

(2)P素的作用。影响新陈代谢和能量转化，过多和过少都会影响品质。磷素不足引起烟株生长缓慢，根系发育不良，烟株矮小、叶色浓绿或暗绿，叶片窄长上竖，下部叶出现白色小斑后变成褐色斑点；易感病，成熟期推迟。磷素过量则叶片变老变厚，主脉变粗，成熟期提早；烟叶缺乏油分和弹性，易破碎；糖含量下降，吃味变差；还会引起缺镁，但促进锰的吸收，与烟叶挂灰有一定关系。

(3)K素的作用。影响碳、氮代谢过程，提高细胞渗透压，增加抗性，促进机械组织形成，增强抗病、抗倒伏能力。烤烟含钾量应为2%～8%。烟叶含钾量高，色泽橘黄、富有弹性和韧性，填充性强；香气足，吃味好；阴燃持火力强，烟叶安全性提高。钾素不足则烟株生长不良，叶部首先叶尖出现黄色晕圈，随缺钾加重，黄斑呈“V”形扩大，斑中出现褐色坏死小斑点，并由叶尖向中部扩展，叶尖叶缘向下卷曲，破碎。

烟叶含钾量与评吸品质的关系如图9-10所示。

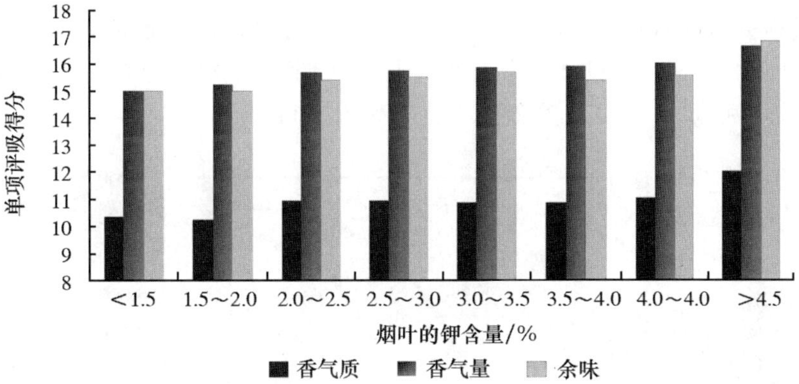

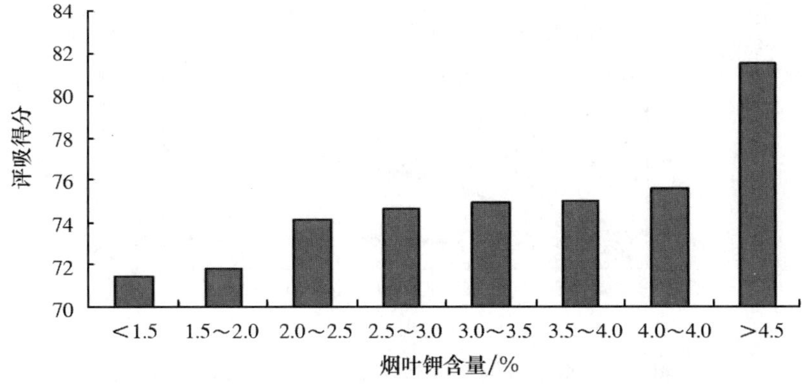

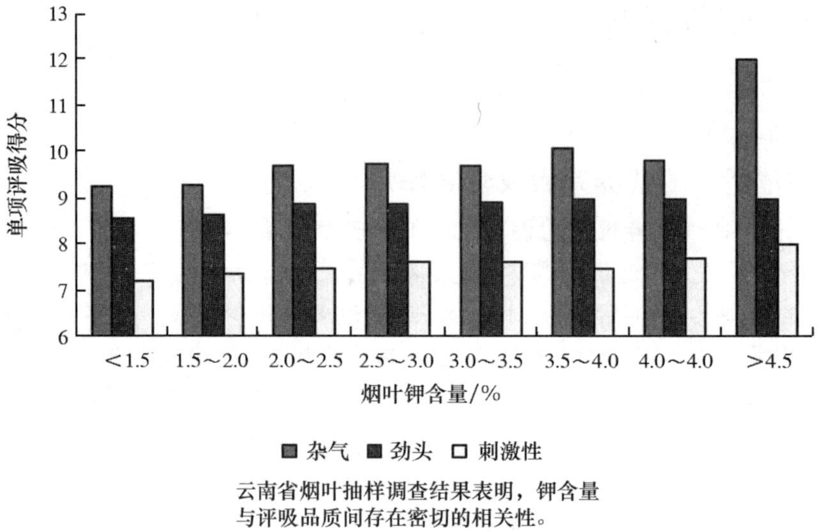

图 9-10　烟叶含钾量与评吸品质间的关系

（引自云南中烟工业有限责任公司，2015）

1.2　烤烟吸收养分的规律

据研究认为，生产 100 kg 烤烟干烟叶需要从土壤中吸收氮 8.65 kg、磷 1.49 kg、钾 9.88 kg，因此，肥料三要素中烤烟吸收最多的是钾，其次是氮，磷最少。

据国内外研究认为：烤烟在移栽后的 35 d 内，由于烟株较小，各种营养元素吸收量较低，而 36～76 d 的这 40 d 时间是烤烟生长速度最快的时期，这个阶段也是各种营养元素的吸收速率最快的阶段（表 9-16）。烟草的养分吸收特点如图 9-11 所示。

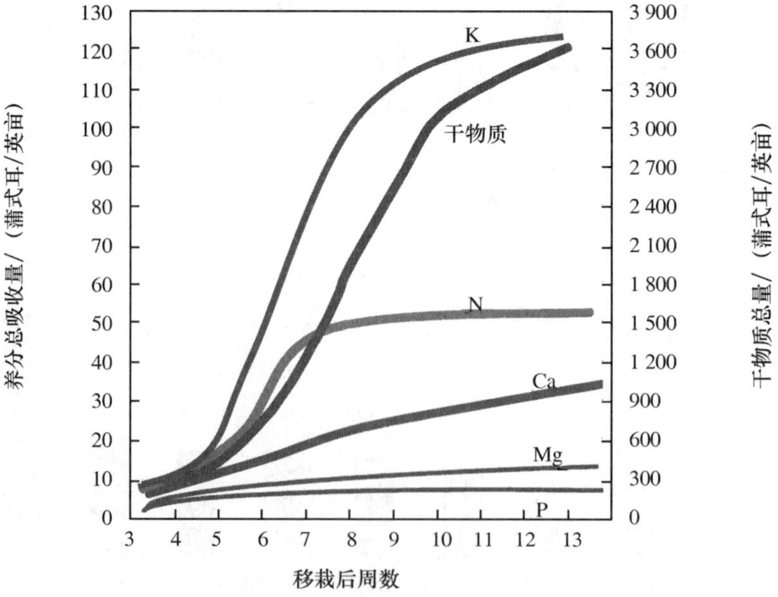

图 9-11　烤烟移栽后各养分吸收量和干物质积累情况

（引自 Collins and Hawks，1994）

表 9-16　大田烤烟地上部分干物质量和养分积累量　g/株

项目	移栽后时间/周						
	3	4	5	7	9	11	13
干物质	4.13	25.0	49.6	157.3	297.4	345.3	382.8
N	0.9	1.2	2.4	4.7	5.4	5.1	5.7
P		0.1	0.2	0.4	0.6	0.7	0.8
K	2.2	1.6	3.2	7.6	10.6	11.3	11.6
Ca	0.6	0.4	0.8	1.6	2.4	2.7	3.3
Mg		0.1	0.3	0.6	0.8	0.9	1.0

注：引自 Collins and Hawks，1994，W. K. Collins，美国北卡州，烟叶产量 2 250 磅/英亩。

1.3　施肥技术

1.3.1　施肥量（表 9-17）

施肥量＝（烤烟计划产量需氮量－土壤养分供应量）/（肥料中该养分含量×肥料利用率）
目前生产上亩施纯氮（7～7.5）kg，氮磷钾比例为 1∶（1～2）∶（2～3）。

表 9-17　土壤养分与施肥量

土壤养分与施肥量肥力	速氮 /（mg/kg）	施氮量 /（kg/亩）	速磷 /（mg/kg）	施磷量 /（氮∶磷）	速钾 /（mg/kg）	施钾量 /（氮∶钾）
较肥	＞160	6～7	＞65	1∶（0.5～1）	＞100	1∶（1.5～2）
肥	100～160	7～8	30～65	1∶1	60～100	1∶（2～2.5）
瘦	50～100	8～9	＜30	1∶（1.5～2）	＜60	1∶（3～3.5）
较瘦	＜50	9～10				

注：山区旱地（地膜）施氮量，每个肥力档次减 1～2 kg，加施磷肥（1 kg/亩）；来源：1999 年、2001 年、2002 年试验资料（主要是 1999 年的不同氮、磷、钾施用量和不同氮、磷、钾配比的多点试验）。引自云南省烟草科学研究院，2008。

1.3.2　施肥策略（原则）

（1）适施氮肥，合理搭配磷、钾肥。

（2）有机肥和无机肥相结合。

（3）重施基肥，早施和少施追肥。基肥占 70%，追肥占 30%，而且在移栽后 20～25 d 内把追肥施完。氮素营养“前期足而不过，后期少而不缺”，保证烟棵“发得起，控得住，退得下”，满足“少时富，老来贫，烟株长成肥退劲”的动态需求。磷素营养应是“足而不多”；钾肥营养应“充足供应”。根据需要补充中、微量元素。

1.3.3　施肥时期及方法

烤烟大田施肥时期分为基肥、前期追肥和叶面追肥。施肥方法有撒施、条施、穴施、肥料溶液灌根、肥料溶液叶面喷施等。

1.3.4　应变施肥

主要是看天施肥、看地施肥、看烟施肥。

2 田间管理

大田不同时期的田间管理任务也不同。田间管理的主要内容包含:保证全苗、中耕、培土、灌溉排水、封顶打杈、防止早花与底烘、病虫害防治。还苗期:保全苗、保密度、促还苗。伸根期:蹲苗、壮苗、促根。旺长期:稳长、促叶、增重。成熟期:增叶重、防早熟、防晚熟。

2.1 保证全苗

选择整齐一致的壮苗移栽,浇足定根水,保证移栽质量。

2.2 中耕培土

除全生育期薄膜覆盖栽培外,烤烟都进行 2～3 次中耕并进行培土(图 9-18)。中耕培土一般与除草、追肥相结合,培土时结合打脚叶(表 9-19)。

7 d 左右:浅中耕;20 d:深中耕;30 d:浅中耕。头遍浅、二遍深、三遍培土围好根。

表 9-18 中耕后 10 d 与未中耕烟株地上部与地下部生长比较

	叶片数	最大叶长×宽(cm)	茎围/cm	根量/条	大部分根长度/cm
中耕	15	34×15.25	4.8	81	24
未中耕	15	34.4×14.75	4.65	45.5	17.5

注:引自云南烟草科学研究院,2008。

表 9-19 不同培土高度对烟株根系生长和活性的影响

处理	不定根		全根系	
	干重	活性	干重	活性
培土 5 cm	6.50	321.00	19.85	845.40
培土 10 cm	12.00	601.30	25.75	1 095.00
培土效应	5.50	280.30	5.90	249.60

注:引自云南烟草科学研究院,2005。根干重单位为 g/株,根系活性单位为萘胺氧化量 μg/株·h。

2.3 合理排溉

要根据烟草的需水特性、土壤水分状况、烟株形态特征,进行合理灌溉。移栽至团棵:10%;团棵至现蕾:53%;现蕾至成熟:37%。灌水方法有穴灌、沟灌、滴灌、喷灌。

雨水过多就要做好排水工作。注意清理沟渠,防止淤塞。

2.4 封顶打杈(打顶抹杈)

封顶打杈能够去除顶端优势,促使烟株体内养分重新调整分配,利于中上部叶片的充分发育和成熟,从而提高烟叶的产量和品质。促进根系发育,提高肥料利用率。同时可以减少病虫害,提高烟叶成熟度。

(1)封顶方式。根据封顶时期、高度、留叶数而定,常见方法如下。

①扣心打顶。当花蕾还包在顶端小叶内时,就小心扒开幼叶,用镊子或小竹签将花蕾摘去。一般仅适用于烟株营养状况差以及土壤肥力差、施肥不足或因降水过多、养分淋失严重等土壤供肥能力差的烟田。

②现蕾打顶。当花蕾长到4～6 cm时，花蕾与幼叶已明显分开，此时将花蕾、花梗连同其下2～3片小叶(又称花叶)一并摘除。

③初花打顶。当顶端花序伸出顶叶，主轴上的第一朵花刚开放时，将整个花序连同其下2～3片小叶一并摘除。

④盛花打顶。当烟株顶端花序大量开放或处于盛花期时，将整个花序连同其下2～3片小叶一并摘除。

(2)打顶时期和留叶数的确定。

①品种特性。正常栽培条件下，K326、K426、NC89、云烟85、云烟87留叶19～22片，NC82留叶18～20片，红大留叶16～18片。

②营养状况。烟株长势强，应适当推迟打顶时期，适当多留叶；烟株营养状况差、长势弱，应适当早打顶，少留叶。

③土壤肥力。土壤肥力较高，施肥量大，烟株长势强，适当推迟打顶，多留叶；土壤肥力较低、施肥量少、植株矮小、长势弱的烟株，适当提早打顶，适当少留叶。

④气候条件。雨水充足、气候温暖、无霜期较长的地区，可适当晚打顶、多留叶；在雨水较少、气温较低、无霜期短或移栽晚、烟株生长期短的地区，可适当早打顶、少留叶。

⑤种植密度。密度较大时，单株留叶数适当减少，封顶抹杈要及时跟上；密度较稀时，单株留叶数可适当增加，封顶打杈也可稍推迟些。

⑥栽培条件。栽培条件好的烟田高打顶、多留叶，以每株20～24片为宜；栽培条件差的烟田低打顶、少留叶，以每株16～18片为宜。

(3)打顶方法。就个体而言，将整个花序连同其下2～3片小叶一起摘除；就群体而言，同一烟田烟株生长整齐一致，采取一次性打顶，生长不整齐的烟田，一般在4～7 d内进行2～3次打顶，最后一次把不整齐的烟株顶芽也摘去，尽量调控烟株高矮、大小和烟叶成熟整齐一致。

打顶注意事项：打顶应在晴天上午进行，打顶后，烟株主茎的顶端要略高于顶叶的叶基部。先打正常烟株，再打带病烟株。打顶摘下的花序、烟芽等应带出烟田。

(4)烟株打杈。烟株打杈又称抹芽、去蘖、掰烟杈。烟株封顶后，由于顶端生长受到抑制，促进腋芽萌发生长，腋芽由上而下陆续萌发长成烟杈。烟杈是烟株上的一个分枝，同样能开花结果，消耗大量水分、养分。打杈分为两种：①人工打杈。人工打杈应掌握早抹、勤抹。②化学抑芽。利用化学药剂抑制烟草腋芽。

打杈注意事项：①早打杈。杈芽长出3.3 cm左右，杈叶未张开时打去，称为打“鸡嘴杈”，这时杈小，养分消耗少，而且脆嫩易打，伤口容易愈合。②勤打杈。每一叶腋间，有3个潜伏芽，1个主芽和2个副芽，称为腋芽，打去1个还会再发，每隔5～7 d应打1次，连续打3～5次。③彻底打杈。民间素有：“封顶不打杈，鲜烟多干烟少，质量不好；及时封顶打杈，鲜烟少干烟多，质量好”的说法。封顶打杈对烟叶产量和品质的影响见表9-20。

表 9-20 封顶打杈对烟叶产量和品质的影响 %

项目		产量	含糖量	烟碱	平衡水
不封顶、不打杈		100	14.4	1.56	11.3
打顶	不打杈	111.1	17.2	2.03	11.5
	杈长 30.5	131.1	17.6	2.61	11.9
	杈长 20.3	134.7	17.3	2.79	12
	杈长 10.2	136.9	16.9	3.1	12.1
	干净打杈	149.3	17.2	3.41	12.3

注:引自云南烟草科学研究院,2005。

(5)药剂抑芽。由于人工抹杈费工较多,抹杈操作又处于农忙季节,尤其是人少地多的地区或种烟面积较大的农户,往往不能及时抹杈,造成产量和品质严重降低。另外,操作过程又容易传染病害,所以世界各地都在研究利用化学药剂抑制烟草腋芽,现在国内烟区都在大面积推广化学抑芽。常采用杯淋法将药液从烟株顶部沿着主茎流下,并浸湿每一个腋芽的方法。

2.5 防止早花和底烘

2.5.1 早花

早花是指烟株未达到正常栽培条件下应有的叶数和高度,就提前现蕾开花。早花导致植株矮小、叶数锐减、叶窄而薄、产质下降。早花的原因受烟草的生理特性、品种特性、低温、干旱、涝灾、短日照、苗大小和田间管理不当等的影响。

(1)低温。在烤烟生长季节,尤其是前期,低温能促进烟株发育,容易形成早花,从而降低烟叶产量和质量(表 9-21)。烟苗具有 12～14 片真叶期间(即可变营养生长期),遇 13～18 ℃的低温,持续 10～20 d,能促进花芽分化提前,提早进入生殖生长,导致早花发生。白昼的低温作用大于夜间的低温(表 9-22)。

表 9-21 烤烟的品种特性:苗期低温诱导对烟草各品种花期的影响

品种	栽后时间/d	30	33	36	39	42	45	48	51	54	57	60
K346	常温	0	0	0	0	0	0	0	0	18	53	100*
	低温	0	0	0	0	0	0	20	83	100*	100	100
K326	常温	0	0	0	0	0	0	0	0	0	40	85*
	低温	0	0	0	0	0	0	0	23	72	90*	100
NC89	常温	0	0	0	0	0	0	0	20	65	90*	100
	低温	0	0	39	85	100*	100	100	100	100	100	100
NC82	常温	0	0	0	0	0	0	0	34	60	100*	100
	低温	30	56	90	100*	100	100	100	100	100	100	100
RG11	常温	0	0	0	0	0	0	25	47	100*	100	100
	低温	0	18	44	67	100*	100	100	100	100	100	100
G80	常温	0	0	0	0	0	0	0	0	34	95	100*
	低温	0	0	0	0	0	18	50	90*	100	100	100

注:表内数据值为烟草各处理现蕾的%,* 为第一朵中心花开放时间。引自云南烟草科学研究院,2005。

表 9-22 昼夜温度对烟草花芽分化的影响

处理		处理后3周花芽分化情况	单株叶数/片
昼温/℃	夜温/℃		
23	23	未分化	34.8
23	13	未分化	33.6
13	23	分化开始	26.4
13	13	分化完毕	23.8

注：引自云南烟草科学研究院，2005。品种为黄亮，处理时烟苗8片叶，在8 h短日照下进行。

(2)干旱和涝灾。烟草是怕旱、怕涝的作物。在其可变营养生长期间遇干旱、涝灾的恶劣环境，可使营养期缩短，花芽分化提前。生产上，育苗后期主要抗旱防涝，大田移栽后，若遇连续干旱天气，应及时进行抗旱，结合中耕保墒，做到合理安排播种期和移栽期。

(3)短日照。研究表明，绝大多数烤烟品种对日照长度的反应不敏感，以每天12 h的日长烟株叶数最多，每天8 h以下的短日照有促进花芽分化提前的作用。但短日照必须在低温条件下才会有促进花芽分化提前的作用(表9-23)。

表 9-23 温度和日照长度对烟草花芽分化的作用

温度/℃	表现
13～15	无论日照长短，均能较早形成花芽。
18～20	8 h/d的短日照可促进花芽形成；日照12 h/d以上，花芽形成晚。
23～25	即使8 h/d的短日照，花芽形成也较晚；日照12 h/d以上，难以形成花芽。
＞28	无论日照长短，均不会产生花芽。

注：引自云南烟草科学研究院，2005。

(4)移栽弱苗、老苗。育苗过程中，若播种密度过大，间苗不及时，易造成烟苗徒长，形成"高脚苗"、弱苗，以及因播种期、移栽期安排不适造成苗龄过大，均可能导致早花的发生。

(5)田间管理不当。烟草是需肥量较大的作物，在施肥量不足(尤其氮素营养不足)、土壤肥力低下、结构不良、水分不足等恶劣环境条件下，烟株吸收土壤养分易受影响，不能满足烟草正常生长发育对养分的需求。另外，中耕培土不及时，易造成土壤板结，通透性差或排水不良，土壤积水，根系生长受阻，从而不能满足烟株正常生长的需要，均会造成烟株营养不良，导致早花发生。

2.5.2 早花的防止措施

(1)选择适当的品种。根据当地条件选择适当品种，对于光热资源不足的烟区，应选用对低温不敏感的品种，对于短日照烟区，应选用对日照时数不敏感的品种。

(2)适时移栽。确定移栽期可以有效地避免或减少低温、干旱、涝灾、营养不良等恶劣环境导致早花的发生。

(3)提高移栽质量。加强苗床管理，及时追肥、除草，培育壮苗移栽；移栽成活后，及时追肥、中耕，并适当进行培土。

(4)提倡地膜覆盖。地膜覆盖可促进烤烟的生长发育,团棵期明显提前,大田生育期缩短,营养积累时间相对延长。

(5)加强田间管理。中耕培土和清除杂草,保证水源及时供应,土壤水分过多时,应及时做好排水工作,增施肥料,及时追肥。

对早花发生程度严重的烟株,应果断放弃主茎烟生产,改为杈烟生产。做法为及早削去主茎,留底叶2～3片,以促进腋芽萌发,选留一个壮芽,将选留的腋芽培育成健壮的侧枝。对早花发生程度较轻的烟株,应采取主茎烟与杈烟相结合的生产方式,及时打顶,在主茎顶端下3～4片叶中选留一个健壮的腋芽,将选留的腋芽培育成杈烟,杈烟留叶不必过多,原则上以能弥补早花的损失即可,一般留4～7片。

2.5.3 底烘

底烘是指烟株下部叶片未到正常成熟时期就提前发黄或枯萎的现象。一般在旺长后期和采收前发生。危害:叶片较薄、成熟度差、品质低劣。底烘发生的原因如下。

(1)光照不足。密度过大,田间郁闭,叶片相互遮阳,下部叶受光量过少,制造的光合产物少,不能满足叶片维持其生命活动的呼吸消耗量—“饿烘”。

(2)土壤水分不足。气候干旱,土壤水分严重不足,烟株吸收的水分和矿质养分不能满足其维持整个烟株生命活动的需要—“旱烘”。

(3)水分过多。天气阴雨连绵、田间积水,大田烟株的根系活动层处于渍水状态,土壤通气状态差,造成根系活力大幅度降低甚至死亡,影响根系对矿质营养的吸收—“水烘”。

底烘烟的预防与补救通常采用合理密度、及时封顶、清理脚叶、开沟排水、及时采收等措施。

2.6 防治病虫害

烟草是受病虫为害比较严重的作物,从苗期到收获的整个过程中,都可能遭受多种病虫的侵害。据调查表明,烟草病害近40余种,害虫百余种。主要病害有,病毒病:普通花叶病(TMV)、黄瓜花叶病(CMV);真菌病:黑胫病、赤星病、炭疽病、根黑腐病、猝倒病、白粉病、煤烟病;细菌病:青枯病、野火病、根结线虫病。主要虫害有:地老虎、蝼蛄、烟蚜、烟青虫、烟草蛀茎蛾、潜叶蛾等。

坚持“预防为主、综合防治”的植保方针,采取农业防治为主,物理、生物天敌、生物源农药防治为辅的立体防治措施(表9-24)。

(1)农业防治。通过培育壮苗、中耕除草、轮作倒茬、休耕等措施防治病虫草害。

(2)物理防治。利用各种物理因素(光、热、温等)防治病虫草害的发生,如采用黄板及黑光灯诱杀等措施。

(3)生物防治。通过采用性诱剂、人工繁殖(增殖)天敌昆虫或病原微生物等生态环境调控方法预防或控制。

(4)化学防治。采用《有机产品标准》附录中所列出的物质及使用条件进行防治。

表 9-24　防治策略参考表

防治对象	防治方法	防治时期	备注
地老虎、蝼蛄等	1%天然除虫菊酯:用量为 100 mL/亩。	移栽前	均匀喷洒于墒面,薄膜覆盖 24 h 后移栽。
烟蚜	黄板:苗期 4 片/小拱棚;大田期 4 片/亩,每月换 1 次;蚜茧蜂:10 000 头/亩,移栽后 7 d 实施;1%天然除虫菊酯:用量为 100 mL/(亩·次)。	育苗及大田生产期	1%天然除虫菊酯仅限于虫口密度高的区域使用。
烟青虫	人工捕捉;赤眼蜂:5 000 头/(亩·次),每 15 d 1 次,移栽后 21 d 开始实施;1%苦参碱:用量为 100 mL/(亩·次)。	大田生产期	1%苦参碱仅限于虫口密度高的区域使用。
斜纹夜蛾	性诱捕:移栽后 28 d 安置捕获装置(1～2 个/亩)。	大田生产期	
病害	农业综合防治措施、波尔多液、微生物源(发酵法获得)或植物源(水或乙醇提取)防病害农药,如农用链霉素。	育苗及大田生产期	波尔多液限量使用。

注:引自云南中烟工业有限责任公司,2015。

2.7　烟叶的成熟采收

2.7.1　烟叶的成熟(成熟度)

(1)烟叶的成熟过程。

①未熟期(旺盛生长期、生青)。未熟期是指烟株的叶片自生出到生长发育已完成的这段时期。

②生理成熟期(始熟期)。生理成熟期是指烟叶经过旺长后,从生理上接近停止生长,叶面积基本定型,干物质的合成、积累和产量达到最大值。

③工艺成熟期(适熟期)。叶片自生理成熟向衰老转化中的一个短暂过程,是采收的最佳时期。

④过熟期(衰老期)。工艺成熟的烟叶,如不及时采收,随其继续发展,就会转向过熟(图 9-12)。

图 9-12　不同成熟度档次(引自云南烟草科学研究院,2006)

(2)烟叶成熟(工艺成熟)的一般特征(外观特征)。

①叶色变黄。叶片由绿色变为绿黄色、浅黄色和淡黄色。

②主脉变白。工艺成熟时,叶脉发亮变白。

③茸毛脱落。茸毛不同程度脱落,叶面有光泽,树脂类物质增多,手摸烟叶发黏。

④叶尖下垂。叶尖和叶缘下垂，茎叶角度增大。

⑤出现成熟斑。中、上部叶片起皱，出现凸凹不平的淀粉粒黄斑，上部叶片黄斑变白。

⑥易采摘。叶基部产生离层，容易摘下，采时有清脆响声，采收断面整齐呈马蹄形(图 9-13)。

(3)烟叶成熟的特殊性。包含存在于不同部位烟叶的成熟度、不同施肥水平烟叶的成熟度、不同土质条件烟叶的成熟度、不同种植密度烟叶的成熟度、不同排灌条件烟叶的成熟度、不同打顶抹杈水平烟叶的成熟度、不同气候条件烟叶的成熟度、不同品种烟叶的成熟度。

图 9-13 不同部位的适熟烟叶(引自云南烟草科学研究院，2006)

2.7.2 烟叶的采收

烟叶的采收原则为："多熟多采，少熟少采，不熟不采"，做到一不漏行，二不漏株，三不漏叶，熟一片采一片，不采生叶，不丢熟叶。

烟叶的采收时间：一般在晴朗上午采烟，因为早晨阳光微弱易识别成熟度而且有露水有利于保湿变黄，不宜在晴天中午采烟。

烟叶的采收方法：采收时行走在烟沟里，同时采收左右两行的适熟叶，用右手食指和中指托住叶柄基部，大拇指放在叶柄上面，向下一压，随着叶柄基部产生清脆的折裂声，烟叶即摘下，这样采下的烟叶基部呈马蹄形。若成熟度不够，采摘中切勿单纯下压扯拉，以防撕破茎皮，影响烟株正常生长，应下压后向两侧拧一下即可。

2.7.3 编烟和装烟

1. 编烟

编烟是将烟叶一束一束地绑在烟竿上，以便装挂在烟架上进行烘烤。

(1)编烟基本要求。编烟时，烟竿两端要各空出 8～10 cm，以便于挂烟。叶基要露出烟竿上 4 cm，并保持叶基齐平。要"叶背对叶背"，使烟叶在烘烤中逐渐干燥，向正面收缩卷曲时，不会出现相互重叠包裹，捂坏变褐。

编烟密度和每撮叶数是否恰当，对烟叶烘烤质量有很大影响。大叶 2 片一撮(叶背对叶背)，小叶 3 片一撮，一般每撮所占位置为 2.3 cm 左右。烟竿长 1.5 m 的编 60 撮左右，每竿重 7～8 kg。含水量大的烟叶稍编稀一些，烘烤时既有利于保湿变黄，也有利于热气上升促进排水干燥。

(2)分类编烟。编烟前要严格进行鲜烟分类。先将采回来的烟叶按部位、大小和成熟度进行分类堆放，按成熟好或成熟稍差依次编烟，同时抛弃无烘烤价值的烟叶(过熟叶、重病残叶、生叶和黑爆叶)。编烟要做到同一品种、同一部位、颜色和大小一致的编在同一竿上，同竿同质，竿内密度均匀、竿与竿重量相近。

（3）编烟方法。编烟主要有以下 4 种方法。

①梭线编烟法。用烟竿和麻线（或棉线），一根是直行麻线（定线），将两头系紧，与烟竿平行；另一根为活动麻线（梭线），一头系在距烟竿一端的 8～10 cm 处。编烟时，定线在上，烟竿在下，用梭线在烟竿与定线之间左右穿梭，烟叶分别放于梭线扣中，在烟竿左面穿一束，在右面又穿一束，一直编到距烟竿另一头 8～10 cm 处，将梭线系紧（图 9-14）。此法优点为烟叶扎得紧，烤前、烤后均不易脱落，每束烟叶之间保持一定距离，烟叶分布均匀，有利于烘烤；烤干后解烟速度快、效率高。云南烟区大多采用这种编烟方法。

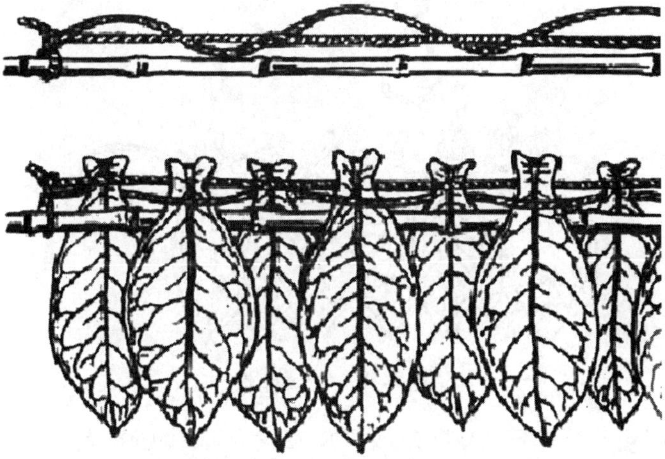

图 9-14　梭线编烟法

②活扣编烟法。用一根麻线，拴在距烟竿一头 8～10 cm 处。编第一扣烟叶时，要拉紧麻线，将叶基部斜放在烟竿上，麻线绕烟叶基部旋转一周，自然捆住烟叶放下。这样左边一束（麻绳顺时针旋转），右边一束（麻绳逆时针旋转），编到距烟竿另一头 8～10 cm 处为止（图 9-15）。此法优点为提高编烟、解烟工效，简便迅速。缺点为烟叶编扎得不够牢固、容易掉烟。

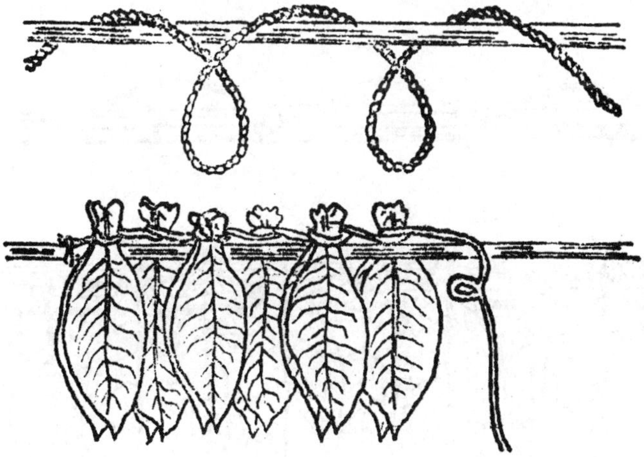

图 9-15　活扣编烟法

③死扣编烟法。用一根麻线，拴在距烟竿一头 8～10 cm 处。编第一扣烟叶时，左手拿着麻绳拉直，右手拿着烟叶，将叶基放在麻绳上，与绳子成十字形，左手拿麻绳向叶基一绕，右手把叶片向右平转，过竿后再往下方一转，再向前一推，即编好左边的一撮。编右边的烟叶时，动作正好与编左边的相反。这样左一撮右一撮，轮换地一直编到烟竿的另一头为止(图 9-16)。这种编烟法绑得比较牢固，不易掉烟，但烤后解烟费工，不小心会把叶基部的主脉折断和产生碎烟。

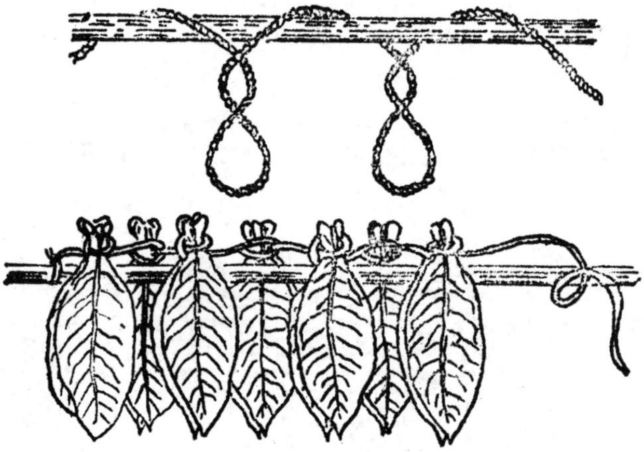

图 9-16　死扣编烟

④加扦梭线编烟法。编烟前，先将编烟竿放在凳子或编烟架上，在烟竿上加一根有筷子粗，与烟竿一样长的竹条，用麻绳在烟竿的一头离末端 15 cm 的地方绑紧，并在这上边活动地用麻绳绑住竹条的一头，然后开始编烟。编烟时，烟竿在下面，竹条在上面离开烟竿约 2 cm，麻绳绑在烟竿与竹条的中间左右摆动，像织布机的梭子一样。当麻绳摆到左边时，左边放烟叶，待烟叶一放好，马上将麻绳摆到右边，这时左边的烟叶就被麻绳、烟竿和竹条夹住，然后烟叶从右边放进去，麻绳马上摆到左边，右边的烟叶又被固定。这样继续来回编。一直编到烟竿的另一头，最后用麻绳把烟竿、竹条像开始编烟时绑好。与梭线编烟法相比就是把直行麻线换成竹条(图 9-17)。

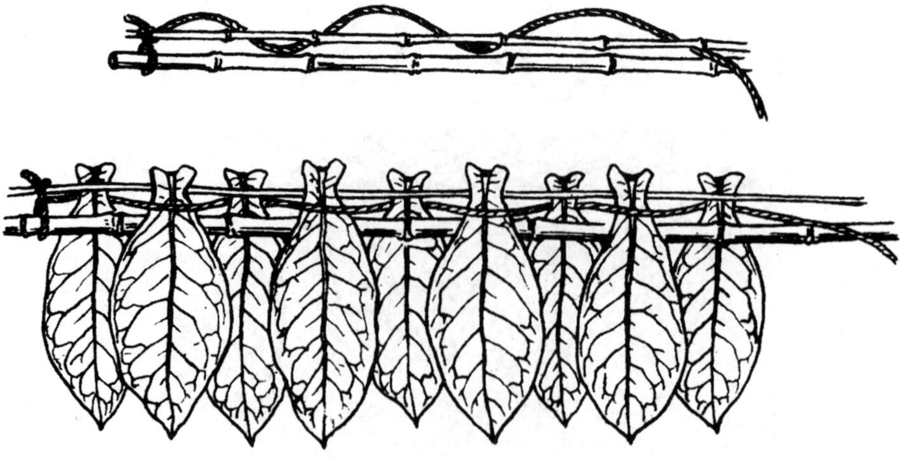

图 9-17　加扦梭线编烟

这种编烟法的突出优点：一是烟竿上的烟叶能够均匀分布，有利于烘烤时烟叶的均匀排湿；二是由于麻绳来回摆动固定烟叶，使每撮烟叶之间保持一定的距离，烤干后解烟速度要比一般编法快，节约了劳动力，而且解下的烟叶堆放整齐，不需重新整理；三是编上竿的烟叶不论烤前烤后都不易脱落。

2. 装烟（将编好的烟叶放在烟架上进行烘烤）

(1)分类装烟。严格实行同烤房内装同一品种、同一部位、整体素质相近的烟叶。变黄速度快的过熟叶、下部烟叶、薄叶、病虫为害的烟叶装在高温层，使之尽快脱水、变黄、定色；变黄速度中等的适熟叶、大小厚薄适中的中部叶片装在中层；变黄速度慢、成熟度略低的烟叶装在低温层，使之有足够的变黄时间。

(2)装烟密度。装烟密度要根据烟叶着生部位、叶片大小、含水量、天气情况及编烟稀密程度全面考虑。既要达到排湿顺畅，保证烘烤质量，又要充分利用烤房空间，提高烤房利用率。普通烤房雨天采收的烟叶、下部烟叶和编烟稍密的烟叶装烟稍稀一些，竿距 24～27 cm；中部烟叶和编烟适中的烟叶，竿距 21～23.5 cm；天气干旱、编烟稍稀和上部烟叶竿距 18～20 cm。密集型烤房叶片大的竿距 15～18 cm，中等大小叶片竿距 12～15 cm，小叶片竿距 8～11 cm。相邻两个烟夹之间的距离为 10～12 cm。

3 烟叶调制

3.1 烟叶调制的作用与方法

调制就是将田间鲜烟叶收获后，放置在特定的设备内，设备内部提供必要的温湿度条件，保持一定的时间，使烟叶的变化达到人们要求的程度并使其干燥的过程。烟叶调制的实质是烟叶脱水干燥的物理过程和生物化学变化过程的统一。核心是碳素和氮素代谢的程度及其与水分动态的协调性，必须向有利于烟叶品质的方向发展。烟叶调制是决定烟叶最终质量和可用性的一个重要环节。调制方法可以分为烘烤、晒制和晾制。

3.2 烟叶烘烤

烟叶烘烤是在特建的烤房内，通过火管的间接热力，使烟叶逐渐干燥并发生一定的物理化学变化。我国的烘烤工艺主要是三段式烘烤工艺（图 9-21），包括变黄阶段、定色阶段和干筋阶段，每个阶段的干球温度分升温控制和稳温控制两步。

(1)变黄阶段。此阶段要求下部烟叶达八成黄；中、上部烟叶九至十成黄，且凋萎塌架，主脉变软。装烟后关严进风口（地洞）、排湿口（天窗）和门窗，烧小火将烤房温度提高到 35 ℃左右，保持湿球温度 33～34 ℃，至叶尖变黄后，将干球温度以 1 ℃/2 h 的速度升至 38 ℃，稳温延长时间，控制湿球温度 34～36 ℃，使烤房内烟叶 80%左右达到七八成黄，同时叶片变软。之后再升温到 41～42 ℃，保持湿球温度 36～37 ℃，至烟叶达到黄片青筋，凋萎塌架、主脉变软。

(2)定色阶段。该阶段要求叶片全干大卷筒。转入定色阶段后，首先以平均 2～3 h 升温 1 ℃ 的速度升温到 46～48 ℃，保持湿球温度 37～38 ℃，使烟筋变黄，达到黄片黄筋叶片半干。然后再以 2 h 左右升温 1 ℃的速度升温到 54 ℃左右，保持湿球温度 37～39 ℃（最高不超过 40 ℃）稳定，达到叶片全干大卷筒。该阶段要逐渐加大烧火，逐步加强排湿，稳定湿球温度，升高干球温度。

操作过程中，第一，把握烧火要稳中加大，不能出现猛升温或大幅度降温，以免出现挂灰、蒸片、含青等烤坏烟现象。第二，根据烟叶变黄速度确定升温速度。变黄快的烟叶要快升温，快排湿，快定色；变黄慢的烟叶要慢升温，慢排湿，慢定色。第三，下部叶在 45～46 ℃达到烟筋变黄，中部叶在 46～47 ℃达到烟筋变黄，上部叶在 47～49 ℃达到烟筋变黄。第四，根据鲜叶素质确定湿球温度，一般保持在 38～39 ℃，素质好的烟叶湿球温度保持在 39 ℃左右，素质差的烟叶保持在 37～38 ℃。第五，为了防止上部叶出现杂色，要在 48～49 ℃保持一定时间，使烟叶大量水分排出。在 54 ℃左右拉长时间，促进烟叶形成更多的致香物质。

(3)干筋阶段。该阶段要求烟筋全干，操作中持续稳烧大火，将干球温度以 1 h 升温 1 ℃速度升到 65～68 ℃并稳住，湿球温度相应升到 42 ℃左右。在烤房中部仅个别烟叶主脉有 3～5 cm 未干时即可停止烧火，当温度下降 5 ℃左右以后关闭地洞、天窗，完成烘烤过程。关键是控制干球温度，限制湿球温度，及时减少通风，适时停止烧火。

烟筋干燥即可停火，待烤房内温度降到 50 ℃左右时，将烤房门和通风窗打开，使烟叶吸湿回软，然后将烟竿取出。也可晚间把烤后烟叶放置在草地上，以便吸湿回潮。其后即进行解烟，堆积发酵，使一部分尚略带青色的叶片完全变黄(图 9-18)。

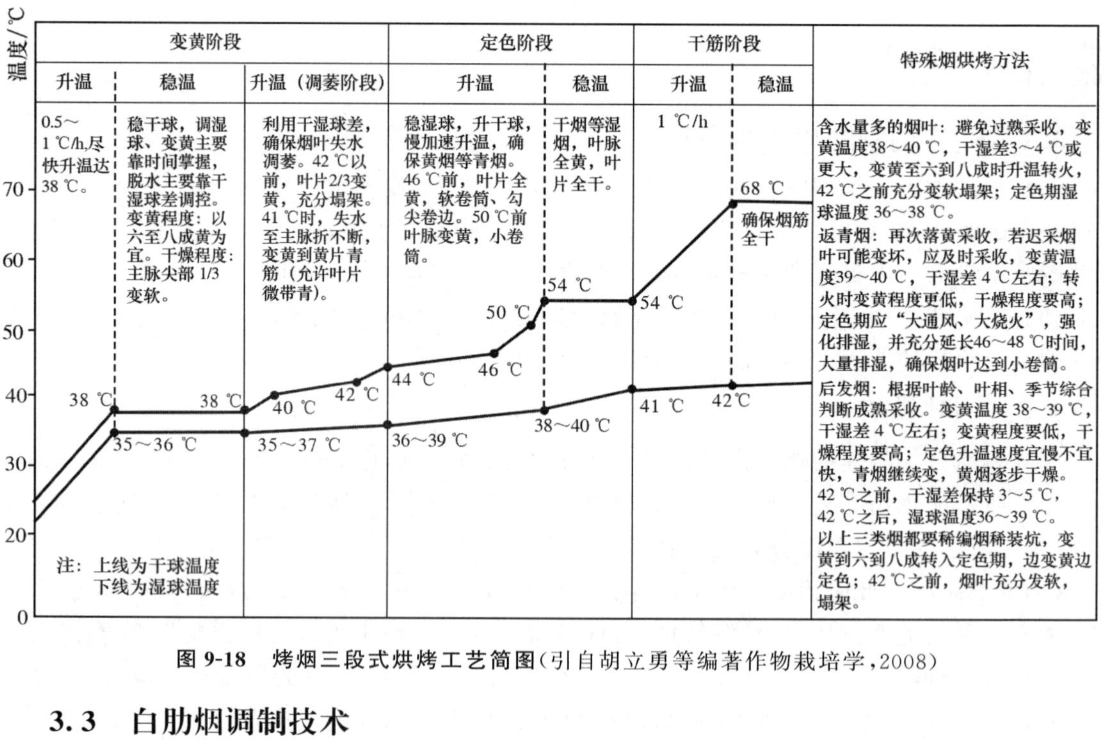

图 9-18　烤烟三段式烘烤工艺简图(引自胡立勇等编著作物栽培学，2008)

3.3　白肋烟调制技术

白肋烟调制是自然通风的晾制过程。

(1)晾房建造。晾房一般建造在通风、排水良好的地段上，使空气易于穿过烟株。晾房两侧面应有 1/3 的面积为活动通风门窗，以供调节房内温、湿度条件。晾房宽度对空气流动的影响很大，一般为 7.3 m；高度应在挂烟后，叶尖距地面有 80 cm 的空间，上面各层的空间应大于 1.5 m。

(2)调制过程。分为凋萎与变黄期、变褐期、干筋期3个时期。

①凋萎与变黄期。这个时期,烟叶水分的散失量占整个失水量的55%左右;因呼吸作用,在调制第7天90%的糖分已消耗。此期应使烟叶充分变黄,防止过快干燥出现色烟。一般需要14～16 d。

②变褐期。随着水分的继续散失,烟叶由黄色逐渐向近红黄色、咖啡色转变。此期是烟叶香气形成的重要时期,除继续脱水外,烟叶发生一系列的生理生化变化过程,其中最为主要的是氧化反应。此期应保持烟叶有足够的水分,防止过快干燥形成杂色烟。一般需要10～12 d。

③干筋期。主要是烟叶的物理变化过程。此时期烟叶中的大部分水分已排干,颜色已基本固定,烟叶的生命活动基本停止,仅叶片的主脉部分有较高的含水量。此时期的主要任务是及时调节烟叶调制条件,尽快散失烟叶中多余的水分。一般需要21～25 d。

烟竿一般长120 cm,每根烟竿串烟5～6株。烟株根部向上垂直挂于晾房。保持每株烟间隔20～25 cm。晾房内24 h的平均相对湿度要求为:凋萎与变黄期70%～80%;变褐期65%～70%;干筋期45%～50%。温度均控制在16～32 ℃范围内。烟叶在晾制期间应防止阳光照射和雨水淋湿。

3.4 香料烟调制技术

香料烟是晒烟,调制过程以晒制为主,同时也要防雨淋及露水潮湿。

(1)调制设备。晒棚可用塑料薄膜搭建,棚宽2～3 m,脊高1.6 m,檐高1.0～1.2m,棚内晒烟架高0.8～10 m,一般每公顷香料烟需要180～225 m晒棚。晒烟架多采用5 cm×5 cm的方木做成长方形框架,长200 cm,宽100～120 m。在框架两边主竿上,每隔10～15 cm钉一颗小钉子,用于挂烟串。一般采用塑料棚或晾棚(房)加晒场调制,变黄期间烟叶在晾棚内晾制,变黄达到要求后在晒场进行晒制。降雨时将烟叶移到晾棚内。

(2)调制方法。应掌握先凋萎后变黄、稳步失水完成定色干筋,直至烟叶调制成橘黄、深黄色的调制原则。一般下部叶含水量高,内含物不充实,叶片薄,适当凋萎后即可进行晒制。中上部叶则随部位升高逐步延长凋萎变黄时间,凋萎变黄期应控制棚内的相对湿度在80%～85%,确保烟叶失水速度与变黄速度协调,从而降低烟叶的含青度。当烟叶变为橘黄至红黄色、主脉完全干燥时调制结束,下部叶以7～10 d、中部叶以10～12 d、上部叶以12～15 d为宜。

4 烟叶分级

烟叶分级就是按照烟叶类型、质量优劣划分成若干个等级,以便于按质论价,方便卷烟工业配方使用。目前对烟叶等级的划分是建立在感官基础之上的,我国现行烤烟分级标准把烟叶划分42级,白肋烟分28级,香料烟分10级。

4.1 烤烟分级

现行的国家标准共设置主组29个等级,副组13个等级。我国烤烟国家标准对每个等级的成熟度、叶片结构、身份、油分、色度、长度和残伤7个外观品级因素进行划分。部位代号:下部叶组——X,中部叶组——C,上部叶组——B;颜色代号:柠檬黄色——L,橘黄色——F,红棕色——R,杂色叶组——K,微带青叶组——V,青黄叶组——GY,光滑叶组——S,完熟叶组——H。

依据质量序列划分等级如下：上等烟（11 个）：CF、B1F、C2F、C1L、H1F、C3F、B1R、B2F、C2L、B1L、X1F。中等烟（19 个）：B2R、H2F、B3F、C3L、C4F、C4L、B2L、X1L、B2V、C3V、B3R、B4F、X2F、X2L、X2V、S1、B3L、B3V、X3F。下低等烟（12 个）：B1K、X3L、CXIK、S2、B4L、B2K、X4F、GY1、X4L、CX2K、B3K、GY2。

4.2 白肋烟分级

白肋烟分级标准采用的分级因素与烤烟有些不同。特点是白肋烟属于晾烟，理化性状与烤烟有很大的差异，并且质量要求也不同，品质因素没有油分，但规定了叶面品质要求。现行白肋烟国家标准共设置 28 个等级。其中：主要组别 21 个等级，过熟 2 个等级，杂色 4 个等级，末级 1 个等级。中下部叶组——C，上部叶组——B，浅黄色——L，浅红黄色——FR，红黄色——R，红棕色——D，微带青——V。

4.3 香料烟分级

按照香料烟品种、生产地区、栽培方法，把香料烟分成 B 型和 S 型，再依据烟叶着生部位进行分组。同一型烟叶分组之后，依据分级因素进行等级划分。分级因素主要包括：部位、长度、颜色、光泽、身份、油分、组织结构 7 项品质因素；叶片完整度、杂色与残伤 2 项控制因素。现行香料烟分级标准中，下部叶组 3 个级，中部叶组 3 个级、上部叶组 3 个级，另设一个末级。

知识拓展

烟草行业发展动态

学习产出与评价

1. 能系统陈述烤烟大田 4 个时期，并熟悉常规管理工作。
2. 会运用烤烟大田施肥、水分运筹理论，指导大田生产。
3. 初步学会烤烟病害的识别和防治技术（炭疽病、斑点病、褐斑病、病毒病等）。
4. 能熟练操作封顶打杈，并能说出注意事项。
5. 会判断烟叶成熟的标准。
6. 能熟练编烟，并能说出装烟的注意事项。
7. 初步学会烤烟试验设计与实施（如肥效试验）。
8. 初步学会烤烟烘烤技术要点。
9. 初步学会烤烟 42 级分级方法。

思考与练习

1. 术语解释：旱烘、水烘、旱花、底烘。
2. 简述烟草的类型及其基本特点。

3. 烟草打顶抹杈的原因是什么？
4. 烟草的生育时期是如何划分的，各生育时期的特点是什么？
5. 影响烟草的品质因素有哪些？
6. 云南省烟草优质适产的指标是哪些？
7. 简述烟草育苗的意义和要求。
8. 简述钾素对烤烟品质的影响。
9. 简述如何对烤烟进行封顶打杈。
10. 烟叶成熟的一般特征是什么？
11. 简述烟叶的采收技术。
12. 烤烟的调制过程分哪些时期？如何调控？

参考文献

[1] 云南省科委星火计划办公室. 烤烟栽培与烘烤技术. 昆明：云南科技出版社，1991.
[2] 刁操铨. 作物栽培学各论(南方本). 北京：中国农业出版社，1994.
[3] 聂荣邦. 烤烟栽培与调制. 长沙：湖南科学技术出版社，1992.
[4] 官春云. 作物栽培学. 北京：中国农业出版社，1997.
[5] 2016年中央一号文件《关于落实发展新理念加快农业现代化实现全面小康目标的若干意见》《十三五规划纲要》第十九章第二节.
[6] 莫丽娟. 从传统农民到现代农民：教育的角色转变. 职业技术教育，2015(10)：26-30.
[7] 信军. 农业供给侧改革的六大任务. 农经，2016(3)：39-40.
[8] 冰火，建利，江洪东. 论烟叶精益生产. 中国烟草学报，2014，1(1)：1-8.
[9] 蒋黎，陈冬. 农业标准化的发展模式及借鉴. 农业经济与管理，2016(2)18-24.
[10] 郭传滨，杨立均. 对烟草农业保险发展的思考. 现代农业科技，2015(24)274-275.
[11] 张志忠，崔国民. 烟草调制技术. 北京：中国农业出版社，2018.
[12] 周冀衡，汪邓民. 培土与施肥对烟株根系发育及氮钾吸收效率的影响. 中国烟草学报，1995，2(4)：46-51.
[13] 胡立勇，丁艳锋. 作物栽培学. 北京：高等教育出版社. 2008.

项目10
马铃薯栽培

学习目标

知识目标：①能陈述马铃薯的起源和生产意义；②能系统简述马铃薯生长发育规律及其与环境条件的关系；③能简述马铃薯高产栽培的肥水运筹和病虫害绿色防控要点。
技能目标：①初步学会马铃薯切块播种技术；②学会马铃薯高培土增产技术；③初步学会应用基本理论指导大田肥水运筹和病虫害绿色防控。
素质目标：①调研马铃薯销售与加工情况，提高沟通交流能力，为乡村振兴服务；②感悟"三农"人物——朱有勇扶贫故事。

内容提要

知道马铃薯在现代农业中的生产意义，掌握马铃薯的生长发育规律，学会马铃薯切块消毒技术和高培土技术，掌握马铃薯大田管理各个环节的要点，熟悉当地马铃薯品种的特点和"三季串换留种"生产模式，拓展马铃薯淀粉生产的相关知识。

主要内容：马铃薯概述；马铃薯栽培的生物学基础；马铃薯栽培技术。

任务一　马铃薯概述

知识目标：①能陈述马铃薯的起源与传播；②能陈述马铃薯区划概况(世界、中国和本地)。
素质目标：①通过网络资源，拓展学习淀粉行业的概况；②学习朱有勇扶贫故事，感悟科学家"三农"情怀。

1　马铃薯生产意义

马铃薯具有高产、适应性强、分布广、营养成分全和耐贮藏等特点，是重要的宜粮、宜菜、宜饲和宜做工业原料的粮食作物。马铃薯块茎中含淀粉 12%～22%，还含有丰富的蛋白质、糖类、矿物质盐类和 B 族维生素、维生素 C 等。块茎单位重量干物质所提供的食物热量高于所有的禾谷类作物。因此，马铃薯在当今人类食物中占有重要地位。马铃薯可以制作淀粉、糊精、葡萄糖、酒精等数十种工业产品，还可以加工成薯片、薯条、全粉等。马铃薯还是多种家畜和家禽的优质饲料。在间作套种、轮作制中马铃薯亦占有重要地位。

2 马铃薯起源与分布

根据考证，马铃薯栽培种的起源中心为秘鲁和玻利维亚交界处的"的的喀喀湖"盆地中心地区。南美洲秘鲁及沿安第斯山麓智利海岸以及玻利维亚等地区都是马铃薯的故乡。野生种的起源中心则是中美洲及墨西哥，在那里分布着系列倍性的野生多倍体种。1536年西班牙探险队员把马铃薯从南美洲带到欧洲，后经260年的时间，传遍了整个欧洲。马铃薯在明朝万历年间(1573—1619年)传入我国。京津地区是亚洲较早接触马铃薯的地区之一。17世纪初经海路传入广东、福建沿海各省。

我国马铃薯生产遍及全国各个省(市、自治区)，主产区为东北、华北、西北和西南等地区，其栽培面积占全国的90%以上，中原和东南沿海各地较少。2018年我国马铃薯种植面积475.81.10万 hm^2，产量1 798.40万t。马铃薯产量前10的依次是四川、贵州、甘肃、内蒙古、云南、重庆、河北、陕西、黑龙江及湖北。目前我国马铃薯种植面积最大的是内蒙古，2000年全区种植面积64.64万 hm^2，其次是贵州省，为47.7万 hm^2。超过20万 hm^2 的省(自治区、直辖市)有内蒙古、贵州、甘肃、黑龙江、山西、云南、重庆、陕西、四川、湖北和河北。

3 世界马铃薯状况

(1)生产状况。根据联合国粮农组织(FAO)的统计，到2000年全世界种植马铃薯的国家和地区达144个，其中亚洲40个，欧洲40个，非洲36个，中北美洲14个，南美洲10个，大洋洲4个。

马铃薯是全世界仅次于玉米、水稻、小麦的第四大粮食作物。常年播种面积1 900万 hm^2 左右。种植面积较大的国家有中国(400万 hm^2)、俄罗斯(约320万 hm^2)、印度(约130万 hm^2)和波兰(120多万 hm^2)等。

全世界马铃薯的平均单产为16 t/hm^2 左右。单产水平最高的国家是荷兰(45 t/hm^2)，其他单产较高的国家有美国(约40 t/hm^2)、日本(约33 t/hm^2)和加拿大(约27 t/hm^2)。

(2)消费概况。马铃薯已成为许多国家重要的食品之一。从马铃薯的利用来看，大部分是作为人类的食物或动物的饲料，前者约占马铃薯总生产量的54%，后者约占19%。从全世界的平均水平来看，发展中国家与发达国家的差异较大。马铃薯的人均消费量差别极大，全世界平均年马铃薯消费量为28 kg/人，发达国家年人均消费量达74 kg，而发展中国家只有14 kg，欧洲为86 kg，北美为63 kg，拉丁美洲为24 kg，亚洲为14～15 kg，非洲只有8 kg，中国为14 kg左右。

(3)贸易概况。马铃薯的贸易包括鲜薯和加工产品的贸易。根据FAO的统计，每年马铃薯的出口量约1 000万t，价值20多亿美元。马铃薯鲜薯进出口量最大的国家是荷兰，以种薯出口为主，价格318美元/t，以原料薯进口为主。

(4)发展趋势。近年来，马铃薯的种植面积在发达国家基本保持平稳，在今后相当长的一段时间内也不会有太大的变化。而发展中国家，特别是非洲的一些国家种植面积还将有进一步扩大的趋势。在未来的几年内马铃薯的加工比例和加工产品的种类还会有一定的增加，特别是在发展中国家。

4 中国马铃薯状况

(1)中国马铃薯生产发展概况。1950 年全国马铃薯栽培面积 155.9 万 hm^2，总产 8 701 kt，平均单产 5.58 t/hm^2，1982 年全国栽培面积 245 万 hm^2，平均单产 9.7 t/hm^2。1995 年以来，在种植结构的调整中，马铃薯生产发展很快，2000 年全国栽培面积 472.3 万 hm^2，总产 66 282 kt，平均单产 14 t/hm^2。2012 年，在农业部粮食高产攻关活动中，由马海艳指导的马铃薯种植基地，平均单产高达 89.355 t/hm^2，创下了全国单产最高纪录。由于留种制度的建立和间作套种技术的推广，使中原和南方冬作区的马铃薯面积迅速扩大，并涌现出一些高产典型，但就全国而言，由于我国马铃薯种植多分布于无霜期短、土壤瘠薄的干旱山区，耕作栽培较粗放，单产增加的幅度远低于种植面积增加的幅度。

(2)中国马铃薯的栽培区划。滕宗瑶等(1989)根据我国马铃薯种植地区的气候、地理、栽培制度及品种类型等条件，划分为 4 个马铃薯栽培区。

①北方一作区。包括黑龙江、吉林两省和辽宁省除辽东半岛以外的大部，内蒙古、河北北部、山西北部、宁夏、甘肃、陕西北部，青海东部和新疆天山以北地区。本区无霜期短，气候凉爽，日照充足，昼夜温差大，适于马铃薯生长发育，是我国马铃薯主产区，一年只栽培一季，也是重要的种薯生产基地。

②中原二作区。包括辽宁、河北、山西、陕西四省的南部，湖北、湖南两省的东部，河南、山东、江苏、浙江、安徽、江西等省。为了躲过炎热的高温季节，实行春、秋二季栽培。春季多为商品薯生产，秋季主要是生产种薯。多与其他作物间套作。

③南方二作区。包括广东、广西、海南、福建和台湾等省(自治区)。本区夏长冬暖，主要在稻作后，利用冬闲地栽培马铃薯，实行秋播或冬播，栽培的集约化程度高，是我国重要的商品薯出口基地，也是今后马铃薯发展潜力较大的地区。

④西南一、二季混作区。包括云南、贵州、四川、西藏等省(自治区)及湖南、湖北的西部山区。本区多为山地和高原，区域广阔，地势复杂，海拔变化很大。马铃薯在本区有一季作和二季作栽培类型。

5 云南马铃薯状况

由于海拔差异巨大和生态垂直变化的立体农业特点，在全省马铃薯可以多季栽培，周年生产，是云南省的一个优势产业。

云南省 20 世纪 80 年代将马铃薯划分 4 个种植区。20 世纪 90 年代以来，随着农村产业结构的调整和变化，适宜品种的选出，技术的普及，交通运输业的改善，马铃薯种植区域和面积不断扩大，栽作制度和种植方式也更加多样化。全省各地都根据自然生态条件，在适宜的季节种植马铃薯。尤其是在滇南地区冬季农业开发中，将冬、春季马铃薯作为主要作物之一，栽培面积发展较快，全省形成了春、夏、秋、冬周年生产的模式。谢世清等(2010)根据云南省马铃薯栽培的耕作制度、自然生态条件、地理区域和产业发展趋势，将云南省马铃薯划为 3 个种植区。

(1)滇北马铃薯大春一季作种植区。本区位于滇东北、滇西北高原,海拔1 900～3 000 m。主要包括曲靖市、昭通地区、丽江地区、迪庆州、怒江州以及大理州、昆明市的部分县。常年播种面积18.667万 hm^2,占全省马铃薯种植面积的80%以上。其中以昭通、曲靖两地种植面积最大,占全省总产量的81.78%。本区种植马铃薯的自然条件优越,历史上一直作为主要作物栽培,并用作粮食和饲料,产量对于农村经济有着重要影响。农民种植经验丰富,单产高于全省和全国平均生产水平。在滇东北,滇西北高原,乌蒙山脉,横断山脉贯穿境内,种植海拔1 900～3 000 m。高寒山区面积大,夏季凉爽,日照充足,雨水调匀,土壤湿润,土质疏松,有机质含量高。高山土壤主要是棕壤,一般山区和坝区为红壤和黄壤。光热条件很适合种植大春一季马铃薯,整个生长季节马铃薯生长健壮,病毒侵染率低,退化程度低,常可获得高产。该区也存在全年阴雨日数多、湿度大、日照略少,地区气候寒冷等问题,如中甸等地,霜期长达150 d。农业生产常常受到寒潮、霜冻、低温等不利气候因素的影响。

云南大春一季作种植区一般在3月播种,8—9月可收获。在高寒山区,不种小春的地块,农民可将马铃薯块茎留在地里,随用随收,可留至翌年初,这种方法对于贮存马铃薯,调节市场供应起到较好效果。有的地块收获后,撒播一茬萝卜、芜菁或耐寒蔬菜。在该区由于低温影响,会出现大、小春耕作的矛盾,为提高复种指数,增加单位面积产量,常把马铃薯作为套种的主要作物之一,采用小麦套马铃薯,马铃薯套玉米,马铃薯套豆类等栽培方式。栽培过程中发生的马铃薯病害主要是晚疫病。通过抗病品种能较好地控制癌肿病。该区种植品种一般为中晚熟品种,栽培历史较长的有米拉、马尔科、河坝洋芋、大乌洋芋、大白花洋芋、克疫、红皮洋芋等鲜食品种,品质好,但薯型差。随着不断种植,品种表现出不同程度的退化,出现许多变异和同种异名的混淆,对晚疫病抗性丧失,使生产受到很大影响。20世纪80年代以来,各地已选育出一批适宜性好、产量高的品种,如会-2、CFK69.1、中甸红、合作88号、Ⅰ1085、会顺23、90单薯选、85克疫红皮、会152、会126、威芋3号等。

(2)滇中马铃薯多季作种植区。本区位于云南中部,海拔1 600～2 000 m。主要包括楚雄、玉溪、大理、保山、昆明等地市。常年播种面积2.8万 hm^2,占全省总面积的12.39%。该区由于光热条件好,成为以大春一季作为主,秋作、小春作兼有的多季混作种植的马铃薯耕作生态类型区。其特点是:北部和2 000 m以上山区,多以一季大春为主,这类生态区面积较大,除种植一季大春外,也可以秋植马铃薯,作为晚秋作物中的重要种类,尤其是旱灾年份,增加一季秋薯,对于稳定粮食产量起到重要作用。在海拔1 000～1 800 m的南部低热河谷和湖盆坝子,热量条件较好,1月很少低于10 ℃,无霜或只有轻霜,而且很短。可以在冬季种植一季小春作马铃薯,播种出苗前恰好避过低温、霜冻。在滇中坝区,沿湖盆地,小春季种植解决好灌溉条件,保证在冬春旱季较好出苗,生长需水,常常获得高产。

该区大春一季作一般在3月播种,8月收获,7—8月秋播,到11—12月收获。秋播种薯需要采用早收获的块茎做催芽处理,打破休眠期,早出苗,以便在秋季较短时间内获得产量。小春作物则在12月前后播种,4月左右收获。在保证灌溉、耕作条件和土壤肥力较好的地方,可获得高产,而且可在多季种植,对于调节市场,尤其是在5月以前提供蔬菜用和加工业市场可以获得较高效益。该区种植品种主要有米拉、江川紫、乌峡洋芋、河坝洋芋等,近年来,会-2、合作88、中甸红、CFK69.1、中心24、I1085、榆薯CA等品种已有大面积种植,多为中晚熟品种,在小春作物中选用生育期较短的品种。其中米拉、会-2、榆薯CA、中心24、中甸红较为适宜,大春作物和秋作主要病害是晚疫病,小春作物则需防治青枯病。此外一些地方有环腐病以及各种病毒病害发生。近年来，斑潜蝇在春季危害马铃薯十分严重，冬薯常在3月被很快吃光叶肉组织而干枯。

(3)滇南马铃薯冬播一季作种植区。本区包括文山、红河、临沧、思茅、德宏、西双版纳玉溪部分县。全区马铃薯种植面积1.467万hm^2，占总面积的6.5%左右。本区多为低热河谷、坝子和丘陵山地，夏季主要种植水稻、玉米，不适合马铃薯生长，但冬季气温却有着栽培马铃薯的良好条件。在滇南冬季闲田较多，马铃薯在滇南冬季农业开发中具有很大的发展潜力。滇南冬季种植马铃薯能解决淡季蔬菜甚至贫困山区的口粮问题，收到很好的经济和社会效益。而且这些地区毗邻东南亚，对于开拓越南、缅甸、老挝、泰国等国市场条件便利。

该区无霜的地方冬季生产，如德宏、版纳、思茅等地，大春水稻收获后，10—11月播种，1—2月收获，产值较高；有霜冻的地方，如红河、文山等地为小春种植，12月末播种，3—4月收获。栽培上选用中、早熟品种。近年来主栽的品种有米拉、会-2、中甸红、费乌瑞它、中心24、合作88等，主要病虫害有各种病毒病、青枯病、环腐病、早疫病等；主要虫害有斑潜蝇以及黄蚂蚁为害地下部。制约该区马铃薯发展的重要因素是种薯问题，由于地处热区，马铃薯退化快，一般种植一代后就不能留种。

学习产出与评价

1. 能陈述马铃薯的起源与传播。
2. 能陈述马铃薯区划概况。
3. 通过网络资源，拓展学习淀粉行业的概况(价格、产量、企业发展状况等)。
4. 学习朱有勇扶贫故事，感悟科学家“三农”情怀。

任务二　马铃薯栽培的生物学基础

知识目标：①能叙述马铃薯块茎的形成过程；②能陈述马铃薯产量限制的因素；③能陈述马铃薯全生育期的6个时期及其生育特点；④能陈述马铃薯休眠的原理。
技能目标：①运用要素分析块茎类植物提高产量的方法；②初步学会环境因素对马铃薯产量和品质的影响分析。

1　马铃薯的形态特征

马铃薯是茄科，茄属草本植物。生产应用的品种都属于茄属结块茎的种。染色体数$2n=2x=48$。马铃薯植株按形态结构可分为根、茎、叶、花、果实与种子等几部分。

1.1　根

马铃薯由块茎繁殖发生的根系为须根系，由种子繁殖的实生苗根系，属于直根系。根据其发生的时期、部位、分布状况可分为两类。一类是在初生芽的基部3～4节上发生的不定根，称为芽眼根或节根，这是发芽早期发生的根系，分枝能力强，分布宽度30 cm左右，深度可达150～200 cm，是马铃薯的主体根系；另一类是在地下茎的上部各节上陆续发生的不定根，称为匍匐根，一般每节上发生3～6条，分枝能力较弱，长度10～20 cm，分布在表土层。

1.2　茎

马铃薯的茎包括地上茎、地下茎、匍匐茎和块茎，都是同源器官，但形态和功能各不相同。

(1)地上茎。块茎芽眼萌发的幼芽发育形成的地上枝条称为地上茎，简称茎。栽培种大多直立，有些品种在生育后期略带蔓性或倾斜生长。茎的横切面在节处为圆形，节间部分为三棱、四棱或多棱。在茎上由于组织增生而形成突起的翼(或翅)，沿棱作直线着生的，称为直翼，沿棱作波状起伏着生的，称为波状翼。茎翼的形态是品种的重要特征之一。茎多汁，成年植株的茎、节部坚实而节间中空，但有些品种和实生苗的茎部节间被髓充满，只有下部多为中空的。茎呈绿色，也有紫色或其他颜色的品种。

茎具有分枝的特性，分枝形成的早晚、多少、部位和形态因品种而异。一般早熟品种茎秆较矮，分枝发生得晚；中晚熟品种茎秆粗壮，分枝发生早而多，并以基部分枝为主。茎的再生能力很强，在适宜的条件下，每一茎节都可发生不定根，每节的腋芽都能形成一棵新的植株。在生产和科研实践中，利用茎再生能力强这一特点，采用单节切段、剪枝扦插、压蔓等措施来增加繁殖系数。多数品种茎高为30～100 cm。茎节长度一般早熟品种较中晚熟品种短，但在密度过大，肥水过多时，茎长得高而细弱，节间显著伸长。

(2)地下茎。马铃薯的地下茎即主茎的地下结薯部位。其表皮被木栓化的周皮所代替，皮孔大而稀，无色素层。地表向下至母薯，由粗逐渐变细，长度因品种、播种深度和生育期培土高度而异，一般10 cm左右。节数多为8节，个别品种也有6或9节的。每节的叶腋间，通常发生匍匐茎1～3个。在发生匍匐茎前，每个节上已长出放射状匍匐根3～6条。

(3)匍匐茎。由地下茎节上的腋芽发育而成，顶端膨大形成块茎，一般为白色，因品种不同也有呈紫红色的。匍匐茎发生后，略呈水平方向生长，其顶端呈钥匙形的弯曲状，茎尖在弯曲的内侧，在匍匐茎伸长时起保护作用。匍匐茎停止生长后顶端膨大形成块茎。匍匐茎数目的多少因品种而异。一般每个地下茎节上发生4～8条，每株(穴)可形成20～30条，多者可达50条以上。在正常情况下有50%～70%的匍匐茎形成块茎。不形成块茎的匍匐茎，到生育后期便自行死亡。匍匐茎具有向地性和背光性，入土不深，大部集中在地表0～10 cm土层内；匍匐茎长度一般为3～10 cm，野生种可长达1～3 m。

匍匐茎比地上茎细弱，但具有地上茎的一切特性，担负着输送营养和水分的功能；在其节上能形成纤细的不定根和2～3级匍匐茎。在生育过程中，如遇高温多湿或氮肥过量，特别是气温超过29 ℃时，常造成茎叶徒长和大量匍匐茎穿出地面而形成地上茎。

(4)块茎。马铃薯块茎是一缩短而肥大的变态茎，既是经济产品器官，又是繁殖器官。匍匐茎顶端停止极性生长后，由于皮层、髓部及韧皮部薄壁细胞的分生和扩大，并积累大量淀粉，从而使匍匐茎顶端膨大形成块茎。

块茎具有地上茎的各种特征。块茎生长初期，其表面各节上都有鳞片状退化小叶，呈黄白或白色。块茎稍大后，鳞片状小叶凋萎脱落，残留的叶痕呈新月状，称为芽眉。芽眉内侧表面向内凹陷成为芽眼。芽眼的深浅，因品种和栽培条件而异，芽眼过深是一种不良性状。每个芽眼内有3个或3个以上未伸长的芽，中央较突出的为主芽，其余的为侧芽(或副芽)。发芽时主芽先萌发，侧芽一般呈休眠状态。芽眼在块茎上呈螺旋状排列，顶部密，基部稀。块茎最顶端的一个芽眼较大，内含芽较多，称为顶芽。块茎萌芽时，顶芽最先萌发，而且幼芽生长快而壮，从顶芽向下的各芽眼依次萌发，其发芽势逐渐减弱，这种现象称为块茎的顶端优势。块茎顶端优势的强弱因品种、种薯生理年龄、种薯感病程度而异。块茎与匍匐茎连接的一端称为脐部或基部。

块茎的大小依品种和生长条件而异。一般每块重 50～250 g，大块可达 1 500 g 以上。块茎的形状也因品种而异。但栽培环境和气候条件使块茎形状产生一定变异。一般呈圆形、长筒形、椭圆形。块茎皮色有白、黄、红、紫、淡红、深红、淡蓝等色。块茎肉色有白、黄、红、紫、蓝及色素分布不均匀等，食用品种以黄肉和白肉者为多。

块茎表皮光滑、粗糙或有网纹，其上分布有皮孔（皮目）。在湿度过大的情况下，由于细胞增生，使皮孔张开，表面形成突起的小疙瘩，既影响商品价值，又易引起病菌侵入，这种块茎不耐贮藏。马铃薯块茎的解剖结构自外向里包括周皮、皮层、维管束环、外髓和内髓。

1.3 叶

马铃薯无论用种子还是块茎繁殖，最初发生的几片叶均为单叶，以后逐渐长出奇数羽状复叶。每个复叶由顶生小叶和 3～7 对侧生小叶、侧生小叶之间的小裂叶、侧生小叶叶柄上的小细叶和复叶叶柄基部的托叶构成。顶生小叶较侧生小叶略大，其形状和侧生小叶的对数是品种的特征。复叶互生，呈螺旋形排列，叶序为 2/5、3/8 或 5/13。

1.4 花

马铃薯为自花授粉作物。花序为聚伞花序。花柄细长，着生在叶腋或叶枝上。每个花序有 2～5 个分枝，每个分枝上有 4～8 朵花。花柄的中、上部有一突起的离层环，称为花柄节。花冠合瓣，基部合生成管状，顶端 5 裂，并有星形色轮，花冠有白、浅红、紫红及蓝色等，雄蕊 5 枚，抱合中央的雌蕊。花药有淡绿、褐、灰黄及橙黄等色。其中淡绿和灰黄的花药常不育。雌蕊 1 枚，子房上位，由 2 个连生心皮构成，中轴胎座，胚珠多枚。

1.5 果实与种子

马铃薯的果实为浆果，圆形或椭圆形。果皮为绿色、褐色或紫绿色。果实内含种子 100～250 粒。种子很小，千粒重 0.5～0.6 g，呈扁平卵圆形，淡黄或暗灰色。刚收获的种子，一般有 6 个月左右的休眠期。当年采收的种子，发芽率一般为 50%～60%，贮藏一年的种子发芽率较高，一般可达 85%以上。通常在干燥低温下贮藏 7～8 年，仍具有发芽能力。

2 马铃薯生长发育

马铃薯全生育过程划分为 6 个生育时期。

(1)芽条生长期。种薯播种后芽眼开始萌芽，至幼苗出土，为芽条生长期。块茎萌发时，首先幼芽发生，其顶端着生一些鳞片状小叶，即“胚叶”，随后在幼芽基部的几节上发生幼根。该时期以根系形成和芽条生长为中心，是马铃薯发苗扎根、结薯和壮株的基础。影响根系形成和芽条生长的关键因素是种薯本身，即种薯休眠解除的程度、种薯生理年龄的大小、种薯中营养成分及其含量和是否携带病毒。外界因素主要是土壤温度和墒情。该时期的长短差异较大，短者 20～30 d，长者可达数月之久。关键措施是把种薯中的养分、水分及内源激素调动起来，促进早发芽、多发根、快出苗、出壮苗。

(2)幼苗期。幼苗出土到现蕾为幼苗期。该期以茎叶生长和根系发育为主，同时伴随着匍匐茎的伸长以及花芽和侧枝茎叶的分化，是决定匍匐茎数量和根系发达程度的关键时期。多数品种在出苗后 7～10 d 匍匐茎伸长，再经 10～15 d 顶端开始膨大。植株顶端第一花序开始孕育花蕾，侧枝开始发生，标志着幼苗期的结束。一般经历 15～20 d。各项农艺措施的主要目标在于促根、壮苗，保证根系、茎叶和块茎的协调分化与生长。

(3)块茎形成期。现蕾至第一花序开始开花为块茎形成期。经历地上茎顶端封顶叶展开，第一花序开始开花，全株匍匐茎顶端均开始膨大，直到最大块茎直径达 3～4 cm，地上部茎叶干物重和块茎干物重达到平衡。该期的生长特点是由地上部茎叶生长为中心，转向地上部茎叶生长与地下部块茎形成并进阶段，是决定单株结薯数的关键时期。该期经历 30 d 左右。关键措施为以水肥促进茎叶生长，迅速建成同化体系，同时进行中耕培土，促进生长中心由茎叶迅速转向块茎。

(4)块茎增长期。盛花至茎叶衰老为块茎增长期。该期茎叶和块茎生长都非常迅速，是一生中增长最快、生长量最大的时期。地上部制造的养分不断向块茎输送，块茎体积和重量不断增长，是决定块茎体积大小的关键时期，也是一生中需水、肥最多的时期，经历 15～25 d。

(5)淀粉积累期。茎叶开始衰老到植株基部 2/3 左右茎叶枯黄为淀粉积累期，经历 20～30 d。该期茎叶停止生长，同化产物不断向块茎中运转，块茎体积不再增大，但重量仍在增加，是淀粉积累的主要时期。技术措施的任务是尽量延长根、茎、叶的寿命，减缓其衰亡，加速同化物向块茎转移和积累，使块茎充分成熟。

(6)成熟期。在生产实践中，马铃薯无绝对的成熟期。收获期取决于生产目的和轮作中的要求，一般当植株地上部茎叶枯黄，块茎内淀粉积累达到最高值时，即为成熟收获期。

3　马铃薯块茎的休眠

新收获的块茎，即使给以发芽的适宜条件，也不能很快发芽，必须经过一段时期才能发芽，这种现象称为休眠。休眠分自然(生理)休眠和被迫休眠两种。前者是由内在生理原因支配的，后者则是由于外界条件不适宜块茎萌发造成的。块茎休眠特性是马铃薯在系统发育过程中形成的一种对于不良环境条件的适应性。

块茎的休眠关系到生产和消费。休眠期的长短，直播影响块茎耐贮性及播种后能否及时出苗、出苗的整齐度以至产量的高低。这在微型薯作种或二季作地区尤为突出。

休眠期的长短因品种和贮藏条件而不同。高温、高湿条件下能缩短休眠期，低温干燥条件下则休眠期延长。如有些品种在 1～4 ℃贮藏条件下，休眠期可达 5 个月以上，而在 20 ℃左右条件下 2 个月就可发芽。块茎休眠及其解除，除受外界环境条件影响外，主要受内在生理原因所支配。块茎内存在着 β 抑制剂(脱落酸类物质)等植物激素，同时还存在着赤霉素类物质，这两类物质比例的大小，决定了块茎的休眠或解除；刚收获的块茎抑制剂类物质含量最高，赤霉素类含量极微，因而块茎处于休眠状态。在休眠过程中，赤霉素类物质逐渐增加，当其含量超过抑制剂类物质的时候，块茎便解除休眠，进入萌芽。

生产上人为打破休眠最常用的方法是用 0.5～1 mg/kg GA3 溶液浸泡 10～15 min 或 0.1%高锰酸钾浸泡 10 min 等。脱毒种薯生产中，用 0.33 mL/kg 的兰地特气体熏蒸 3 h 脱毒小薯，可打破休眠，提高发芽率和发芽势。

4 马铃薯生长发育与环境条件的关系

4.1 温度

马铃薯性喜冷凉，不耐高温，生育期间以平均气温 17～21 ℃为适宜。全生育期需有效积温 1 000～2 500 ℃（以 10 cm 土层 5 ℃以上温度计算）。多数品种为 1 500～2 000 ℃。块茎萌发的最低温度为 4～5 ℃，芽条生长的适宜温度为 13～18 ℃，温度超过 36 ℃块茎不萌芽并造成大量烂种。新收获的块茎，芽条生长则要求 25～27 ℃的高温，但芽条细弱，根数少。茎叶生长的最低温度为 7 ℃，适宜温度为 15～21 ℃，土温在 29 ℃以上时，茎叶即停止生长。对花器官的影响主要是夜温，12 ℃形成花芽，但不开花，18 ℃时大量开花。

块茎形成的最适温度是 20 ℃，低温使块茎形成较早，如在 15 ℃出苗后 7 d 形成，25 ℃出苗后 21 d 形成。27～32 ℃高温则引起块茎发生次生生长，形成畸形小薯。

块茎增长的适宜温度为 15～18 ℃，20 ℃时块茎增长速度减缓，25 ℃时块茎生长趋于停止，30 ℃左右时，块茎完全停止生长。昼夜温差大，有利于块茎膨大，特别是较低的夜温，有利于茎叶同化产物向块茎运转。

马铃薯抵抗低温能力较差，当气温降到－2～－1 ℃时，地上部茎叶将受冻害，－4 ℃时植株死亡，块茎也受冻害。

4.2 光照

马铃薯光饱和点为 3 万～4 万 lx。光照强度大，叶片光合强度高，块茎产量和淀粉含量均高。

马铃薯属于长日照作物。光周期对马铃薯植株生育和块茎形成及增长都有很大影响。日照时数超过 15 h，茎叶生长繁茂，匍匐茎大量发生，但块茎延迟形成，产量下降；每天日照 10 h 以下，块茎形成早，但茎叶生长不良，产量降低。一般日照时数为 11～13 h 时，植株发育正常，块茎形成早，同化产物向块茎运转快，块茎产量高。早熟品种对日照反应不敏感，晚熟品种则必须在短日照条件下才能形成块茎。

日长、光强和温度三者有互作效应。高温促进茎伸长，不利于叶片和块茎的发育，在弱光下更显著，高温的不利影响，短日照可以抵消，能使茎矮壮，叶片肥大，块茎形成早。因此高温、短日照下块茎的产量往往比高温、长日照下高。高温、弱光和长日照，则使茎叶徒长，块茎几乎不能形成，匍匐茎形成枝条。开花则需要强光、长日照和适当高温。

4.3 水分

马铃薯的蒸腾系数为 400～600。若年总降水量 400～500 mm，且均匀分布在生长季节，即可满足马铃薯对水分的需求。

整个生育期间，土壤湿度保持田间持水量的 60%～80%为适宜。萌芽和出苗靠种薯自身水分，故有一定的抗旱能力。幼苗期需水量不大，占一生总需水量的 10%～15%，土壤保持田间持水量的 65%左右为宜。块茎形成期需水量显著增加，占全生育期总需水量的 30%左右，应保持田间持水量的 70%～75%为宜。块茎增长期，茎叶和块茎的生长都达到一生的高峰，需水量最大，是马铃薯需水临界期，保持田间持水量的75%～80%为宜。保证水分均匀供给。淀粉积累期需水量减少，占全生育期总需水量的10%左右，保持田间最大持水量的60%～65%即可。后期水分过多，易造成烂薯和降低耐贮性，影响产量和品质。

4.4　土壤

马铃薯对土壤要求不十分严格，但以表土深厚、结构疏松和富含有机质的土壤为最适宜。冷凉地方砂土和砂质壤土最好，温暖地方砂质壤土或壤土最好。这样的土壤上栽培马铃薯，出苗快、块茎形成早、薯块整齐、薯皮光滑、产量和淀粉含量均高。

马铃薯要求微酸性土壤，以pH 5.5～6.5为适宜。但在pH 5～8均能良好生长。土壤含盐量达到0.01%时，植株表现敏感，块茎产量随土壤中氯离子含量的增高而降低。

4.5　营养

马铃薯是高产喜肥作物，对肥料反应非常敏感。对肥料三要素的需要以钾最多，氮次之，磷最少。各时期对氮、磷、钾的吸收数量和吸收速度不同。一般幼苗期植株小，需肥较少。块茎形成至块茎增长期吸收养分速度快，数量多，是马铃薯一生需要养分的关键时期。淀粉积累期吸收养分速度减慢，吸收数量也减少。

知识拓展

马铃薯产量与品质形成

学习产出与评价

1. 能陈述限制马铃薯产量的因素。
2. 能叙述马铃薯块茎的形成过程。
3. 能陈述马铃薯全生育期的6个时期及其生育特点。
4. 初步学会运用要素分析块茎类植物提高产量的方法。
5. 能陈述马铃薯休眠的原理。

任务三 马铃薯栽培技术

知识目标：①能叙述马铃薯栽培的技术要点；②会叙述大田整地和施用基肥的要求；③能系统陈述马铃薯贮藏的方法及注意事项。
技能目标：①初步学会播种，按质按量完成栽种任务，力争全苗；②会测算移栽规格；③初步学会播种、施肥、培土、病害防治等技能环节；④学会实际操作实现马铃薯"三季串换留种"中打破休眠的方法。
素质目标：调研马铃薯销售与加工情况，提高沟通交流能力，为乡村振兴服务。

1 轮作换茬

马铃薯应实行3年以上轮作，应与谷类作物轮作，忌与茄科作物（如番茄、茄子、辣椒、烟草等）、块根、块茎类作物连作。

2 整地与施肥

马铃薯喜砂壤或壤土，实行秋深翻、晒垡（一是指耕地，二是指耕起来的土块，这里指犁耕地时形成的一条条土块）、耙耱保墒或起垄等作业。南方雨水多，整地时作成高畦，畦面宽2～3 m，两畦间沟距和沟深为25～30 cm。华北平原常遇春旱，播前需浇水造墒，再浅耕耙平。

结合整地施足基肥，基肥应以腐熟堆肥为主，每公顷施用量按纯厩肥计为15～30 t。基肥量少时，集中施入播种沟内。

播种时沟施化肥作种肥，每公顷用尿素75～150 kg，过磷酸钙450～600 kg，草木灰375～750 kg或硫酸钾375～450 kg。施用基肥时应拌施防治地下害虫的农药，可每公顷施入2%甲胺磷粉22.5～37.5 kg。

3 选用优良品种和脱毒种薯

选用优良品种首先要以当地无霜期长短、栽培方式、栽培目的为依据。早熟品种是指出苗后60～80 d内可以收获的品种，包括极早熟品种(60 d)，早熟品种(70 d)，中熟品种(80 d)。这些品种生育期短，植株块茎形成早，膨大速度快，块茎休眠期短，适宜二季作区及南方冬季栽培。可适当密植，以6.0万～6.5万株/hm^2为宜。栽培要求土壤有中等肥力，生长期要求肥水充足，不适于旱地栽培。一般植株矮小，可与其他作物间作套种。中熟品种是指出苗后85～105 d内可以收获的品种。这些品种适宜一季作区栽培，部分品种可以用于二季作区早春和南方冬季栽培，播种密度以4.5万～5.25万株/hm^2为宜。晚熟品种是指出苗后105 d以上可以收获的品种。这些品种种植仅适宜一季作区栽培，一般种植密度以4.5万株/hm^2左右为宜。北方一季作区应选用能充分利用生长季节的中、晚熟品种；为了早熟上市或在二季作区种植，应选早熟或极早熟品种；作淀粉加工原料的应选择高淀粉品种；作炸薯条或薯片的应选择薯形整齐、芽眼少而浅、白肉、还原糖含量低的食品加工专用型品种。应根据当地生产水平选用耐旱、耐瘠或喜水肥、抗倒伏的品种。应根据当地主要病害发生情况选用抗病性强、稳产性好的品种。上述各类品种在生产中均应选用优质脱毒种薯。

4　播种

4.1　播前种薯准备

(1)种薯出窖与挑选。种薯出窖的时间应根据当时种薯贮藏情况，预定的种薯处理方法以及播种期等 3 方面结合考虑。

种薯出窖后，必须精选种薯。选择具有品种特征、表皮光滑、柔嫩、皮色鲜艳、无病虫、无冻伤的块茎作种。凡薯皮龟裂、畸形、尖头、皮色暗淡、芽眼突出、有病斑、受冻、老化等块茎，均应淘汰。出窖时块茎已萌芽则应选择芽粗而短壮的块茎，淘汰幼芽纤细或丛生纤细幼芽的块茎。

(2)催芽。催芽可促进种薯解除休眠，缩短出苗时间，促进生育进程，汰除病薯。催芽的常用方法有以下 3 种。

①出窖时种薯已萌芽至 1 cm 左右时，将种薯取出窖外，平铺于光亮室内，使之均匀见光，当白芽变成绿芽，即可切块播种。

②种薯与湿砂或湿锯屑等物互相层积于温床、火炕或木箱中。先铺砂 3～6 cm，上放一层种薯，再盖砂没过种薯，如此 3～4 层后，表面盖 5 cm 左右的砂，并适当浇水至湿润状态。以后保持 10～15 ℃的温度和一定的湿度，促使幼芽萌发。也可以选室外向阳背风地方挖坑作床，进行催芽。当芽长 1～3 cm，并出现根系，即可切块播种。

③将种薯置于明亮室内或室外背风向阳处，平铺 2～3 层，并经常翻动，使之均匀见光，经过 40～45 d，幼芽长达 1～1.5 cm 时，即可切块播种。

(3)种薯切块。切块种植能节约种薯并有打破休眠、促进发芽出苗的作用。但采用不当，极易造成病害蔓延。切块时应采取自薯顶至脐部纵切法，使每一切块都尽可能带有顶部芽眼。若种薯过大，切块时应从脐部开始，按芽眼排列顺序螺旋形向顶部斜切，最后再把顶部一分为二。切到病薯时应用 75%酒精反复擦洗切刀或用沸水加少许盐浸泡切刀 8～10 min 进行消毒。切好的薯块应用草木灰拌种。若种薯小，可采用整薯播种，避免切刀传病，减轻青枯病、疮痂病、环腐病等发病率，能最大限度地利用种薯的顶端优势和保存种薯中的养分、水分，抗旱能力强，出苗整齐、健壮，生长旺盛，增产幅度可达 17%～30%。此外，还可节省切块用工和便于机械播种。整薯的大小，一般以 20～50 g 健壮小整薯为宜。

4.2　播种期

春播时，在 10 cm 土层地温稳定在 6～7 ℃时即可播种。北方一作区，一般在 4 月下旬至 5 月上旬播种。中原二作区，一般在 2 月中旬至 3 月下旬播种。秋薯的播种适期较为严格，通常以当地日平均气温下降至 25 ℃以下为播种适期。南方二作区，秋薯于 9 月下旬至 10 月下旬播种，冬薯于 12 月下旬至 1 月中旬播种。

4.3　播种方法

马铃薯适于垄作形式。在高寒阴湿、土壤黏重、地势低洼、生育期间降水较多的地区，大多采用垄作，如我国东北、宁夏南部、新疆的天山以北各地均采用垄作。在东北和内蒙古东部地区多采用双行播种机播种、施肥、覆土、起垄同时进行。行距 65 cm。垄作一般覆土 7～8 cm，若春旱严重，可酌情增加厚度并结合镇压。

在我国华北、西北大部地区，生育期间气温较高、雨量少、蒸发量大，又缺乏灌溉条件，多采用平作形式。在秋耕耙耱的基础上，播种时，先开 10～15 cm 深的播种沟，点种施肥后覆土。一般行距 50 cm 左右，播后耱平保墒。

5 合理密植

马铃薯的产量是由单位面积上的株数与单株结薯重量构成的。具体可用下式表示：

每公顷产量＝每公顷株数×单株结薯重（单株结薯重＝单株结薯数×平均薯块重；单株结薯数＝单株主茎数×平均每主茎结薯数）。

密度是构成产量的基本因素。增加种植密度，可使单位面积的株数和茎数增加，结薯数增加，因而在密度偏低的情况下，增加密度可有效地提高产量，但在密度过大时，单株性状被过度削弱，产量和商品薯率反而会降低。合理密植既能发挥个体植株的生产潜力，又能形成合理的田间群体结构，从而获得单位面积上的最高产量。

合理密植应依品种、气候、土壤及栽培方式等条件而定。晚熟或单株结薯数多的品种、整薯或切大块作种，土壤肥沃或施肥水平高、高温高湿地区等，种植密度宜稍稀；反之，应适当加大密度，靠群体来提高产量。在目前生产水平下，北方一作区以每公顷 5.7 万～7.0 万株（3 800～4 600 株/亩）为宜；二季作地区，每公顷 6.5 万～7.5 万株（4 300～5 000 株/亩）为宜。在相同种植密度下，采用宽窄行、大垄双行和放宽行距、适当增加每穴种薯数的方式较好，有利于田间通风透光，提高光合强度，使群体和个体协调发展，从而获得较高产量。

6 田间管理

（1）苗前管理。一作区马铃薯从播种到幼苗出土约 30 d。这期间气温逐渐上升，春风大，土壤水分蒸发快，并容易板结，田间杂草大量滋生，应针对具体情况，采取相应的管理措施。

垄作地区，由于播种时覆土厚，土温升高较慢，在幼苗尚未出土时，应进行苗前耪地，减薄覆土，提高地温，减少水分蒸发，促使出苗迅速、整齐，兼有除草作用。在西北、内蒙古西部等地有"闷锄"（出苗前的锄地）习惯，作用与上相同。耪地和闷锄均应掌握适时和深度，切勿碰断芽尖。出苗前，若土壤异常干旱，有条件的地区应进行苗前灌水。

（2）查苗补苗。田间缺苗对马铃薯产量影响较大。因此，当幼苗基本出齐后，即应进行查苗补苗。检查缺苗时，应找出缺苗原因，采取相应对策补苗，保证补苗成活，如薯块已经腐烂，应把烂块连同周围的土壤全部挖除，以免感染新补栽的苗子。

补苗的方法是在缺苗附近的垄上找出一穴多茎的植株，将其中 1 个茎苗带土挖出移栽。干旱时可浇水移栽。

（3）中耕除草和培土。中耕松土使结薯层土壤疏松通气，利于根系生长、匍匐茎伸长和块茎膨大。齐苗后及早进行第一次中耕，深度 8～10 cm，并结合除草。10～15 d 后进行第二次中耕，宜稍浅。现蕾开花初期，进行第三次中耕，宜较第二次更浅。后两次中耕结合培土进行。第一次培土宜浅，第二次稍厚，并培成“宽肩垄”，总厚度不超过 15 cm，以增厚结薯层，避免薯块外露而降低品质。目前东北及内蒙古东部等垄作地区多采用 65 cm 行距的中耕培土器进行中耕培土。

(4)追肥。一般在旱区，只要施足底肥，生长期间可以不追肥。如需追肥时，应于块茎形成期结合培土追施一次结薯肥。氮、磷配合施用，追肥量视植株长势而定，开花以后一般不再追肥。若后期表现脱肥早衰现象，可用磷、钾或结合微量元素进行叶面喷施，具有增产效果。

(5)灌溉和排水。马铃薯苗期耗水不多，但若遇干旱时仍需灌水。块茎形成至块茎增长期需水量最多，如土层干燥，应及时灌溉。生育后期，需水量逐渐减少，但若过度干旱，也需适当轻灌。收获前 10～15 d 应停止灌水，促使薯皮老化，有利于收获和贮藏。各生育阶段，如降水过多，都要清沟排水，防止涝害。

7　病虫害绿色防控

马铃薯的病虫害较多，常见的病害有病毒病、晚疫病、青枯病、环腐病、疮痂病等。常见的虫害有蛴螬、蝼蛄、地老虎、金针虫、28 星瓢虫、蚜虫等。马铃薯主要病虫害绿色防控是在“预防为主，综合防治”的植保方针下开展的，整个防治过程中采用农业防治、物理防治、生物防治等措施，应用生态调控，科学、合理、安全使用农药，达到有效控制马铃薯病虫害，确保农作物生产安全、农产品质量安全和农业生态环境安全，达到农业增产、农民增收、农业生产可持续发展的目的。

7.1　农业防治

(1)选用优质、高产、抗病的马铃薯品种。尽量选用马铃薯脱毒种薯，加强种薯消毒，注意进行切刀消毒，种薯切块播种时利用 75%的酒精和 0.1%的高锰酸钾液或 0.2%的福尔马林溶液浸泡消毒。在播种前对种子进行药剂拌种，能有效地控制苗期病虫为害，可使用酒精可湿性粉剂，草木灰或石膏灰混合搅拌后拌种。

(2)高垄栽培技术。通过起垄栽培，达到避免或减少田间积水的目的，这种方法可以降低马铃薯薯块的发病率，从而促进马铃薯的高产优质。

(3)合理轮作，适时播种。马铃薯的种植应该实行合理的轮作制度，合理的轮作能够有效地改善土壤土质，保持土壤的养分，使养分能够充分被马铃薯吸收，降低病虫害的产生，减少对马铃薯的为害。可与谷类、豆类等作物进行轮作。

(4)合理密植。种植过密会导致土壤养分不利于储存，不利于马铃薯的生长，病虫害来临时传播速度更快。

(5)可通过施用酸性肥料，保持土壤湿润来减轻疮痂病发生。

(6)人工捕捉害虫。利用 28 星瓢虫成虫的假死性，在其成虫发生期敲打植株使其坠落，收集后带出田外处理。于 28 星瓢虫成虫产卵期，在田间结合农事操作人工摘除卵块，集中处理，从而减少害虫数量。

7.2　物理防治

可以在田间设置杀虫灯，该装置能够诱捕危害马铃薯的害虫，也可在田间悬挂黄色的粘虫板，均匀布点可有效减轻田间害虫的为害，有效保护马铃薯。

7.3 生物防治

通过保护天敌降低虫口。用苦参碱、除虫菊等生物药剂防治蚜虫。用虫生真菌、捕食螨等防治蓟马。播种时可选用绿僵菌、白僵菌、苏云金杆菌等生物制剂混土处理来防治地下害虫。

7.4 化学防治

在春季病虫害发病高峰期时进行防治，这时期可以选用治疗疤痕性的药物进行防治，可选用的药剂主要有菌毒清5%水剂、草丹隆涂剂、腐必清等混合化学药剂。发现马铃薯病株时应及时拔除，并立即对病穴处撒石灰进行消毒，同时对马铃薯病株周围100 m范围内利用代森锰锌、甲霜灵、甲霜灵·锰锌等药剂进行按时喷洒，对病虫害的发生进行有效的预防处理。针对病毒性病株进行有效防治，通过喷洒铜水剂，乙酮可湿性粉剂，吗啉胍锌可湿性粉剂等进行防治，注意每10 h喷洒1次。晚疫病多在雨水较多时和植株开花期大量发生，喷洒瑞毒霉·锰锌、甲霜灵·锰锌、代森锰锌等，可收到较好的效果。

8 收获与贮藏

8.1 收获

当植株大部分茎叶枯黄，块茎易与匍匐茎分离，周皮变厚，块茎干物质含量达到最大值，为食用和加工用块茎的最适收获期。种用块茎应提前5～7 d收获，避免低温霜冻为害，保持种性。

收获应选晴朗干燥天气进行。收前1～2 d割掉茎叶和清除田间残留的枝叶，以免病菌侵染块茎。收获过程中，要尽量减少机械损伤，并要避免块茎在烈日下长时间暴晒而降低种用和食用品质。

8.2 贮藏

收获的块茎，应根据用途不同，采用相应方法进行贮藏管理，以防止块茎腐烂、发芽、受冻和病害蔓延，尽量降低贮藏期间的自然损耗，保证马铃薯的食用、加工用和种用品质。

(1)块茎在贮藏期间的生理生化变化。刚收获的块茎，呼吸作用旺盛，在5～15 ℃所产生的热量可达30～50 kJ/t·h。如果温度增高或块茎受伤感病等情况发生，呼吸强度会更高。在贮藏期间由于块茎水分散失，块茎损失重量6.5%～11%。新收获的块茎，糖分含量很低，休眠结束时糖分显著增高，萌发时由于自身消耗，糖分含量又下降。块茎内淀粉含量在10～15 ℃时较稳定，10 ℃以下淀粉含量开始下降，糖分含量逐渐增加，如在0 ℃下长期贮藏，会引起糖分大量积累，使块茎变甜，降低食用和加工用品质。

(2)贮藏的基本条件和方法。贮藏地点和贮藏窖要具有通风、防水湿、防冻和防病虫传播的条件。贮藏前将块茎分级摊晾7～15 d，进行“预贮”，使伤口愈合。伤口愈合的适宜温度为15～20 ℃，相对湿度为90%左右。预贮后，剔除愈合不良的伤薯、病薯、畸形薯等，再行贮藏。

贮藏的适宜温度因用途而不同。种薯贮藏以2～4 ℃为宜；食用薯以1～4 ℃为宜；加工用商品薯短期贮藏以10 ℃左右为宜，长期贮藏时，先贮藏在7～8 ℃下，加工前2～3周转入16～20 ℃温度下进行回暖处理，并配合施行化学药剂抑芽。贮藏的相对湿度以85%～95%为宜。不能见光，以免积累龙葵素。

贮藏方法有两种：①冬贮法：一季作地区，冬季贮藏一般采用窖藏，有井窖、棚窖、窑洞窖、土沟窖等。贮藏量不超过窖体的 2/3。当温度降到 0 ℃时，应在薯堆上加覆盖物或熏烟增温。②夏贮法：二季作地区，春薯收后于夏季贮藏，一般在阴凉通风地点用架藏方法，即搭成多层棚架，每层架上摆 3～4 层薯块。这种贮藏方法块茎失水较多，应在中、后期适当进行覆盖。

知识拓展

马铃薯地膜覆盖与间套作栽培技术要点

马铃薯病毒病害及防治途径

“三农”人物——朱有勇

学习产出与评价

1. 能系统陈述马铃薯高产栽培技术要点。
2. 会熟练操作马铃薯切块和消毒技术规范，感染率小，出苗率高。
3. 初步学会播种，会测算移栽规格，按质按量完成栽种任务，力争全苗。
4. 学会实际操作实现马铃薯“三季串换留种”中打破休眠的方法。
5. 熟练完成施肥、培土、病害防控等技能环节。
6. 能系统陈述马铃薯贮藏的方法及注意事项。
7. 能独立完成马铃薯销售与加工情况调研任务。

思考与练习

1. 马铃薯的根系发生和分布特点是什么？
2. 什么是马铃薯块茎的顶端优势？生产上应如何利用？
3. 简述马铃薯不同生育时期的生育特点及栽培技术要点。
4. 简述马铃薯块茎休眠的原因及休眠与生产和消费的关系。
5. 根据马铃薯块茎芽眼分布的特点，说明选用种薯和切块的方法。
6. 不同用途马铃薯的品质指标有哪些？
7. 试述马铃薯合理密植的依据和方法。
8. 试述马铃薯的需肥特点和施肥方法。
9. 试述马铃薯种薯催芽的作用和方法。
10. 马铃薯产量形成有哪些特点？根据马铃薯产量构成因素及其相互关系，试述提高马铃薯单产的途径。
11. 简述防治马铃薯病毒病害的途径。

参考文献

[1] 黑龙江农业科学院,马铃薯研究所．中国马铃薯栽培学．北京:中国农业出版社,1994.

[2] 门福义,刘梦芸．马铃薯栽培生理．北京:中国农业出版社,1993.

[3] 李尧权．薯类栽培生理．北京:中国农业出版社,1991.

[4] 金黎平,屈冬玉．马铃薯优良品种及丰产栽培技术．北京:中国劳动和社会保障出版社,2002.

[5] 许敏．西南山区马铃薯栽培技术．北京:中国农业出版社,2005.

[6] 湖南省常德农业学校．作物栽培．北京:中国农业出版社,1980.

项目11
油菜栽培

学习目标

知识目标:①能陈述油菜三大类型;②能系统简述油菜生长发育规律及其与环境条件的关系;③能简述油菜高产栽培的肥水运筹和病虫害绿色防控要点。

技能目标:①初步学会油菜播种技术;②学会油菜田间除草技术;③初步学会应用基本理论指导油菜高产栽培。

素质目标:①"全真全程式"实践教学,按质按量参加校内实训基地建设,培养吃苦耐劳、团队合作的精神,积极开展协作与交流,体验分工合作的快乐;②感悟"中国油菜之父"傅廷栋的"油菜人生"。

内容提要

了解油菜在现代农业生产中的意义,掌握油菜的生长发育规律,学会油菜播种技术和油菜田间除草技术,掌握油菜大田管理各个环节的技术要点,熟悉当地油菜品种的特点和市场模式,通过网络学习食用油和转基因食品的相关知识。

主要内容:油菜概述;油菜栽培的生物学基础;油菜栽培技术。

任务一　油菜概述

知识目标:①能陈述油菜的起源、传播和分布;②能陈述油菜三大类型;③能陈述油菜区划概况。

技能目标:根据形态特征会识别油菜三大类型。

素质目标:①通过网络学习"双低""四低"油菜的含义;②学习"中国油菜之父"傅廷栋的"油菜人生"。

1 发展油菜的意义

油菜是世界上重要油料作物之一，也是我国传统的油料作物。油菜种子含油量为其自身干重的35%～50%。菜油含有10余种脂肪酸和多种维生素，特别是维生素E的含量较高，营养丰富，自古以来为我国人民长期食用。普通菜油在进行脱色、脱臭、脱脂或氢化等精炼加工程序之后，可用于制造色拉油、人造奶油、起酥油等产品。而低芥酸菜油则色泽清淡，味香无臭，不浑浊，可直接用于加工。自20世纪60年代以后，世界各国先后育成了一批低芥酸的油菜新品种，使菜油中芥酸含量降至3%以下，大大提高了菜油的品质。

普通菜油芥酸含量在45%以上，可直接用于加工高温绝缘油和选矿工业的矿物浮选剂等。高芥酸菜油(含芥酸达55%以上)则是理想的冷轧钢及喷气发动机的润滑剂和脱模剂，以及金属工业高级淬火油。菜油还可以利用其硫化、氢化及硫酸化的产物用于橡胶、油漆、皮革生产，菜油水解所得到的芥酸油，每吨售价900美元以上，芥酸的衍生物和氢化产物山嵛酸等具有黏附、软化、疏水和润滑特性，可用作食品添加剂、化妆品、护发素、去垢剂以及塑料添加物，还可作摄影和录音用的原材料。芥酸裂解生成壬酸和十三碳二元酸，可用于制造香料、增塑剂、高级润滑油。

菜籽榨油后得到约60%的饼粕，成分与大豆饼粕相近，是良好的精饲料。20世纪70年代后各国育成了含量为30～40 μmol/g的低硫苷品种，使菜饼的饲用价值大大提高。菜饼粗蛋白质由72%氨基酸、12%酰氨酸、16%非溶性氮组成，其营养价值高于其他植物油料蛋白质。菜饼经过加工后营养更加丰富，且具有可溶性、吸油性、乳化性和起泡性，可广泛用于蛋白质食品工业。

菜油的自然沉降物和水化脱磷残渣(油脚)，可加工提取磷脂，用于食品加工，并用作磁带、胶卷、橡胶、塑料等多种工业原料。菜油与其他植物油还有取代石油部分产品及做能源用的趋势。

油菜主要在冬季栽培，不与其他油料作物争地，同时还具有广泛的生产适应性。油菜可在不同的气候带实行春播和秋播，与各种作物轮作换茬，间作套种，在一年一熟制或一年多熟制地区均可种植。特别是在我国亚热带稻作区，实行水稻、油菜两熟或三熟栽培，可充分利用光热和土壤资源。其发达的根系还能分泌有机酸，溶解土壤中难以溶解的磷素，提高磷的有效性。油菜生长阶段大量落叶落花以及收获后的残根和秸秆还田，能显著提高土壤肥力，改善土壤结构，是一种用地养地相结合的作物。另外，油菜的花期长，花器官的数目多，每朵花有多个蜜腺，因而油菜产区也是重要蜜蜂养殖区。

2 油菜生产发展概况

一般认为油菜有两个起源中心，白菜型和芥菜型的起源中心在中国和印度，甘蓝型油菜的起源中心在欧洲。中国和印度是栽培油菜最古老的国家，美洲、大洋洲和其他地区的油菜，分别由这两个起源中心传播而来。

2.1 世界油菜生产情况

油菜生产广泛分布于世界各地，从40°S至60°N都有种植，主要产区集中在亚、欧、美三大洲，它是一种适应性强、用途广、经济价值高、发展潜力大的油料作物。在世界油料作物中，无论是面积，还是总产量，都仅次于大豆，位居第二。从全球市场来看，2019—2020年度全球油菜籽产量6 852万t，较2018—2019年度的7 194万t减少342万t，降幅4.75%。2019—2020年度全球油菜籽产量下滑的主要原因是欧盟、加拿大、印度、澳大利亚等菜籽主产国或地区产量下降，全球油菜籽供需收紧。

从全球油菜籽主要生产地区来看，欧盟、加拿大、中国和印度虽同为菜籽主产区，但出口情况却存在很大差异（表11-1）。由于四个地区人口及产业的差异，对菜籽的消费多寡也有所不同，因而并不是主产区都是主要出口地区，其中印度、中国由于人口众多，国内的菜籽基本处于自产自销状态，出口很少，还需要大量进口。欧盟虽然有着很高的菜籽产量，但其生物柴油产业发达，生产出的菜油大多被用于生物柴油消费，对菜籽的需求超过产出，每年还需要额外进口。而加拿大由于地广人稀，产大于需，每年均会出口大量菜籽，成为全球第一大菜籽出口国。我国的菜籽进口主要来源国是加拿大。

表11-1　2019年全球主要国家或地区油菜籽产量统计表

地区	产量/万t	占比/%
加拿大	1 950	28.80
欧盟	1 700	25.10
中国	1 310	19.34
印度	770	11.37
乌克兰	330	4.87
俄罗斯	210	3.10
澳大利亚	210	3.10
美国	169.3	2.50

数据来源：USDA、智研咨询整理。

2.2　中国油菜生产发展情况

我国是全球菜籽油第一生产大国和消费国，2020年油菜种植面积达到了7 533.3千hm^2，油菜籽产量达到了1 493.07万t。近十年来，我国油菜的种植面积一直在减少，2018年我国油菜的种植面积为6 550.6千hm^2，较2017年减少2.4千hm^2，油菜籽产量为1 328.12万t，比2017年增加0.71万t。

进出口方面，2018年我国菜籽油进口数量为129.59万t，进口数量同比增长71.2%；进口金额为10.83亿美元，进口金额同比增长72.2%，进口均价为836.06美元/t，进口均价同比增长0.60%。2018年我国菜籽油出口数量为1.53万t，出口数量同比下降28.0%；出口金额为1 395.60万美元，出口金额同比下降25.2%，出口均价为915.10美元/t，出口均价同比增长3.85%。

国家统计局数据显示，截至2019年我国油菜播种面积为6 583.09千hm^2。从各省市来看，我国油菜播种面积排前三的省市为湖南省、四川省、湖北省，分别为1 240.98千hm^2、1222.61千hm^2、938.31千hm^2。2019年我国油菜籽产量为1348.47万t。从各省市来看，我国油菜籽产量排前三的省市为四川省、湖北省、湖南省，分别为296.45万t、211.35万t、208.01万t。我国油菜籽单位面积产量为2 048.39 kg/hm^2。从各省市来看，我国油菜籽单位面积产量排前三的省市为天津市、江苏省、上海市，分别为3 416.02 kg/hm^2、2 907.35 kg/hm^2、

2 865.16 kg/hm^2(表 11-2)。

表 11-2 中国油菜生产概况

年份	播种面积/千 hm^2	总产/万 t	单位面积产量/(kg/hm^2)
2010	7 315.97	1 278.81	1 747.97
2011	7 191.95	1 313.73	1 826.67
2012	7 186.65	1 340.15	1 864.78
2013	7 193.49	1 363.63	1 895.64
2014	7 158.09	1 391.43	1 943.86
2015	7 027.66	1 385.92	1 972.09
2016	6 622.81	1 312.8	1 982.25
2017	6 653.01	1 327.41	1 995.21
2018	6 550.61	1 328.12	2 027.47
2019	6 583.09	1 348.47	2 048.39

资料来源:国家统计局、智研咨询整理。

我国自 20 世纪 60 年代起大力推广种植了甘蓝型油菜、南方三熟制油菜以及北方冬油菜;20 世纪 70 年代以来迅速推广种植优质油菜和杂交油菜。在栽培技术上,发展和提高了精耕细作传统,推广了育苗移栽技术,并研究总结出培育壮苗,合理密植,合理施肥,防治病虫以及"冬发""秋发"等先进技术,促进了油菜单产的提高。

同欧洲一些高产国家相比,我国还存在生产机械化水平不高,施肥水平较低,优质品种面积相对较小,油菜产品的加工利用还存在差距等问题。我国油菜生产无论是在面积还是单产方面都尚有很大的潜力。

2.3 中国油菜的分布与分区

我国油菜的分布遍及全国,北至黑龙江,南至广东与海南岛,东至滨海山丘平原,西至青藏高原和天山南北,全国 31 个省(市、自治区)都有油菜生产。

按农业区划和生产特点,中国油菜以六盘山和太岳山为界线,大致分为冬油菜和春油菜两大产区。六盘山以东和延河以南,太岳山以东为冬油菜区;六盘山以西和延河以北,太岳山以西为春油菜区。冬油菜区集中分布于长江流域各省及云贵高原,这些地方无霜期长,冬季温暖,一年两熟或三熟,适于油菜秋播夏收。种植面积约占全国油菜总面积的 90%,总产约占全国总产量的 90%以上。冬油菜区又分 6 个亚区:华北关中亚区、云贵高原亚区、四川盆地亚区、长江中游亚区、长江下游亚区和华南沿海亚区。其中四川盆地、长江中游、长江下游三个亚区是冬油菜的主产区,均以水稻生产为中心,实行油稻或油稻稻的一年两熟或三熟制。20 世纪 80 年代以来,黄淮中下游平原地区的河南省、安徽省北部、江苏省北部、山东省西南部等,均是发展冬油菜的新产区,生产潜力很大。

春油菜产区冬季严寒,生长季节短,降水量少,日照长且强度及昼夜温差大,对油菜种子发育有利;1 月平均温度为 −20～−10 ℃或更低,为一年一熟制,实行春种(或夏种)秋收,种植面积和产量均只占全国油菜的 10%以上。春油菜区又分三个亚区:青藏高原亚区、蒙新内陆亚区和东北平原亚区。春油菜区有西北原产的白菜型小油菜和分布广泛的芥菜型油菜,特别是蒙新内陆亚区与冬油菜区的云贵高原亚区一起,是我国芥菜型油菜类型分布最多和种植面积最大的地区，西北地区还是世界上单产最高的地区，而东北平原则为我国新发展的春油菜产区。

云南省油菜分布于海拔 1 200～2 800 m 的地区。分 4 个产区：滇中秋播油菜区；滇南秋播油菜区；滇东北秋、夏播油菜区；滇西北秋、夏播油菜区。

3　油菜的类型和品种

凡是栽培的用以收籽榨油的十字花科芸薹属植物，统称为油菜，所以油菜不是一个单一的种，而是包括芸薹属植物的许多个种。这些物种尽管在分类学中同科同属，但在形态特征、生态习性等方面各具特色。以农艺性状为基础，油菜分为白菜型、芥菜型和甘蓝型 3 大类型（图 11-1）。

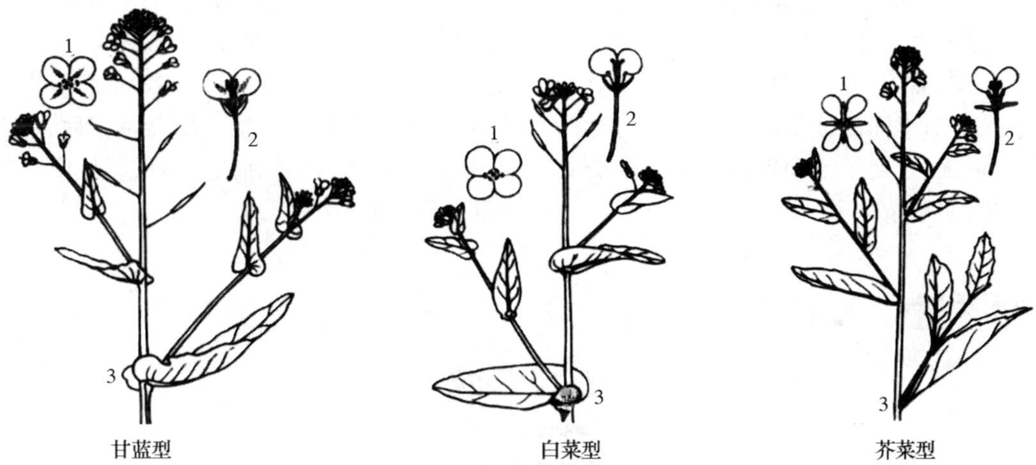

图 11-1　油菜的三大类型

（引自季道藩，中国农业大百科全书·农作物卷）

1. 花俯视图　2. 花纵切面　3. 无柄叶

（1）白菜型油菜。俗称小油菜，染色体 20(aa)，包括芸薹（北方型小油菜）、南方油白菜、北方油白菜。植株一般较矮小，叶色深绿色至淡绿，上部薹茎叶无柄，叶基部全抱茎。花色淡黄至深黄，花瓣圆形较大，开花时花瓣两侧相互重叠。自然异交率为 75%～95%，属典型异花授粉作物。角果较肥大，果喙显著，种子大小不一，千粒重 3 g 左右，种皮颜色有褐色、黄色或黄褐色，种子含油量 35%～45%。生育期较短，150～200 d。易感染病毒病和霜霉病，产量较低，适宜在季节短，低肥水平下栽培，并可作蔬菜和榨油兼用作物。

（2）芥菜型油菜。俗称大油菜、高油菜、苦油菜、辣油菜等，是芥菜的油用变种。分为染色体 36(aabb)，如大叶芥油菜，细叶芥油菜染色体 34(bbcc)，如埃塞俄比亚芥染色体 16(bb)，如黑芥。主要为小叶芥油菜和大叶芥油菜两个种。植株高大，株型松散。叶色深绿或紫绿，叶面一般皱缩，被有蜡粉和刺毛，叶缘有锯齿，薹茎叶有柄不抱茎，基部叶有小裂片和花叶。花色淡黄或白黄，花瓣小，开花时四瓣分离。具有自交亲和性，自交结实率高达 70%～80%及以上，属常异交作物。角果细而短，种子小，千粒重 1～2 g，辛辣味较重，种子含油量 30%～35%，种皮有黄色、红色、褐色等。生育期中等，160～210 d，产量不高，但耐瘠、抗旱、抗寒，适于山区、寒冷地带及土壤瘠薄地区种植，主要分布在我国西北和西南各省。也可作调料和香料作物。

(3)甘蓝型油菜。又称洋油菜、番油菜等，染色体 38(aacc)，包括：欧洲油菜和日本油菜。植株中等或高大，枝叶繁茂，叶色蓝绿似甘蓝，多密被蜡粉，薹茎叶无柄半抱茎，基部叶有琴状裂片或花叶。花瓣大、黄色，开花时花瓣两侧重叠，自交结实率一般 60%以上，属常异交作物。角果较长，种子较大，千粒重 3～4 g，种皮黑褐色，种子含油量 35%～45%。生育期较长，170～230 d，增产潜力大，抗霜霉病、病毒病能力强，耐寒、耐肥、适应性广，我国油菜产区均有栽培。

目前我国南方冬油菜产区已逐渐以甘蓝型油菜代替了白菜型油菜，占油菜种植面积的 70%以上。我国是世界上甘蓝型油菜的三大生产区之一(另外有欧洲和加拿大)。

除以上三大类型外，我国还有其他一些十字花科的油菜作物，如油用萝卜、白芥、芝麻菜等。

我国在生产上常将油菜分为常规油菜、优质油菜和杂交油菜。常规油菜是指按常规方法育成的高产油菜，如中油 821、湘油 10 号等。优质油菜指按常规方法育成的具有优质特性的油菜，目前主要指油中低芥酸、饼中低硫苷葡萄糖苷含量的油菜。单低油菜(低芥酸)，如中油低芥 2 号、淮油 12 号等；双低油菜，如华双 3 号、湘油 13 号、中双 4 号等。杂交油菜则指利用两个遗传基础不同的油菜品种或品系，采取一定的生产杂种的技术措施。如三系育种、两系育种、化学杀雄、自交不亲和等得到第一代杂交种，如秦油 2 号；杂种具有优良品质特性则称优质杂交油菜，如华杂 3 号、华杂 4 号、湘油杂 1 号、油研 6 号、油研 7 号等。

知识拓展

"三农"人物——傅廷栋

学习产出与评价

1. 能正确叙述油菜的起源、传播和分布。
2. 能准确识别三种类型的油菜，并能叙述各自的特点。
3. 感悟"中国油菜之父"傅廷栋的"油菜人生"。

任务二 油菜栽培的生物学基础

知识目标：①能准确陈述油菜的 5 个生育时期及其生育特点；②会陈述油菜产量和品质的形成机理。

技能目标：①能准确识别油菜主茎的构造及其生理形态特征；②能根据油菜的 5 个生育时期指导油菜生产；③能根据油菜落花落果的原因制定防止措施。

1　油菜的生育时期

油菜从播种到成熟所需要的时间因类型、品种、地区自然条件和播种期早迟等相差很大。油菜一生可以分为发芽出苗期、苗期、蕾薹期、开花期和角果发育成熟期。

1.1　发芽出苗期

油菜种子无明显的休眠期，成熟种子只要外界条件适宜即可发芽。种子发芽最适温度为 25 ℃，低于 3～4 ℃或高于 36～37 ℃都不利于发芽。一般 5 ℃以下需 20 d 以上才能出苗，日均温度 16～20 ℃时 3～5 d 即可出苗。发芽以土壤水分为田间最大持水量的 60%～70%较为适宜，种子需吸水达自身干重 60%左右。油菜发芽需氧量较高，当种子胚根、胚芽突破种皮后，氧的消耗量为每小时 1 000 μL/g 鲜重，发芽初期土壤偏酸性有利。油菜种子吸水膨大后，胚根先突破种皮，幼根深入表土 2 cm 左右时，根尖生长出许多白色根毛。胚根向上伸长，幼茎直立于地面，两片子叶张开，由淡黄色转绿色，称为出苗(图 11-2)。

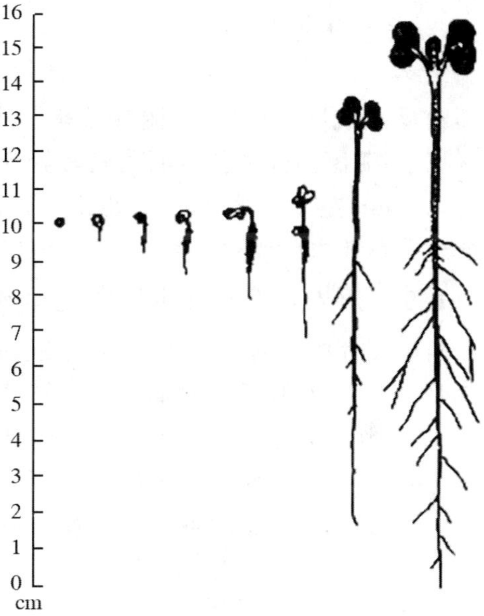

图 11-2　油菜的萌发与出苗

(引自傅寿仲等，油菜的形态与生理，1983)

1.2　苗期(出苗至现蕾)

甘蓝型中熟品种苗期为 120 d 左右，约占全生育期的一半，生育期长的品种可达 130～140 d。一般从出苗至开始花芽分化为苗前期，开始花芽分化至现蕾为苗后期。苗前期主要生长根系、缩茎、叶片等营养器官，为营养生长期。苗后期营养生长仍占绝对优势，主根膨大，并开始进行花芽分化。苗期适宜温度为 10～20 ℃，高温下生长分化快。苗期遇短期 0 ℃以下低温不致受冻，但若持续时间长则易受冻害。田间最大持水量以 70%以上适宜，否则叶片分化生长慢，若遇冻害和严重缺水，可导致叶片发皱和红叶现象。

1.3　蕾薹期(现蕾至始花)

甘蓝型中熟品种蕾薹期为 30 d 左右，一般在 2 月中旬至 3 月中旬，是油菜一生中生长最快的时期。此期营养生长和生殖生长并进，但仍以营养生长为主，表现在主茎伸长，增粗，叶片面积迅速增大，在蕾薹后期一次分枝出现，根系继续扩大，活力增加。生殖生长则由弱转强，花蕾发育长大，花芽数迅速增加，至始花期达最大值。蕾薹期是搭好丰产架子的关键时期，要求达到春发、稳长、枝多、薹壮。冬油菜一般初春后气温 5 ℃以上时现蕾，10 ℃以上时迅速抽薹。温度高则主茎生长太快，易出现茎薹纤细、中空和弯曲现象，温度低于 0 ℃则易裂薹和死蕾。此期土壤湿度以达到田间最大持水量的 80%左右有利于主茎伸长。

1.4　开花期(始花至终花)

开花期一般为 25～30 d。开花期主茎叶片长齐，叶片数达最多，叶面积达最大。至盛花期根、茎、叶生长则基本停止，生殖生长转入主导地位并逐渐占绝对优势。表现在花序不断伸长，边开花边结角果，因而此期为决定角果数和每果粒数的重要时期。开花期需要 12～20 ℃的温度，适宜温度为 14～18 ℃，气温在 10 ℃以下，开花数量显著减少；5 ℃以下不开花，并易导致花器脱落，产生分段结果现象。温度高于 30 ℃时虽可开花，却结实不良。开花期适宜的相对湿度为 70%～80%，低于 60%或高于 94%都不利于开花，花期降水会显著影响开花结实。成熟花粉由昆虫或风力传播，黏附在柱头上进行授粉。白菜型油菜属典型的异花授粉，异交率在 75%以上；芥菜型和甘蓝型油菜属常异交授粉作物，一般异交率在 10%～30%。花粉落在柱头上，45 min 左右可发芽，生出花粉管，沿花柱逐渐伸向子房，18～24 h 完成受精过程。开花后雌蕊受精能力一般可保持 5～7 d，但以开花后 1～3 d 的生活力最旺盛。

1.5 角果发育成熟期(终花至成熟)

角果发育成熟期一般为 30 d 左右。此期叶片逐渐衰亡，光合器官逐渐被角果取代。这一时期是决定粒数、粒重的时期。角果及种子形成适宜的温度为 20 ℃，低温则成熟慢，日均温在 15 ℃以下则中晚熟品种不能正常成熟，温度过高则易造成逼熟现象，种子千粒重不高，含油量降低。昼夜温差大和日照充足有利于提高产量和含油量。土壤水分以田间最大持水量的 70%以上为宜，田间渍水或过于干燥易造成早衰，产量和含油率降低。

知识拓展

云南油菜生育期划分

2 油菜器官建成

2.1 根

油菜是直根系，由主根、侧根、根毛组成(图 11-3)。直播油菜根系的主根分布较深，一般在耕作层的 30～50 cm，深耕或干旱时可达 100 cm 以上。支根发达，密集在表土 20～30 cm。生育后期，根系水平分布范围在 40～50 cm。甘蓝型和白菜型油菜的主根柔嫩多汁，为肉质根，随植株发育长大根部木质化程度增高，至盛花期变为木质根；芥菜型根部木质化早，木质化程度高。白菜型中南方油白菜和甘蓝型油菜主根入土较浅，支细根数量多，密集在耕作层，故称密生根系；而芥菜型

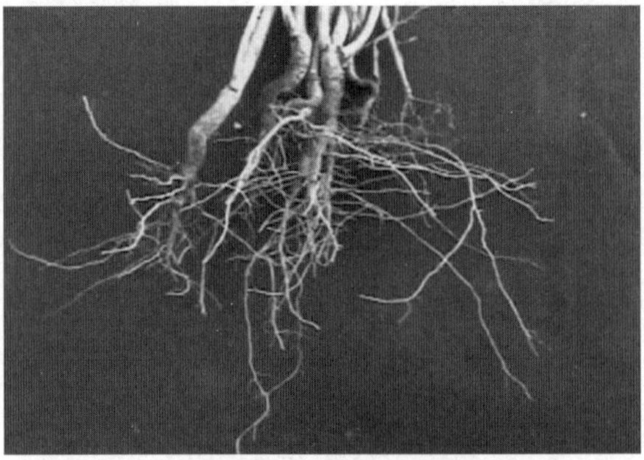

图 11-3 油菜根系

及北方小油菜的主根入土深，支根分布稀疏，称疏生根系。

油菜幼苗在第一片真叶出现时，幼根两侧开始长出侧根。以后随着植株长大，主根不断伸长，侧根数也不断增加，从侧根上又长出很多支根和细根。出苗至越冬期根系垂直生长快于水平方向称为扎根期。返青至盛花是扩根期，盛花至成熟期是根系衰老期。扩根期根系生长加快，尤其是抽薹期生长最快，开花期是根重的最高期，单株根重达 5.10 g。

2.2　茎和分枝

(1)主茎。直立茎秆，茎上有 30 个左右节间，茎秆强韧，老茎木质化强。主茎长 100～200 cm。茎色有绿、微紫或深紫色，表面被有蜡粉。

油菜出苗时下胚轴伸长，形成幼茎，到第一片真叶展开时，幼茎才基本停止伸长，以后幼茎不断长粗，直至开花期为止。在栽培上常将子叶节以下的整个幼茎称为根颈，而植物学上把根和幼茎连接处的一小段幼茎称为根颈。随着幼苗的生长，根颈不断增粗，直到开花为止。根颈在增粗的过程中，在 4～5 叶时皮层破裂，在根颈下部紧靠根部的组织里，开始向外产生不定根，使根系扩大。根颈也是油菜冬季贮藏养分的器官。一般壮苗根茎粗短，根系发达，弱苗根颈细长，根系发育不良。

甘蓝型油菜可划分成 3 个茎段。①缩茎段，在主茎基部，节间短而密集，节上着生长柄叶。②伸长茎段，在主茎中部，节间由下而上逐渐增长，棱形渐显著，节上着生短柄叶。③薹茎段，在主茎的上部，节间自下而上逐渐缩短，棱形更为显著。节上着生无柄叶(图 11-4)。

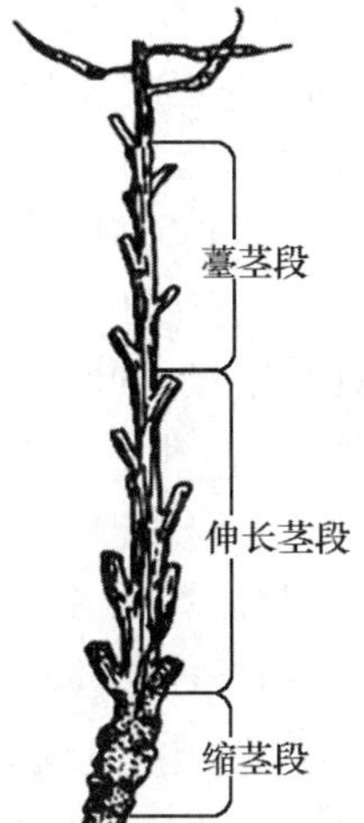

图 11-4　油菜的茎段

(引自杨文钰等，作物栽培学各论：南方本，2003)

在苗床期留苗过密，苗龄过长等不良条件下，缩茎段会伸长形成生长瘦弱的高脚苗。伸长茎段及薹茎段的长短，与栽培技术是否恰当也密切相关。如伸长茎段下部的节间较短，上部较长，薹茎也延伸较长，则表示始薹期早发稳长。如薹前期肥料过多，伸长茎段过长，薹后期少肥，使薹茎段和花序轴伸长不足，则结角层变薄，产量也不高。

油菜在现蕾时和现蕾后主茎节间伸长，称为抽薹。主茎高 10 cm 时进入抽薹期。到主花序停止伸长后，植株高度才最后定型。油菜茎的生长可分为 3 个时期。①伸长期：从始薹到始花的 20 多天，茎秆迅速伸长增粗，每天伸长 3 cm 左右，最快可达 5～6 cm。前期茎伸长慢，后期快。开花后茎基本停止伸长，但花序轴仍继续伸长。②充实期：始花后茎秆贮存物质不断积累，组织充实，干重迅速增加。③物质分解转运期：角果发育成熟期间，茎枝、花轴内的贮藏物质分解转运，供种子发育充实的需要。

(2)分枝。油菜叶腋的腋芽在条件适宜时可长成一次分枝、二次分枝、三次分枝等多次分枝。油菜的分枝性很强，通常主茎下部的腋芽在越冬前形成，极少能形成分枝或成为无效分枝。中部腋芽在越冬期形成，大多数能长成分枝，其中部分是有效分枝。上部腋芽在春后形成，一般均能长成有效分枝。据中国农业科学院油料所测定，主茎总叶数与一次分枝数呈高度正相关（$r=0.7$），抽薹期主茎绿叶数与一次分枝数也呈正相关（$r=0.81$），因此，在油菜花芽分化前争取有较旺盛的长势，在抽薹期保持较多的绿叶数，对争取一次分枝数和角果数有着重要的意义。根据一次分枝的多少及在主茎上的分布也不同，油菜可分为 3 种分枝株型。

①下生分枝型。缩茎段腋芽比较发达，分枝延长速度比主茎快或者与主茎相近，分枝部位低，下部分枝较多。株型呈丛生状或筒状。

②上生分枝型。缩茎段和伸长茎段的腋芽不能正常发育，分枝部位高，薹茎段分枝多，植株下部无分枝或极少，全株一次分枝数较少，主花序发达，株型呈帚形。

③中生分枝型。分枝习性介于上述两类型之间，分枝部位适中，一次分枝数较多，主花序发达，株型呈纺锤形。大多数品种属此类型。

2.3 叶

油菜出苗时有 2 片肾形的子叶，出苗后 3～5 d 出现第一片真叶。真叶为不完全叶，有椭圆、卵圆、琴形、花叶和披针形等。在正常秋播条件下主茎的真叶数：甘蓝型晚熟品种一般为 35～40 片，中熟品种 25～30 片，早熟品种 15～20 片。主茎叶片数与单株分枝数和产量有密切关系。在花芽开始分化前争取多分化主茎叶片数，则分枝数也较多。

甘蓝型油菜主茎上的叶片，根据叶型可划分成 3 种叶型（图 11-5）。

（1）长柄叶：着生在缩茎段上，具有明显的叶柄，叶柄基部两侧无叶翅。

（2）短柄叶：着生在伸长茎段上，叶片较短或无叶柄，具有明显的叶翅。

（3）无柄叶：着生在薹茎段上，无叶柄，叶片基部两侧向下方延伸成耳状，半抱茎。

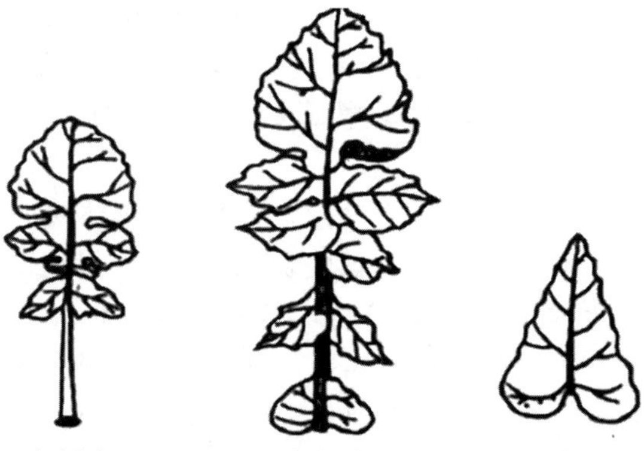

图 11-5 油菜的三种叶型

（引自四川省农科院，中国油菜栽培，1964）

长柄叶的数量约占主茎总叶数的 1/2，短柄叶和无柄叶约各占 1/4。长柄叶在感温阶段出生，当出现短柄叶时，则已通过感温阶段。正常播种条件下，在进入严寒的越冬期时均抽生长柄叶，能安全越冬。三组叶片各有不同的功能：长柄叶的主要功能期在苗期，它的直接作用是影响根和根茎的生长，同时对茎、分枝、花序、角果和种子也有间接作用。短柄叶是油菜一生中主茎叶面积最大的一组叶片，它的活力开始于越冬期，至盛花期结束，主要功能期在蕾薹期。短柄叶对主茎、分枝、角果、种子影响很大，对根及根颈也有一定作用。它是一组上下兼顾的功能叶，要春发稳长，主要是促进和调控这组叶片的良好生长。无柄叶的叶面积较小，功能期主要在初花后。无柄叶的光合产物只运输到茎、分枝和角果，对种子粒重有一定影响。分枝上的无柄叶，主要对分枝有一定影响，尤其对小分枝影响较大（图 11-6）。

2.4 开花与受精

（1）花的结构。油菜为总状花序，着生于主茎顶端的为主花序，着生于分枝顶端的为分枝花序。每个花序轴上着生许多单花。花由苞叶、花萼、花冠、雌蕊、雄蕊组成。花冠呈淡黄色或

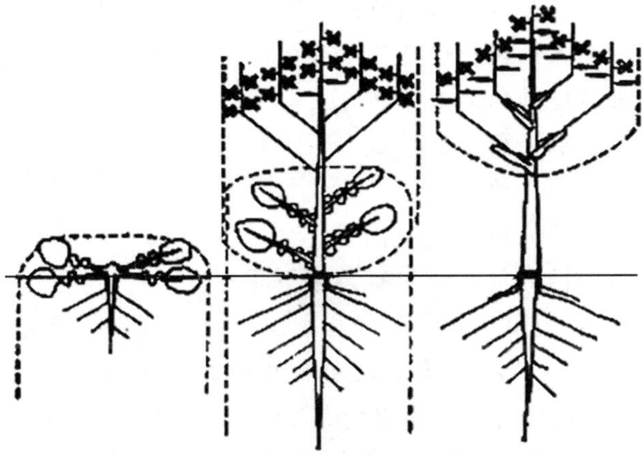

图 11-6　油菜主茎三种叶片养分输送的主要部位

（引自傅寿仲等，油菜的形态与生理，1983）

鲜黄色，4 片花瓣呈十字形。花萼 4 片。6 枚雄蕊，4 长 2 短，称 4 强雄蕊。雌蕊 1 枚，4 个蜜腺位于 4 长雄蕊的外侧和 2 短雄蕊内侧。

（2）花芽分化。油菜的花芽分化可分为 7 个时期：花蕾原基形成期、花萼原基形成期、花瓣与雌雄蕊原基形成期、胚珠花粉母细胞形成期、花粉母细胞减数分裂期、花粉粒第一收缩期及第一恢复期、花粉粒第二收缩期及第二恢复期。

油菜通常在年前已开始花芽分化。花芽分化顺序是主花序、一次分枝、二次分枝。不同部位一次分枝的分化顺序是自下而上第 9～14 节和顶部倒 2～3 个腋芽首先开始分化，以此两个中心同时向上向下依次推进。花芽分化速度苗期慢，现蕾抽薹后加快，从始花到盛花达最高峰，以后花器脱落，数目迅速减少。一株上的花蕾只有 50%左右可以结角。一般在现蕾以前分化的花芽是有效花蕾，后期分化的花芽多为无效花蕾。因此冬前形成壮苗，对促进前期多分化花蕾十分重要。

（3）开花受精。油菜全株以主花序最早开花，然后是一次分枝、二次分枝等。一般由上部的一次分枝向下部的一次分枝依次开始开花，一个花序由下向上依次开花，一朵花则在头一天下午花萼顶端露出黄色花冠，第二天 8:00—10:00 时花瓣全部平展。开花后 3 d 左右，花瓣即凋萎脱落。当全田有 25%以上植株主茎花序开始开花为始花期，全田有 75%以上植株花序开花为盛花期，全田有 75%的花序完全谢花为终花期。甘蓝型中熟品种一般 3 月中、下旬始花，四月上、中旬终花。

油菜主要靠昆虫传粉，风力也有一定传粉作用。油菜花粉附着在柱头上 45 min 后即可发芽，生出花粉管。随后花粉管伸入花柱中，经 18～24 h，完成双受精过程。但由于油菜有一定的异花授粉率，所以不同品种或与其他十字花科作物相邻种植时容易“串花”，导致生物学混杂。

2.5　果实与种子

（1）角果的发育。油菜的果实是圆筒形的长角果。果身由两种果瓣组成，一种是二片狭长似船形的壳状果瓣，背面具有明显脉纹；另一种是二片窄而细、似线状的线状果瓣。在线状果瓣内侧为侧膜胎座,着生胚珠。两果瓣间有假隔膜相连。在角果成熟时相连部分产生离层,失水干燥后果瓣收缩,则沿壳状果瓣相连部分产生离层,使角果裂开。根据角果成熟时在果轴上的着生状态,可分为几种类型的角果。

直生角果型:角果与果柄夹角近似垂直。

斜生角果型:角果与果柄夹角45°左右。

平生角果型:角果与果柄夹角20°左右。

垂生角果型:角果与果柄夹角大于90°,角果下垂。

油菜全田角果表面积接近群体最大叶面积。由于终花期以后叶片都已枯萎脱落,后期主要靠绿色角果皮进行光合作用,所以角果皮对粒重有很大的影响。角果的光合作用强度为15.5 mg $CO_2/dm^2 \cdot h$,接近叶的光合强度20 mg $CO_2/dm^2 \cdot h$。角果着生在植株上部,处于田间的冠层,并呈螺旋形分布,容易接受阳光。据国内外报道,角果皮对种子产量的贡献可达70%左右。后期防止植株早衰,提高角果的光合效能对增加产量有着重要意义。角果的光合产物一般就近输送到贮存器官种子中。

甘蓝型中熟品种一般在花芽开始分化后45 d左右进入胚珠分化期。胚珠大约在花芽萼片合拢后不久至花蕾长度达0.5 mm之前的一段不长的时间内形成。每角果胚珠数一般20~40个,植株上不同部位角果的胚珠数不同。迟分化的花芽其胚珠数比早分化的多。

(2)种子的发育与结构。一个角果最终发育形成10~30粒的种子。种子一般呈球形或近球形,长度2 mm左右。千粒重2~4 g,其中芥菜型1~2 g,白菜型2~3 g,甘蓝型2.5~3.5 g。种皮色泽有黑、暗褐、红褐、淡褐、淡黄、金黄、黄等。黄籽平均含油量比非黄籽(黑籽或紫红籽)高1.54%~4.26%。

油菜籽主要由种皮、胚与胚乳遗迹组成。种皮又称籽壳,胚又称籽仁。种子大部分被胚的子叶所充满。种皮占种子重量的12%~20%,由表皮、亚表皮、栅栏组织、色素层组成。胚包括胚根、胚茎、胚芽和两片肥大的子叶,均由薄壁细胞组成。子叶纵向褶叠,紧包幼胚的其他部分而成球状。胚乳是包围在胚周围的一层薄膜,细胞较大。子叶薄壁细胞的细胞质内含有丰富的颗粒状的油滴和糊粉粒。油脂主要是以油体的形式分布在细胞中。

种子发育过程可分为3个阶段:①细胞增殖阶段。受精后,结合子开始分裂,开花后第9天,已明显形成一个细胞增殖的球体。②种胚发育阶段。开花后第12天,细胞球体已开始变长,有子叶和胚根的分化,略呈三角形。15 d后子叶分化明显,胚根增长。③种胚充实阶段。当子叶和胚根发育明显时,不再纵向伸长,子叶转向下方弯曲逐渐包围胚根,略呈球形。此后随种胚的肥大生长,种子逐渐充实饱满,胚乳逐渐消失。到开花后第33天,子叶和胚根紧密相连,种子内部几乎全被种胚占据。

3 油菜的温光反应特性

同一油菜品种的生长周期长短与油菜从营养生长进入生殖生长的迟早有关。目前的研究结果认为,使生殖生长开始迟或早的主要因素是苗期的温度和光照条件。

3.1 油菜的感温性

油菜一生中必须通过一段较低的温度时间才能现蕾开花结实,否则就停留在营养生长阶段的特性称为感温性。根据不同的油菜品种的感温特性，可分为3种类型。

(1)冬性型。这类品种对低温要求严格，于0～5℃条件下，经30～40 d才能进入生殖生长。冬油菜晚熟、中晚熟品种属此类，如甘蓝型晚熟品种跃进油菜、胜利油菜及中晚熟双低品种中双2号。

(2)半冬性型。这类品种要求一定的低温条件，但对低温要求不严格，一般在5～15℃条件下，经20～30 d可开始生殖生长。一般冬油菜中熟、早中熟品种属此类，如多数甘蓝型品种秦油2号、中油821、湘油11号、华杂2号、华杂3号等，以及长江中下游中熟白菜型品种均属此类。

(3)春性型。这类品种可在较高温度下通过感温阶段。一般10～20℃条件下，15～20 d甚至更短的时间就可开始生殖生长。冬油菜的极早熟、早熟品种和春油菜品种属此类，包括我国华南地区白菜型及甘蓝型极早熟品种、西南地区白菜型早中熟和早熟品种、西北地区的春油菜品种等，如甘蓝型早熟品种黔油2号、甘蓝型春油菜品种陇油1号(高油分、低芥酸)、白菜型早熟品种门油4号、白菜型早中熟品种青油13号(低芥酸)等。

3.2　油菜的感光性

油菜发育中还必须满足其一定日长光照的要求才能现蕾开花的特性称为感光性。油菜是长日照作物，不同品种的感光性与其地理起源和原产地生长季节中白昼的长短有关，一般分为两种类型。

(1)强感光型。春油菜在开花前经历的光照强，故一般对光照长度敏感，开花前需经过14～16 h平均日照长度。

(2)弱感光型。冬油菜在开花前一般经历的光照较短，故对长光照不敏感，花前需经历的平均日长为11 h左右。

3.3　油菜温光反应特性的应用

(1)引种。如将我国北方冬性强的冬油菜引到南方种植，因不能满足其低温要求而发育慢，成熟迟，甚至不能抽薹开花。反之，若将西南地区春性强的冬油菜品种向北方引种，秋播过早则发育快，易早薹早花。一般长江中下游中熟品种可互相引种，而西南、华南春性较强的品种则不适应长江中下游，但可以引入华南等地，西南半冬性品种可引入长江中下游栽培。

(2)品种的选择与搭配。一般来说，甘蓝型油菜在我国大部分地区种植能够高产稳产，但在春油菜产区，尤其是西部高寒地区仍以种植芥菜型和白菜型油菜较多，特别是生育期短的白菜型早熟品种，可适应春种夏收或夏种秋收。在长江流域三熟制地区，则必须选用早中熟或中熟的半冬性品种，两熟地区则可以选用中晚熟，苗期生长慢的冬性品种，以利争取更高的产量。在华南沿海地区，由于冬季气温高，只有春性型生育期短的品种才能正常发育，而且该地区春季降水较多，不利于油菜结果、成熟及收获，适宜栽培白菜型和极早熟的甘蓝型的品种(如泸州5号)。

(3)栽培管理。春性强的品种在秋季应适当迟播，若过早播种会发生早薹早花，易遭冻害；而冬性强的品种应适时早播，以利用冬前时间促进其营养生长，壮苗越冬，以利于高产。春性品种发育快，田间管理应提早进行，否则营养不足，产量不高。

4 油菜产量与品质的形成

4.1 油菜产量的构成因素

油菜的产量由单位面积的角果数、每角果粒数和粒重三个因素构成，三者之积则为单位面积产量。

油菜单位面积产量(kg)＝单位面积角果数×每角果粒数×千粒重(g)/1 000×1 000

在构成产量的3个因素中，以单位面积的角果数变异最大，不同栽培条件可相差1～5倍，因此它是大面积生产中调节潜力最大的产量因素，并且与产量形成一定的比例关系，基本上为1万个角果可以获得0.5 kg种子。每角果粒数和粒重变异幅度则相对较小，不同栽培条件下，相差最多不超过1倍，若为同一品种，则变量更小，一般每角果粒数变化范围在10%以内，千粒重在5%以内。不过当产量上升到一定程度，单位面积角果数已达到较高水平时，每角果粒数与粒重对产量的影响则不可忽视。

(1)单位面积角果数。单位面积角果数的增加依赖于单位面积株数和单株角果数提高。单位面积的株数即密度，一般来说通过增加密度来提高产量，效果是比较明显的。但增加密度有一定限度，超过一定密度，特别是在肥沃的土壤上，产量不仅不能提高，甚至相反。单株角果数主要由主花序角果数、一次分枝角果数及二次分枝角果数构成。其中一次分枝角果数是主要的，占全株角果数的70%左右。因此增加单株角果数应以增加一次分枝数与每个分枝上的角果数为主。适时早播，培育壮苗，合理密植与施肥都可提高成枝率，而提高每分枝上的角果数除上述方面的作用外，还应防止蕾、花、角果的脱落。

(2)每角果粒数。油菜的每角果粒数与每角胚珠数多少、胚珠受精率和结合子发育率有关。每角胚珠数的多少，除与品种特性有关外，胚珠分化期间的植株长势和栽培条件也有很大影响，整株花的胚珠数约在现蕾前至开花期决定。天气晴朗适于昆虫活动，或养蜂传粉，人工辅助授粉都有利于提高胚珠受精率。每角果结合子发育率与油菜后期长势和栽培条件好坏有关。

(3)粒重。油菜籽粒养分来源于3个方面：薹枝叶绿色部分的光合产物、绿色角果光合产物和植株体内贮存的物质。因此要增加粒重，必须保证油菜开花后叶片、茎枝和角果皮有较旺盛的光合能力，并保持根系的活力，使籽粒获得充足的营养。目前较多的研究结果表明，在中低产田应主攻角果数，在高产和更高水平，则有主攻果粒数和主攻粒重两种见解。在目前生产条件下，要获得每公顷2 250～3 000 kg的高产，必须有角果数(45×10^6)～(60×10^6)个，每角果有20粒以上的种子，千粒重3.5 g左右。

4.2 产量构成因素的形成

(1)产量形成过程。油菜各产量构成因素是在生育过程中按照一定的顺序形成的。当植株通过一定的感温阶段和必要的营养生长量，主茎顶端开始分化花芽，这是角果数形成的开始。当主花序第一个花芽分化进入孢原细胞形成期时，雌蕊内出现胚珠突起，这是粒数形成的开始。始花以后，当第一朵花的胚珠受精，经4～5 d胚胎经静止期，开始长大增重，这是粒重形成的开始。所以油菜各产量因素形成出现的顺序是：角果数在前，粒数随后，粒重最迟。

各产量构成因素在数量的消长上又具有阶段性。随着分枝开始分化，花芽和植株进入旺盛生长时期，花芽分化加快，至始花期花芽总数达高峰，这一阶段是角果数的增长期。此后由于蕾、花、角果的脱落，以及部分角果变成阴荚，角果数逐渐变小。到鱼雷期，受精胚珠的胚胎发育在终花后15～20 d角果数才定型。因此这段时期是角果数的决定期。由于在现蕾抽薹前后分化的花芽有效性的差异，以现蕾期为界，称花芽开始分化至现蕾为有效花芽分化期，现蕾至始花为无效花芽分化期。随着花芽的发育，至开花时胚珠发育完成的过程中有少部分胚珠的胚囊发育不全而退化，或开花时未能授粉或受精而败育。开花受精后，由于营养不足等原因，胚胎只能发育到鱼雷期之前，成为空瘪粒，与胚珠数相比结实粒数减少。至鱼雷期后形成饱满种子，粒数稳定。由此可知，就一个角果而言，在胚珠数的基础上，粒数只是不断减少的。减少的时期可分为两个阶段，受精前属胚囊退化，受精后属胚胎退化。对单株或群体而言，大致在始花前，随单株或群体花芽分化和数量的增长，粒数也随之增长；始花后随胚胎滞育而减少，至终花后15 d左右，粒数定型。粒重在胚囊受精后就不断增大，但增长的速度也有阶段性。前期较慢，后期增长较快。一般开花后25 d内为缓慢增长期，此后为快速增长期。

总之，油菜产量的形成过程可概括为3个时期：①花芽开始分化至开花前为角果数、粒数奠定期；②始花和终花后15 d左右为角果数、粒数定型期；③始花后15～20 d至成熟为粒重的决定期。

(2)环境因素对产量形成的影响。尽管油菜产量构成的3个因素是在花芽分化以后开始形成的，但是苗前期的生长量却是重要的基础。只有苗前期有足够的生长量，才能分化较多的叶原基，为分枝结角做好准备，并提高幼苗的抗寒能力。因此苗前期要有足够的积温，以利多出叶，但要避免过早通过春化分化花芽。所以生长前期宜在适宜出叶的温度(16～20 ℃)下生长，然后在较低温度(＜16 ℃)下缓慢通过春化阶段，最终在4～5 ℃(半冬性品种)或2～3 ℃(冬性品种)下结束春化。在这个过程中需要充足的光照和适量的肥水条件，保证适时进入花芽分化，同时需要加强水肥管理促进发根长叶。

(3)环境条件对3个产量因素的影响有共同和不同之处。

①角果数。冬油菜的有效花芽分化期正是越冬前后，低温会使花芽分化速度和发育速度减缓。大约在日平均0 ℃，日最高5 ℃以上花芽才能缓慢分化，在日平均4～5 ℃，日最高温度10 ℃以上才有利于花芽的进一步发育，巩固角果数。此时如遇0 ℃左右的低温即造成冻害，使大蕾冻伤。光、水、肥条件不良，也会导致花粉外壁加厚期的幼蕾不能继续发育。开花期是角果数的决定期，此时对环境条件的影响更为敏感，朱耕如(1984)将安全始花期的温度指标确定为稳定通过7 ℃，旬平均温度在9～10 ℃。一般光照充足，有效角果数多。

②粒数。在胚珠形成期较高的温度和充足的营养可使胚珠数增加。所以冬油菜在前期形成的角果胚珠数较少，而后期形成的角果则胚珠数较多。

③粒重。粒重的缓慢增长期也是茎枝充实贮积养分的时期，同时也与角果数、粒数决定期重合，需要有利于光合作用的环境条件。在粒重的快速增长期，以日照充足，温度适中，昼夜温差大，水肥得当的条件有利于籽粒灌浆。粒重增长的适宜温度大致在日均温13～16.5 ℃。日均温达21～22 ℃使灌浆缓慢，成熟加快。日最高温度30 ℃时，有高温逼熟现象。

知识拓展

油菜品质的形成

5 油菜高产优质栽培途径

5.1 油菜高产途径

油菜在冬季生长有大有小，幼苗有 5～6 片绿叶越冬、叶面积指数 0.4 以上，开盘直径在 15～20 cm 的称为“冬养”类型；幼苗有 7～8 片绿叶，叶面积指数 0.8 左右，开盘直径在 20～30 cm 的称为“冬壮”类型；幼苗有 9～10 片绿叶，叶面积指数 1.5 以上，开盘直径在 30 cm 以上，称为“冬发”类型。一般条件下，冬养油菜每公顷产量为 750 kg 左右，冬壮油菜为 1 500 kg 左右，冬发油菜可达 2 550 kg 左右。冬发技术不仅改变了我国以前油菜小苗越冬的状况，并且在研究中还发现，在 6～12 叶范围内，越冬植株每增加 1 片叶，年后每公顷的产量可提高 231 kg；最大叶长在 10～39 cm，越冬期每增加 1 cm，年后提高产量 55.5 kg；最大叶宽在 5～19 cm，越冬期每增加 1 cm，年后产量增加 156 kg。应用冬发技术，需采用甘蓝型中熟品种，如中油 821；移栽 6～7 叶的大壮苗，80%的肥料在冬前施用，其中底肥约占 50%，并注意防止菌核病。

油菜在秋末开盘发棵称为“秋发”。即油菜在 11 月底有绿叶 9～10 片，叶面积指数 1.5～2，每公顷植株干重 2250 kg 以上；而到越冬前（12 月底），植株绿叶达 12～13 片（四川 13～14 片），叶面积指数 2.5～3，每公顷植株干重 3 750 kg 以上，这种油菜称为秋发生长型油菜。秋发油菜具有光能利用率和生物产量高，角果数多，肥料利用率高，抗寒性强等特点。研究表明，在长江中上游两熟制地区，秋发油菜每公顷产量为 3 000 kg 以上，长江下游为 3 375 kg 以上，比冬发型增产 30%。秋发栽培也需选用增产潜力大，抗性强，高产稳产的中迟熟甘蓝型良种，如中油 821，秦油 2 号，华双 3 号等。应比冬养型提早播种 10 d 以上，10 月上中旬移栽 4～6 叶壮苗。经综合评述模型的优化解析结果，中油 821 的秋发栽培模式为：9 月 5—10 日育苗，苗龄 29～35 d，密度 10～10.5 株/m^2。每公顷施氮素（N）256.5～262.5 kg，五氧化二磷（P_2O_5）108～112.5 kg，产量可达 3 300 kg 以上。秋发高产技术主要适用于长江中上游地区，近年来已发展到江西、安徽、浙江、江苏等省。这项技术在冬发基础上，进一步打破了长期存在的油菜栽培要安全越冬，开春促发的概念，使油菜产量有了大的突破。

5.2 油菜优质栽培

研究表明，适宜的播期可提高种子的产量和含油量。在一定范围内，种植密度大的菜籽含油量比稀植高。选择中性和微碱性土壤栽培油菜种子含油量较高，酸性土壤次之，碱性土壤含油量最低。在土壤 pH 为 5～6 时含油量较高，pH 为 4 时次之，pH 为 7～8 时最低。收获干燥、发育完全的油菜种子有利于降低硫苷浓度。

单施氮肥特别是在抽薹后施用氮肥会增加油菜籽粗蛋白质含量1%～3%，降低脂肪含量0.5%～2%。双低油菜籽粒蛋白质以及硫苷含量随施氮量增加而增加，适宜的施氮量有利于提高品质。钾和磷对油分的形成有利，配合施磷肥和钾肥，可显著减少单施氮肥降低脂肪含量的作用。磷钾肥还有降低硫苷、蛋白质含量的作用，这是由于磷和钾在很大程度上与糖类化合物的形成有关。优质油菜对缺硼反应敏感。增施硼肥有增加油菜脂肪含量以及油酸、亚油酸的含量，降低蛋白质、芥酸、硫苷的趋势，但必需氨基酸有增加趋势。氮硼交互作用增产显著，并对油脂和芥酸呈正效应。研究双低油菜的硫素营养证明，后期供硫充足可显著促进植株的开花结果，增加角果数、角果重及籽粒饱满度，利于油菜蛋白质向脂肪的转化或促进氨基酸向脂肪酸的合成，提高菜籽产量，使种子的含油量提高。但高量施硫则明显提高蛋白质含量，这是因为硫肥为硫苷的合成提供了丰富的原料，促进了硫苷合成产物的前体物质如半胱氨酸、蛋氨酸的过量增加等，为硫苷的合成提供了充足的库源，因此籽粒中硫苷含量与含硫量呈显著的指数相关。氮硫配合使用对提高产量和含油量有显著作用。施锌可增加菜籽蛋白质和总氨基酸含量30%和36.5%，同时可增加赖氨酸、缬氨酸等的含量。

学习产出与评价

1. 能准确识别油菜主茎的分段构造及其生理特征。
2. 能准确陈述油菜的5个生育时期及其生育特点。
3. 能根据油菜落花落果的原因制定防止措施。
4. 用油菜产量和品质的形成机制，分析提高产量和品质的途径。

任务三　油菜栽培技术

知识目标：①能简述油菜栽培的技术要点；②能简述油菜合理密植确定的原则和方法；③能叙述大田精细整地和播种的要求。
技能目标：①初步学会油菜播种，按质按量完成栽种任务，力争苗齐苗匀苗壮；②学会油菜田块的除草剂使用技术；③学会基本苗的控制技术；④学会肥水管理和病虫害防控技术；⑤了解机械收获作业概况。
素质目标：①“全真全程式”实践教学，按质按量参加校内实训基地建设，培养吃苦耐劳、团队合作精神，积极开展协作与交流，体验分工合作的快乐；②调查现代农业机械收获作业情况。

1　油菜轮作换茬

以云南省为例，云南油菜产区的主要轮作制度如下：

1. 以水稻为主的稻田耕作制度

一年两熟：中稻—油菜—中稻—小麦

一年三熟：早稻—晚稻—油菜

早稻—秋麦—油菜

早稻—绿肥—油菜

2. 以玉米为主的耕作制度

一年两熟：玉米—油菜

二年三熟：玉米—油菜—玉米—冬闲

3. 以烤烟为主的耕作制度

烤烟—油菜

4. 以早熟马铃薯为主的耕作制度

早马铃薯—夏播油菜

5. 其他种植方式

油菜/甘蔗　　油菜/玉米　　油菜/蚕豆　　油菜/绿肥

2 土壤条件与整地

油菜对土壤的要求是土层深厚、肥沃，肥、水、气协调，水分适宜，通气良好，pH 适宜。pH 4～8 均可生长，但种子萌发 pH 5.9 最好，生长以 pH 5.5 为宜。土壤耕作达到细、平、实。

土壤耕作技术分水田、旱地和板田油菜三种情况：

(1)水田的整地作畦(齐)，油菜主要是水稻后作。水稻土长期淹水，土壤板结，透水透气性差，土温低，微生物活动弱，湿时黏结，干时坚硬，不利于油菜根系发育。整地要整细、整平、泡松。务必开沟，将水排干净。

作畦：一般厢宽 2～3.3 m，沟深 20 cm 左右。

(2)旱地整地。北方，土壤结构好，但春季少雨，水分不足，应做好保墒工作，如冬季碾地保墒，春季抢墒早播，增施有机肥等措施。

(3)板田油菜。挖沟排水，免耕，直接播种。烂泥田，冷浸田适用。

3 适时播种

油菜适宜播种期的确定，应考虑气候条件、种植制度、品种特性、病虫害情况等因素。冬油菜的适宜播种期，一般在旬平均气温 20 ℃左右为宜。秋季气温下降早，降温快的地区和高寒山区应适当早播，秋雨多和秋旱严重的地区，应抓住时机及时播种。根据茬口情况安排适宜的播种期，同时考虑移栽油菜的苗龄及移栽时间，与前作顺利连接，避免形成老化苗，高脚苗。春性强的品种应适当晚播，冬性和半冬性品种适当早播可充分利用季节，营养期增长，有利于发挥品种的潜力争取高产。在病虫害严重地区，可以通过调整播种期避开或减轻病虫害。一般病毒病，菌核病与播种期关系密切，在发病严重地区，应适当迟播。

我国油菜种植面积大，分布广，自然条件复杂，耕作制度多种多样，油菜类型、品种繁多，它们对生长条件的要求也不一致，所以油菜适宜的播种期变幅较大。我国长江中下游冬油菜适宜的直播时间大致在 10 月上中旬，育苗移栽适宜时间为 9 月中旬至 10 月上旬。

4 育苗移栽

(1)育苗移栽的意义。育苗移栽能在苗床适时早播,充分利用有利的生产季节。有效解决多熟制中油菜与前作的季节矛盾,使前作的产量得到保证。同时苗床便于精细管理,培育壮苗,并可选择整齐一致的壮苗匀株栽植,有利于苗齐苗壮,植株生长稳健,实现高产。

(2)培育壮苗。壮苗是指苗龄足够,器官发达,功能旺盛,生命力强,有利于形成高产群体的油菜苗。培育壮苗是油菜高产的基础,一般壮苗比弱苗能增产 10%以上。各地对油菜壮苗形态特征的描述不尽一致,归纳起来有如下标准:株型矮健紧凑,茎节密集不伸长;根茎粗短,无高脚苗、弯脚苗;叶片数多,叶大而厚,叶色正常,叶柄粗短;根系发达,主根粗壮;无病虫害。目前在很多地区对壮苗的要求简述为:绿叶 6～7 片,苗高 20～23 cm,根茎粗 6～7 mm。

①苗床准备。应选择土地平整,质地肥沃,背风向阳,靠近水源,排灌方便的田地作苗床。种过十字花科蔬菜,靠近村庄,荒坡地和林间空隙地都不宜作苗床,免遭受病虫、畜禽为害。旱地、旱茬地、半砂半黏地作苗床比较好。苗床应留足,留苗稀一些利于培育壮苗,否则易形成高脚苗,弱小苗。苗床与大田比例一般为 1∶(4～5)。

油菜种子小,苗床应做到平、细、实。即厢面平整,土层细碎并适当紧实。保证种子播种时落籽均匀,深浅一致,早生快出。结合精细整地施足底肥,苗床底肥以有机肥为主,也应注意氮、磷、钾配合。可每公顷施入土杂肥 30 000～37 500 kg,加过磷酸钙 300～450 kg,草木灰 1 500～2 250 kg。整好的苗床应开沟作厢,一般厢宽 1.3～1.7 m,沟宽 0.27～0.33 m。

②种子处理及播种。种子在播种前要晒种 1～2 d,每天晒 3～4 h。然后进行风选和筛选,也可以用浓度为 8%～10%的盐水选种,用 50～54 ℃的温水浸种 15～20 min 可以起到杀灭病菌及催芽的作用,播种前用 80 mg/kg 的尿素加 16 mg/kg 的硼溶液浸种 5 h,能促进壮苗早发。处理完毕的种子即可播种。一般甘蓝型油菜每公顷播种量 7.5～10.7 kg,杂交品种为 6～9 kg,白菜型油菜可适当增加播量,芥菜型油菜则反之。为了播种均匀,可将种子分厢定量,拌适量细土或草木灰撒播,播后浅覆盖。

③苗床管理。种子播后应及时加强管理,应做到两早两勤:即早间苗定苗,早追肥除草,勤浇水排水,勤防治病虫。齐苗后间第一次苗,应不让幼苗拥挤成丛,做到苗不挤苗。1 片真叶时第二次间苗,苗距 3～6.5 cm,做到叶不搭叶。3 片真叶时定苗,苗距 8～9 cm。油菜出苗时即处于"离乳期",5 叶以前需要较多的养分,因而追肥要早,并结合施肥注意除草。一般在定苗期施第一次追肥,注意 5 叶期前勤施少施,促进展叶;5 叶期后适当控制,不施或少施。移栽前 6～7 d 施一次"起身肥"。遇干旱应及时浇水,特别是长江中下游播种后常有干旱发生,要及时抗旱保苗。雨多土湿应及时清沟排水。苗期主要害虫有蚜虫、菜青虫、跳甲虫等,以蚜虫为害最重,除直接为害油菜外,还传播病毒病,可用 2.5%敌杀死 300 倍液防治。苗期病害有猝倒病、病毒病、霜霉病、白锈病等,在秋雨多的年份猝倒病为害严重,可用波尔多液防治。

应用生长调节剂培育矮壮苗是近年来采用较多的技术,特别是使用多效唑和烯效唑。两种调节剂的作用原理一样,但烯效唑接触土壤后易分解,无土壤残留问题,对后作物无影响。研究表明,3 叶期叶面喷施 100 mg/kg 的多效唑或烯效唑(即 15%多效唑,或烯效唑粉剂 50 g 兑水 50 kg 均匀喷施至叶片滴水),油菜幼苗高度显著矮化,根茎横向增粗,分枝数目明显增加,叶色变为深绿,移栽后成活快,有利增产。但若幼苗生长不良,长势弱时不宜喷施。

(3)移栽。有明显越冬期的地区,移栽至冬前应有 40～50 d 的有效生长期,以利形成壮苗越冬。一般以旬平均气温 13～15 ℃移栽为好，长江中下游在 10 月中下旬为宜。移栽前一天应将苗床用水浇湿，取苗时要多带土，少伤根。移栽时按幼苗大小分级栽植，做到行株距均匀，并用细砂泥土掩盖根茎，以利发根。最好边取苗，边移栽，边施定根肥。栽后浇足定根水。

5 直播油菜

在前后作季节矛盾不大或土壤黏重板结，很难保证移栽质量的地区和晚秋气温高，秋旱严重，移栽成活力低的地区，都宜采用直播。机械化程度较高的地区也多采用直播方式。同移栽油菜比，直播油菜主根入土深，能吸收土壤深层的养分和水分，抗旱、抗寒、耐瘠、抗倒伏能力较强；同时由于播种较晚，在一定程度上能错过油菜病毒病和菌核病的主要感染期，但直播油菜用种量大，苗期管理不及时易形成高脚苗，因此需采用相应的措施。

(1)适当推迟播期。由于没有移栽苗的缓苗期，因而可比育苗移栽的播期晚 10～15 d。

(2)增大种植密度。因为播期推迟，生长期缩短，苗期管理也不易精细，应加大密度弥补个体发育不足，以确保高产。同一品种在相同条件下应比移栽油菜增加 30%左右的总株数，每公顷播量 3.75～5.25 kg。

(3)种子丸粒化。包衣种子直径可扩大 2～3 倍，减少播种用量，同时具有提供微量元素、防止病虫等作用，可有效促进全苗壮苗。

(4)加强田间管理。直播油菜多采用撒播或点播，因播种量大，出苗后应及时间苗，推迟定苗，至 4～5 片真叶时进行，及时浇水，追肥补苗，除草和防治病虫。可在油菜播种后尚未出苗时喷洒 25%除草醚，每公顷用 11.25～15 kg，兑水 450～600 kg。

知识拓展

免耕油菜

6 种植密度

(1)确定种植密度的原则。一般水肥条件好，播种期早，个体生长旺盛，株型松散，分枝部位低，晚熟品种和气温较高，降水较多的情况下应适当栽稀些，反之宜密。在菌核病严重的地区，应适当稀植，而病毒病严重的地区应适当增大密度，以提高田间相对湿度，控制蚜虫的繁殖和迁移，从而减轻病毒病的传播和蔓延。

(2)适宜种植密度的范围。不同地区不同条件下的适宜种植密度差异较大。目前我国南方冬油菜产区甘蓝型油菜的适宜密度范围是：长江中下游较肥地力条件下 12 万～18 万株/hm^2，山区 22.5 万～27 万株/hm^2；长江下游，江苏、浙江 15 万～22.5 万株/hm^2，安徽 18 万～30 万株/hm^2；四川盆地，平坝 9 万～18 万株/hm^2，山区 22.5 万～37.5 万株/hm^2；云贵高原，云南

18万～37.5万株/hm^2，贵州12万～27万株/hm^2；华南沿海亚区22.5万～30万株/hm^2。

(3)配置方式。相同的种植密度可以采取不同的种植方式配置，目前采用较多的种植方式主要有以下几种：

①宽窄行。即宽行与窄行相间种植。这种配置方式可以解决较高种植密度的通风透光问题，提高地温和土温，较好协调个体与群体的生长。有利于间种套作及追肥、培土等田间管理，如可采用宽行46 cm，窄行33 cm的行距种植。

②宽行窄株。放宽行距，缩小株距(如行距33 cm，株距13～16 cm)的种植方式。这种方式可以推迟封行，减少荫蔽，有利于通风透光，比等行距便于田间管理。

③等行株距。行、株(穴)距相等的种植方法。在低密度下多采用。这种种植方式油菜的分枝分布较均匀，分枝及结果较多。

7 油菜营养特性和施肥

7.1 油菜营养特性

油菜是需肥较多的作物，而且对磷、硼敏感，对硫的吸收量很高。甘蓝型油菜在每公顷产量1 500～2 250 kg时，N∶P∶K大约为1∶0.4∶1。

氮：缺氮时油菜生活力不旺盛，植株矮小，分株少，角果、籽粒数、籽粒重减少，叶片瘦小，叶色变淡甚至发红，产量降低。据研究，每公顷施纯氮0～262.5 kg的范围内，甘蓝型油菜冬前苗高，绿叶数，叶片面积及菜籽产量随施氮量增加而上升。油菜对氮素的吸收量随生育期不同而发生变化，总趋势是抽薹前约占45%，抽薹开花期约占45%，角果发育期约占10%，抽薹至初花期是需氮的临界期，此时缺氮，对油菜生长影响很大。

磷：油菜生长期内要求土壤速效磷含量保持在10～15 mg/kg，小于5 mg/kg时，则出现明显缺磷症状。缺磷植株根系小，叶片小，叶肉变厚，叶色变成深绿灰暗，缺乏光泽，严重时呈暗紫色，并逐渐枯萎；花芽分化迟缓。油菜根系能分泌大量有机酸溶解难溶性磷，因此对磷矿粉的利用率比水稻高30～50倍。由于磷在土壤中移动性差，多作基肥施用。油菜在不同生育期吸收磷的比例是：苗期20%～30%，蕾薹期22%～65%，开花结果期4%～58%。

钾：油菜需钾量与需氮量相近。缺钾症状最先表现在最下部的叶片上，叶片变黄或呈紫色，甚至枯焦卷缩。茎枯折断，现蕾不正常，生育阶段推迟，产量及含油量明显降低。不同生育期钾的吸收比例是：苗期24%～25%，蕾薹期54%～66%，开花结果期9%～22%，以抽薹期最多。钾肥也多做基肥施用。

硼：油菜缺硼苗期可观察到植株的一些表现症状，但症状的明显出现是在开花后期到结果期，特别是出现大量“花而不实”现象，或花瓣枯干皱缩，不能开花，减产严重。一般土壤中有效硼低于0.3 mg/kg时即出现缺硼症状。油菜对硼的吸收随生育进程增加，初花至收获的吸收量占总量的87%左右。因而大多数“花而不实”的外观症状，常在盛花后突然出现。土壤缺硼越早，对油菜生长发育的影响越严重，因而硼应早施，一般作基肥施用。

硫：油菜对硫的吸收量很高，仅次于氮钾而接近或略大于磷。硫是油菜的硫苷和含硫氨基酸的组成元素，对油菜的产量和品质影响很大。在土壤氮、磷、钾含量充足，有效硫(S)范围在10.2～21.1 μg时，施用硫黄和过磷酸钙等含硫肥料可提高单株有效角果数和每果粒数，有较好的增产作用。

7.2 施肥技术

我国大面积油菜生产仍存在施肥量不足的问题，应该实行多种营养元素配合，科学增施肥料，如氮、磷、钾配合，大量元素与微量元素配合，有机肥与化肥配合等，以提高产量水平和肥料利用率。研究表明在施用45 000 kg土杂肥基础上，长江流域三熟制油菜区每公顷产量水平为1 875～2 250 kg油菜籽，氮、磷、钾配施的经济施肥量为N 180 kg，P_2O_5 90 kg，K_2O 90 kg。

(1)底肥。结合翻耕整地应施足以农家肥、有机肥为主的底肥。底肥也可施在移栽穴内作“随根肥”，尤其是双季稻前作，移栽前来不及翻耕的田地，将底肥穴施更为有利。移栽油菜一般施肥量占总量的30%～40%，高产田可增至50%。每公顷基肥用量参考配方为：碳酸氢铵300～375 kg，过磷酸钙225～375 kg，草木灰2 250 kg或硫酸钾75～150 kg，以及硼砂7.5 kg，拌厩肥或土杂肥施下。直播油菜大田生活周期要长一些，底肥施用量可占总施肥量的40%～60%。

(2)追肥。根据各油菜生育阶段养分需求的差异，综合各地油菜种植经验和科研结果，油菜合理追肥的原则如下：

①早施增施苗肥。油菜苗期长，吸肥量大，必须重视苗肥的施用，特别要注意在施足基肥的基础上，年前追肥为主，年后追肥为辅，促进早发壮苗。一般在直播定苗后或移栽成活后及时施第一次苗肥。如底肥少，长势差则半月后再酌情追施一次。第一次施肥可每公顷用人粪尿3 750 kg加尿素约75 kg，兑水15 000～22 500 kg施下，在12月中旬至1月中旬，油菜必须重施一次腊肥，这次施肥具有保冬壮，促春发的作用。腊肥以迟效性农家肥为主，配合一定数量的草木灰和过磷酸钙施用，生长过旺的幼苗，腊肥可少施或适当推迟施用，一般每公顷施猪牛栏粪15 000～22 500 kg。若基肥中磷、硼肥不足，苗肥应注意施磷和喷施硼肥(0.1～0.2 kg硼砂溶于100 kg水)。

②稳施薹肥。薹肥的施用应看苗而定，若叶色淡黄或发红，甚至全株带紫色，茎细弱则应早施，重施；反之应少施。通常在1月下旬至2月中旬施用。在近年来采用的秋发高产栽培技术中，薹肥用量为每公顷施105～150 kg尿素，并根据苗情在现蕾后或刚刚抽薹时酌量施下。稳施薹肥可实现春发稳长，争取薹壮枝多，角果多，产量高。

③巧施花肥，补施粒肥。花角期养分供应充分，有利于增角、增粒、增重。花肥应根据植株生长状况合理施用。对春发不足，植株个体与群体均较少，到花期叶片未能封行，开花前长势减退，叶色淡绿或发黄的油菜地，应用人畜尿水加尿素追施花肥。否则可只对少数生长较差的植株补施。花肥一般在开花前后或初花期施用，用量为每公顷45～75 kg尿素或硫酸铵105～225 kg。初花期用尿素1.0%，磷酸二氢钾0.3%～0.5%，硼砂0.2%～0.3%溶液喷施作粒肥(每公顷用水1 500～1 950 kg)，是补救和控制油菜生长发育的有效方法，不仅增角、增粒、增重，还可以提高含油量。

8 油菜需水特性与灌溉排水

8.1 需水特性

油菜是需水较多的作物，形成1 g干物质蒸腾耗水量为337～912 g。植物体内所含的水分，苗期地上部分为91.4%～92.0%，地下部分为83.8%～86.8%；到花果期干物质增加，水分下降，地上部分为 87.0%～88.6%，地下部分为 81.7%～84.0%。不同生育期日平均需水量为：苗期 12.75 m^3/hm^2，蕾期 20.55 m^3/hm^2，花期 28.35 m^3/hm^2，角果期 18 m^3/hm^2。薹花期是油菜一生中对水分反应最敏感的临界期，此期缺水则分枝短，花序短，花器脱落严重，产量明显降低。初花及角果形成期进行灌溉或增加土壤湿度，增产十分显著。高产油菜一生需水量为每公顷 3 690～4 650 m^3。油菜播种时若土壤湿度降至 10%～15%，则严重影响出苗和全苗，移栽油菜苗受旱则叶片易黄化脱落甚至不能成活。抽薹后植株缺水，中午下部叶片萎蔫，严重时早上叶片也出现萎蔫。甘蓝型油菜一般耐旱性较白菜型差。

土壤水分太多或排水不良同样影响油菜的生长，直播油菜幼苗在高湿下易发生猝倒病，移栽苗易出现烂根死苗。生长中的油菜受渍害后，叶色变淡，黄叶出现早而多，表土须根多，支根白根少，植株生长较弱，后期早衰，抗寒性较差，病毒病较重。

8.2　灌溉排水

长江流域一般秋冬干旱比较普遍，播种后发芽出苗和幼苗生长受到严重影响，应注意抗旱保苗。但 3 叶期以前宜采用浇水灌溉，尤其以清粪水为佳。大水漫灌易造成土表结壳和板结，空气减少，导致出苗困难和死苗现象，移栽油菜则易长期处于“假死”状态。因而移栽和定苗后，要及时浇定根水，保持土壤湿润，以利早成活。油菜苗期干旱，可引水沟灌，或结合追肥进行灌溉，促进发根长叶，形成壮苗越冬。冬前灌越冬水，可以缩小土壤的昼夜温差，减轻冻害死苗现象，增产效果较好。灌冬水是华北平原冬季严寒地区油菜栽培的关键措施。长势好的油菜可在土壤封冻前 10～15 d 灌水，以利中耕培土，长势差的则应适当提早进行，以促进冬前发育。我国北方及西南各省，薹期气候干燥，应根据土壤墒情进行适当灌溉，对春发不足的油菜要结合施肥早灌，对发而不稳的油菜要推迟灌水，以水控肥。花期如遇干旱，应酌情进行灌溉。

开春后，我国南方雨水明显增多，时有阴雨连绵，造成土壤含水过高，通气不良，不利于油菜根系发育，同时田间湿度过大，易造成菌核病的发生，春后应在冬前开沟的基础上，及时清理三沟，保证排水畅通，雨住田干。以减少病害，减少花角脱落及无效角果。

9　其他田间管理技术

9.1　化学除草

直播油菜需要化学除草，播种前每亩大田用 10%草甘膦 500 mL 加水 50 kg 喷雾；播种后杂草 3 叶期前每亩大田用 15%精稳杀得 50 mL 或 5%精禾草克 50 mL 或 10.8%盖草能 30 mL 兑水 40 kg 喷雾。草多的田块在 2 月 10 日前后要进行第二次化学除草或人工除草。

9.2　防止早花和冻害

(1)防止早花。早花是指冬前和越冬时出现抽薹和开花的现象。油菜提早抽薹开花，植株容易受冻害，影响生长发育和受精结实，降低产量。出现早花的原因，是春性品种和一部分半冬性早中熟品种播种过早造成的，特别是秋冬温度较高的地区和年份更为严重。此外，水肥条件差，留苗过密，苗龄太长等，都会促使早花的出现。

防止油菜早花可采取以下措施：①确定适宜播期。根据不同品种的感温性确定适宜的播种时间。②中耕松土。疏松土壤，使之通气良好，有利于油菜生长发育，同时可损伤部分根系，暂时控制生长，有缓和抽薹开花作用。③及时摘薹。已经抽薹的油菜，在薹高 30 cm 以下及时摘薹是行之有效的补救方法，可以延迟开花，避开早春低温冻害，对生长健壮的油菜，还有促进分枝，增多结果的作用。摘薹后应及时追施速效性肥料，瘦弱植株若不及时追肥反而会造成损失。

(2)防止冻害。油菜冻害有春冻和冬冻两种。冬冻是越冬期低温引起的幼苗叶、根受冻；春冻是春季寒潮引起的叶、茎和蕾薹、幼果受冻，一般冬冻发生比较严重。冻害的表现主要有以下 3 种情况：

①叶片受冻。是油菜受冻最普遍的现象。当气温下降至－5～－3 ℃时，叶片的细胞间隙和细胞内部结冰，细胞失水，叶片会出现冻伤斑块，呈现苍白和枯黄。当春季寒潮气温下降不太大时，叶背表皮生长受阻，叶片其他部分仍继续生长，则导致叶片出现凹凸不平的皱缩现象。

②根拔。当播种或移栽过迟，整地质量差，且土壤水分较多时，瘦小或扎根不深的油菜苗，若遇夜晚－7～－5 ℃的低温，土壤便会结冰膨胀，土层抬起并带起油菜根系；待白天气温上升，冻土融化下沉时根系便被扯断形成根拔外露，再遇冷风日晒，则造成大量死苗。

③蕾薹受冻。油菜抽薹后抗寒力下降，遇到 0 ℃以下低温则易受冻。蕾受冻呈黄红色而后枯死。薹受冻初呈水烫状，嫩薹弯曲下垂，进而破裂，下垂的嫩薹轻者可恢复生长，重者折断枯死。

预防冻害的措施：①首先应选用抗寒性强的冬性晚熟品种，在此基础上培养壮苗。叶片数多，根茎粗壮的幼苗耐寒性强。②在栽培管理上应做到适时灌水防冻。③合理配合施用氮、磷、钾肥，在腊月于行间壅施有机肥，或降温前撒施草木灰、谷壳灰于叶面。④施用多效唑、烯效唑或矮壮素可增加油菜抗寒力，一旦冻害发生应立即摘除受冻叶片及薹部，同时施少量速效肥，使植株恢复生长，若产生根拔应及时培土压蔸，减少冻害损失。

9.3 防止倒伏及高温逼熟

(1)倒伏的原因及预防。高产田块的油菜在开花结实以后，随着植株上部角果内籽粒的不断发育充实，重量增大而发生倾斜，这是一种正常现象。但有些田块经常在终花后至角果大小基本定型时发生倒伏，造成倒伏的主要原因有 4 个方面：一是肥水管理不当，特别是春后氮肥施用过多，造成油菜疯长，蕾薹生长太快，上部茎秆柔嫩，抗倒能力减弱引起的倒伏。二是种植密度过大，植株间过早荫蔽，通风透光不良，茎秆节间细长不充实，机械强度低，分枝部位升高，使角果层集中于顶部，造成“头重脚轻”导致倒伏。三是移栽过浅或移栽苗的主根留得太短，加之培土不够，侧根不发达，使根系主要集中分布于表层，或因水沟太浅排水不畅，影响根系下扎，遇大雨大风等气候时很容易引起倒伏。四是由于各种原因导致茎薹龟裂，削弱植株抗倒伏能力，稍遇风就会造成折断倒伏。此外，后期菌核病易造成茎秆受害，也会枯萎折断，加重倒伏。

油菜倒伏造成茎秆折断，植株输导系统受损，营养物质不能正常运输；压在下层的角果接受阳光大大减少，光合作用减弱；倒伏的植株通风透光差，植株间相对湿度提高，易引发霉烂，加剧菌核病的发生和蔓延，都严重影响油菜的产量和品质。防止和减轻倒伏的措施：①应选用抗倒性强的品种，栽培中应注意合理密植；②移栽取苗时应注意保留一定长度的主根，栽植深度适宜；③开深沟，降低地下水位，搞好各生育期的中耕松土，及时培土培根，以增强植株的抗倒伏能力。

(2)高温逼熟现象与预防。油菜花角期是决定产量高低的关键时期。花角期的生长受开花前营养生长和生殖生长制约，在高产栽培条件下，更主要受气候的影响。长江中下游地区一般在旬平均温度接近10 ℃时油菜始花，4月中旬至6月上旬常有大于30 ℃的高温出现，气温过高会使养分来不及转运而造成逼熟现象，不仅使籽粒灌浆不足，千粒重下降，也会大大降低含油量，如在武汉地区油菜晚熟品种的含油量往往低于中熟品种，很大程度上是这个原因造成的。因此在这类地区应注意选择适宜熟期的品种，尽量避开高温天气；或选用抗逆性较强的品种；在有条件的地方，可在高温期间进行喷灌，改善田间小气候。

10　病虫害绿色防控

油菜的病虫害种类较多，已发现有30多种。病害以菌核病、病毒病、白锈病、霜霉病发生较普遍。虫害以蚜虫、菜青虫、跳甲发生较普遍，应进行综合防治。除了科学采用高效、低毒、低残留的农药交替使用以外，综合防治的主要措施如下：

(1)农业防治。①合理轮作，适时换茬。大多数油菜病虫草害都是以相应的形态在土壤中越冬、越夏，因而轮作换茬具有较好的防治效果，尤其南方冬油菜产区应提倡稻油水旱轮作。轮作换茬对菌核病防治效果最好。对病毒病，霜霉病也有一定的防治作用，油菜不宜与十字花科蔬菜连作，否则病害显著增加。②选用高产抗病品种，合理布局。品种单一化，包括大面积连片种植和连年种植，会引起品种抗性的丧失和退化，也有利于病虫的积累和传播，应因地制宜，及时更换品种，做到多品种合理布局。③精选种子，适时播种和移栽。播前精选并处理种子，可清除混在种子里或种子表面的病菌和虫瘿。油菜播种过早会加剧蚜虫，病毒病和软腐病的发生和危害。④加强田间管理。深耕培土可将菌核和越冬跳甲等深埋土中，蕾薹期中耕培土可在菌核萌发前埋杀，合理密植与施肥，清沟排渍，降低田间湿度，可减轻大多数病虫害的发生，但蚜虫危害严重的地区和年份应适时灌溉。

(2)物理防治。物理防治可以分为2个方面：一个是黄板诱杀，将黄板悬挂于秋天播种的油菜地里，可以起到诱杀翅蚜的效果。另一个是利用薄膜覆盖油菜的行间，不仅能起到驱虫的效果还能保暖。

(3)生物防治。保护害虫的天敌或者饲养蜜蜂。油菜地中可以养殖蜜蜂，既能减少虫害也能减少药剂造成的污染，这种防治方法绿色环保且成本低，不仅能够提高蜂蜜的产量还能使油菜增产。蜜蜂进入油菜地的时间应在开花10%之前。若此时油菜地已经遭遇病虫害的侵蚀，应在蜜蜂进入前10 d或者蜜蜂离开之后对其进行药物治疗，或者选用对蜜蜂无害的药剂。要提高农民对蜜蜂的保护意识，禁止在蜂场周围喷洒高浓度有害物质。

从农业防治、物理防治和生物防治三方面入手，采用合理的种植方式提升油菜的抗病能力，利用有效的防虫手段和杀虫方法确保油菜正常生长，对于油菜产业的后续发展具有积极的影响，既保证了油菜的产量，又能为人们提供绿色放心的无公害食品。

11　收获与贮藏

11.1　适宜的收获时期

油菜为总状无限花序，角果成熟早晚很不一致，如收获过早，未成熟角果多，种子不饱满，含油率低，品质和产量都不高。收获过迟，角果易炸裂，落粒严重，粒重和含油量也会下降。适宜的收获期应在油菜终花后25～30 d。掌握全田有2/3的角果呈黄绿色，主轴中部角果呈枇杷色，全株仍有1/3角果显绿色时收获为宜。

长江中上游白菜型油菜在4月下旬至5月初收获，甘蓝型油菜在5月上中旬收获。长江下游地区受海洋性气候影响，气温变幅小，收获期较长江中上游迟10～15 d。油菜适宜收获期较短，在收获季节阴雨频繁的地区和年份，更要掌握好时机，抓紧晴天抢收。

11.2 收获方法及脱粒干燥

油菜应在早晨带露水收割，以防主轴和上部分枝角果裂角落粒。主要采用割收、拔收和机械收获等方法。拔收由于费工多，干燥慢，脱粒时泥土易混入种子中，影响种子的品质和出油率，一般较少采用。

(1)割收。与拔收相比较省工，干燥快；脱粒时泥土不会混入种子，种子净度高，商品等级高。我国大部分油菜产区采用直播油菜，收割后较多菌核会随残茬落入田中，后熟作用也较差。收获过程应力争做到轻割、轻放、轻捆、轻运，力求在每个环节上把损失降到最低，还应注意边收、边捆、边拉、边堆，防止裂角落粒。

(2)机械收获。欧洲各地，加拿大以及我国新疆、西北和东北各地大型机械化农场已普遍实现，有分解割晒和联合收获两种方式。分解割晒即先用割晒机割倒油菜，在田间晾晒5～10 d，于晴天用联合收割机拣拾、脱粒，这种方法利于角果充分成熟，种子产量高，收获期可提早，适用于生长繁茂，分枝多，角果成熟不整齐的田块。联合收获是用联合收割机将油菜一次收割脱粒结束，省工省时，但对收割时期要求较严，只宜在黄熟后期，角果呈现枯黄，种子含水20%左右时收获，过早脱粒不净，过晚碎粒率较高。

人工收获的油菜应及时运出田外堆垛后熟，然后再翻晒脱粒。捆好的油菜应交错上堆，堆心不能过实以利通气散热。堆放油菜时应把角果放在垛内，茎秆朝垛外，以利后熟。堆顶用稻草或薄膜覆盖，防止雨水浸入，堆垛后要注意检查垛内温度，防止高温高湿导致菜籽霉变。一般堆放4～6 d即可抓住晴天晾晒脱粒，经过堆垛后熟的油菜籽粒重和含油量都会增加，并且容易脱粒。

堆垛后熟的油菜要在晴天清晨及时散堆，均匀铺在晒场摊晒，厚度不宜超过33 cm，连枷拍打可稍薄。上午翻抖一次，中午可用石碾或拖拉机碾压，油菜成熟先后不一，要反复碾压，随碾随翻，基本脱粒干净后，清除秆、壳、渣，把种子晒干扬净。脱粒后的种子一般含水量为15%～30%，不宜马上装袋堆放，否则易发热霉变，应采用晾晒、烘干等方法，使含水量低于9%时装袋存放。

11.3 贮藏

油菜籽的贮藏关键在于对水分的严格控制，水分在10%～13%的属未干菜籽，只能贮藏1～3周，须趁晴天再摊晒。油菜入库的含水量不能超过10%，长期贮藏的含水量必须在8%以下，可用一些简易的方法鉴定油菜籽的干燥程度。如手抓一把菜籽，籽粒可从拳头两端或指缝中向外流出，或手搓菜籽发出沙沙的响声，表明油菜籽干燥状态良好，含水量大约在9%以下，符合贮藏要求。

菜籽量大时，须用粮仓或库房大型设备。贮量小的农户，可在室内将菜籽放入竹编圆圈或装入麻袋堆放。也可将种子装入缸瓮等容器，上用石板覆盖置于温差较小的室中。经安全贮藏一年的油菜籽，发芽率一般可达98%，但随贮藏时间的延长，发芽率下降。

学习产出与评价

1. 能说出油菜栽培技术的6大要点。
2. 学会间苗、定苗，从而能较好地控制基本苗数量范围。
3. 能叙述大田整地和肥水管理的要求。
4. 根据整地和播种的要求，能执行整地和播种要求的任务，达到苗齐苗匀苗壮。
5. 能执行油菜田块的除草剂施用任务。
6. 调研油菜收割机和加工情况。
7. 将学生实践表现计入学生实践成绩，占30%，强调过程评价考核。

思考与练习

1. 什么是双低油菜？
2. 试述油菜土壤的耕作技术。
3. 简述油菜的需肥特性。
4. 试述油菜的产量构成因素及产量形成过程。

参考文献

[1] 刁操铨．作物栽培学各论：南方本．北京：中国农业出版社，1994.
[2] 官春云．作物栽培学．北京：中国农业出版社，1997.
[3] 胡立勇，丁艳锋．作物栽培学．北京：高等教育出版社．2008.
[4] 刘玉凤，张翠翠．作物栽培．北京：高等教育出版社．2009.

项目12
甘蔗栽培

学习目标

知识目标：①能陈述甘蔗分类及当地主要栽培种的形态特征；②能系统简述甘蔗生长发育规律及其与环境条件的关系；③能简述甘蔗高产栽培中下种、肥水运筹和病虫害绿色防控要点。
技能目标：①初步学会甘蔗定向密植丰产技术；②初步学会应用基本理论指导甘蔗下种、肥水运筹和病虫害防控。
素质目标：①认同云南高原特色农业中"云糖"的生产意义；②积极参与"云糖"产业的实习实训，开展协作与交流，体验分工合作的快乐。

内容提要

甘蔗是工业原料作物，制糖的主要原料有甘蔗和甜菜。由于甜菜糖的生产成本比甘蔗糖高，目前我国甘蔗糖所占比例达85%以上。食糖是人类生活的必需品之一，云南是适宜种植甘蔗的省份之一，是全国第二产糖大省。甘蔗原产于热带、亚热带，其分布主要受温度的限制。因此，了解和掌握甘蔗分类、主要栽培种的形态特征及其生长发育规律与环境条件的关系，在生产上便于采取相应的促控措施，实现高产。

主要内容：甘蔗概述；甘蔗栽培的生物学基础；甘蔗栽培技术。

任务一　甘蔗概述

知识目标：①能陈述我国和云南省甘蔗种植区的划分；②能叙述甘蔗的起源和生产概况。
技能目标：能系统阐述甘蔗在国民经济中的意义。

1　甘蔗在国民经济中的意义

甘蔗是禾本科的单子叶植物，为甘蔗属植物的总称。甘蔗是温带、亚热带及热带都适合种植的农作物，甘蔗是制糖的主要原料和重要的能源植物。

甘蔗是高光效的 C_4 植物，也是最高产的大田作物，云南省甘蔗平均单产 60 t/hm² 左右，德宏州在 0.16 hm² 的土地上曾达到过单产 269.7 t/hm²。此外，每生产 1 t 原料蔗，还有 0.1～0.2 t 的叶鞘，也就是说甘蔗的生物产量还要更高，甘蔗是吸收、转化、储存太阳能效率最高的作物。

2　甘蔗的起源、分布和发展

2.1　起源

我国是古老的种蔗国之一，关于甘蔗的起源地目前还没有统一的认识。概括起来有 4 种说法：一是起源于南太平洋的新几内亚；二是起源于印度；三是起源于中国；四是起源于印度及南太平洋岛屿。

我国种植甘蔗的历史悠久，公元前 4 世纪(战国时期)屈原在他的《楚辞·招魂赋》中就有了关于甘蔗的记载。屈原在《招魂赋》中写到："而鳖炮羔，有柘浆些"，即"煮甲鱼，炒羊肉，放点甘蔗汁"。可见在公元前 4 世纪就会把蔗汁用于烹调了。可见早在 2 400 多年前我国就有甘蔗种植了。

2.2　甘蔗分布

2.2.1　世界甘蔗分布

甘蔗原产于热带、亚热带地区，是热带喜温作物，它的分布主要受温度的限制，其次还受纬度和海拔的影响。

(1)温度。甘蔗分布的低限温度是年均温 17～18 ℃，适宜温度是 24～25 ℃。

(2)纬度。主要分布在南、北纬 10°～30°，而分布最集中、产量最高的是在南、北纬 23.5°附近的地区。

(3)海拔。一般分布在 1 000 m 以下地区，赤道附近可达 1 500 m，云南地处低纬高原，分布可达 1 300 m，虽说在少数地方也有种到 1 500 m 的，但产量及含糖量都很低。

2.2.2　中国甘蔗分布

我国甘蔗主产区分布在北纬 24°以南的热带、亚热带地区，形成了桂中南、滇西南、粤西琼北 3 个甘蔗优势产区。种植甘蔗的省区主要有广东、广西、福建、云南、湖南、海南等(表 12-1)。其中广西是最大的甘蔗主产区，种植面积达 1 100 万亩以上，占全国面积的 60%左右。主要分布在长江流域以南的 10 个省，其中前 6 个省(区)是主产区，面积、产量都占全国总面积和总产量的 95%以上。2019 年中国甘蔗产量为 1.09 亿 t，2019 年中国甘蔗需求量为 1.11 亿 t。

表 12-1　2014—2018 年中国主要省份甘蔗种植面积　　千 hm²

年份/地区	广西	云南	广东	海南
2014	1 026.7	304.57	171.46	53.69
2015	918.37	275.46	165.62	38.74
2016	891.14	247.33	165.55	27.04
2017	876.12	239.9	169.16	21.23
2018	886.4	260.05	172.56	20.77

资料来源：国家统计局、智研咨询整理。

2.3 全球甘蔗现状

2018 年世界甘蔗种植面积 2 626.98 万 hm^2，同比增加 0.54%；2019 年世界甘蔗种植面积约为 2 661.13 万 hm^2，同比增加 1.3%。见图 12-1。

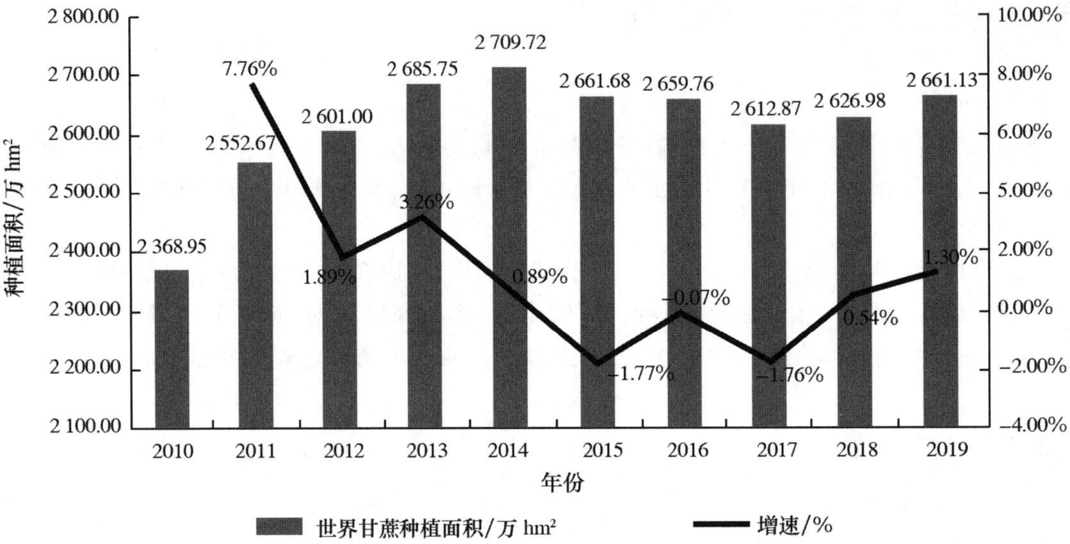

图 12-1 2010—2019 年世界甘蔗种植面积及增速

资料来源：(FAO、智研咨询整理)

2018 年世界甘蔗产量为 19 亿 t，同比增加 2.63%；2019 年世界甘蔗产量约为 19.3 亿 t，同比增加 1.56%。见图 12-2。

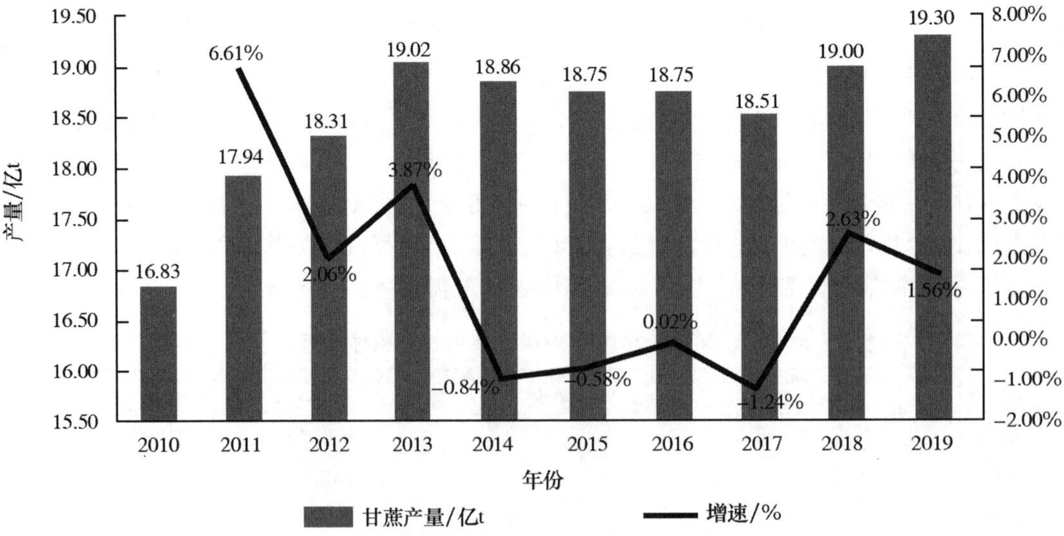

图 12-2 2010—2019 年世界甘蔗产量及增速

资料来源：(FAO、智研咨询整理)

从世界单位面积产量来看，从 2014 年甘蔗单位面积开始逐年上涨，直到 2018 年单产开始下滑走势，2019 年甘蔗单位面积产量约为 71.7 t/hm²。见图 12-3。

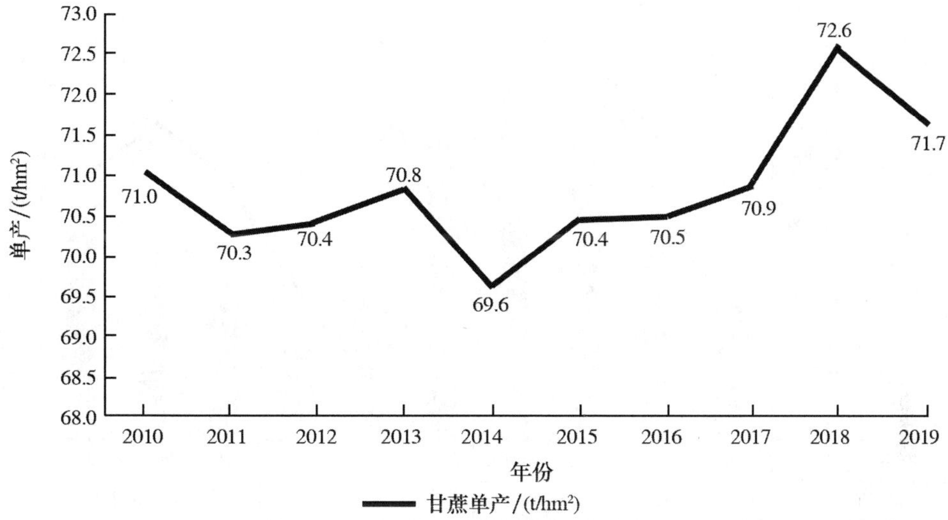

图 12-3　2010—2019 年世界甘蔗单位面积产量

（资料来源：FAO、智研咨询整理）

2.4　中国甘蔗现状

2019 年我国甘蔗种植面积约 138.19 万 hm²，同比下降 1.7%。种植密度与甘蔗产量有密切的关系。如种植过稀则有效茎数少，产量不高；过密则株弱茎细，死茎增多，糖分低，单产糖量也不高，因此需要合理密植。见图 12-4。

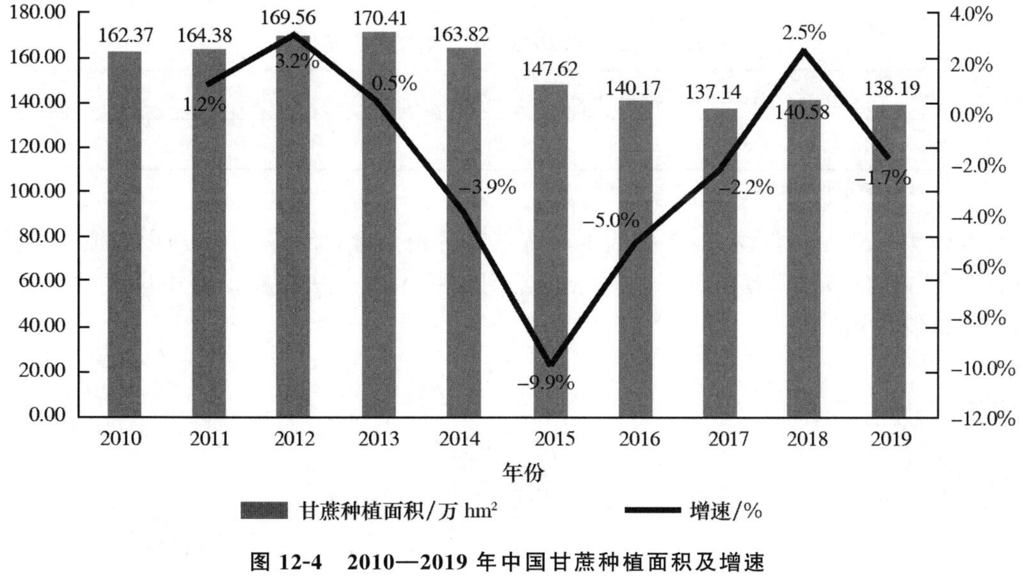

图 12-4　2010—2019 年中国甘蔗种植面积及增速

（资料来源：国家统计局、智研咨询整理）

2018 年中国甘蔗产量为 1.08 亿 t，同比增加 3.5%；2019 年中国甘蔗产量为 1.09 亿 t，同比增加 1.2%。见图 12-5。

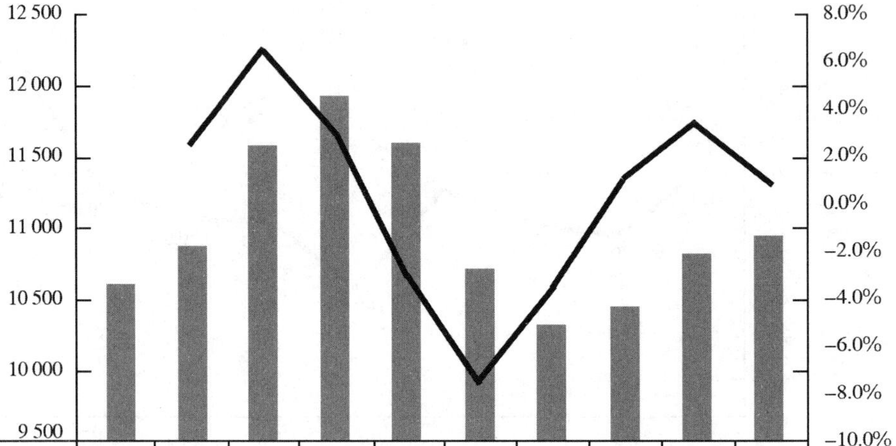

年份	2010	2011	2012	2013	2014	2015	2016	2017	2018	2019
甘蔗产量/万t	10 598	10 867	11 575	11 926	11 579	10 706	10 322	10 440	10 810	10 939
增速/%		2.5%	6.5%	3.0%	−2.9%	−7.5%	−3.6%	1.2%	3.5%	1.2%

图 12-5 2010—2019 年中国甘蔗产量及增速

（资料来源：国家统计局、智研咨询整理）

2.5 云南蔗区

云南的甘蔗主要分布在“六江”流域：怒江、澜沧江、南盘江、元江、伊洛瓦底江、金沙江。从行政区划看，全省 16 个地州（市），除迪庆州外，其余地州（市）均有种植。主产地州见表 12-2。

表 12-2 云南省 2013/2014 年榨季产糖情况 万 t

地区	德宏	临沧	保山	思茅	版纳	玉溪	红河	全省
产糖	48	36	29	21	16	17	18	190

资料来源：云南省统计局 2015。

甘蔗作为工业原料作物，云南省的生产特点是种植分散，加工集中。新中国成立前全省只有日处理 50 t 的小糖厂（盘溪糖厂），其余均是用牛拉木辊土法制糖。新中国成立前后，逐渐建了一些机制白糖厂。

学习产出与评价

1. 能陈述云南高原特色农业中“云糖”的生产概况。

2. 能陈述我国和云南省甘蔗种植区的划分。

任务二　甘蔗栽培的生物学基础

知识目标：①能准确陈述甘蔗的 5 个种和形态特征；②能陈述甘蔗的生长发育特性及其与环境条件的关系；③能简述甘蔗的光合作用特点和云南高原蔗区甘蔗生产特点。

技能目标：学会甘蔗由下种到收获划分为萌芽、幼苗、分蘖、伸长、成熟 5 个生育时期的田间记载标准、栽培技术任务和影响因素分析。

素质目标：通过甘蔗 5 个时期中的田间记载标准的观察记载，体验热作农业的艰辛。

1　甘蔗的分类

1.1　甘蔗种属

甘蔗属全世界有 9 个种，与甘蔗栽培和育种关系密切的有 5 个种。前 3 个是栽培种，后 2 个是野生种。

(1)中国种。原产于中国，特点是早熟，宿根性好，耐粗放栽培，约有 38 个品种。代表品种有竹蔗、芦蔗、罗汉蔗。

(2)热带种。又称高贵种，原产南太平洋诸岛屿。特点是高产、高糖，但抗逆性差，对温、水、肥等条件要求较高。大约有 711 个品种。

(3)印度种。分布于印度和中国南方，特点类似中国种，有人将其归入中国种。

(4)割手密。又称小茎野生种，特点是高纤维、低糖分、长势好、抗逆性强，是重要的杂交育种材料，在栽培的杂交品种中，几乎都含有它的血缘。

(5)大茎野生种。又称伊里安野生种，1924 年首次在伊里安发现。特点是高纤维、低糖分、生势强、抗风抗虫力强，是重要的杂交育种材料。

1.2　甘蔗品种改良

野生种茎细、纤维高、糖分低，但是抗病、抗风、耐旱、耐瘠、适应性广、容易栽培，而高贵种的性状恰好相反。因此，通过杂交把野生种的优良特性导入高贵种或其他甘蔗品种，然后数次"回交"高贵种，以恢复甘蔗优良性状，同时改善伴随野生种血缘而来的低糖、高纤维、少汁、空心及蒲心等缺点。这种品种改良方式称为野生种高贵化。

1.3　国外甘蔗品系

由于人们对食糖的需要以及甘蔗制糖技术的发展，甘蔗种植在许多国家得到蓬勃发展，但是往往因病虫害的危害遭受严重损失，最经济有效的解决途径就是育成新的抗病品种。于是甘蔗种植国家纷纷开展繁育甘蔗新品种研究试验，由此国外产生了许多甘蔗品系。

(1)爪哇品系。又称 POJ 品系，是印度尼西亚爪哇岛上种植的甘蔗品种，如品种 POJ2878、POJ3016、POJ3067。POJ 2878 是全世界甘蔗育种机构主要的杂交亲本。

(2)印度品系。又称 CO 品系，是由印度研究繁育的甘蔗品种，主要有品种 CO419、CO527、CO658、CO740、CO997、CO1148 等。

(3)南非品系。又称 NCO 品系，是在印度杂交，再把种子送到南非育苗，经田间试验选拔而得，甘蔗品种有 NCO310，NCO376 等，其中 NCO310 是全世界甘蔗育种机构主要的杂交亲本。

(4)台湾品系。又称 F 品系或 RCO 品系。F 品系主要是 1979 年以前，日本人在中国台湾育成的品种，如 F146 和 F160。RCO 品系是 1979 年以后，中国台湾育成的甘蔗品种，截止目前共育成 ROC1 至 ROC25，其中 ROC1、ROC16、ROC22 最为突出。

(5)美国品系。又称 CP 品系，是美国在引进爪哇品系、印度品系与高贵种基础上育成的甘蔗品种，如 CP36-105、CP44-101、CP52-68、CP61-37 等。

(6)夏威夷品系。又称 H 品系，是夏威夷育成的甘蔗品种，如 H49-5、H50-7209 等。

(7)澳大利亚品系。又称 Q 品系，澳大利亚最早通过引进 Ml900、POJ2878、CO290、NCO310 等品种基础上育成的甘蔗品种，如育成 Q28、Q63、Q88、Q94、Q98、Q99、Q100 等。

(8)巴西品系。又称 CB 品系，是巴西在引种 CO、POJ、CP 等品种基础上育成，如 CB41-76、CB40-69、CB41-14、CB41-70 等。

(9)菲律宾品系。又称 Phil 品系，是菲律宾育成的甘蔗品种，如 Phil56-226、Phil58-260、PRil53-33 等。

(10)毛里求斯品系。又称 Ml 品系，是毛里求斯选育的甘蔗品种，如 Ml47-44、Ml34-32、Ml3-56、M377-56、M93-48 等。

(11)秘鲁品系。又称 A 品系，是秘鲁选育的甘蔗品种，如 A241 等。

(12)巴巴多斯品系。又称 B 品系，是巴巴多斯选育的甘蔗品种，如 B3404、B4098、B4744、B45151、B49119 等。

1.4 国内甘蔗品系

我国甘蔗新品种选育始于 20 世纪 50 年代，目前我国共有 10 余家科研单位及高校从事甘蔗育种研究，品种主要以粤糖系列、桂糖系列、云蔗系列、福农系列等为主(表 12-3)。

表 12-3 我国主要甘蔗育种单位及育成糖蔗品种

序号	育种单位	育成品种
1	云南省农业科学院甘蔗研究所、云南云蔗科技开发有限公司	云蔗 11-3898、云蔗 99-596、云蔗 99-91、云蔗 94-375、云蔗 08-1609、云蔗 08-1095、云蔗 08-1145、云蔗 08-2060、云蔗 08-2177、云蔗 07-2800、云蔗 07-2178、云蔗 06-80、云蔗 06-407、云蔗 06-193、云蔗 06-189、云蔗 05-51、云蔗 05-596、云蔗 05-326、云蔗 05-39、云蔗 04-621、云蔗 03-194、云蔗 03-258、云蔗 02-2332
2	福建省农业科学院	闽糖 06-1405、闽糖 02-205、闽糖 01-77、闽糖 00-254
3	福建农林大学	福农 95-1702、福农 94-0403、福农 91-4710、福农 91-4621、福农 83-36、福农 45 号、福农 43 号、福农 42 号、福农 41 号、福农 39 号、福农 38 号(福农 02-5707)、福农 28 号、福农 04-3504、福农 02-3924
4	福建农林大学、广西大学	中蔗福农 47 号、中蔗福农 46 号、中蔗福农 45 号、中蔗福农 44 号

续表 12-3

序号	育种单位	育成品种
5	广西壮族自治区农业科学院甘蔗研究所	桂糖 29 号(桂糖 02-761)、桂糖 30 号、桂糖 31 号(桂糖 02-281)、桂糖 32 号(桂糖 02-208)、桂糖 34 号、桂糖 35 号、桂糖 40 号、桂糖 42 号(桂糖 04-1001)、桂糖 43 号(桂糖 05-3084)、桂糖 44 号(桂糖 04-1545)、桂糖 45 号、桂糖 46 号(桂糖 06-244)、桂糖 47 号(桂糖 06-1721)、桂糖 48 号、桂糖 49 号(桂糖 07-994)、桂糖 50 号(桂糖 03-3089)、桂糖 51 号(桂糖 06-1023)、桂糖 52 号(桂糖 06-1215)、桂糖 53 号(桂糖 06-98)、桂糖 54 号(桂糖 06-2081)、桂糖 55 号(桂糖 08-120)、桂糖 56 号(桂糖 08-460)、桂糖 57 号(桂糖 08-1180)、桂糖 58 号(桂糖 08-1589)、桂糖 98-296
6	广东省生物工程研究所(广州甘蔗糖业研究所)	粤糖 62、粤糖 61、粤糖 60 号(粤甘 26 号、粤糖 03-393)、粤糖 06-233、粤糖 09-13(海蔗 22 号)、粤糖 08-196、粤糖 08-172、粤糖 07-913、粤糖 06-23(粤甘 43 号)、粤糖 04-245、粤糖 03-373(粤甘 24 号)、粤糖 55 号(粤糖 99-66)、粤糖 96-86、粤糖 95-168、粤糖 94-128、粤糖 93-159、粤糖 92-1287、粤糖 91-976、粤糖 89-113、粤糖 86-368、粤糖 83-271、粤糖 08-776(粤甘 50 号)、粤糖 81-3254、粤糖 85-177、粤糖 07-516(粤甘 46 号)、粤糖 79-177、粤糖 63-237、粤糖 57-423、粤糖 00-318、粤糖 00-236
7	广东省农业科学院作物研究所	粤农 81-762、粤农 73-204
8	四川省内江市农业科学院	甜城 15、甜城 19、甜城 20、甜城 22
9	德宏傣族景颇族自治州甘蔗科学研究所	德蔗 03-83、德蔗 07-36
10	江西省甘蔗研究所	赣蔗 05-1
11	四川省凉山彝族自治州亚热带作物研究所	凉蔗 2 号
12	四川省植物工程研究院	川蔗 22 号、川蔗 24 号
13	贵州省农业科学院亚热带作物研究所	黔蔗 7 号、黔蔗 8 号
14	柳城县甘蔗研究中心	桂柳 1 号(柳城 03-182)、桂柳 2 号(柳城 03-1137)、桂柳 05-136、柳城 07-150
15	中国热带农业科学院热带生物技术研究所	中糖 1 号、中糖 2 号、中糖 3 号、中糖 4 号、中糖 5 号、中糖 6 号
16	中国热带农业科学院南亚热带作物研究所	热甘 1 号、热甘 17-334、热甘 17-55
17	松溪县农业局	百年蔗
18	台湾糖业研究所	新台糖 1 号(ROC1)、新台糖 2 号(ROC2)、新台糖 10 号(ROC10)、新台糖 16 号(ROC16)、新台糖 20 号(ROC20)、新台糖 22 号(ROC22)、新台糖 23 号(ROC23)、新台糖 25 号(ROC25)

资料来源:中国作物种质信息网——甘蔗种质资源数据库。

2 甘蔗的形态特征

与禾本科植物一样，甘蔗为单子叶，须根系，茎有节，每节着生1叶，叶互生，叶鞘包着茎，节上有芽。甘蔗在栽培上是用蔗茎作种进行无性繁殖，一般把具有2～3个蔗芽的一段蔗茎叫做种苗。

2.1 根

甘蔗的根分为种根、苗根和气生根。

(1)种根。又称初生根、临时根。是指从种苗上的根点萌发的根。其特征是分支多、细、弱。在苗根未长出之前，幼苗所需水分和养分主要由种根吸收供给。

(2)苗根。又称次生根、永久根。是指从新蔗株基部节上的根点长出的根(3叶期后发生)。其特征是分支少、粗壮、生长旺盛、寿命长。苗根长出后，逐渐取代种根的吸收功能。

(3)气生根。地上部分节上的根点，在高温多湿或受损伤刺激时会长出气生根。气生根的发生除与环境有关外，还与品种特性有关。这种根消耗养分，是不良性状。

一般来说，苗龄1月，种根起主要吸收作用；苗龄3月，种根和苗根都起吸收作用；到苗龄3月以后，种根逐渐死亡，吸收作用逐渐被苗根取代。

2.2 茎

糖分是储存在蔗茎的薄壁细胞内的，所以蔗茎是栽培甘蔗的主要收获器官，同时又是主要繁殖器官。见图12-6。

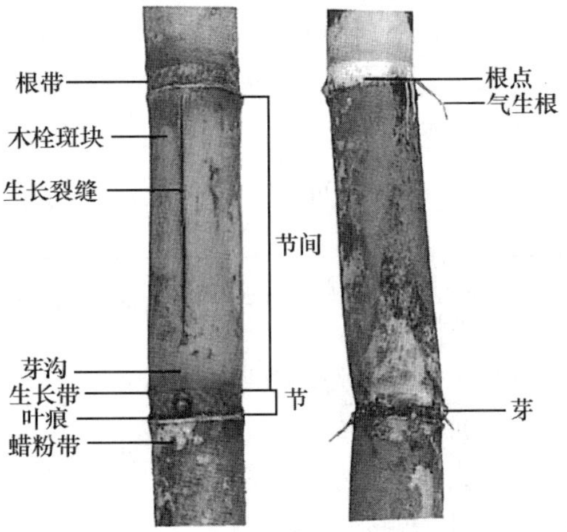

图12-6 茎的构造

(资料来源：黄香武，宫玉林，粤西地区甘蔗主要品种鉴别图谱，2019)

2.2.1 茎的组成

蔗茎由节和节间组成。

(1)生长带。是节与节间分界处的一条窄带。颜色较淡，细胞分裂活动旺盛，使节间迅速伸长。当甘蔗倒伏时，向地面一侧的生长带迅速加宽，使蔗茎向上弯曲，恢复向上生长。节根带有根点数行，根点是根原基。

(2)芽。形状有三角形、椭圆形、倒卵形、五角形等(图12-7)，是品种识别的依据之一。

图12-7 芽的形状(引自轻工业部甘蔗糖业科学研究所，1985)

(3)叶痕。叶鞘脱落后，在茎上的残留物。

(4)茎芽沟。沿着蔗芽尖端向上延伸的纵沟。其长短、深浅因品种而异。

(5)蜡粉带。蜡粉是表皮细胞的分泌物，有保护作用，在叶痕下方蜡粉较厚，呈白色的一条带，称为蜡粉带。

(6)节间生长裂缝。节间深入组织内部的裂痕，与品种和环境条件有关，在水肥条件好，生长旺盛时，若遇大风干燥天气，易产生水裂，是不良性状。

(7)木栓裂缝。表皮细胞老化后，形成的小纵裂。

2.2.2　节的形状

节的形状有平直、凹陷、凸出和倾斜4种。节上着生芽。

2.2.3　节间形状

有圆筒形、腰鼓形、细腰形、圆锥形、倒圆锥形和弯曲形等(图12-8)。

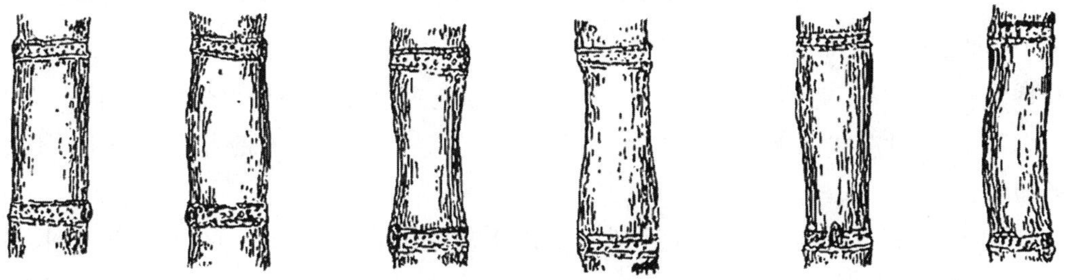

图12-8　节间形状(引自轻工业部甘蔗糖业科学研究所，1985)

2.2.4　节间数目

一般10～30节，热带地区因生长周期长，可达70～80节。

2.2.5　节间粗细

品种间差异较大，根据节间的粗细，将甘蔗品种划分为3种类型：直径＜2.5 cm的称为细茎品种，直径2.5～3.0 cm的称为中茎品种，直径＞3.0 cm的称为大茎品种。

2.3　叶

叶的组成见图12-9。叶由叶片和叶鞘组成，叶片与叶鞘相连处称为叶环。叶环上有肥厚带、叶舌、叶耳等附属器官。

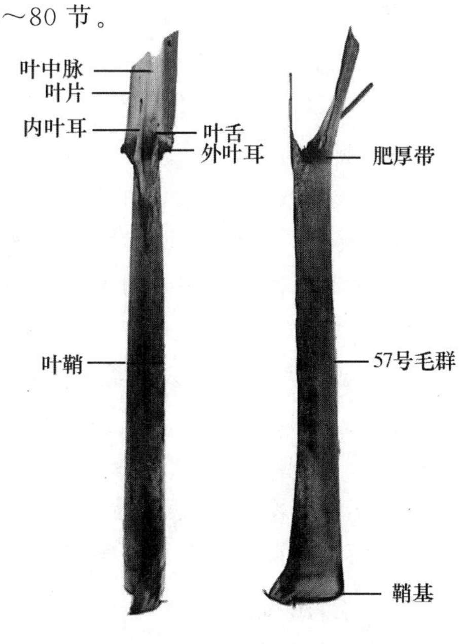

图12-9　蔗叶的构造

(资料来源：黄香武，宫玉林，粤西地区甘蔗主要品种鉴别图谱，2019)

(1)肥厚带。位于叶环两侧，为折纹组织，具有弹性和伸缩性，能够调整叶片在空间的相对位置。

(2)叶舌。为叶鞘内表面上缘与叶片相连处的膜状附属物。可阻止水分、泥沙进入叶鞘与蔗茎之间，茎尖幼叶叶鞘是无菌的。形状有三角形、新月形、带形、弓形等，是品种特征之一。

(3)叶耳。叶鞘肩部的突出部分。形状有退化形、三角形、倒钩形、镰刀形、披针形、钩形等(图 12-10)。一般是内叶耳发达,外叶耳退化。

图 12-10　叶耳形状(引自轻工业部甘蔗糖业科学研究所,1985)

3　甘蔗的生育特性

甘蔗由下种到收获可分为萌芽期、幼苗期、分蘖期、伸长期和成熟期 5 个时期。

3.1　萌芽期

甘蔗的种子繁殖只是用在杂交育种上,生产上是用蔗茎作种进行无性繁殖的,一般将具有 2～3 个蔗芽的一段蔗茎称为种苗。在甘蔗生产上,萌芽是指种苗上蔗芽的萌发,而不是甘蔗种子的萌发。

(1)田间记载标准。自甘蔗下种后到萌发出土的芽数占萌芽总数的 80%以上时,为萌芽期,如下种 100 个芽,假设萌芽率为 60%,则当萌芽数达 100 个×60%×80%=48 个时为萌芽期结束。又可分为 3 个时期:

萌芽初期:发芽数占萌芽总数的 10%以上;

萌芽盛期:发芽数占萌芽总数的 50%以上;

萌芽后期:发芽数占萌芽总数的 80%以上。

(2)栽培主攻重点任务。可概括为 5 个字"早、全、齐、匀、壮"。早:出苗快;全:萌芽率高;齐:萌芽整齐;匀:分布均匀;壮:苗粗壮。

(3)影响种苗萌发的因素。①内含物。种苗水分多,葡萄糖含量高,可溶性氮化物多的种苗萌发快。②芽位。由蔗梢往下编号 1、2、3……,梢头芽(第 1、第 2 芽除外)萌发快,中段次之,下段最慢。用全茎作种时,由于受顶端优势的影响,上位芽与下位芽萌发出土相差的天数更多。用单芽苗作种时相差的天数少,所以生产上要避免用全茎苗下种。③温度:蔗芽萌发的低限温度为 13 ℃,最适温度为 30～32 ℃,种根萌发的低限温度是 10 ℃,适宜温度为 20～27 ℃,利用蔗芽和种根萌发对温度要求的差异性,在生产上可以适当提早种植,为先发根,培育壮苗打下基础。④水分。在一定范围内,水多利于发根,水少利于长芽。种苗本身含 70%左右的水分,能够满足蔗芽萌发的需要,但对种根的萌发尚嫌不足,必须从外界补给。云南的春植甘蔗正值旱季,应注意灌水,否则已萌发的蔗芽,种根长不出来,会因为不能及时从土壤中吸收水分而枯死。⑤氧气。土壤疏松透气,有利于种苗萌发。

3.2　幼苗期

(1)田间记载标准。自幼苗萌发出土后有 10%的幼苗发生第一片真叶起,到有 50%以上幼苗发生 5 片真叶止。

(2)影响幼苗生长的因素。主要是温度,甘蔗幼苗生长要求 15 ℃以上的温度,春植蔗进入苗期时，气温上升快，土温上升较慢，生产上采取中耕除草，勤施薄施苗肥，提高土温，促进幼苗生长。

3.3　分蘖期

蔗苗基部节上的芽，在适宜条件下萌发成新蔗株，称为分蘖。由主茎上发生的称为第一次分蘖，从第一次分蘖上再发生的称为第二次分蘖，其余类推。

(1)田间记载标准。从有 10%的幼苗开始分蘖到幼苗拔节，蔗株每旬生长速度达 3 cm 时，称为分蘖期。又可分为：

分蘖初期：分蘖苗达 10%以上，一般在 6～7 片真叶时进入分蘖期；

分蘖盛期：分蘖苗达 30%以上，一般在 9～11 片真叶时进入分蘖盛期；

分蘖后期：分蘖苗达 50%以上，一般在 13～15 片真叶时进入分蘖后期。

(2)栽培主攻重点任务。促早蘖，抑迟蘖，提高成茎率，增加有效茎数。有效茎为原料茎长达 1 m 以上的蔗茎。

(3)影响分蘖的因素。① 甘蔗属中 4 个主要种的分蘖能力由强到弱依次是：割手密野生种＞印度种＞中国种＞热带种。②品种。分蘖力与品种关系很大，细茎品种分蘖力最强，中茎品种次之，大茎品种最弱。③光照。光照充足，有利于分蘖发生，强光能使生长素在由生长点向下运输的过程中被氧化；强光往往伴随着干燥，能促进脱落酸的形成，抑制生长；光照强，光合产物积累多，有利于分蘖发生。④氧气。土壤疏松透气，有利于分蘖发生。因此在苗期和分蘖初期要进行中耕，使土壤疏松透气，促进早期分蘖的发生。在分蘖后期要高培土，使基部蔗芽处在空气不足的条件下，难于萌发出土，达到抑制后期无效分蘖的作用。

3.4　伸长期

蔗茎的伸长是指节数的增加和节间的伸长，从而使蔗株增高。

(1)田间记载标准。从开始拔节，蔗茎平均每旬伸长速度达 3 cm 以上时起，到伸长基本停止，称为伸长期。又可划分为 3 个时期：

伸长初期：蔗茎每旬伸长速度≥3 cm。

伸长盛期：蔗茎每旬伸长速度≥10 cm。

伸长后期：蔗茎每旬伸长速度＜10 cm。

大约在第 12 片真叶长出时，才会明显看到蔗茎伸长。分蘖期与伸长期很难完全分开，当第 12 片真叶长出时，是甘蔗旺盛生长的开始。

(2)栽培主攻任务。促使蔗茎迅速伸长和增粗，最大限度地提高单茎重，是决定产量的关键时期。因为前面两个时期基本上已经决定了每亩的有效茎数。

$$甘蔗单产=单茎重\times亩有效茎数$$

(3)影响伸长生长的因素。①温度。温度低于 10 ℃伸长停止；10～20 ℃伸长缓慢；高于 20 ℃ 伸长加快；30～35 ℃生长最快。②养分。伸长期对养分的需求量最多，据试验在伸长期吸收 N、P、K 的量分别占全生育期吸收总量的 50%、70%多、70%多。因此要加强水肥管理。

3.5　成熟期

甘蔗的成熟有两层含义，一为工艺成熟，另一为生理成熟。工艺成熟是指蔗茎中蔗糖糖分的积累；生理成熟是指开花结实。从栽培角度讲，甘蔗抽穗开花是不良性状，开花后蔗茎会蒲心，单茎重减轻，糖分和种苗质量下降。因此，要选育难开花的品种。

(1)工艺成熟的定义。是指蔗茎内糖分的积累达到最高峰，蔗汁纯度达到最适于工厂压榨制糖的这段时期。

(2)蔗茎的成熟规律。在一株(丛)甘蔗中，主茎先成熟，分蘖后成熟；就一条茎而言，是由下向上逐节成熟的。

(3)田间记载标准。当蔗茎上下部节间锤度的比值达 0.9～1.0 时，为工艺成熟期，又可分为：

当蔗茎上下部节间锤度的比值达 0.9～0.95 时，为初熟期。

当蔗茎上下部节间锤度的比值达 0.95～1.0 时，为全熟期。

当蔗茎上下部节间锤度的比值达＞1.0 时，为过熟期，即蔗茎的蔗糖分开始转化，蔗糖分下降，俗称“回糖”。

锤度是指温度在 20 ℃时，蔗汁中可溶性干物质(包括蔗糖、还原糖、盐类、有机酸等)的重量百分率。锤度与糖分高低密切相关，锤度高，糖分也高，在特定的品种和环境条件下，二者为正相关关系。

(4)成熟甘蔗的形态特征。蔗叶自下而上逐渐枯黄，新生叶较少，较窄且直立，蔗茎表面光滑，折断蔗茎时声音清脆，断面有光泽。

(5)工艺成熟的生理指标。蔗茎接近成熟时，酸性转化酶活性逐渐降低，中性转化酶活性逐渐增强。

(6)栽培技术任务。促使甘蔗成熟早、糖分高，避免糖分发生转化。

(7)影响工艺成熟的因素。①品种。品种是影响蔗糖分高低和成熟早、迟的主要因素，在同一栽培条件下，品种不同，成熟期也不同，因而品种有早、中、晚熟之分。各个蔗区在品种搭配上要早、中、晚熟合理搭配，才能保证糖厂提早开榨。② 温度。是影响甘蔗成熟的重要环境因素，通常一定的高温可促进生长，而适当的低温可促进成熟。在不引起冻害的前提下，适当的低温和较大的昼夜温差有利于成熟。③水分。是影响甘蔗成熟的另一个重要环境因素，适当的干燥条件有利于成熟，干燥条件能促进脱落酸的合成，抑制生长，促进成熟，所以在收获前一个月就要停止灌水。④株龄和植期。株龄长，成熟早，株龄短，成熟晚。就植期而言，成熟期由早到晚依次是：秋植蔗—宿根蔗—冬植蔗—春植蔗。⑤光照。光照充足，有利于成熟。所以在生产上通常采取打脚叶的措施，来增加蔗株间的透光性，降低田间湿度，促进成熟。打脚叶还可减轻鼠害。打脚叶一般是从第 10 片叶打起，因为第 1～6 片叶光合作用强，第 7～9 叶同化作用虽已减弱，但养分的转移还没有完成，也应保留。因为 N、P、K 营养元素在植物组织中有较强的移动性，可再次利用。

4 甘蔗光合作用特点

甘蔗和水稻的光合强度分别是 42～49 和 12～30。甘蔗的光合强度高为高产提供了很好的条件。植物干物质中的 90％～95％是通过光合作用合成的，只有 5％～10％是从土壤中吸收的矿物质。甘蔗是碳四植物，与碳三植物比较，光合作用具有光合强度高，干物质积累快等特点。

(1)光呼吸低。C_3作物是高光呼吸植物，光呼吸的消耗占光合产物的30%左右，而甘蔗的只占0.5%以下，这是甘蔗光合强度高的原因之一。

(2)光饱和点高。在一定范围内，植物的光合作用强度随光照强度的增加而加强，但当光照强度达一定程度时光合作用强度就不再增强，此时的光照强度即为光饱和点。光饱和点越高，越能充分利用光能。

水稻的光饱和点大约是4万lx；甘蔗的光饱和点大于10万lx。

一般来说，C_3作物在最大自然光照强度的(夏季晴天约为10万lx)20%～50%时就可达到光饱和点。而甘蔗在自然光照下一般不会出现光饱和现象，能够充分利用夏季的强光照，大大地提高了光能利用率。

(3)CO_2补偿点低。甘蔗小于10，水稻为30～70。CO_2补偿点低，表明对CO_2的利用更为有效。

学习产出与评价

1. 能准确陈述甘蔗的5个种和形态特征(品种识别的依据)。
2. 能简述甘蔗的生长发育特性及其与环境条件的关系。
3. 会陈述甘蔗的光合作用特点(与C_3作物比较)。
4. 学会甘蔗由下种到收获划分为萌芽、幼苗、分蘖、伸长、成熟5个生育时期的田间记载标准及栽培技术任务。

任务三　甘蔗栽培技术

知识目标：①能叙述甘蔗丰产对土壤的要求；②能简述甘蔗合理密植的原则和方法；③能陈述本地甘蔗模式化栽培的技术要点。

技能目标：①初步学会甘蔗大田直播技术；②能根据甘蔗的需肥特点，指导大田甘蔗施肥；③能识别甘蔗常见病虫害，并实施有效绿色防控技术；④学会糖度计的使用，并能精准测量甘蔗糖度。

素质目标：①实习期间，积极付出，参与整个生育期的管理和观察；②调查糖产业发展概况。

1　整地、开植蔗沟

1.1　整地

整地为甘蔗生长提供一个深厚、疏松、肥沃的土壤条件，以充分满足其根系生长的需要，从而使根系更好地发挥吸收水分、养分的作用。同时，整地还可减少蔗田的病、虫和杂草。

深耕是增产的基础。甘蔗根系发达，深耕有利于根系的发育，使地上部分生长快，产量高。

深耕是一个总的原则和要求。具体深耕程度必须因地制宜，视原耕作层的深浅，土壤性状确定，一般 30 cm 左右。深耕不宜破坏原来土壤层次，并应结合增施肥料为宜。

旱耕能使土壤风化，提高肥力。所以蔗田应在前茬作物收获以后，及时翻耕。旱耕对于稻后种蔗的田块更为重要。

1.2 开植蔗沟

开植蔗沟使甘蔗种到一定的深度，便于施肥管理。

常规蔗沟：蔗沟的宽窄、深浅要因地制宜，一般是 20 cm 左右深，沟底宽 20～25 cm，沟底要平。

抗旱高产蔗沟：云南省 80%以上是旱地甘蔗，推广"旱地甘蔗深沟板土镇压栽培技术"具有较好的抗旱作用。具体方法是：环山沿等高线开沟，深沟板土镇压，沟深 40 cm，沟底宽 25 cm，沟心距 100 cm，用下沟的沟底潮土覆盖上沟的种苗。覆土 6.6 cm，压实。

2 施肥

甘蔗生长期长，植株高大，产量高，所以在整个生长期中，施肥量的多少是决定产量高低的主要因素之一。由于甘蔗的需肥量大，肥料在甘蔗生产成本中占有很大的比重，因此正确掌握施肥技术，做到适时、适量，而又最大限度地满足甘蔗对肥料的需要，有着重要的意义。

2.1 甘蔗需肥量

据研究，每生产 1 t 原料蔗，需要从土壤中吸收氮素(N)1.5～2 kg，磷素(P_2O_5)1～1.5 kg，钾素(K_2O)2～2.5 kg。

2.2 甘蔗各生育期对养分的吸收

甘蔗各生育期对养分吸收总的趋势是苗期少，分蘖期逐渐增加，伸长期吸收量最大，成熟期又减少(表 12-4)。

表 12-4 春植蔗各生育期对 N、P、K 的吸收量比较(广东制糖工业公司甘蔗试验场)

品种	养分	各生育期相对吸收量/%				备注
		苗期	分蘖期	伸长期	成熟期	
爪哇 3016	N	1.5	7.8	61.3	29.3	生育期 302 d
	P	0.7	3.4	72.8	22.9	
	K	0.9	11.5	67.6	20.0	

由表 12-4 可以看出，对养分的吸收主要是在前、中期，P、K 肥尤其明显。根据生理学的研究，在前中期吸收的 P、K 素可通过转移和再利用，供给蔗株后期生长所需。因此生产上强调早施 P、K 肥是符合甘蔗的吸肥规律的。P、K 肥一般与有机肥拌匀作基肥，施于种苗周围。

2.3 施肥原则

根据甘蔗在不同生育期的需肥特征，制定出的施肥原则是："重施基肥，适时分期追肥"。如果只施追肥，而不施基肥，则甘蔗容易长成头重脚轻，上粗下细，容易倒伏。反之只施基肥，不施追肥，则后劲不足，易形成"鼠尾蔗"，影响产量。

（1）重施基肥。肥料主要是有机肥、磷、钾化肥和少量氮素化肥，磷肥和钾肥主要作基肥施用，因为甘蔗对磷肥的吸收主要是在前中期。而且磷肥在土壤中的移动性小，需要靠近根部才易被吸收。甘蔗对钾肥的吸收也主要是在前中期（占 80%左右）。而且蔗株在前中期吸收的钾素可供后期所需。所以钾肥宜早施，量少时作基肥一次施用，量多时，拿一半作基肥，另一半在分蘖盛期或伸长初期施用。

（2）分期追肥。按照甘蔗的需肥规律，追肥的施用原则可概括为“三攻一补、两头轻、中间重”。“三攻”就是攻苗肥、攻蘖肥、攻茎肥。“一补”就是后期补施壮尾肥。“两头轻”指苗期、伸长后期施肥量要少，“中间重”指伸长初期施肥量要多。

3　下种（大田直播）

3.1　精选种苗

精选种苗能够提高萌芽率和萌芽速度。所谓“种好苗自壮，母壮儿也肥”，就是蔗农对精选种苗的深刻体会。如何选好种苗主要是看 3 个方面。

（1）块选。选择大田生长较好，没有病虫危害（尤其是棉蚜虫）的新植蔗作种。因为新植蔗生长后劲足，蔗梢中可溶性养分较多，蔗芽萌发力强。如果种苗不足，也可留宿根蔗作种。选好留种田后，应加强甘蔗生长后期的水肥管理，使蔗梢吸收充足的水分和养分，有利于播种后蔗芽萌发生长。

（2）株选。在砍收时进行株选。选择直立、茎粗、未开花的蔗株作种；剔除混的品种，保证良种的纯度。

（3）留种长度。根据需要确定。种苗充足的留梢头苗 30～50 cm；种苗欠缺的留半茎作种；需要进行加速繁殖的良种则留全茎作种。留梢头苗作种时，应把生长点（俗称鸡蛋黄）砍去，以免堆放期间生长点继续生长，消耗养分或下种后只是顶芽长出 1 苗，其他的蔗芽生长受到抑制，不能萌发成苗。

3.2　砍种

3.2.1　单芽苗、双芽苗和多芽苗

种苗由于含蔗芽数目的不同有单芽苗、双芽苗和多芽苗之分。生产上普遍采用双芽苗，很少采用单芽苗和多芽苗。

（1）多芽苗。由于“顶端优势”的关系，一般上位芽先萌发，上位芽萌发后会诱发生长素的产生，对下位芽的萌发起抑制作用，导致萌芽不整齐。这种现象，芽数越多越严重。

（2）单芽苗。虽然不存在“顶端优势”的影响，但由于芽的两端都有切口，易干旱失水和受病虫为害，也很少采用。

（3）双芽苗。由于“顶端优势”的影响不像多芽苗那样严重，且种苗中间有一个完整的节间，不像单芽苗那样容易失水和受病虫为害。萌芽率高，萌芽比较整齐，因此生产上普遍采用。梢头苗的节间短，芽较密，可采用 3～4 个芽为一段。

3.2.2　砍种方法

从芽下部节间 2/3 处砍断，因为蔗芽萌发所需水分和养分首先是由芽的下部节间供给的。砍种时，芽向两侧，一刀断，不要砍裂蔗种。

3.2.3 种苗处理

种苗处理包括晒种、浸种消毒和催芽。目的是提高萌芽率，加快萌芽速度，减少病虫害。用储藏过一段时间的蔗茎或中、下段蔗茎作种时，种苗处理尤其重要。

(1)晒种。新鲜种苗含水量高，需要晒种。晒种时先把较老的叶鞘剥去，留下嫩的叶鞘，阳光下晒 2～3 d。晒种可以提高温度，促进酶的活动，加速种苗内糖分的转化，增强呼吸作用，打破种苗的休眠状态，促使种苗尽快萌发。

(2)浸种。浸种可使种苗吸收充足的水分，使种苗从相对休眠状态转化为活动状态，促进种苗的萌发。生产上主要采用清水浸种和石灰水浸种两种方法。清水浸种以流水为好，常温下浸 1～2 d。方法是把整捆的蔗种放入清水中浸 1～2 d，捞起，剥叶、砍种。

石灰水浸种用 2%的浓度，浸 12～24 h，茎基部的种苗浸种时间可延长至 36～48 h。总的原则是：种苗嫩，温度高时浸种时间短些，种苗老，温度低时，浸种时间长些。石灰水浸种能够杀死部分粉介壳虫和病菌，兼有消毒作用。

(3)催芽。云南省蔗区一般采用堆集法和堆肥法两种。堆集法是把种苗堆集在一起，靠自身发热来提高堆内的温度，从而促使种苗萌发。效果较好的是堆肥法，具体做法是：选择背风、向阳、靠近水源的地方，先铺上一层大约 10 cm 厚半腐熟的厩肥，然后放一层 20～25 cm 厚的种苗，接着放一层厩肥，再放一层种苗，如此堆 3～4 层，堆高大约 1 m，堆长和宽大约 1.3 m，在堆的四周盖一层 10 cm 厚的厩肥，再用稻草、蔗叶、泥浆或塑料薄膜覆盖，以保持堆内的温度。堆肥湿度控制在手握不成团为度。封堆后需要经常检查堆内的温湿度，温度控制在 30 ℃ 左右，以用手摸感到热但又不烫手为度。催芽程度以“根点突起，芽呈鹦哥嘴状”即可。注意避免“胡须根”，催芽所需时间为 3～5 d。催过芽的种苗，下种时蔗田要保持湿润，如果土壤干旱，已萌发的根和芽会失水干枯，出苗率反而降低。

3.3 下种期

依下种期的不同分为春植蔗(立春—立夏)、秋植蔗(立秋—立冬)和冬植蔗(立冬—立春)，云南省大部分为春植蔗，滇西南蔗区有一部分秋植蔗。

春植蔗的下种期：一般表土 10 cm 内的温度稳定在 10 ℃以上即可下种。适期早种，是保证甘蔗高产的重要措施。早春季节温度相对低一些，种根先于蔗芽萌发，为幼苗的前期生长打下基础。同时，早种能够早生快发，充分利用高温多湿的生长季，延长生长期，增加株高和茎粗，为高产创造条件。

3.4 种植密度

种植密度与甘蔗产量有密切的关系，如种植过稀则有效茎数少，产量不高；过密则株弱茎细，死茎增多，糖分低，亩产糖量也不高，因此需要合理密植。合理密植的原则是“依靠母茎，充分利用早期分蘖”。因为母茎和早期分蘖的成茎率高(分别占有效茎数的 70%～80%和 20%～30%)，单茎重，糖分高。

下种量是合理密植的具体措施。下种量的多少要因气候、品种和栽培技术因地制宜确定。一般来说，气温高，水肥条件好的，下种量可少一些，反之则多一些；茎细、直立的品种可密一些，反之则稀。云南省甘蔗种植密度，根据各地多年的生产实践和研究，可归纳为下述 3 种类型(表 12-5)。

表12-5 云南省蔗区甘蔗种植密度表

年均温/℃	行距/m	下芽量/（个/亩）	梢头苗数（30 cm）	收获时有效茎数		蔗区
				大茎种/（株/亩）	中茎种/（株/亩）	
＞20	1.1～1.2	4 000～6 000	1 500～2 000	5 000	6 000	元江、元谋
18～20	1.0	8 000～10 000	3 000～3 500	6 000	7 000	开远、景东
＜18	0.8～0.9	10 000	3 500	6 500	7 500	马关、永善

注：引自德宏州甘蔗糖业科学研究所，1985。

3.5 下种方式

下种方式有双行对空、梅花形、双行接、三行条植。下种时种苗沿沟平放，紧贴泥土，芽向两侧，避免"天地芽"和"架桥"现象。

4 田间管理

4.1 查苗补苗

保证全苗是获得高产的条件之一。但是往往由于种苗的选择或处理不当，下种期不适，下种技术粗放，气候失调或病虫为害等原因都会造成缺苗。所以必须做好查苗补苗工作。应在萌芽基本结束，蔗苗长出3～5片真叶时，发现缺株断行达50 cm以上的就要及时补苗。补苗用种苗来源：①用假植苗来补，即在蔗沟两端或田边按下种量的5%多播一些蔗种，以备补苗之用。②用预育苗来补；③移密补稀；④挖不留宿根的蔗蔸来补。挖苗带土，剪去半截叶片，浇足定根水。

4.2 间苗定苗

（1）目的。拔除过多分蘖，减少养分消耗，使蔗株分布合理，生长健壮。

（2）除蘖原则。可归纳为"五去五留"，即：去弱留强，去密留稀，去迟留早，去病留健，去浅留深。在操作上需要"稳""狠"相结合。"稳"就是做到心中有数，同时又留有余地，即根据甘蔗生长状况和水肥管理水平，确定每亩有效茎数。在这个基础上多留10%～15%的苗，同时大体上计算出每1 m行长应留的苗数。"狠"就是在确定了应留的苗数后，间掉多余的分蘖，以免其消耗养分，影响植株生长。

（3）间苗时间。一般在分蘖末期到伸长初期结合大培土进行。

4.3 中耕、除草和培土

（1）除草。甘蔗在封行之前，杂草容易生长，消耗养分遮盖蔗苗，所以要及时进行蔗田除草。一般结合中耕培土，以手工操作进行。化学除草剂防除蔗田杂草有较好效果。常用除草剂有"阿灭净"和"阿特拉津"等，每亩用200～250 g兑水50～75 kg在甘蔗出苗之前喷雾处理土面，效果不错，药效长达3～4个月，喷药1次就可解决苗期的杂草问题。

（2）培土。培土是甘蔗栽培上一项必须而又繁重的田间管理工作，一般要求进行3次。

小培土：在幼苗有6～7片真叶，出现分蘖时进行。培土高约3 cm，有助于根系发育和促进早期分蘖的作用。

中培土：在分蘖盛期，蔗株开始封行时进行。培土高约 6 cm，有促进生长的作用。

大培土：在伸长初期进行，培土高度 20～30 cm。其作用为：①让基部节与土壤接触，诱发新根长出，形成更加庞大的根系，增强吸收能力，促使地上部分迅速伸长；②抑制后期分蘖的发生和防止倒伏。注意：将基部脚叶打掉，使根点与土壤接触。培土还能起到中耕、除草的作用，并结合施追肥进行。

4.4 灌溉和排水

甘蔗一生需水量大但不耐涝，总的需水趋势是“两头少，中间多”，即萌芽期、分蘖期和成熟期需水量少，伸长期需水量大。因此蔗田应分别保持“润—湿—润”状态。云南省气候是冬春干旱，夏秋多雨。所以在甘蔗生长前期，需水量虽少，但应加强灌溉。伸长期时逢雨季，一般不需灌溉。甘蔗不耐涝，蔗田积水会引起烂根，需及时排水。

4.5 剥叶和防倒

随着蔗茎的伸长，基部叶片自下而上逐渐枯黄，在甘蔗生长后期打去枯黄脚叶，有增产、促熟、增糖的作用。在湿热蔗区，剥叶可以降低田间湿度，减少气根和侧芽萌发对养分的消耗，减轻鼠害和病虫为害。不打脚叶的情况：由于打脚叶增加了蔗田的通透性，土壤水肥蒸发量大。所以干旱地不宜打脚叶，以利保水防旱；留种田不宜打脚叶，保证蔗芽不受损伤。

4.6 病虫害绿色防控

甘蔗病虫害防控以预防为主，必要时采取药剂防治的综合防控措施，包括农业、物理、生物、药剂防治等多种方式，在防治时要结合当地具体情况及病虫害发生实际开展有针对性地防控。

4.6.1 农业防治

一是加强对引种甘蔗的检疫。为了从源头上杜绝病虫害的蔓延，要重视对抗病虫害甘蔗品种的选育；对于从外地引种的甘蔗品种要加强检疫，一旦发现疫情立即就地销毁，避免引种导致病虫害扩散。二是推广健康的种苗。甘蔗栽植一般选择种茎繁殖，时间长了容易积累较多的病原菌，致使品种性状出现退化现象。因此，建议推广通过离体培养获得的种苗，或者栽植前将种茎浸泡在 50%多菌灵可湿性粉剂等溶液中进行消毒处理。三是栽植时间适当提前。结合当地的实际情况，可以将栽植甘蔗的时间适当提前，以促使其分蘖时间提前、长势健壮。四是实施轮作。甘蔗忌重茬，要进行土地轮作，可与花生等作物实施轮作，降低甘蔗螟虫为害的发生。五是加强田间管理。将甘蔗植株上枯萎死亡的老叶清理干净，有助于降低病虫害的发生；及时将带有病原菌的甘蔗拔出，并对栽植穴进行清理消毒，避免病原菌扩散到附近健康的甘蔗植株上；收获甘蔗时适当降低砍收高度，对消灭甘蔗根部螟虫效果较好；施肥时要适当增加磷肥、钾肥的施入量，为甘蔗早生快发打好基础，促使其长势健壮，提高其抵抗病虫害的能力。

4.6.2 物理防治

一是悬挂太阳能灯。利用昆虫对光线有一定的趋向性，在甘蔗田间悬挂太阳能杀虫灯，诱导害虫靠近，利用水盆、高压电网等灭杀害虫。此种方法具有很高的安全性，效果持续时间长，但是也会误伤一些天敌生物，可结合不同生物趋光性的光线波长差异，有针对性地开发引诱有害生物的杀虫灯，降低对田间其他有益生物的危害。二是用热水进行消毒。甘蔗一般是用种茎腋芽进行无性繁殖，多年种植可导致种茎反复受到病原菌的侵染，降低甘蔗的产量及品质。将甘蔗在温度 50 ℃左右的水中浸泡 2 h，可对其中携带的病原菌起到有效的灭杀作用，尤其是对于宿根矮化病原菌，灭杀率超过 90%。经过比较，采取温水脱毒方式获得的种苗栽植后，与传统方式栽植的种苗相比，产量最高可提高 27 t/hm^2左右。

4.6.3　生物防治

一是利用天敌。甘蔗中常见的螟虫等虫害有一些天敌，可利用这些天敌有效地防控虫害。天敌的类型主要分为 2 类，即捕食性和寄生性。捕食性天敌常见的有蜘蛛、蟾蜍等，只要田间未污染，这些天敌在田间的各个角落均可见到；寄生性天敌主要有赤眼蜂、巴西蝇等，其作用机理是将卵产在螟虫等害虫的卵内。通过在田间释放天敌，可以将螟虫导致的枯心苗率降低至2%以下。二是应用性诱剂。在螟虫等虫害的发情期于田间释放性诱剂，可以干扰螟虫等害虫的交配繁殖，降低后代虫口基数。目前，性诱剂在甘蔗条螟的防控中应用较多，可实现 95%～99%的干扰效果。

4.6.4　药剂防治

甘蔗病虫害药剂防治时要选择效果好、残留期短、对环境无污染或者污染小的药剂。结合各时期病虫害的发生特点有针对性地开展防治，确保除早、除小、除好。

5　收获

适期收获是甘蔗丰产丰收的最后环节，收获期由成熟度而定。甘蔗是工业原料作物，它的生产特点是：栽培分散，加工集中，收获物数量大，砍下的蔗茎不耐储存，需要及时加工制糖。因此收获甘蔗时需要加工部门、运输部门和蔗农密切配合，做到砍、运、榨一条龙。这往往需要在当地政府的统一领导下，由糖厂和蔗农进行甘蔗的估产和编制砍、运、榨计划，在保证甘蔗高产丰收的基础上多出糖、出好糖。

砍收方法：提倡“快锄低砍”，保证砍收质量。入土深度随种蔗深浅、培土高低而异，一般 3～9 cm，蔗桩基部留下 10 cm 左右即可；不留宿根的可砍到“头”。快锄低砍的优点有：①可多收甘蔗，增加产量。据测算，入土低砍 6～9 cm，单产可增加 3 000～7 500 kg/hm^2。②有利于来年宿根蔗的萌发。低砍可保持蔗头湿润，减少蔗桩失水，促进低位芽萌发。③可减轻螟虫为害。螟虫的幼虫一般是在土面下 3～6 cm 的蔗桩上过冬，低砍破坏了螟虫幼虫过冬的场所，可以减轻来年的螟虫为害。

知识拓展

模式化栽培的关键技术

学习产出与评价

1.能说出甘蔗生长对土壤和气候条件的要求。

2.能因地制宜地确定甘蔗合理密植的范围。

3.能陈述本地甘蔗模式化栽培的技术要点。

4.学会甘蔗施肥量的确定方法。

5.能系统阐述宿根蔗栽培技术要点。

6.初步学会甘蔗大田直播技术。

7.能识别甘蔗常见病虫害,并实施有效绿色防控技术。

8.学会正确使用锤度计,并能准确测定甘蔗的锤度。

思考与练习

1. 甘蔗的一生分为哪几个时期,各个时期对甘蔗产量和糖分积累有何影响?

2. 甘蔗节间伸长和增粗有什么规律?根据这些规律,应采取哪些措施精细调控才能取得高产?

3. 甘蔗的下种有哪些方式,各有何特点?

4. 简述甘蔗下种前各种种苗处理的作用。

5. 简述宿根蔗栽培技术要点。

参考文献

[1] 谭中文,梁计南.甘蔗高产高糖高效生产技术.北京:中国农业出版社,2001.

[2] 陈文耀.广西甘蔗栽培.南宁:广西科学技术出版社,1991.

[3] 苏广达.甘蔗生物学.北京:轻工业出版社,1983.

[4] 湖南省常德农业学校.作物栽培.北京:中国农业出版社,1980

[5] 刘少谋.近十年海南甘蔗育种场斑茅后代回交利用研究.甘蔗糖业,2007(2).

[6] 黄香武,宫玉林.粤西地区甘蔗主要品种鉴别图谱:农务版.北京:中国农业出版社,2019.

[7] 苏俊波.粤西甘蔗机械化栽培技术实践.北京:中国农业出版社,2016.

[8] 辛术贞.我国甘蔗品种及产品加工研究现状.农产品加工,2020(6).

[9] 彭绍光.国内外甘蔗品种变迁概况.广西农业科学,1980(10).

[10] 罗青文.18个粤糖系列甘蔗品种系谱分析及育种建议.广东农业科学,2020,47(7).

[11] 覃宁.糖料蔗全程机械化的关键技术及发展建议.甘蔗糖业,2020,49(4).

[12] 邓军.甘蔗新品种在耿马蔗区轻简栽培产量及经济效益的比较.热带作物学报,2020,39(3).

项目13 大豆栽培

学习目标

知识目标：①能陈述大豆的分类及当地主要栽培种的形态特征；②能系统简述大豆生长发育规律及其与环境条件的关系。

技能目标：①初步学会大豆的丰产技术；②能够应用基本理论指导大豆生产管理；③能规范实施大豆玉米带状复合国家级规程。

素质目标：①认同大豆进口的意义与粮食安全间的关系；②讨论"转基因大豆"的意义；③"全真全程式"实践教学，按质按量参加校内实训基地建设，培养吃苦耐劳、团队合作精神，积极开展协作与交流，体验分工合作的快乐。

内容提要

大豆是富含蛋白质的粮食作物，也是重要的工业原料作物。了解大豆的形态特征及其生长发育规律与环境条件的关系，在生产上便于采取相应的促控措施，实现高产优质。

主要内容：大豆概述；大豆栽培的生物学基础；大豆栽培技术。

任务一　大豆概述

知识目标：①能陈述大豆的起源与传播；②能系统阐述大豆在国民经济中的意义。

技能目标：能陈述我国大豆种植区的划分。

素质目标：①认同大豆进口的意义与粮食安全间的关系；②讨论"转基因大豆"的价值和意义。

1 大豆在国民经济中的意义

(1)大豆营养价值高。大豆籽粒营养丰富,富含蛋白质(37%～48%)、脂肪(16.3%～25%)、碳水化合物(26%～30%),还含有粗纤维(5.9%～6.6%)、粗灰分(5%～5.2%)。大豆蛋白质含量比小麦、稻米、玉米高2～4倍,而且质量好,含有人体所必需的8种氨基酸,种类全,特别是大豆蛋白质中含赖氨酸多,大豆蛋白属于"全价蛋白",易被吸收。豆油的质量好,含有大量的不饱和脂肪酸,不含胆固醇,因此大豆可代替肉类,食用豆油有防止因胆固醇升高而引起的心血管疾病的功效。大豆籽粒中碳水化合物的主要成分是乳糖、蔗糖和少量粗纤维,淀粉含量较少,是糖尿病患者的良好食物。此外,大豆还含有丰富的钙、磷、铁等矿物盐,钙的含量比小麦高12倍,磷比小麦高2倍,铁比小麦高2.6倍。这些矿物盐是保证人们神经和筋肉活动、骨骼形成以及碳水化合物代谢所不可缺少的。

(2)大豆是良好的饲料。大豆的籽粒、植株和榨油后的豆饼都是优质饲料。大豆秸秆含粗蛋白质5.7%,可消化率2.3%,饲料单位0.32,其营养成分高于麦秆、稻草、谷糠等,是牛、羊的好饲料。豆饼是营养价值很高的精饲料,豆饼含蛋白质42.7%～45.3%,脂肪2.1%～7.2%,碳水化合物22.4%～29.0%,纤维素4.8%～5.8%。豆饼蛋白质的可消化率一般较玉米、高粱、燕麦高26%～28%,易被牲畜吸收利用。青刈大豆是优质的青贮饲料,绿色的大豆植株可作青饲、青贮或直接放牧。

(3)大豆是重要的工业原料。大豆及其饼粕是重要的工业原料,可用来制作油漆、印刷、油墨、甘油、人造羊毛、人造纤维、塑料、胶剂、电木、照相胶卷、脂肪酸、卵磷脂等工业、医药产品,在食品工业中可作代乳粉、人造黄油等。

(4)大豆是养地作物。豆饼中含有丰富的氮、磷、钾等元素,是优质的有机质肥料。大豆根上长有根瘤,根瘤菌具有固氮作用。大豆是其他作物的优良前作,在轮作制中占有重要地位。

2 大豆的起源和分布

2.1 大豆的起源

栽培大豆起源于中国,由野生大豆进化而来,野生大豆遍及我国各地,而且有进化程度高低不同的各种类型。我国是世界上最早有大豆文字记载的国家,商代甲骨文中已有关于大豆的记载。我国种植大豆已有4 700多年的历史,欧美各国在19世纪后期才开始栽培大豆,美国从1840年才开始种植大豆,20世纪30年代,大豆栽培已遍及世界各地。

2.2 我国大豆的分布及种植区划

我国大豆栽培历史悠久,地域广阔。内蒙古、甘肃、青海及新疆、四川西部的一些高原寒冷干旱地区则无栽培;其自然限制界线大致在全年≥10 ℃积温1 900 ℃以下,年降水量在250 mm以下无灌溉设施的地区。

全国各地都有大豆种植,东北和华北最多。黑龙江、吉林、辽宁、河北、山东、河南、江苏、安徽等省产量较大。温度、降水、光照这3个主要气候因素在不同地区差别较大,影响我国大豆的分布和区别品种类型,形成不同耕作制度,也是区划的重要依据。

2.2.1　北方一年一熟春大豆区

主要分布在东北三省，内蒙古，陕西、山西、河北的北部，甘肃大部，青海东北和新疆部分地区。面积占全国的45%左右，总产占全国的40%左右，包括4个副区。

(1)东北春大豆区，我国大豆的主产区。

(2)华北春大豆区。

(3)西北黄土高原春大豆区。

(4)西北春大豆灌溉区。

2.2.2　黄淮流域夏大豆区

主要分布在山东，河南中北部，河北中南部，江苏、安徽北部，关中平原、甘肃南部和山西南部。面积占全国的33%左右，总产占全国的35%左右。包括2个副区。

(1)黄淮平原夏大豆区。

(2)黄河中游夏大豆区。

2.2.3　长江流域夏大豆区

主要分布在河南南部，汉中南部，江苏、安徽南部，浙江西北部，江西北部，湖南、湖北、四川大部，广西、云南北部。面积占全国的15%左右，总产占全国的17%左右。

2.2.4　东南秋大豆区

主要分布在湖南、广东东部、江西中部和福建大部。面积占全国的5%左右，以秋季大豆为主。

2.2.5　华南大豆区

主要分布在广东、广西、云南南部。面积和总产很少，可一年四季种植。

3　大豆的生产概况

3.1　世界大豆生产概况

目前，全世界大豆生产国有60多个，主产国有美国、巴西、阿根廷、印度、中国、巴拉圭、加拿大、乌克兰、玻利维亚、乌拉圭等。全球大豆生产高度集中，根据美国农业部数据，2020年巴西和美国大豆收获面积分别为3 869万 hm^3 和3 330万 hm^3，占全球总面积的30%和26%，两国合计面积超过全球一半。与大豆收获面积水平一致，巴西、美国大豆产量也位居全球前2位。巴西和美国生产规模变化趋势截然不同：巴西大豆种植规模明显上升，占全球总面积比重从2000年的18%上升至2020年的30%，增加了近12%；美国大豆种植规模前期稳定在3 000万～3 500万 hm^3，但近几年面积和产量双双下滑，2017年被巴西超越。美国大豆相对衰退。

巴西、美国是全球大豆的主要出口国，世界大豆产量与出口情况见表13-1。

表 13-1 世界大豆产量与出口情况 万 t

产量与出口	年份		
	2000	2010	2020
世界总产	16 114	26 509	35 346
美国产量	7 506	9 066	11 255
巴西产量	3 282	6 876	12 180
世界出口	4 738	9 732	17 337
美国出口	2 719	4 235	6 457
巴西出口	1 152	2 907	8 297

数据来源:联合国粮农组织数据库 FAOSTAT。

3.2 中国大豆生产概况

大豆在我国农业生产中具有非常重要的地位,它既是我国最主要的植物油来源,也是重要的植物蛋白来源。20 世纪 90 年代中期以来,随着我国人民生活水平的提高,国内对于植物油和动植物蛋白的需求增加,大豆需求迅速增长。为了满足国内的需求,我国逐步放开了国内市场,进口大豆、豆油急剧增长,由此大豆生产引起了社会较多的关注(表 13-2)。我国各地都有大豆种植,以东北和华北为多,种植面积最大的省(自治区)有:黑龙江、内蒙古、安徽、河南、吉林、山东、河北、辽宁等。我国大豆生产单产不高,总产不稳,年度丰歉变化大,地区间不平衡。我国大豆的单产水平不高,其主要原因并不在于品种的产量潜力低,而在于生产条件较差和栽培措施不合理。因此,改善大豆的生产条件,提高大豆的栽培技术水平,对发展我国的大豆生产具有重要意义。

表 13-2 中美大豆单产水平比较 kg

单产情况	年份		
	2000	2010	2020
美国亩产	171	195	225
中国亩产	110	118	132
亩产差距	60	77	93

数据来源:国家统计局,联合国粮农组织数据库 FAOSTAT。

2020 年中国大豆播种面积为 988 万 hm^2,占全球总面积的 7%,排在全球第 5 位。

中国是全球最大的大豆进口国,2020 年我国进口大豆 10 033 万 t,占全球大豆总进口量的 60%,而国产大豆产量 1 960 万 t,不足进口的 20%,就贸易关系而言,我国进口大豆主要来源于巴西和美国,从两国进口量超过总进口量的 80%(表 13-3)。

表 13-3 我国大豆生产与贸易情况

生产与贸易情况	年份			
	2000	2010	2020	2021
播种面积/亿亩	1.40	1.31	1.48	1.26
总产量/万 t	1 541	1 541	1 960	1 640

续表 13-3

生产与贸易情况	年份			
	2000	2010	2020	2021
进口/万 t	1 042	5 480	10 033	9 652
出口/万 t	22	17	8	8
自给率/%	60	22	16	15

数据来源：国家统计局，海关统计 2022。

学习产出与评价

1. 能陈述我国大豆种植区的划分。
2. 能陈述大豆进口的意义与粮食安全间的关系。

任务二 大豆栽培的生物学基础

知识目标：①能准确陈述大豆分类及不同品种的形态特征；②能陈述大豆的生育特性及其与环境条件的关系；③能陈述大豆产量与品质的形成要素。

技能目标：①能根据形态特征识别常见品种；②学会大豆 6 个生育时期的田间记载标准。

1 大豆的分类

大豆属于豆科大豆属的一年生草本植物。我国大豆产区通常分为北方春大豆区、黄淮流域夏大豆区和南方大豆栽培区。

1.1 按照播种区生态类型

(1)春大豆型。春大豆型包括北方春大豆型、黄淮春大豆型、长江春大豆型、南方春大豆型。其短日性弱，北方春大豆型和长江春大豆型中的极早熟和部分早熟品种，在较长光照甚至不间断光照的条件下仍能开花。

(2)夏大豆型。夏大豆型又分黄淮夏大豆型和南方夏大豆型，其短日性较强，在 16 h 日长下即不能开花。

(3)秋大豆型。秋大豆型短日性极强，在 14 h 日常下即不能开花。

(4)冬大豆型。冬大豆型分布在我国北回归线以南地区，以两广南部为主，11 月秋熟作物收后播种，翌年 3—4 月收获。短日性较弱。

1.2 按照种皮色

(1)黄大豆。种皮为黄色。

(2)青大豆。种皮为青色。

(3)黑大豆。种皮为黑色。

(4)其他色大豆。种皮为褐色、棕色、赤色、杂色。

(5)饲料豆。一般籽粒较小，呈扁长椭圆形(肾脏形)。

1.3 按照生育期

(1)早熟品种。

(2)中熟品种。

(3)晚熟品种。

1.4 按照粒重

(1)大粒品种:百粒重>20 g。

(2)中粒品种:百粒重 13～19.9 g。

(3)小粒品种:百粒重<12.9 g。

2 大豆的形态特征

2.1 根

大豆的根属于直根系,由主根、侧根、根毛和根瘤组成。根系入土深度为 1 m 左右,整个根系形如钟罩。80%以上根系分布在 5～20 cm 土层中,10%分布在 20～30 cm 土层中,少量根系分布在 30 cm 土层以下。根毛是幼根表皮细胞外壁向外突出形成的。根毛寿命较短,大约几天更新一次。根毛密生使根具有巨大的吸收表面。

大豆根系着生许多根瘤,根瘤主要集中在 5～20 cm 的根层中。根瘤菌以大豆植株光合产物作为能源,同时吸收空气中游离的氮素,固定成含氮化合物,供大豆生长发育之需。

大豆根的内部构造分为表皮、皮层、内皮层、维管束鞘、形成层、韧皮部和木质部。

2.2 茎

大豆的茎近圆柱形略带棱角,包括主茎和分枝。大豆栽培品种有明显的主茎,一般主茎高度在 30～150 cm。茎粗变化也较大,其直径在 6～15 mm。主茎一般具有 12～20 节,但有的晚熟品种有 25 节,有的早熟品种仅有 8～9 节。大豆幼茎有绿色与紫色两种,绿茎开白花,紫茎开紫花。茎上生茸毛,灰白或棕色,茸毛多少和长短因品种而异。主茎上部腋芽多形成花芽,下部腋芽可形成分枝,单株分枝一般 2～6 个,多的 10 个。生长环境条件良好时,有利主茎基部腋芽早发育成分枝,分枝多且粗壮的大豆单产高。

按主茎生长形态,大豆可分为蔓生型、半蔓生型、直立型。分枝与主茎所成角度的大小、分枝的多少及强弱决定着大豆栽培品种的株型。按分枝与主茎所成角度大小,可分为开张型、半开张型和收敛型 3 种。按分枝的多少、强弱,又可将株型分为主茎型、中间型、分枝型 3 种。

2.3 叶

大豆属于双子叶植物,叶有 4 种不同类型,即子叶、真叶、复叶和先出叶 4 种。

(1)子叶。是大豆种子胚的组分之一,也称种子叶。子叶有两片、对生,未出土前为黄色或黄绿色,出土见光后变为绿色,可进行光合作用。一般在发芽后 20 d 左右脱落。

(2)真叶。大豆子叶展开后约 3 d,随着上胚轴伸长,从子叶上部节上长出两片对生的单叶与子叶成直角互生,即为真叶。每片真叶由叶柄、两枚托叶和一片圆形单叶组成。真叶为胚芽内的原生叶,叶面密生茸毛。

(3)复叶。大豆出苗 2～3 周,在真叶上部长出的完全叶即为复叶,大豆的复叶包括托叶、叶柄和叶片 3 部分，每一复叶的叶片包括 3 片小叶片，呈三角对称分布，所以大豆复叶称为三出复叶。植株上部叶片较下部叶片细长，在多数条件下，阔叶形的品种产量较高，狭长叶形的品种透光性好，适于密植栽培。

(4)先出叶。在分枝基部两侧和花序基部两侧各有一对极小的尖叶，称为先出叶，呈鳞片状。

2.4　花

大豆的花着生在叶腋间或茎的顶端，为总状花序。花朵聚生在花梗上称为花簇。每花序一般有 10～15 朵花，多的可达 40 朵。大豆的花由苞片、花萼、花冠、雄蕊和雌蕊 5 部分组成。花比较小，为蝶形花，花朵为苞片所包围，花冠由 5 个花瓣组成(旗瓣 1 个，翼瓣 2 个，龙骨瓣 2 个)，雄蕊 10 枚，雌蕊 1 枚。花的颜色有白色和紫色，花色是品种的重要特征。大豆是自花授粉作物，花朵开放前即已完成授粉，天然杂交率为 0.1%～0.5%。

2.5　荚

大豆的果实为荚果，由受精子房发育而成，子房壁发育成豆荚。荚的表皮被茸毛，个别品种无茸毛，荚成熟后呈草黄、灰、褐、黑等色。豆荚形状分直形、弯镰形和弯曲程度不同的中间形。栽培品种每荚多含 2～3 粒种子。荚粒数与叶形有一定的相关性。有的披形叶大豆，4 粒荚的比例很大，也有少数 5 粒荚，卵圆形叶、长卵圆形叶品种以 2～3 粒荚为多数。根据大豆荚果在植株上分布和生长习性，通常可分为 3 种类型。

(1)无限结荚习性。主茎和分枝的顶芽不转变成顶端花序，在适宜环境条件下，可保持继续生长的能力，常常一面开花结荚，一面进行茎叶生长，其营养生长与生殖生长重叠时间较长，开花顺序是主茎基部的花朵先开，然后由下向上，由内向外陆续开放。这类品种开花早、花期长(30～40 d)。

(2)有限结荚习性。在开花后不久主茎和分枝顶端即形成一个顶生花簇和荚果，以后节数不再增加，茎秆停止生长开花较晚、花期短(15～20 d)。豆荚比较集中，多集中在中上部。一般在水、肥充足的条件下，有限结荚习性品种生长旺盛，不易倒伏，产量高，在不良条件下开花少、结荚少、产量低，年际之间产量不稳定。适于在生长季节较长的地区栽培。多属早熟或中熟品种。

(3)亚有限结荚习性。这种结荚习性介于以上两种习性之间而偏于无限习性，由主茎基部先开花，逐渐向上开放，由内向外开花，这类品种顶端结荚率较高，不是结 1～2 个荚，而是形成一簇荚果，这类品种比无限结荚习性品种对肥、水条件要求高，在生产水平较高时能发挥生产潜力。

2.6　种子

大豆种子由受精的胚珠发育而成。大豆种子形状分为球形、椭圆形、长椭圆形和扁圆形 4 种。种子颜色可分为黄色、青色、褐色、黑色以及双色等，以黄色最多，种脐色有黑、褐、无色等，以种脐无色或色淡的商品价值较高。

3　大豆的生长发育过程

大豆的一生要经历种子萌发、出苗、幼苗生长、分枝、开花、结荚、鼓粒、成熟等过程，可分为以下 6 个生育时期：

(1)萌发期。从种子萌发到幼苗出土。大豆种子在土壤水分和通风条件适宜,播种层温度稳定在 10 ℃时,种子即可发芽。春大豆种子萌发、出苗时温度比较低,出苗时间比较长,一般 10～15 d,夏大豆 4～6 d。大豆种子发芽需要吸收相当于本身重量 120%～140%的水分。大豆子叶肥大、出土时顶土困难,所以播种深度不宜过深。田间半数以上子叶出土即为出苗期,子叶出土展开后开始进行光合作用。

(2)幼苗期。从幼苗出土到花芽分化前阶段。出苗后 2 片子叶展开,其幼茎继续伸长,上面的 2 片对生的单叶随即展开,此时称单叶期。随着幼茎不断伸长,长出第一片复叶,这时称 3 叶期。3 叶期地上部分增长速度较慢,地下根系生长较快形成根瘤。此期末根系初步形成,开始需要较多的水分和养分。幼苗期 20～30 d,为整个生育期的 1/5。

(3)花芽分化期。从花芽分化到开始开花。出苗后 20～30 d 即开始花芽分化,花芽开始分化时开始分枝,也是分枝期,一般历时 25～30 d。此时地上部生长旺盛,是决定分枝多少及花数的关键时期。花芽开始分化,植株进入营养生长和生殖生长并进时期,这时必须加强肥水管理,同时注意协调营养生长与生殖生长,达到株壮、枝多、花芽多、健康的要求。

(4)开花结荚期。从始花到终花为开花期,从软而小的豆荚出现到幼荚形成结荚期。由于大豆开花与结荚是交错的,所以这两个时期统称为开花结荚期。在这个时期,营养器官和生殖器官之间对光合产物竞争比较强烈,无限性品种尤其如此。开花结荚期是大豆生育最旺盛的时期,是需要水分和养分最多的时期,同时需要充足的光照。在前期苗全、苗壮、分枝多的基础上,花期应加强肥水管理,并使通透良好,以达到花多、荚多、粒多和减少花荚脱落的要求。

(5)鼓粒期。从豆荚内豆粒开始膨大起,直到最大的体积和重量时止称为鼓粒期。花开后 10 d 内,种子内的干物质积累增加缓慢,之后的 7 d 增加很快,大部分干物质是在这以后大约 21 d 内积累的。此时生殖生长占主导地位,营养物质开始转入籽粒和荚皮,要求加强后期田间管理,防止落荚、瘪荚、瘪粒。鼓粒期 35～45 d。鼓粒完成时的种子含水量约 90%。

(6)成熟期。从黄叶开始到完熟。叶片变黄脱落,豆粒脱水变硬,呈现品种固有的籽粒形状和色泽,这时种子含水已降至 15%以下,直到摇动植株时荚内有轻微响声,即为成熟期。一般 10 d 左右。

4 大豆的产量和品质形成

4.1 大豆的产量构成

大豆的籽粒产量是由单位面积株数,每株荚数,每荚粒数和粒重构成的。以上 4 个产量构成因素中任何一个因素发生变化都会引起产量的增减,理想的产量构成模式是 4 个因素同时增长。然而,同一个品种中,结荚多、每荚粒数多、大粒等优点结合在一起,是比较困难的,即使有这样的品种,也只有在适应密度的情况下才能获得高产。

对于同一个大豆品种来说,单位面积株数在一定肥力和栽培条件下有其适宜的幅度,伸缩性不大。每荚粒数在遗传上是比较稳定的,百粒重又受籽粒形体大小的限制,因此只有每株荚数是变异较大的因素。研究证明,单株荚数与产量呈显著正相关。培育强健主茎、增加主茎节数,是获得高产的有效途径。

4.2 大豆的品质形成及其影响因素

大豆种子的蛋白质、油分含量以及种皮色、脐色、光泽与利用要求及商品价值有关。

4.2.1 大豆籽粒中蛋白质积累

大豆成熟种子中含有37%～48%的蛋白质，在开花后的10～30 d中，幼嫩种子中含有各种氨基酸，氨基酸含量增加最快，所以毛豆当中营养丰富。后期氨基酸含量迅速下降，蛋白质含量逐渐升高。大豆种子中蛋白质的合成和积累，通常在整个种子形成过程中都可以进行，开始是脂肪和蛋白质同时积累，后来转入以蛋白质合成为主，后期蛋白质的增长量占成熟种子蛋白质含量的一半以上。

4.2.2 大豆籽粒中油分的积累

大豆籽粒含油率为16.3%～23%，在种子形成初期，首先在种子当中积累游离脂肪酸，然后再形成油脂。大豆籽粒含油量在开花后45 d以前，随种子成长而增加，其中又以开花后30 d左右增长最快，开花后45 d(乳熟期)达到高峰，以后略有下降。结荚鼓粒期是提高种子含油量的重要时期，籽粒形成后7 d又是提高种子干重和油分绝对含量的关键时期。

4.2.3 蛋白质、脂肪形成和积累的规律性

大豆籽粒油分与蛋白质含量之和约为60%，这两种物质在形成过程中呈负相关关系。油分和蛋白质的形成都需要现成的光合产物——糖。若环境条件利于蛋白质的形成，籽粒蛋白质含量即增加；反之，环境条件利于油分形成，则油分含量增加。

影响大豆品质的生态因素很多，概括起来有这样的规律性：土壤水分适中，天气晴朗，阳光充足，气温在21～23 ℃，对油分形成和积累有利，而蛋白质含量较低；反之，土壤干旱，高温闷热，或阴而多湿或气温较低等条件，对蛋白质形成和积累有利，而油分含量不高。大豆的优质栽培可根据用途确定，除选用适宜品种外，还应努力创造一个适宜油分或蛋白质合成积累的环境条件。

大豆的种皮色、脐色及光泽与利用要求及商品价值有关。黄大豆用途广、色泽好、商品价值高。特别是无色或淡脐色，无褐斑，无炸皮，粒大而圆的黄豆，外贸出口较受欢迎。青大豆煮熟性好，适于作蔬菜用。黄大豆含油量最高，青大豆、黑大豆依次递减。就脐色而言，淡褐色脐含油量最高，其次是黑脐、褐色脐。种皮光泽明亮，含油量较高，籽粒大小、形状与含油量多少有显著关系，一般大粒、圆粒含油量高，小粒、卵圆、扁圆含油量低些。

5 大豆对环境条件的要求

5.1 光照

大豆是短日照作物。据研究，大豆在出苗7 d后就进入了光照阶段，即开始对短日照起反应。在短日照条件下，大豆开花成熟提前，在长日照条件下大豆成熟延迟。大豆是喜光作物，光照强度对大豆产量的形成有显著的影响，阴雨天多，光照不足，严重影响大豆产量。

5.2 温度

大豆属于喜温作物，在温暖气候条件下生长较好。大豆种子在温度达到6～7 ℃时即可发

芽，但很缓慢；日平均气温在 16～20 ℃时，发芽快而整齐；当温度高达 33～36 ℃时，发芽虽迅速，但幼苗瘦弱。在大田播种期内，土温为 10～12 ℃，大豆种子可顺利发芽；在 17～18 ℃，出苗迅速整齐；低于 8 ℃时种子即使发芽，也只能扎根不易出苗，因为低温时，胚轴伸长受到抑制，子叶不能出土。

大豆的生长发育在进入花芽期后就需要较高的温度。花芽分化的适宜温度在 18～22 ℃，低于 12 ℃花芽不能进行分化，低于 20 ℃和高于 35 ℃则落花严重。温度超过 40 ℃，结荚率减少 57%～71%。鼓粒成熟期适宜的温度为 19～33 ℃，鼓粒期昼夜温差大，有利于光合产物的积累。

大豆整个生育期所需要的≥10 ℃的活动积温，因品种不同差异较大，夏播早熟品种约为 1 600 ℃，晚熟品种要求在 3 200 ℃左右。较高纬度的品种需要积温少，较低纬度的品种需要积温多。温度对大豆品质有一定的影响，昼夜温差大有利于大豆脂肪的形成和脂肪含量的提高，而在较低的温度条件下，有利于大豆蛋白质形成和提高蛋白质含量。

5.3 水分

大豆属于需水较多的作物。据研究，形成 1 g 大豆干物质需水 600～1 000 g。大豆由于各生育期的生理变化不同，群体结构各异，所以各期对水分的消耗也不同。发芽时，要求水分充足，土壤含水量在 20%～24%较适宜。幼苗期比较耐旱，此时土壤水分略少一些，有利于根系深扎。开花期，植株生长旺盛，需水量大，要求土壤湿润。结荚鼓粒期，干物质积累加快，此时要求充足的土壤水分。如果墒情不好，会造成幼荚脱落，或导致荚粒干瘪。

5.4 土壤

大豆对土壤条件的要求不严格。土层深厚、有机质含量丰富的土壤，最适于大豆的生长。大豆对土壤质地的适应性较强。砂质土、砂壤土、壤土、黏壤土乃至黏土，均可种植大豆，当然以壤土最为适宜。大豆要求中性土壤，pH 宜在 6.5～7.5。pH 低于 6.0 的酸性土往往缺钼，也不利于根瘤菌的繁殖和发育。pH 高于 7.5 的土壤往往缺铁、锰。大豆不耐盐碱。总盐量 <0.18%，NaCl<0.09%，植株生育正常，总盐量>0.60%，NaCl>0.06%，植株死亡。

大豆需要矿质营养的种类全，且数量多。大豆根系从土壤中吸收 N、P、K、Ca、Mg、S、Cl、Fe、Zn、Cu、B、Mo、Co 等 10 余种营养元素。氮：大豆富含蛋白质，氮素是蛋白质的主要组成元素。磷：磷素被用来形成核蛋白和其他磷化合物，在能量传递和利用过程中，也有磷酸参与。钾：钾在活跃生长的芽、幼叶、根尖中居多，钾和磷配合可加速物质转化，可促进糖、蛋白质、脂肪的合成和贮存。钙：大豆有“石灰植物”之称，成熟植株的含钙量为 2.23%。从大豆生长发育的早期开始，对钙的吸收量不断增长，大约在生育中期达到最高值，后来又逐渐下降。

学习产出与评价

1. 能陈述大豆的几种分类方法。
2. 能根据大豆形态特征进行品种识别。
3. 会分析大豆产量与品质的形成过程与影响因素之间的关系。
4. 学会大豆 6 个生育时期的田间记载标准及栽培技术任务。

任务三　大豆栽培技术

知识目标：①能叙述大豆种植制度；②能叙述丰产大豆对土壤的要求；③能陈述玉米/大豆复合带状种植模式要点。
技能目标：①初步学会大豆直播技术；②能规范实施大豆玉米带状复合国家级规程；③能识别大豆常见病虫害，并实施有效绿色防控技术；④能判断出大豆的适宜收获期。
素质目标：①"全真全程式"实践体验生产过程，参与整个生产管理和观察记载；②实习实训期间了解、体验农技服务的艰辛。

1　种植制度

1.1　合理轮作

大豆最忌重茬和迎茬。大豆重茬减产 20%～30%，迎茬减产 5%～10%。合理轮作换茬，可抑制病虫害发生，调节土壤养分，用地养地相结合。合理轮作应根据本地区的作物种植比例，以及不同作物对地力、肥力、空间合理利用和生产力水平来确定，在轮作中要充分发挥大豆的肥茬作用，使各种作物得到最有效的安排。

1.2　间作和套种

大豆玉米间作的方式在许多省份都普遍采用。间作比例非常重要，比例恰当，边行优势大，产量高，运用合适可获大豆、玉米双丰收。套种可充分利用生长季节，麦田套种大豆可比麦收后播种有明显增产效果，因为套种加长了营养生长期。

2　土壤准备

深耕或深松、细致整地，蓄水保墒、改善耕层通气条件，有利于大豆根瘤发育。大豆需排水良好、土壤深厚，并富含有机质的中性或微酸性土壤，适宜的土壤 pH 为 6.5～7.0，酸性土壤对大豆根瘤菌的发育不利。

3　播种

3.1　播前准备

(1)种子质量要求。品种的纯度应高于 96%，发芽率高于 95%，含水量低于 13%。挑选种子时，应剔除病斑粒、虫食粒、杂质，使种子净度达到 97%或更高。

(2)根瘤菌拌种。每亩用根瘤菌剂 0.25 kg，加水搅拌成糊状，均匀拌在种子上，拌种后不能再混用杀菌剂。拌种后的豆种要严防日晒，并需在 24 h 内播种，以防菌种失去活性。

(3)药剂拌种。为防治大豆根腐病，用 50%多菌灵拌种，用药量为种子量的 0.3%。大豆胞囊线虫为害的地块，播前需将3%的呋喃丹条施于播种床内，用药量为2～6.5 kg/亩。注意先施药后播种。呋喃丹还可兼防地下害虫。

3.2 播种期

适时播种是大豆丰产的重要基础。根据品种类型、种植制度、气候条件等灵活掌握。春大豆5～10 cm地温稳定通过8～10 ℃即可播种。其他大豆温度不是主要因素，应当尽早播种。北方春大豆的播种期主要受温度和无霜期的影响；而南方的秋大豆和夏大豆则主要受上茬作物的收获期制约。

3.3 播种方法

(1)精量点播。

(2)条播。播种深度关系到出苗的好坏，土质疏松、墒情不好的宜深些，土质黏重、墒情较好的宜浅些，一般深度在5 cm左右，过深不易出苗，过浅则易跑墒。

3.4 种植密度

种植密度应因地制宜，首先要保证苗全、苗齐，在此基础上，根据品种特性、水肥条件、播期早晚、管理水平确定合理种植密度。

(1)合理密植原则。肥田宜稀、瘦田宜密；晚熟品种宜稀、早熟品种宜密；开张型品种宜稀、收敛型品种宜密；早播宜稀、晚播(夏播)宜密；高温区宜稀、低温区宜密。

(2)合理密度的幅度。春大豆每公顷(12×10^4)～(19.5×10^4)株，秋大豆15×10^4株以上。夏大豆6月上旬播种，肥地每公顷19.5×10^4株，薄地每公顷12×10^4株左右；6月中下旬播种，肥地每公顷15×10^4株，薄地每公顷19.5×10^4株左右。

大豆种植方式涉及个体与群体的合理配置和协调发展，肥地宜采取宽窄行播种，有利于中耕培土，且大行封行较晚，有利于通风透光，可防止倒伏和增加产量。瘦地则选用株行等距离的种植方式。

4 田间管理

在大豆生育期间，只有加强田间管理，才能确保丰产。田间管理的主要任务是消除杂草，破除地表板结，疏松土壤，追肥，灌水，防治病、虫害等。

4.1 间苗和定苗

间苗是保证苗匀、苗壮，实行合理密植的有效措施。适时间苗的增产幅度为10%～30%。间苗的时间宜早不宜晚，通常在查苗补苗后到2片对生单叶平展时进行，掌握“去弱留强，去杂留纯，去病留壮”的原则，再按计划留苗密度定苗，一般进行1次，劳动力多的地方可分次进行，但应在3叶期以前完成。

4.2 中耕除草

中耕主要目的在于消灭杂草，破除地面板结；中耕的另一目的是培土，起到防旱、保墒，提高地温的作用。在大豆生育期间中耕除草一般进行2～3次。第1次在齐苗期，此次中耕只要掌握锄地不埋苗原则，尽量早锄，避免出现草荒；第2次在定苗后，苗高10～12 cm时进行；第3次在前次中耕15 d之后，并在大豆封垄前结束，以免造成花荚脱落，影响产量。

目前，大豆化学除草是省工高效的除草措施。应用的除草剂类型多，更新也快。一些土壤处理剂易光解挥发，喷药后要立即与土壤混合，可用钉齿耙耙地，耙深10 cm，然后镇压。此项措施在早春干旱的地区不宜采用。

4.3 施肥

大豆是需肥较多的作物，每生产100 kg大豆种子，需吸收纯氮6.5 kg、有效磷1.5 kg、有效钾3.2 kg，三者比例大致为4∶1∶2，高于水稻、小麦、玉米。根瘤菌具有固氮作用，但供给大豆的氮也仅占大豆需氮总量的25%～60%，还必须施用一定数量的氮、磷和钾肥，才能满足其正常生长发育的需求。

(1)基肥。以农家肥为主。多施有机肥，不仅有利于大豆生长发育，而且有利于根瘤菌的繁殖和根瘤的形成，增强固氮能力。当每亩施用有机质含量在6%以上的农家肥2～2.5 t时，可基本保证土壤有机质含量不致下降。大豆播种前，施用有机肥料结合施用一定数量的化肥，尤其是氮肥，可起到促进土壤微生物繁殖的作用。适宜的施肥比例是1 t有机肥掺3.5 kg氮肥。

(2)种肥。种植大豆，最好以磷酸二铵颗粒肥作种肥，每亩用量8～10 kg。每亩施用尿素3.5～4 kg，随种下地，但要注意种、肥隔离，以免烧种。在大豆播种前可以用钼肥等微量元素肥料拌种。

(3)追肥。大豆需氮素虽多，但由于其自身具有固氮能力，因此需要施用的氮肥并不太多。

中等以下肥力田块，适时适量施用氮肥有较好的增产效果。肥力较高的田块则不明显，施用过多不仅浪费，而且还会造成减产。大豆分枝期到开花初期施氮肥，是国内外公认的增产措施，一般施用尿素3～5 kg或硫酸铵4～10 kg，因土壤肥力和植株长势而异。

(4)根外追肥。开花结荚期是需要各种营养元素最多的时期，而进入鼓粒期后植株开始衰老，吸收能力下降，大豆常因缺肥而造成早衰减产。为了防止大豆鼓粒期脱肥，可在鼓粒初期进行根外(即叶面)追肥，喷施微量元素如钼、硼、锌、锰，有增产效果。钼和磷配合喷施，效果更好。结合根外喷肥，在肥液中加入适当品种和适量的植物生长调节剂，调节植物的生长和发育。

4.4 灌溉

4.4.1 需水规律

大豆需水较多，每形成1 g干物质需水700 g左右。其中发芽、开花、结荚和鼓粒4个生育期是需水的关键时期。播种—出苗耗水量占5%，出苗—分枝耗水量占13%，分枝—开花耗水量占17%，开花—鼓粒耗水量占45%，鼓粒—成熟耗水量占20%。

4.4.2 灌溉

一般情况下，大豆一生灌溉3～4次，主要在花期、结荚期和鼓粒期。大豆灌水以渗湿田土为原则，不能使田内积水过久，否则易引起豆叶卷曲发黄，豆根霉烂。因此，灌水使土壤湿透后即应排去积水，切忌大水漫灌。大豆虽然比较抗涝，但地面如有积水，即使时间很短，也会影响大豆的生长发育而导致减产。因此，在多雨季节必须做好清沟排水工作。

4.5 病虫草害绿色防控措施

大豆的病害主要有霜霉病、病毒病等；虫害有豆天蛾、造桥虫、卷叶螟、食心虫、豆蚜虫等；

草害除单子叶和双子叶杂草外，还有寄生性杂草菟丝子。大豆病虫草害严重威胁产量和质量的提高。在防治措施上应贯彻防重于治的方针，加强病虫害尤其是虫害的预测预报工作，同时要做到科学用药，适时防治。采用以农业防治、生物防治和物理防治为主，化学防治为辅的绿色防控措施。

绿色防治技术是发展现代农业的必要条件，可以减少农药、化肥等的使用，从根源上减少食品上农药残留，践行国家倡导的食品安全政策，也是提高大豆质量安全，促进农业发展的有效手段。

(1)农业生态防控。培育抗逆性强的大豆品种；精选种子；合理密植；科学施肥，因地制宜，因时制宜；保护品种多样性；合理轮作等。

(2)物理防控。即采用物理工具对害虫进行诱捕消灭，如太阳能杀虫灯。可以采用声音驱虫的方法，在扬声器中播放害虫天敌的声音，以此达到驱虫的目的。也可以使用带有害虫喜欢的味道与黏性的液体混合放置于田间进行诱杀。还可以利用防虫网、防虫膜等工具对害虫进行拦截捕捉。

(3)生物防控。即利用其他生物来灭杀害虫，也就是常见于大豆植株上的害虫的自然天敌，如微小花蝽、中华通草蛉、龟纹瓢虫以及异色瓢虫等，利用害虫的天敌应对病虫害是大豆绿色防控技术的一项重要举措。

(4)化学防控。使用高效低毒的环境友好型农药，重点推广使用生物用药，确保做到准确、及时，有效防治病虫害。

4.6 生长调节剂的应用

大豆在生长发育的不同阶段有时会出现生长发育不协调的现象。植物生长调节剂的应用为防止大豆徒长、减少花荚脱落找到了新的途径。生长调节剂有的能促进生长，有的能抑制生长，应根据大豆的长势选择适当的剂型。目前使用的植物生长调节剂主要有以下几种：①2,3,5-三碘苯甲酸(TIBA)：抑制大豆营养生长、矮化秸秆、增花增粒、促进早熟。②增产灵(4-碘苯氧乙酸)：能促进大豆生长发育，可防止花荚脱落，促进增粒增重，一般可增产10%左右。③矮壮素(2-氯乙基三甲基氯化铵)：使大豆节间缩短、秸秆粗壮、叶片加厚，可抑制徒长，防止倒伏。

5 收获与贮藏

大豆收获是实现丰产丰收的最后一个关键性措施。大豆对收获期的要求较严，收获过晚，一部分荚果开裂，会造成产量损失；收获过早，未成熟荚果比例大，产量也会降低。大豆一般在80%～90%叶片脱落，茎荚变黄色或褐色，籽粒呈现品种固有色泽，籽粒与荚壳脱离，摇动植株有响声时即为收获适期。可人工收获或机械收获。

大豆种子含水量降到12%～13%即可入库贮藏。

知识拓展

科技前沿——大豆玉米带状复合关键技术

学习产出与评价

1. 能陈述大豆栽培技术要点，并能初步指导生产。
2. 能准确识别大豆病虫害，并能做到有效地绿色防控。
3. 能够判断大豆的适宜收获期。
4. 能规范实施大豆玉米带状复合种植技术。

思考与练习

1. 大豆的结荚习性有哪些？它与品种布局有何关系？
2. 大豆的一生可划为哪些生育时期？如何划分？
3. 试述大豆的需肥特点和施肥技术。
4. 大豆田间管理主要有哪些关键性环节？

参考文献

[1] 刁操铨. 作物栽培学各论(南方本). 北京：中国农业出版社，1994.
[2] 胡立勇，丁艳锋. 作物栽培学. 北京：高等教育出版社，2008.
[3] 刘玉凤，张翠翠. 作物栽培. 北京：高等教育出版社，2009.
[4] 姚建英，张文明. 大豆病虫害绿色防控技术. 农家科技(下旬刊)，2020(7)：33.
[5] 王莹. 探究大豆病虫害绿色防控技术. 新农业，2020(1)：11-12.
[6] 孙艳娟. 大豆病虫害绿色防控技术. 农民致富之友，2018(15)：25.

实训项目任务书

实训一　观察识别常见农作物及其分类

一、实训产出及评价标准

①认识和熟悉主要大田作物在田间生长期间的形态特征。

②学会利用形态学特征认识和区分各种大田作物及其代表性类型和代表性品种。

③观察和了解不同栽培措施处理对大田作物生长发育及产量性状田间表现的影响。

④自行设计表格或其他表达形式，就本次观察的作物在田间生育的最主要特征进行概括总结。

二、先期准备

根据教学需要，设计和建立主要农作物种、品种、生态类型及典型品种的种植区，并按一般生长要求进行管理。

三、内容和方法

(一)时间安排

本次实习分2次进行：第一次在6月上旬末或中旬初，主要识别夏收作物（各种麦类作物、油菜、亚麻、甜菜、蚕豆、豌豆等）的成株和近成熟时的形态表现以及春播作物（黍类作物、甘薯、大部分豆类作物及花生、大部分麻类作物、棉花等）的苗期形态。第二次在8月底到9月初，主要认识春播作物的成株及近成熟期的形态特征。

(二)主要内容

1. 禾谷类作物

麦类作物和黍类作物。

(1)麦类作物。主要在6月花序（穗）已完全长出或接近成熟时，观察其在田间生长的情况。利用田间春播小苗，观察其与黍类作物在田间的区别（不作为主要内容）。麦类作物主要有以下几种。

小麦：①在与其他麦类作物邻近的标本区观察普通小麦与其他麦类作物成株的区别。尤其注意叶形、株高、穗的形态和结构等易区分的性状。②在另一个小麦种的展示区观察普通小麦与野生一粒小麦、硬粒小麦、圆锥小麦、波兰小麦、波斯小麦、玛迦小麦、瓦维洛夫小麦、密穗小麦等小麦种的田间形态和主要区别。③在科研区和高产示范区观察不同小麦主栽品种、不同栽培措施处理的直观表现。

大麦：①在与其他麦类作物邻近的标本区观察大麦与其他麦类作物成株的区别。尤其注意叶形、株高、穗的形态和结构等易区分的性状。②观察二棱大麦、中间型大麦、多棱大麦(包括四棱大麦和六棱大麦)的田间生长情况，要特别讲解和引导学生区分大麦各个亚种在株高、生长繁茂性、穗的形状和构造等方面的区别。③典型品种观察。

燕麦：①在与其他麦类作物邻近的标本区观察燕麦与其他麦类作物成株的区别。尤其注意叶形、株高、穗的形态和结构等易区分的性状。②观察普通燕麦和裸燕麦(莜麦)在田间生长的区别。

黑麦：在与其他麦类作物邻近的标本区观察黑麦与其他麦类作物成株的区别。尤其注意叶形、株高、穗的形态和结构等易区分的性状。

小黑麦：在与其他麦类作物邻近的标本区观察小黑麦与其他麦类作物成株的区别。特别注意小黑麦与小麦和黑麦的形态学差异。

另外，在近旁的黑麦草生产区观察黑麦草与黑麦在分蘖性、穗型等方面的异同点。

(2)黍类作物。6 月观察幼苗，秋季观察成株，注意两次观察相互印证。

水稻：①在与其他禾谷类作物邻近的标本区观察水稻与其他禾谷类作物的区别。尤其注意叶形、穗的形态和结构等易区分的性状。②观察籼稻与粳稻、非糯稻与糯稻、稻与稗在田间生长的群体和个体性状，特别注意其异同点。

玉米：①在与其他禾谷类作物邻近的标本区观察玉米与其他禾谷类作物的区别。②观察玉米的 9 个亚种或类型在田间生长的形态差异。③在玉米科研或高产示范田观察不同品种或不同栽培措施条件下玉米的生育状况。

高粱：①在与其他禾谷类作物邻近的标本区观察高粱与其他禾谷类作物的区别。②观察高秆与矮秆，散穗与密穗，粒用、帚用、糖用、饲用、兼用，单穗与多穗高粱在田间的生育状况及其异同点。

粟(谷子)：①在与其他禾谷类作物邻近的标本区观察谷子与其他禾谷类作物的区别。特别要注意观察由于各级分枝的长短、数目、距离的不同而形成的各种穗型的田间表现。②注意区分谷子与黍稷、稗、蜡烛稗、龙爪稷等粟类作物的区别。

黍稷：①注意区分黍稷与谷子、稗、蜡烛稗、龙爪稷等粟类作物。②注意观察黍和稷在株型、穗型、穗上分枝的倾斜度、分枝弹性、籽粒大小、落粒性等方面的差异。

2. 豆科作物

(1)花生。6 月观察幼苗，9 月观察成株。主要包括：①与其他豆科作物在形态上的异同。②4 大类型及其代表性农家品种的田间生长状况。

(2)大豆。6 月观察幼苗，9 月观察成株。主要包括：①与其他豆科作物在形态上的异同。②不同生长习性、不同株型大豆类型及其代表性品种的田间生长状况。

(3)蚕豆和豌豆。6 月观察成株。主要包括：①与其他豆科作物在形态上的异同。②蚕豆与豌豆在株型、叶的类型、荚果生长习性和形状上的异同。③紫花豌豆与白花豌豆的异同点。

④多叶豌豆、少叶豌豆及无叶豌豆的形态差异。

(4)绿豆、小豆、豇豆、扁豆、蚕豆等食用豆类作物。6月观察幼苗,9月观察成株。主要观察各种豆类作物在田间的生长特点及各种作物之间的异同。

3. 甘薯和马铃薯

6月观察甘薯幼苗和马铃薯成株,9月观察甘薯成株。主要内容是:①两种作物在田间的生育性状。②甘薯的不同株型、叶形、叶色等类型的区别。

4. 麻类作物

6月观察亚麻成株和其他麻类作物幼苗,9月观察除亚麻之外的麻类作物成株。①主要观察各种麻类作物的田间生育表现及不同麻类作物的异同点。②注意区分油用、纤维用和兼用亚麻;长果种和圆果种黄麻;大麻雄株和雌株;紫秆和绿秆苘麻;苎麻在北方栽培(观察标本用)的特殊防护技术。

5. 芝麻

6月观察幼苗,9月观察成株。注意区分不同分枝类型、结蒴类型、叶形等性状。在9月注意观察田间水分状况对生育的影响(水涝死苗等)。

6. 油菜

6月观察成株,注意区分芥菜型、白菜型和甘蓝型的差异。

7. 牧草类

一般在牧草的苗期和成株期进行两次观察,在两次观察中根据田间牧草作物的种植情况认识不同牧草种、栽培管理措施的影响等。

8. 药用作物

根据田间种植情况、时间和教师背景知识,适当参观认识主要药用作物。

9. 注意观察

适当注意观察各类作物的主要伴生杂草、病虫害的田间发生情况。

四、作业报告

自行设计表格或其他表达形式,就本次观察的作物在田间生育的最主要特征进行概括总结。

实训二 “守望乡村,传递梦想”假期关爱行动

一、实训产出及评价标准

①就青年学生当前参与乡村建设的情况进行访谈。

②就青年在农村产业发展的领域,助力解决乡村发展过程中存在的困难和问题进行访谈,提出相关的建议。

③就农情进行访谈,激发学生心系祖国和家乡的家国情怀,引导学生“懂农业、爱农村、爱

农民”。

④通过访谈认知社会系统性思维和创新性思维能力在基层工作中的重要意义，立志扎根基层和乡村，在实践中增长智慧才干，在艰苦奋斗中锤炼意志品质。

⑤每位同学能独立完成一篇调查报告。教师通过阅览学生寒暑假的调查报告，分析学生查阅资料、收集信息和写作能力，并对学生的阅读、思考、表达和相处 4 个能力作出评价。

二、假期实训项目简介

采用体验式教学模式，运用“服务学习”教学理念与实施方式进行课程设计，强调把社会实践服务活动与课程学习相结合，弘扬劳动精神，助力当地发展，同时提升学生服务“三农”的综合素质与能力。实践内容含国家政策普及宣讲、科学技术普及、国情社情观察、教育关爱服务、文化艺术服务、美丽中国实践、红色文化传承等，引导学生了解农情，使大学生从学习实践中夯实担当之基。

三、项目实施内容

服务“三农”专业能力提升训练

知识点	思政要点	参考案例名称
中国乡村发展现状	社会认知、家国情怀	案例 1：让青年从“离家雁”“淘金客”成为“自家人”。 资料来源：中国青年杂志　作者：共青团中央维护青少年权益
乡村振兴战略五大中心任务	国情教育、文化自信、生态文明	
乡村振兴中的青年参与和发展	使命担当、爱国情怀	
服务地调研分析	理想信念、责任担当、劳动精神	案例 2：广东汕头潮南革命老区大力发展“红色旅游＋绿色经济”。 案例来源：学习强国《广东学习平台》　作者：王开颖
访谈技巧	人文素养、沟通合作	
教学方法与技巧	职业素养、科学精神	

四、作业

对本次访谈进行归纳小结，并形成调研报告，提交任课教师。

实训三 耕地质量检查

——(以冬小麦为例)的播种技术及播种质量检查

一、实训产出及评价标准

①以冬小麦为例,能陈述禾谷类作物播种技术的要点。

②以冬小麦为例,学会禾谷类作物播种质量的检查步骤和方法。

③根据当天的播种现场,确定播种期、播种量和播种深度是否合适,为什么?

④能陈述此次实习的收获和体会。

二、工具和设备

播种机、种子、皮尺、钢卷尺、种子收集器皿、小磅秤(或杆秤、托盘天平,根据播种面积和所用种子量确定)。

三、内容和方法

(一)播种技术

一般包括播种期、播种量、播种方式、播种深度的确定及播种前土壤、种子和农机具的准备工作等。

1. 播种期的确定

"不违农时,适时播种"是作物壮苗的基础,也是增产的关键措施之一。对冬小麦而言,一般在日平均气温 16～18 ℃时播冬性品种,14～16 ℃时播半冬性品种,12～14 ℃时播春性品种。

2. 播种量的确定

一般按以下公式计算:

播种量(kg/hm^2)=要求的基本苗数(万/hm^2)÷(每千克种子粒数×田间出苗率)

但是要注意,对所使用的一批具体的种子,需要根据质量检验结果校正播种量,以保证所要求的基本苗数。

$$实际播种量(kg/hm^2)=\frac{要求的基本苗数(万株/hm^2)}{每千克种子粒数\times种子用价\times田间出苗率}$$

$$每千克种子粒数=\frac{1\,000(g/kg)\times1\,000}{千粒重(g)}$$

$$种子用价(\%)=种子净度(\%)\times发芽率(\%)$$

3. 播种方式

生产上常见的播种方式有窄垄窄行条播、宽垄宽行条播及大小垄条播等。冬小麦目前生产上一般以窄垄窄行条播和大小垄条播为主，窄垄窄行条播的行距为 15～20 cm，大小垄条播有(13.3＋26.7) cm 和(16.7＋16.7＋26.7) cm 等。

4. 播种深度

一般适宜的播种深度为 3～5 cm。另外要注意：黏性土稍浅，沙性土稍深；土壤湿度大宜浅，土壤湿度小宜深；小粒种子宜浅，大粒种子宜深。

5. 土壤和种子的准备

(1)土壤准备。整地前要施足底肥。整地质量要求达到“深、透、净、细、平、实”。播种时，土壤水分应保持在田间持水量的 70%～80%。低于 60%而近期又无望降雨时，应考虑灌底墒水。

(2)种子准备。选好品种。做好选种、晒种和包衣或药剂拌种。

6. 播种机的调整

播种机上一般都有播种量调整和指示装置，调整以后所指示的播种量一般为单位面积播种的种子重量。但是由于拌种方法、播种行距等的调整，所指示的播种量与实际播种量不一定完全符合，因此应进行调整。调整可分两步进行。一是播种前调整，二是播种时进一步调整。

(1)播种前调整。把播种机行走轮架起，转动行走轮到一定转数后停下，检查播种管播种量与计划播种量是否相符。反复做 2～3 次，直到调整达到相符时为止。然后把排种轮固定好。

①转动播种机行走轮时播种管应排出种子的重量，可用下式计算：

$$\text{行走轮转 } n \text{ 转的排种量} = \frac{n \times \text{计划播种量}(\mathrm{kg/hm^2}) \times \text{行走轮周长}(\mathrm{m}) \times \text{播种机工作幅}(\mathrm{m})}{10\,000(\mathrm{m^2/hm^2})}$$

②用拖拉机牵引播种机走一定距离，把排种管排下的种子收集起来，按以下公式计算调整：

$$\text{每米行长应播的种子粒数} = [\text{计划播种量}(\mathrm{kg/hm^2}) \times \text{每千克种子粒数} \times \text{行距}(\mathrm{m})]/10\,000$$

(2)播种时调整。由于整地质量的关系，播种机工作时播种量有所变动。要根据每米行长实际落粒数进一步调整播种机的播种量，以保证要求的基本苗数。

(二)播种质量的检查

无论机播还是耧播，都要进行播种质量检查。主要检查播种量多少、播种深度、覆土情况、有无漏播、重播，播种机的划印器是否合适，行距是否符合要求等。对播种量的检查，可在播种机走过之后，沿播种沟把覆土扒开，量一定长度，数一数落粒数，计算播种量是否合适，并测量播种深度。如不符合要求，应进一步调整，确保播种质量。

四、作业报告

(1)根据当天的播种现场，确定播种期、播种量和播种深度是否合适，为什么？

(2)通过这次实习，什么收获和体会？

实训四 作物秸秆还田实践

一、实训产出及评价标准

(1)知道作物秸秆还田的要求和意义。
(2)学会主要作物秸秆还田的基本方法。
(3)根据学生操作的实际表现和实习总结报告质量评定成绩。

二、材料和用具

玉米田块作物秸秆还田,适量的肥料、小麦种子,锄头、铅笔、记录本等。

三、方法步骤

(1)厢沟式埋草还田技术。
①开厢挖沟。②埋草方法。
(2)稻草还田免耕种植技术。
(3)麦秆覆盖还田,水稻抛秧免耕种植技术。
(4)旱地作垄麦秆还土技术。

四、作业

根据实践操作,撰写实习总结报告。

五、考核评估

根据学生操作的实际表现和实习总结报告质量评定成绩。

实训五 水稻形态特征观察和籼稻、粳稻及糯稻、非糯稻的识别

一、实训产出及评价标准

(1)熟悉水稻的植物学特征,识别籼稻、粳稻及糯稻、非糯稻。
(2)绘制水稻幼苗图,并标明种子根、不定根、芽鞘、不完全叶、完全叶。
(3)绘制稻穗模式图,标明穗颈节、穗轴、第一次枝梗、第二次枝梗、小穗梗、小穗。
(4)比较籼稻和粳稻的主要特征。
(5)比较糯稻和非糯稻的主要特征。

二、材料工具

水稻幼苗、开花株、成熟株标本、挂图及幻灯片、刀片、扩大镜、培养皿、碘-碘化钾溶液、1%

石炭酸溶液等。

三、方法步骤

1. 水稻的植物学特征观察

水稻根、茎、叶、花序、小穗、颖果等各部分的形态特征。

2. 识别籼稻、粳稻

观察籼稻、粳稻叶片的形状、色泽、剑叶开度，叶毛的多少，芒的有无及长短，颖毛，米粒形状，落粒性、米粒对石炭酸的反应。

石炭酸染色程度鉴定法：取供试材料，每份取谷粒 100 粒，在 30 ℃温水中浸 6 h，把水倒掉，再置于 1%的石炭酸溶液中染色 12 h，然后将石炭酸倒出，用清水冲洗种子，再放置在吸水纸上 24 h，观察染色情况。籼稻能为石炭酸染色，且颜色较深；粳稻不为石炭酸染色或染色较浅。

3. 识别糯稻、非糯稻

将米粒横切，在切面上滴碘-碘化钾溶液，观察胚乳淀粉着色情况或磨碎米粒做遇碘反应。从胚乳颜色、胚乳成分、熟米的黏性和遇碘反应等几方面区别糯稻、非糯稻。

四、作业

(1)绘制水稻幼苗图，并标明种子根、不定根、芽鞘、不完全叶、完全叶。
(2)绘制稻穗模式图，标明穗颈节、穗轴、第一次枝梗、第二次枝梗、小穗梗、小穗。
(3)比较籼稻和粳稻的主要特征。
(4)比较糯稻和非糯稻的主要特征。

实训六　水稻育秧技术

一、实训产出及评价标准

(1)学会水稻育秧技术流程。
(2)根据秧田出苗情况，苗床管理水平和秧苗状况进行综合考核。

二、材料工具

稻种、秧田、农具等。

三、方法步骤

参照本书水稻栽培技术(一)水稻育秧内容进行。

四、考核

根据秧田出苗情况，苗床管理水平和秧苗素质状况进行综合考核。

实训七　水稻出叶和分蘖动态观察记载

一、实训产出及评价标准

通过定点观察，系统掌握水稻出叶和分蘖动态观察记载方法，掌握水稻主要生育时期的标准和观察记载方法；了解水稻的出叶速度、分蘖动态和叶、蘖同伸规律。

二、材料、用具

水稻田、直尺、号码章（或套圈）、铅笔、记载本等。

三、方法步骤

本实践教学项目为全程系统观察项目，一般需利用课余时间进行。

（1）水稻出叶动态观察。要求2人一组，从秧田开始定点5株进行系统观察记载，用号码章（或套圈）标记叶龄，记录于表1中。

表1　水稻出叶动态观察记载表

叶序	1	2	3	…
出现日期/(月/日)				
定型日期/(月/日)				
株高/cm				
叶长/cm				
叶宽/cm				

（2）水稻分蘖动态观察。在观察水稻出叶动态的同时，记载分蘖动态，将分蘖情况记于表2中。

表2　水稻分蘖动态观察记载表

分蘖位次	1	2	3	…
见蘖日期(月/日)				
主茎叶龄/d				
衰亡日期(月/日)				
亡蘖叶龄/d				

（3）水稻生育时期的观察。在水稻生育过程中，对群体生育进程进行记载，将水稻生育情况记录于表3中。

表3　水稻生育时期观察记载表

生育时期	播种日期	秧田分蘖期	移栽期	大田分蘖期	拔节期	抽穗期	收割期
（月/日）							

四、作业

填写观察记载表。

五、考核

水稻收获后，根据学生的记载本和总结报告进行综合考核，或中途进行抽查。

实训八　水稻秧苗素质考查及移栽技术

一、实训产出及评价标准

(1)学会水稻秧苗素质考查的方法，为培育壮苗和本田管理提供依据。

(2)学会水稻移栽的方法及关键技术。

(3)能叙述水稻壮苗的标准。

(4)填写水稻秧苗素质考查汇总表(表4)，对秧苗状况做简要评价。

二、材料工具

水稻秧苗、烘箱、铁筛、米尺、镊子、烘样盘、天平、计算器、铅笔、记录纸等。

三、方法步骤

1. 水稻壮秧标准

外表特征：根旺而白；茎基部粗扁；叶挺叶绿；秧龄适当，小苗一般指3叶期内的秧苗，中苗一般指3.0～4.5叶期的秧苗，大苗一般指4.5～6.5叶期的秧苗；均匀整齐，“一板秧苗无高低，一把秧苗无粗细”；干物重与苗高比一般不小于2.5～3.5 mg/cm。

壮秧生理特征：光合能力强，积蓄的碳水化合物多，特别是叶鞘内碳水化合物含量高；有较高的含氮量，C/N适中，健壮秧苗的C/N在10～20，超过20是老苗，发根力衰退；秧苗体内束缚水含量相对较高，自由水含量相对较低；移栽后抗逆力和发根力强。

2. 水稻秧苗素质考查

于秧田连根挖取5个样点，每点25 cm^2，将秧苗置于铁筛中，洗净根部泥土。每点取大小适中秧苗2～10株，共10～50株，分别考查以下项目：

(1)绿色叶片数。3/4以上叶身均为绿色的叶片数，每点鉴定10株。

(2)叶龄。小苗一般指3叶期内的秧苗，中苗一般指3.0～4.5叶期的秧苗，大苗一般指4.5～6.5叶期的秧苗。

(3)苗高(cm)。苗的基部量至最上叶片顶端。

(4)叶鞘长(cm)。苗的基部量至最长叶片叶枕的距离。

(5)单株分蘖数和分蘖苗的百分率。平均单株带蘖个数。

(6)秧苗基部宽度。每10株并排紧靠,量其基部最宽处,求平均值。

(7)总根数(根长在0.5 cm以上的)、白根数、黄根数、黑根数。

(8)地上部鲜重、地下部鲜重(g)。

(9)地上部干重、地下部干重(g)。将50株秧苗置于105～110 ℃烘箱内烘至恒重,称重,计算百株干重。

(10)叶面积指数。单株叶面积和单位面积株数乘积与单位土地面积的比值。

3. 水稻移栽技术

选择有代表性的秧田和移栽大田,按照手栽秧和抛秧的移(抛)栽技术要领进行实践,参见本书水稻基本栽培技术和其他栽培技术部分内容。

四、作业

(1)水稻壮苗的标准是什么?

(2)填写水稻秧苗素质考查汇总表(表4),对秧苗状况作简要评价。

表4 水稻秧苗素质考察汇总表

项目 株号	绿色叶片数	叶龄/d	苗高/cm	叶鞘长/cm	单株分蘖数	分蘖苗百分率/%	苗基部宽度/cm	根数/条			百苗重/g		叶面积/cm^2	
								白	黄	黑	鲜重	干重	单株	指数
1														
2														
…														

实训九 水稻分蘖期长势长相诊断

一、实训产出及评价标准

(1)学会水稻分蘖期长势长相诊断方法,能判断苗情好坏,并能提出相应调节措施。

(2)将调查的水稻分蘖期苗情生长情况平均结果填入表5中。

(3)诊断水稻的长势长相,分析成因,并提出相应的管理措施。

二、材料工具

水稻田块、米尺、移植铲、比色卡等。

三、方法步骤

水稻的长势长相是其生长发育的形态表现,是看苗诊断,看苗管理的重要依据。水稻长势是指稻株器官形成速度，如分蘖多少，出叶快慢，发根强弱等。水稻长相是指稻株生长的样子，如叶的披挺、根群形状、株型及群体结构等。

1. 水稻分蘖期长势长相的调查

(1)确定样点。随机取代表性5点。

(2)株高(cm)。每点调查10穴，量地面至穴顶端最高点的自然高度。

(3)调查每 m^2 穴数，计算每亩的穴数。

(4)穴茎数(包括主茎及分蘖茎数)，计算每亩的茎数。

(5)观察主茎叶枕距是否是从下向上逐一递增。

(6)观察叶色、鞘色。叶色分墨绿、深绿、绿、黄绿等。

(7)观察丛型、株型。

(8)叶相观察。直、挺、弯、披、垂。

(9)封行情况观察。

2. 水稻分蘖期长势长相的诊断

(1)壮苗。长势蓬勃，长相清秀，早晨看苗，弯而不披，中午看苗，挺而有劲，氮素代谢逐渐旺盛，叶色逐渐加深，到有效分蘖终止期，叶色最深，功能叶(顶3叶)叶色深于叶鞘色，顶4叶深于顶3叶，叶片披弯，叶片长度与叶枕距逐渐递增，分蘖叉开，角度较大，株型松散。无效分蘖期至分蘖末期，叶色青绿转淡绿色，顶4叶与顶3叶叶色与鞘色接近或略淡，叶片渐挺。叶面积系数：分蘖始期2.0，分蘖盛期3～3.5，分蘖高峰期3.5～4.0。根系发达，根白色有根毛，根基部橙黄色，无黑根。在有效分蘖末期总茎蘖数达到计划穗数。

分蘖达到高峰时，总茎蘖数一般达到计划适宜穗数的一倍半或超过适宜穗数的1/3。

(2)旺苗。出叶过快而多，叶色黑过头，在进入无效分蘖期后，近看叶色深绿，叶鞘细长，叶枕距急剧递增，叶片软弱，株型松散；远看叶色墨绿，叶尖吐水迟而少，总茎数过多。

(3)弱苗。叶色黄绿，叶片和株型直立，出叶慢，分蘖少，叶枕距迟迟不恢复正常递增，总茎数不足。

四、作业

1. 将调查的水稻分蘖期苗情生长状况平均结果填入表5中。

2. 诊断水稻的长势长相，分析成因，并提出相应的管理措施。

表5　水稻分蘖期苗情考查结果

苗情	株高/cm	穴数/m^2	穴茎数	主茎叶枕距	叶色、叶鞘	丛型、株型	叶相	封行情况
弱苗								
壮苗								
旺苗								

实训十 水稻抽穗结实期长势长相诊断

一、实训产出及评价标准

(1)能分析判断水稻抽穗结实好坏,能分析成因,并提出相应的调节措施。
(2)将调查的水稻抽穗结实期长势长相平均结果填入表6中。
(3)诊断水稻的长势长相,分析成因,并提出相应的调节措施。

二、材料工具

水稻田、米尺、游标卡尺、铅笔、计算器等。

三、方法步骤

1. 水稻抽穗结实期长势长相的调查

(1)确定样点。随机取代表性5点。
(2)株高(cm)。从地面量至穗顶端(不算芒)的高度。
(3)茎粗(mm)。主茎第二节间中部的直径。茎粗> 6 mm为粗,4～6 mm为中,< 4 mm为细。
(4)剑叶长度(cm)。从叶枕量至叶尖的长度。
(5)剑叶宽度(cm)。量剑叶中部最宽处宽度。
(6)主茎绿叶数。
(7)穴有效穗数。穗实粒数≥10粒的为有效穗数。
(8)亩有效穗数。
(9)每穗实粒数。
(10)每株有效穗数。
(11)剑叶角度。剑叶与穗颈所成的角度,角度>60°为大,31～60°为中,<30°为小。
(12)剑叶长度。剑叶长度>35 cm为长,25～35 cm为中,<25 cm为短。
(13)叶色(上午10时,背光,观察上部2片定型叶片前端1/3处的颜色)。
(14)倒伏性。倒伏程度(无、轻、中、重);倒伏面积(用百分率表示)。
(15)植株整齐程度。上、中、下三级。
(16)病虫害。对主要病虫害记载其发生情况和严重程度。

2. 水稻抽穗结实期长势长相的诊断

(1)壮苗。抽穗整齐一致,绿叶数多,叶片衰老慢,抽穗期保持3～4片淡绿色活叶;灌浆期保持2～3片绿黄色叶;蜡熟期保持1～2片黄绿色叶。根端呈白色,黑根和腐根很少,蜡熟期仍有少量分枝根生长。秆青籽黄,空秕粒少。抽穗到灌浆期的叶面积系数为3～3.5。全田植株中下部直立,上部倾斜,剑叶挺拔而不早衰。

(2)旺苗。叶色乌绿,顶叶下垂,贪青迟熟,秕粒多。

(3)弱苗。叶色枯黄,剑叶叶尖干枯,显示出早衰,秕粒多。

四、作业

1. 将调查的水稻抽穗结实期长势长相平均结果填入表 6 中。
2. 诊断水稻的长势长相,分析成因,并提出相应的调节措施。

表 6 水稻抽穗结实期长势长相考查结果

苗情	株高/cm	茎粗/mm	剑叶长度/cm	剑叶宽度/cm	主茎绿叶数	有效穗数/亩	每穗实粒数	每株有效穗数	剑叶长度/cm
弱苗									
壮苗									
旺苗									

实训十一 水稻测产技术

一、实训产出及评价标准

(1)学会水稻测产技术,知道不同类型水稻的产量结构情况,为分析、总结水稻生产技术提供依据。

(2)将考查数据进行整理,并将结果填入表 7 中。

(3)分析产量结构,对水稻生产技术进行总结。

二、材料、用具

代表性田块、计算器、皮尺、标签、秤、脱粒机、匾、考查表、记录纸、铅笔等。

三、方法步骤

1. 有效穗数的测定

单位面积有效穗数测定方法基本与总茎蘖数的测定方法相同,所不同的是调查对象由茎蘖数变为了有效穗数(具有 10 粒以上结实稻谷的穗子)。

2. 每穗实粒数的测定

在调查穗数的同时,每个样点按平均穗数取有代表性的植株 1～5 穴,共 5～25 穴,分样点扎好,挂上写好的标签。标签上应注明田块名、品种、取样日期、取样人等。将样株带回室内,计数每穗实粒数,则可用常年千粒重估算理论产量。

3. 产量计算

理论产量可用单位面积有效穗数、平均每穗实粒数和千粒重直接计算得出;实际产量可选定若干样区,收割、脱粒、晒干后直接得到。

四、作业

1. 将考查数据进行整理，并将结果填入表7中。
2. 分析产量结构，对水稻生产技术进行总结。

表7 水稻田间测产结果汇总表

田块名	品种	每公顷穴数/穴	每公顷穗数	每公顷有效穗数	每穗实粒数	千粒重/g	理论产量(kg/hm²)

实训十二 玉米播种技术

一、实训产出及评价标准

(1)学会玉米直播技术要领。
(2)学会玉米容器育苗定向密植技术。
(3)根据参加实践技能训练的态度、操作过程、合作意识等综合考核评估。

二、材料用具

玉米种子、锄头、卷尺、线、肥料、天平等。

三、方法步骤

(1)整地。
(2)开沟。
(3)施种肥。
(4)条播。宽窄行：大行距80 cm，小行距40 cm，播幅120 cm内种2行，行距20～25 cm。
(5)容器育苗。可以同期进行部分的育苗，用于补苗。

四、作业

在下次苗情调查时一并检查。

五、考核评估

根据参加技能训练的态度、操作过程、实习报告等综合考核评估。

实训十三 玉米大田中耕管理

（施肥、培土、病虫草害防除）

一、实训产出及评价标准

(1)学会玉米不同生育阶段长势长相的诊断方法和管理要点。
(2)学会操作相应的田间管理措施(施肥、除草、培土等)。
(3)能正确叙述玉米不同生育时期的管理主攻目标。
(4)根据学生操作熟练程度和准确度、各期考查结果及分析结果等综合评定成绩。

二、材料用具

玉米不同生育阶段长势长相的田块,施肥、除草、培土等农事操作用具。

三、方法步骤

在玉米不同生育阶段长势长相的田块里实施施肥、除草、培土等农事操作,操作前后必须了解相应阶段的管理要点和管理主攻目标。

四、作业

1.玉米不同生育时期的管理主攻目标是什么?
2.叙述玉米中耕管理的重要性。

五、考核评估

根据学生操作熟练程度和准确度、各期考查结果及分析结果等综合评定成绩。

实训十四 玉米成熟期的鉴定

一、实训产出及评价标准

(1)识别玉米不同成熟时期的形态特征,为适时收获提供依据。
(2)学会鉴定玉米不同成熟时期的方法,正确判断玉米的成熟期。
(3)根据学生观察的实际表现和实习报告质量评定成绩。

二、材料用具

不同成熟时期的玉米植株、果穗。剪子、铅笔、记录纸等。

三、方法步骤

玉米在成熟过程的各个时期，其形态特征是不同的。掌握这些形态特征，对玉米成熟期的鉴定有着一定的意义。玉米的成熟期可以分为3个时期，各个时期的形态见表8。

表8 玉米不同生育期的形态特征及生产上的意义

成熟期	籽粒情况	果穗情况	茎叶情况	在生产上的意义
乳熟期	籽粒呈淡黄色，籽粒内的胚乳由清浆逐渐变为乳白色，内含物逐渐变为白色浆状，含水量45%～47%。	果穗的湿重和长度不再增加，果穗上的花丝完全干枯呈黄褐色。	中上部茎叶仍呈绿色，仅下部的叶子略微变黄而稍呈枯黄。	
蜡熟期	胚和种子已达正常大小，内含物开始为糊状，后期呈蜡状，易被指甲压破，含水量25%～45%，籽粒表面呈本品种固有颜色，逐具光泽。	果穗的干重不再增加，果穗苞叶略显萎蔫。	部分叶变黄，下部的叶已经枯死。	为大面积早腾茬，可连茎秆一同收割。
完熟期	籽粒内含物完全硬化，指甲不易压破，含水量18%～25%，籽粒表面有光泽，并呈本品种固有特征。	果穗苞叶松散。	整株呈黄色，茎秆支持力显著降低，极易倒折。	应及时收割，否则造成损失。

四、作业

1. 将观察结果填入表9中。

表9 玉米成熟期鉴定观察结果表

供试材料	籽粒情况	果穗情况	茎叶情况	属于哪个成熟时期	能否收获
1					
2					
3					

2. 玉米茎、叶、果穗、苞叶的形态表现是否可以完全说明籽粒成熟期？

五、考核评估

根据学生观察的实际表现和实习报告质量评定成绩。

实训十五　玉米产量预测和室内考种

一、实训产出及评价标准

(1)学会玉米测产方法。
(2)学会玉米高产因素及植株性状的考查方法。
(3)学会分析不同栽培措施对玉米产量因素及植株性状的作用和效果。
(4)将测产结果整理归纳,求出平均产量。
(5)列表填写考查结果,并对考查结果进行分析。
(6)根据学生操作的实际表现和实习报告质量评定成绩。

二、工具和设备

皮尺、木折尺、卡尺、感量 0.1 g 天平、瓷盘、小台秤、布袋或网兜。

三、内容和方法

(一)玉米测产

测产也称估产,可以分为预测和实测。预测在蜡熟期进行,实测在收获前进行。方法如下:

1. 选点取样

选点取样的代表性与测产结果的准确性有密切关系。为了取得最大代表性的样品,样点应分布全田。一般每块地按对角线取 5 点(根据地块大小和生长整齐情况增减),在点上选取有代表性的植株(即周围植株不过细过密或过高过矮),每点取 5～10 株(实测取 30～50 株)。

2. 测定行、株距:计算每公顷实际株数

行距:每块地量 10～30 行的距离,求出平均行距(m)。
株距:在已选好的取样点处,每点量 1 行,每行量 10～30 株的距离,求出平均株距(m)。
根据行、株距,按下式求出每公顷株数:

$$每公顷实际株数=\frac{10\ 000(\mathrm{m}^2)}{平均行距(\mathrm{m})\times平均株距(\mathrm{m})}$$

3. 测定单株有效穗数和穗粒数

单株有效穗数:计数每点所选取的植株(30～50 株)的全部有效穗数(指结实 10 粒以上的果穗),除以植株数即得。

每穗粒数:每点可选有代表性的植株 5～10 株,将其每个有效果穗剥开苞叶数其粒数(可以由籽粒行数与每行籽粒数的乘积求得),最后求出每穗平均粒数。

4. 计算产量

$$单株粒重=\frac{单株平均数\times千粒重}{1\ 000(粒)}\times单株有效穗数$$

$$\text{籽粒产量}(kg/hm^2)=\frac{\text{单株粒重}(g)}{1\,000(g)}\times\text{每公顷株数}$$

其中千粒重可按本品种常年千粒重计算或根据当年生育情况略加修正后计算。

5. 实测

如需要实测，可在临收获前将每点所选取（30～50 株）植株的全部有效果穗取下，脱粒晒干后称重，计算产量。

$$\text{籽粒产量}(kg/hm^2)=\frac{\text{样品粒重}(kg)}{\text{取样株数}}\times\text{每公顷株数}$$

由于条件限制或其他原因，往往不能等籽粒晒干后确定产量。在这种情况下，可依下式进行计算。

$$\text{籽粒产量}(kg/hm^2)=\frac{\text{样品果穗重}(kg)\cdot K}{\text{取样株数}}\times\text{每公顷株数}$$

其中：样品果穗重为取样植株全部果穗去掉苞叶后的重量。

K 为一系数，是经验数字，即去掉果穗中穗轴重及晒干时多余的水分而剩下的籽粒重。春夏玉米数值不同。春玉米 K 值为 0.55～0.60，夏玉米 K 值为 0.50～0.55。

（二）植株性状考查

每组取完整植株 5～10 株，分别考查以下项目并列表记载。

1. 双穗率

单株双穗（指结实 10 粒以上的果穗）以上的植株占整个样品植株数的百分数（%）。

2. 空株率

不结穗或虽有果穗但结实不足 10 粒的植株占整个样品植株数的百分数（%）。

3. 单株绿色叶面积

当时单株绿色叶片的总面积，为各个叶片中脉长度（cm）×最大宽度（cm）×0.75 的总和（cm^2）。

4. 叶面积指数

$$\text{叶面积指数}=\frac{\text{平均单株叶面积}(cm^2/\text{株})\times\text{密度}(\text{株}/hm^2)}{10\,000(cm^2/m^2)\times10\,000(m^2/hm^2)}$$

5. 株高

自地面至雄穗顶端的高度（cm）。

6. 穗位高度

自地面至最上果穗着生节的高度（cm）。

7. 茎粗

植株地上部第 3 节间中部扁平面的直径（cm）。另外，根据不同要求，可分别量出地上部第 1、第 2、第 3 节间的直径。

8. 果穗长度

果穗基部(不包括穗柄)至顶端的长度(cm)。

9. 果穗粗

距果穗基部(不包括穗柄)1/3 处的直径(cm)。

10. 秃尖度

秃尖长度与果穗长度的百分数(%)。

11. 粒行数

果穗中部籽粒行数。

12. 一穗粒数

一穗籽粒的总数。

13. 果穗重

风干果穗的重量(g)。

14. 穗粒重

果穗上全部籽粒风干重(g)。

15. 穗轴率

穗轴率(%)=(果穗重－穗粒重)/穗重×100%

16. 百粒重

自脱粒的种子中随机取出 100 粒称重(g),要求精度到 0.1 g。重复 2 次,如 2 次的相对差超过允许值 5%,就需要再做一次,取 2 次重量相近的平均。

17. 穗整齐度

样品中按大、中、小穗分别计算百分率(%)。

四、作业

1. 将测产结果整理归纳,求出单位面积平均产量。
2. 列表填写考查结果,并对考查结果进行分析。

五、考核评估

根据学生操作的实际表现和实习报告质量评定成绩。

实训十六　小麦播种技术

一、实习实训产出及评价标准

(1)学会小麦播种常见的方式方法及药剂拌种的方法。
(2)会计算用种量。
(3)根据参加技能训练的态度、操作过程、实习报告等综合考核评估。

二、材料用具

小麦种子、锄头、卷尺、线、肥料、天平等。

三、方法步骤

(1)整地。
(2)开沟。
(3)施种肥。
(4)条播。

四、作业

在下次苗情调查时一并检查。

五、考核评估

根据参加技能训练的态度、操作过程、实习报告等综合考核评估。

实训十七　小麦基本苗与出苗率的调查

一、实训产出及评价标准

(1)明确小麦基本苗对群体动态的影响及在栽培上的重要意义。
(2)学会调查小麦基本苗及出苗率的方法。
(3)将调查结果整理后填入小麦基本苗调查填入表10中，根据调查结果分析造成缺苗断垄的原因并提出补救措施。
(4)根据学生操作的实际表现和实习报告质量评定成绩。

二、材料用具

不同出苗情况的麦田、卷尺(米尺)、1 m^2的木框、计数器、铅笔、记录纸等。

三、方法步骤

(一)基本苗的调查

小麦基本苗的调查应在分蘖前进行,一般可采用两种方法。

1. 单位行长调查法

单位行长调查法可按下列步骤进行:

(1)查单位长度苗数。在调查地块内选代表性点若干个(试验小区 2 个点,大田选 5 个点或再多些),每点量 1 m 长 2 行,两端插棍,查行内苗数,然后算出每米平均苗数。

(2)求平均行距。在每个样点处量一个畦的宽度,用畦内行数,或量 21 行用 20 除,得出平均行距,单位用 m 表示。

(3)计算。按如下公式计算

每公顷基本苗数=[1/平均行距(m)×每米平均苗数]×10 000

其中,

每平方米苗数=1/平均行距(m)×每米平均苗数

2. 方格调查法

在调查地块内选代表性点若干(数量如单位行长调查法),每点定出 1 m^2,查出格内苗数,然后算出 1 m^2平均苗数,再算出每亩基本苗数。用这个方法要注意确定方格的位置,往往方位不同,苗数会有相当大的差别。

各调查点应在记载表上详细注明位置,便于以后其他项目的定点调查。

(二)断垄情况调查

每点量 5 m 长 2 行,检查行内 10 cm 以上断垄数和各段长度并计算。

1. 断垄百分数

断垄百分数=[各断垄长度之和(m)/样点长度(10 m)]×100%

2. 平均断垄长度

平均断垄长度=各断垄长度之和/断垄的段数

(三)出苗率的调查

每亩应当出苗数=播种粒数×发芽率

这是一个理论数值,实际播下能够发芽的种子也不一定能出苗。前边调查的基本苗数为实际出苗数,所以出苗率的计算应为:

出苗率(%)=(基本苗数/理论出苗数)×100%

四、作业

1. 将调查结果整理后填入表 10。

表 10 小麦基本苗调查记载表

地块名称	品种	播种期	播种量	播种方法	基本苗数/(万/亩)	断垄/%	出苗率/%	备注

2. 根据调查结果分析造成缺苗断垄的原因并提出补救措施。

五、考核评估

根据学生操作的实际表现和实习报告质量评定成绩。

实训十八 烟草形态与类型的观察与识别

一、实训产出及评价标准

(1)通过观察烤烟根、茎、叶等器官构造与形态,建立对烟草初步的感性认识。

(2)观察不同类型烟草的形态特征并能识别。

二、主要内容

观察烤烟植株形态及根、茎、叶等器官特征,观察烤烟、白肋烟、香料烟、晒烟、晾烟、黄花烟6种类型的外观特征,并能描述。

1. 烤烟

烤烟又称火管烤烟,源于美国的弗吉尼亚州,具有特殊的形态特征,因而也被称为弗吉尼亚型。烤烟的主要特征是植株高大,叶片分布较疏而均匀。一般株高120~150 cm,单株着叶20~30片,叶片厚茎适中,中部质量最佳。栽培上不宜施用过多的氮素肥料。叶片自下而上成熟,分次采收,最初的调制方法也是晾晒。后来(1869年)改用火管烘烤。目前是在烤房内调制,烤后呈金黄色。其化学成分的特点是含糖量较高,蛋白质含量较低,烟碱含量中等。烤烟是我国也是世界上栽培面积最大的烟草类型,是卷烟工业的主要原料,也被供作斗烟。世界上生产烤烟的国家主要有中国、美国、印度,其次是巴西、津巴布韦、泰国、加拿大、日本等。我国烤烟种植面积和总产量都居世界第一位。重点产区有河南、山东、云南、贵州、黑龙江、湖南、湖北、陕西、安徽等省,四川、广东、福建、辽宁、江西、广西、吉林等省(区)也有较大的栽培面积。

2. 晒烟

晒烟的烟叶利用阳光调制,主要有晒红烟与晒黄烟。一般晒黄烟外观特征和所含化学成分与烤烟相近,而晒红烟则同烤烟差别较大。晒红烟的叶片一般较少,叶肉较厚,分次采收或一次采收,晒制后多呈深褐色或褐色,以上部叶片质量最好。烟叶一般含糖量较低,蛋白质和烟碱含量较高,烟味浓,劲头大。晒烟主要用于斗烟、水烟和卷烟,也作为雪茄芯叶、束叶和鼻烟、嚼烟的原料。此外,有些晒烟还可以加工成杀虫剂。世界上生产晒烟的主要国家是中国和印度。我国各省都有晒烟种植，但分布零散，比较集中的有四川、广东、贵州、湖南、湖北、云南、吉林、山东、陕西等省。

3. 晾烟

晾烟有浅色晾烟（白肋、马里兰）和深色晾烟之别，都是在阴凉通风场所晾制而成。而其中的白肋烟、马里兰烟和雪茄包叶烟因别具一格，均已自成一类。但在我国，除将白肋烟单独作为一个烟草类型外，其余所有的晾制烟草，包括雪茄包叶烟、马里兰烟和其他传统晾烟，均归属于晾烟类型。

4. 白肋烟

白肋烟是马里兰深色晒烟品种的一个突变种。1864 年美国俄亥俄州布朗县的一个农场在马里兰阔叶烟苗床里初次发现了奶黄色的突变烟株，后经专门种植证明具有特殊使用价值，因而发展成为烟草的一个新类型。现已成为混合型卷烟的重要原料。白肋烟的茎和叶脉呈乳白色，这与其他烟草截然不同。其栽培方法近似烤烟，但要求中下部叶片大而薄，适宜在较肥沃的土壤上种植，对氮素营养要求较高。白肋烟生产较快，成熟集中，分次采收或整株采收。调制方法是挂在晾棚或晾房内晾干。白肋烟的烟碱和总氮含量比烤烟高，含糖量较低，叶片较薄，弹性强，填充力高，阴燃保火力强，并有良好的吸收能力，容易吸收卷制时的加料。世界上生产白肋烟的国家主要是美国，其次是意大利、西班牙、韩国、墨西哥、马拉维和菲律宾等。我国白肋烟是在新中国成立后引进并发展起来的，栽培面积较大的有湖北和四川等省。

5. 香料烟

香料烟又称土耳其型烟或东方型烟。这一类型烟草的特点是株型和叶片小，芳香、吃味好，容易燃烧及填充力强。它是晒烟香型和混合型的重要原料，斗烟丝中也多掺用。香料烟的芳香主要来自它的腺毛分泌物或渗出物，其芳香与土壤、气候及栽培措施关系十分密切，适宜在含有机质少、肥力不高、土层薄的山坡砂土地上栽种。生产上要求香料烟的叶片小而厚，因此种植密度大，施肥量一般较小，特别要控制氮肥，适当施用磷、钾肥，不打顶。烟叶品质以顶叶最好，自下而上分次采收。调制方法是先晾至凋萎变黄而后进行曝晒。烟碱含量较低，其他化学成分介于烤烟与晒红烟之间。香料烟的历史约始于发现美洲大陆后的一百年，主要产区在地中海东部沿海地带。我国是在 20 世纪 50 年代引进和种植的，浙江新昌、湖北郧阳、河南汝阳、新疆、云南、贵州、广东、海南、陕西等地已有生产。

6. 黄花烟

黄花烟与上述几种类型烟草的根本区别是在植物分类学上属于不同的种，生物学性状差异很大。一般株高 50～100 cm，着叶 10～15 片，叶片较小，卵圆形或心脏形，有叶柄；花色绿黄，种子也很大；生育期较短，耐寒，多被种植在高纬度、高海拔和无霜期短的地区。一般黄花烟的总烟碱、总氮及蛋白质含量均较高，而糖分含量较低，烟味浓烈。据考证，黄花烟在哥伦布发现新大陆以前，就在墨西哥栽培，它的起源地是玻利维亚、秘鲁和厄瓜多尔高原，现被广泛种植在亚洲西部。俄罗斯种植黄花烟最多，被称为蟆合烟。我国栽培黄花烟的历史悠久，分布地区广，主要产区在新疆，甘肃，黑龙江。产品中以兰州水烟、关东蟆合烟和伊犁蟆合烟最负盛名。有些国家如美国虽种植黄花烟，但不作吸烟用，只供制造硫酸尼古丁。

三、材料及用具

(1)种植有烤烟、白肋烟、香料烟、晒烟、晾烟、黄花烟的标本地或盆栽场地。

(2)钢卷尺、放大镜。

四、操作步骤

(1)分别观察测量红花烟草和黄花烟草的植株高度,然后观察和比较二者的茎、叶、花、果实、种子等植物学特征的差异,并做好记录。

(2)观察比较烤烟、晒烟、晾烟、白肋烟、香料烟的植物学形态特征,注意观察各自的特点,并做好记录。

五、作业

描述不同类型烟草的外观特征。

实训十九 烤烟育苗技术观察

一、实训产出及评价标准

(1)通过观察烤烟不同育苗方式的苗床制作、苗床温湿度调控措施与苗床管理技术、烟苗生长状况等,初步学会烤烟育苗的基本技术与程序、不同育苗方式培育壮苗的效果。

(2)学会比较两种育苗方式技术措施的异同。

二、主要内容

育苗是烤烟生产的重要环节,当前烤烟生产正在由传统的营养假植育苗向漂浮育苗、托盘水床育苗过渡,后二者又称设施育苗。本实验要求通过教师对 3 种育苗方式的介绍和田间示范,让学生掌握 3 种育苗方式的苗床制作及育苗技术。

(一)营养假植育苗

1. 选地

按照烤烟苗床地选择的要求(背风向阳、地势高而干燥、交通运输方便;质地疏松、结构良好、肥力较高、腐殖质含量相对较多;靠近水源、灌水方便、排水通畅等),选择适宜的地块。

2. 苗床制作与施肥

营养假植育苗的苗床分为母床和假植床。母床做成宽 1 m,长 10 m 的低厢或高厢茶盘式,按宽 1 m,长 10 m 为一个标准厢计算,每厢施腐熟圈肥 100 kg,发酵好的有机肥 2.5 kg,普钙 1 kg,复合肥 2.5 kg,土灰 100～150 kg 作底肥,土肥混合均匀,厢面整细耙平。假植床在临近假植时制作:在移栽大田的边上,做成宽 1～1.2 m,长 5～10 m 的假植床。每 10 m^2 假植床施放充分腐熟的圈肥 250 kg 左右,复合肥 2 kg(用水溶化),浓猪粪 2～3 挑,土肥拌匀装袋(营养袋假植)或将上述营养土耙平,抹光划成 7 cm 见方的营养块(营养块假植)。

3. 苗床播种、盖膜与管理

播种期:2月中下旬。

播种量:每 10 m^2 标准厢播裸种 0.5 g 或种芽 2 g 或包衣种 15 g。

播种要求:按播种量均匀播满整个厢面,播后轻轻踏实厢面。

盖膜:播种后要求立即插拱架,盖膜、压膜。

母床苗期管理

(1)出苗期与十字期管理

①出苗期注意苗床保温、保湿。

②十字期最易化苗,要求轻浇、勤浇水保持苗床湿润。

③晴天揭开薄膜两头透气降温。

4. 假植

(二)托盘水床育苗

1. 准备

(1)选用单孔容积大的多钵深孔塑料托盘。

(2)配制基质。选用无病肥土、腐熟有机肥和矿物料,进行打碎、混合过筛、灭菌处理。

(3)构建营养池。建成放置托盘的水床,水床池面按水平要求整平。

(4)按苗期专用肥量配制营养液,保证水溶液中含氮浓度。

2. 装盘

将配制好的育苗基质装满托盘钵孔。

3. 播种

播种期为 2 月中下旬,播种时将烟草种子点播播入植孔基质内,确保不空穴。

4. 码盘

将成盘的托盘以平置方式放置在水床池面上,并注入营养液,转入育苗期管理。

5. 育苗管理

①出苗前,保持水床池面的营养液与托盘钵孔底的底部基质浸着 2 cm;苗齐后,水床池内间断供液,控制营养液的及时补给,以苗钵植孔内表土潮而不湿手指为补液的标准。

②至烟苗长出 3～4 片真叶时,适当间苗、补苗,保证每孔有一株壮苗。

③当苗株长高至 5～6 cm 时,开始进行剪叶,前后 2～3 次。

④育苗期间注意苗床通风,防止病害和烧苗。

6. 进行炼苗

先控水、断肥,根据苗萎蔫恢复迟缓时补以清水补给,炼苗 7～8 d,再补入营养液,让烟苗吸足水肥,2～3 d 后,准备移栽。

7. 移栽

烟苗移栽。

(三)漂浮育苗

1. 苗床地选择

烤烟育苗地点应选择在可接自来水、地势平坦开阔的地方。东、西、南三面无高大树木、建筑和山岗遮阳,避开风口、风道避免受风灾。选择在邻近有电源,周围无有害气体和大量飞扬尘土的地方。

2. 育苗营养池的建造

同一个育苗点营养池走向应一致。塑料棚南北向延长,坐西向东。因为场地限制的可以坐北向南,东西向延长。漂浮育苗营养池按照棋盘式,宽 1.1 m,长 5 m,深 12 cm 的标准建造。营养池底面水平光滑,防止刺穿地膜。池埂采取夹板夯筑或砖砌的方法,保证使用过程中不会坍塌。两厢营养池之间预留 60 cm 的操作通道。

3. 育苗设施的消毒

消毒前用清水将浮盘上残留的杂物清除干净,用 10%浓度的漂白粉液浸泡 15 min 以上,浸泡后的浮盘取出清洗晾干备用。

①建造营养池时清除育苗点场内和周围的杂草及植物残体。营养池周围撒施生石灰。

②铺膜前喷施一次浓度相当于平常使用量两倍的杀虫剂,防止地下害虫咬坏池膜。

4. 育苗用水

育苗营养池第一次注水不低于 8～10 cm,保证浮盘盘面不低于营养池壁。育苗用水每吨用 15～20 g 粉末状漂白粉直接干撒入营养池中,然后覆膜 30 h 以上,适当搅动让氯气溢出后放盘育苗。

5. 装填基质

基质运送到育苗场所应放置在阴凉、背风、洁净的地点备用。育苗基质在装盘时倒在洁净的塑料布上,使用洁净的育苗水拌匀后使用,不准堆放在地上。装盘前基质水分含量以"捏之成团,触之即散"为限。拌好的基质暂时不装盘时应覆盖塑料薄膜,以防灰尘污染或水分散失。盘面装满基质后,轻轻水平掷几下,侧竖起来,从盘底查看是否填实每一个育苗孔穴底部。根据不同基质特性按压填塞基质,已经填实的浮盘刮平就可以播种。

6. 播种时间与方法

播种时间:2 月中下旬。

播种方法:装填好基质的育苗盘用压孔板压出播种小坑后进行播种,保证播种深度一致。播种尽量选用精选催芽包衣种,不选用常规包衣种。播种数量中心部位每穴 3～5 粒,周围两排孔穴每穴 10 粒左右。种子播下后,覆盖 1 mm 厚度的基质,使种子若隐若现,轻轻刮平就可以漂放在营养池水上。播种后的育苗盘及时漂放,以防止基质干燥漏失,影响出苗。

7. 育苗棚管理

①揭膜方法。揭膜时从两侧沿棚架向上卷起,卷折高度根据棚内温湿度而定。

②温湿度管理。温湿度的调控主要通过盖揭薄膜来实现。

③种子萌发期盘面上 5 cm 处温度控制在 28 ℃左右;盘表面 5 mm 深处土温,白天不超过 28 ℃,夜间不低于 12 ℃。

④出苗后至小十字期苗上方 5 cm 处气温保持在 28～32 ℃。

⑤大十字期以后白天苗上方 5 cm 处气温继续保持在 28～32 ℃，最高气温 36 ℃不能持续超过 2 h。

⑥大十字期以后白天苗上方 5 cm 处气温继续保持在 28～32 ℃，最高气温不超过 35 ℃不能持续超过 2 h。

⑦出苗前后苗盘出现盐渍层，用清水喷雾喷淋苗盘面（喷头口朝上），若基质水分含量过高，应加强通风透光，采取晒、晾盘。

8. 营养液的管理

①向营养池中添加营养肥时间为：当出苗达到 40%以后，分 3 次加入营养肥。

②施肥的头一天，将营养肥溶解在适量的水中以便使用。

③第一次加入 800 g/m^3，第二次加入 1 300 g/m^3，第三次加入 1 300 g/m^3。第三次加肥要根据烟苗长势而定。

④育苗期补水要不断变换进水位置，严禁从一个位置进水，避免肥料在局部区域集中，发生烧苗或其他区域缺肥的现象。

9. 漂浮育苗剪叶

①烟苗叶片数 4～5 叶，烟苗大部分最大叶开始竖立，互相接搭、遮阴，为开始剪叶的适宜时期。

②剪叶位置为生长点以上 3 cm，剪去最大叶片的 1/3 至 1/2，不伤及心叶。凡是绿叶只可剪去上半部叶片，凡是黄叶整片剪除。

③修剪频度及程度，视长势情况，一般情况下，每 4～6 d 剪 1 次叶，共修剪 4～6 次。早上有露水时不剪叶，被病害传染的苗床不剪叶，剪除的碎片要及时清理出育苗场地以外。移栽前 3 d 停止剪叶。

④每剪一厢叶，剪叶刀或剪叶机必须用消毒液进行消毒。消毒液可选用 60%漂白粉液或审订的消毒剂。具体消毒方法，剪刀消毒 5 min，剪叶机刀片和与烟苗接触部分消毒 10 min，每剪完一厢苗，用消毒剂消毒，用清水冲洗干净，剪完叶后，剪刀或其他剪叶工具必须消毒保存，移栽结束后，对苗盘清洗，消毒保存。

10. 漂浮育苗壮苗标准

苗龄 65～70 d，根茎结合部至生长点的高度 8～12 cm，茎直径 6～8 mm，带 4～5 个绿色功能叶，茎叶上无任何病斑。根系发达多白根，无明显主根。

11. 漂浮育苗的病虫害防治

①漂浮育苗棚必须安放防虫网，通风剪叶后及时放下防虫网，严防病、虫、草传入棚内。

②烟苗大十字期喷施 1 次 1∶1∶100 的波尔多液，保护烟苗。

③根据病害流行情况喷施 70%的甲基托布津可湿性粉剂 1 000～2 000 倍液防治立枯病。

④喷 25%甲霜灵锰锌可湿性粉剂 500～800 倍液防治猝倒病。

⑤喷施 250 倍菌克毒克预防病毒病。

⑥喷施 25%的多菌灵可湿性粉剂 500 倍液防治炭疽病。

喷药时间：剪叶当天不喷药，施用农药要避开中午高温时期，农药使用要比常规用量低 30%。

三、材料与用具

1. 种子

当前生产上推广的烤烟良种，如 K326、云烟 85 等。裸种或包衣种。

2. 肥料和基质与农药

备足营养假植育苗和托盘水床育苗所需的肥料，如化肥、充分腐熟的有机肥等；漂浮育苗所需的育苗基质为瑞安科技有限公司生产的烤烟漂浮育苗专用基质。农药主要为苗床消毒及苗期病虫害防治所需的农药。

3. 育苗盘

托盘水床育苗所需托盘为 74 孔，58 cm×33 cm×6.5 cm 的黑色塑料盘；漂浮育苗所需的浮盘为 160 孔，60 cm×35 cm×6.0 cm 的聚苯乙烯盘。

4. 其他用具与材料

(1)测量用具。皮尺、水平尺、角尺。

(2)农具。锄头、铲子。

(3)其他材料。水泥砖、聚乙烯薄膜、细竹子、水管。

四、操作步骤

1. 物资准备

包括种子、肥料、农药、基质、托盘、漂浮育苗盘、薄膜、皮尺、水平尺、角尺、锄头、铲子、水泥砖、聚乙烯薄膜、细竹子、水管等。

2. 选地

按照烤烟育苗对床地的要求选择合适的地块。

3. 苗床制作与施肥

按要求制作营养假植育苗的母床、假植床；按要求制作托盘水床和漂浮育苗的育苗池，并装填基质、注水码盘。

4. 播种

在适宜的播种期，按适当的播种量进行播种。

5. 拱架盖膜

盖膜前先用细竹子做好拱架，再在拱架上盖膜，将膜的四周压严压实。

6. 管理

按规程管理好苗期的水分、温度，间苗，炼苗，以及防治苗期病虫害，培育壮苗。

五、作业

比较 3 种育苗方式技术措施的异同。

实训二十 烤烟烟苗素质考察

一、实训产出及评价标准

(1)通过取样、测定考查烤烟不同育苗方式的烟苗素质,学会分析烤烟不同育苗方式的优点与不足及培育壮苗的效果。

(2)学会比较两种育苗方式烟苗素质。

二、主要内容

取样、测定考察营养假植育苗、漂浮育苗、托盘水床育苗 3 种育苗方式的烟苗素质,内容包括茎高、单株绿叶数、茎围、最大叶面积、地上部干重、地下部干重,比较不同育苗方式的壮苗效果。

三、材料与用具

(1)营养假植育苗、漂浮育苗、托盘水床育苗 3 种育苗方式的烟苗。

(2)钢卷尺或直尺、天平。

四、操作步骤

1. 取样

取样于烤烟苗床阶段的成苗期,在 3 种不同育苗方式(营养假植育苗、漂浮育苗、托盘水床育苗)的苗床上,采用对角线取样法或其他多点取样方法,每个苗床上取样 50 株左右烟苗。

2. 烟苗素质考查

分别对每个苗床所采 50 株烟苗的单株茎高、单株绿叶数、茎围、最大叶面积、地上部干重、地下部干重进行测定,然后取其平均值,代表该育苗方式育成烟苗的素质。

对各项指标的界定:

单株茎高:从烟苗根颈到茎尖生长点的高度,单位:cm。

单株绿叶数:绿色面积大于 50%的真叶叶片数,单位:片。

茎围:烟苗基部靠根颈部分茎秆的周长,单位:cm。

最大叶面积:最大一片叶的面积。计算公式:最大叶面积=最大叶长×宽×0.65,单位:cm^2。

地上部干重:烟苗地上部株体(茎、叶)的干物质的质量,单位:g。可通过烟苗含水量折算或烘干后实测。

地下部干重:烟苗地下部株体(根系)的干物质的质量,单位:g。可通过烟苗含水量折算或烘干后实测。

五、作业

3 种育苗方式烟苗素质比较。

实训二十一 主要栽培技术与烤烟生长分析

一、实训产出及评价标准

通过对烤烟主要栽培技术设计不同施肥量、不同密度、不同移栽深度的对比试验，田间调查测定根系的生长、烟株茎的生长、叶片的生长动态，使学生学会并完成以下任务。

(1)知道烤烟田间生长发育动态的感性知识。

(2)知道不同施肥量、不同种植密度对烤烟生长发育的影响。

(3)知道不同移栽深度对烤烟根系生长及其生长发育的影响。

(4)能陈述烤烟栽培的基本技术技能。

(5)学会烤烟田间生长动态调查的基本方法。

(6)能陈述主要栽培技术措施对烟叶产量、质量形成的影响。

(7)对调查结果进行对比分析，完成实验报告。

二、主要内容

1. 试验设计

在和学生共同讨论的基础上，在教师指导下采用对比法设计不同施肥水平、不同种植密度、不同移栽深度三因素试验，每个因素设2～3个水平，其他生产管理技术措施与大面积常规生产相同。

2. 实验调查

①移栽后30 d，田间取样、实验室测定不同移栽深度烟苗根系生长，调查项目包括根数量、根系鲜重、根系干重；田间随机定点观察测定不同施肥水平、不同种植密度、不同移栽深度三因素试验的烟株茎秆、叶片生长，调查项目包括单株叶片数、茎围、单株叶面积、开展度。②团棵期和现蕾期两次分别随机定点调查株高、茎围、单株叶片数、单株叶面积、开展度。

三、材料与用具

烟苗、烟地、农具、肥料、农药、皮尺、钢卷尺、线绳等。

四、操作步骤

(1)进行实验设计。

(2)物资准备。

(3)按实验设计进行烤烟移栽与大田管理。

(4)按一定的取样方法进行定株观察记载。

(5)对记录数据进行整理和统计分析，分析栽培技术对烤烟生长和产量、产值的影响。

五、作业

对调查结果进行对比分析，完成实验报告。

实训二十二　马铃薯种薯处理及播种

一、实训产出及评价标准

(1)学会马铃薯种薯处理的步骤和方法。

(2)会计算用种量。

(3)根据参加技能训练的态度、操作过程、种薯切块和小整薯的利用的结果及实习报告等综合考核评估。

二、材料用具

马铃薯种薯、赤霉素药剂、砧板、菜刀、天平等。

三、方法步骤

1. 晒种催芽

(1)晒种的方法。播前1个月左右将种薯平铺在阳光充足的室内,厚度为2～3层,室温保持在15～20 ℃,隔3～5 d上下翻动1次,当幼芽萌动要伸出时可以切块播种。

(2)催芽方法。将种薯平铺在阳光充足的室内,保持一定的温度和湿度进行催芽,也可以在室外催芽。

2. 种薯切块和小整薯的利用

(1) 种薯切块。种薯切块是经济利用种薯的好办法,一般切块以25～50 g为宜,每个切块留1～2个芽眼。切块时按芽眼排列顺序螺旋形向顶部斜切,切刀用0.1%高锰酸钾、75%乙醇消毒。在播种前2～3 d进行,切好后阴凉通风处摊晾,催芽期间应适当翻动种薯直至出芽为止。

(2) 小整薯的利用。小整薯的大小一般切块以25～50 g为宜。

四、作业

分析种薯切块和小整薯的利用效果及需要的环境条件。

五、考核评估

根据参加技能训练的态度、操作过程、种薯切块和小整薯利用的结果及实习报告等综合考核评估。

实训二十三　油菜苗情诊断

一、实训产出及评价标准

(1)学会油菜不同生育阶段长势长相的诊断方法。

(2)根据诊断结果提出相应的田间管理措施。

(3)将不同苗情的诊断结果填入表 11 中,并对苗情进行分析。

(4)根据学生观察的实际表现和实习报告质量评定成绩。

二、材料用具

油菜田块。

三、方法步骤

1. 观察整齐度

根据油菜幼苗的高矮、大小、叶片多少的差异度,判断油菜幼苗生长的整齐度,也可以目测。

整齐度分为整齐(80%以上植株生长一致)、中等(60%～80%的植株生长一致)、不整齐(生长一致的植株不足 60%)。

2. 观察苗情

在目测的基础上,每组学生取单株油菜 10 株(同一品种有代表性的不同植株)对以下项目进行观察比较。

(1)叶片的生长情况。观察并计数落叶数、黄叶数、绿叶数(已经展开叶片)。

(2)最大叶片长、宽。测量最宽处。

(3)根茎粗度。测量子叶以下根茎粗度。

(4)细胞质浓度。取最大叶片压挤汁液,用手持折光仪测定细胞质浓度。一般壮苗浓度大,抗寒力强。

(5)单株干鲜重。取代表性植株,从子叶处切断,分别称地上、地下部分的干鲜重。先称鲜重,再于 105～110 ℃烘箱中烘干(15～20 min)称其干重。

四、作业

将不同苗情的诊断结果填入表 11,并对苗情进行分析。

表 11　油菜苗情考察表

	根茎粗	叶片生长情况			最大叶		叶细胞质浓度	单株鲜重		单株干重		备注
		脱落数	黄叶数	绿叶数	长度	宽度		地上部	地上部	地上部	地上部	
弱苗												
壮苗												
旺苗												

五、考核评估

根据学生观察的实际表现和实习报告质量评定成绩。

实训二十四　油菜各生育时期田间观察

一、实训产出及评价标准

(1)学会油菜各生育时期田间观察结果记载和冬季苗青考察的方法。
(2)将油菜生育时期的观察记载结果列表说明。
(3)根据学生调查实际操作表现和实习报告质量评定成绩。

二、材料用具

供观察的油菜田块,卷尺,游标卡尺,手持折光仪,烘箱,铅笔,记录纸等。

三、方法步骤

油菜各生育期田间观察步骤如下。

油菜播种后,在供调查田块内,用 5 点取样法共取 300～500 株有代表性的植株,也可采用每人固定 5～10 株进行分株观察以下各项,当达到某一时期的指标时,即可记载。

(1)播种期。实际播种的日期(以月/日表示,下同)。

(2)出苗期。观察 3～5 m^2 的出苗数,求平均数,以达到预定苗数的 75%的幼苗出土、子叶平展时为准。

(3)移栽期。幼苗移栽的日期。

(4)现蕾期。拨开 2～3 片心叶,可见明显绿色花蕾的植株达全田 50%以上的日期。

(5)抽薹期。全田 50%以上的植株主茎开始延伸,主茎顶端离子叶节达 10 cm 以上,并出现花蕾的日期。

(6)初花期。全田 25%以上的植株开始开花的日期。

(7)盛花期。全田 75%的花序开花的日期。

(8)终花期。全田 75%的花序完全谢花(花瓣变色,开始枯黄)的日期。

(9)成熟期。全田 50%以上的角果转黄变色，种子达到本品种固有色泽的日期。

(10)收获期。实际收获的日期。

(11)全生育期。从出苗到成熟的天数。

在田间观察时，还应同时记载植株生长的整齐度。此外，可根据需要记载冻害植株的百分率、冻害指数、耐寒性、耐湿性等。

四、作业

将油菜生育时期的观察记载结果列表说明。

五、考核评估

根据学生调查实际操作表现和实习报告质量评定成绩。

实训二十五　甘蔗成熟度测定

一、实训产出及评价标准

(1)学会使用手持折光计测定蔗汁锤度和成熟度的方法和技术。

(2)能说明蔗汁锤度与成熟度的关系。

二、材料和用具

(1)材料：校内甘蔗教学田的蔗株。

(2)用具：手持折光计、蔗汁钻子、蒸馏水、药用棉花、擦镜纸、小吸管。

三、原理

种甘蔗的目的是取其成熟的茎作制糖原料，因而甘蔗的成熟以工艺成熟表示。当蔗茎中蔗汁的锤度(蔗汁中的固溶物即蔗糖、还原糖等可溶物质的含量占蔗汁重量的百分数)达到最高范围，适于压榨制糖时为工艺成熟。锤度越高蔗茎中的蔗糖分越高。因此，可通过测定蔗茎中蔗汁的锤度以确定蔗茎的成熟度。

四、内容和方法

(1)选取样点。在田间按梅花形 5 点取样法选取 5 个有代表性的样点，每样点选取有代表性的蔗茎作测定对象。

(2)清洁和检查手持折光计。翻开折光计的盖板，用小吸管吸蒸馏水湿润棉花冲洗折光镜面和盖板后用干棉花把镜面与盖板抹干净，滴 2 滴蒸馏水于折光镜面盖上盖板进行观察，检查镜中视野的检验线是否对 0，如未对 0 则用小解锥调旋对 0 螺丝使其对 0 为准(手持折光镜每次使用前、后均用蒸馏水进行清洁保证准确度)。检查对 0 后，用棉花把镜面和盖板抹干净。

(3)钻取蔗汁。用蔗汁钻子(要用蒸馏水和棉花洗干净抹干)分次钻取样品茎的基部节间(地面上第一个节间)和上部节间(倒数第六全出叶下一个节间)的蔗汁(钻子每使用一次均要洗净抹干)。

(4)把钻子取出的蔗汁滴于手持折光计的折光镜面上,盖好盖板。

(5)观察。左手持镜筒以眼对准目镜进行观察,右手调旋目镜调节焦距至视野看到最清楚的表尺数据为准,迅速读出准确的数据,该数据即为被检查蔗汁的锤度。

(6)平均锤度计算。把全部样品茎的上部和基部节间的锤度测出后,算出上部节间的平均锤度和基部节间的平均锤度。

(7)计算成熟度

用蔗茎上、基部蔗汁锤度比计算:

蔗汁锤度比=基部节间蔗汁平均锤度÷上部节间蔗汁平均锤度

蔗茎上、基部蔗汁锤度比值:0.9 以下为工艺未熟,0.9～0.95 为工艺初熟,0.95～1.0 为工艺完熟,大于 1.0 为工艺过熟。

五、实验作业

把测定结果填入表 12。

表 12　甘蔗成熟度测定记载表

品种	测定日期/月、日	基部节间蔗汁平均锤度	上部节间蔗汁平均锤度	蔗汁锤度比值	成熟度

实训二十六　观测保护地栽培设施类型

一、实训产出及评价标准

(1)了解不同类型大棚的构造和基本性能。

(2)在生产中能够合理选择和使用大棚。

(3)将不同类型大棚的结构和性能观测结果填入不同类型大棚的结构和性能观测表。

(4)比较各种大棚的利弊,并就如何因地制宜、量力而行发展大棚生产谈谈自己的看法。

(5)根据现场观测调查情况,参阅教材和有关资料,写一份调研报告。

(6)根据学生观察的实际表现和实习报告质量评定成绩。

二、材料用具

1. 各类型棚

简易竹木大棚、钢筋水泥大棚、热镀锌钢管大棚、连栋塑料大棚等。

2. 测量工具

皮尺、卷尺、温度计、湿度计、照度计。

三、方法步骤

1. 大棚类型观测

识别采光材料、骨架材料。

2. 结构观测

棚长、跨度、肩高、顶高、拱距。

3. 性能观测

温度、湿度、照度。

4. 其他附属设施

室内是否配有补充光照装备、遮阳降温装置、保温加温装置、人工灌溉装置、蒸汽消毒装置、强制通风装置、室内机械化操作和运输设备等。

四、作业

1. 将不同类型大棚的结构和性能观测结果填入表13。

表13 不同类型大棚的结构和性能观测表

大棚类型	棚长/m	跨度/m	肩高/m	顶高/m	拱距/m	温度/℃	湿度/%	光照度/lx	观测时间	天气状况
竹木大棚										
水泥大棚										
钢管大棚										
连栋大棚										
露地										

2. 比较各种大棚的利弊，并就如何因地制宜、量力而行发展大棚生产谈谈自己的看法。
3. 根据现场观测调查情况，参阅教材和有关资料，写一份调研报告。

五、考核评估

根据学生观察的实际表现和实习报告质量评定成绩。

实训二十七　主要作物高产栽培实践

一、实训产出及评价标准

(1)能简述主要作物生长发育规律,学会主要作物农事操作过程。

(2)能够熟练运用主要作物高产栽培技术进行生产。

(3)记载翔实的田间档案。包括田块面积、土壤类型、种植历史、作物生育期农事操作过程(土壤耕作、播种、移栽、施肥、灌溉和病虫害防治等时期、方法、投工、投资)、自然灾害情况、作物的理论产量、实际产量和经济效益核算等。

(4)任务到班、责任到人、教师指导、学生管理、阶段考核及综合评分。

(5)每人完成一篇实习报告。

(6)根据田间档案记载情况、平时农事操作、作物产量和实习报告等进行综合考核。

二、主要内容

(1)每 2～3 人为 1 组,按高产栽培技术要求种植 66.7 m^2 以上的水稻、棉花。

(2)以班为单位,每班种植 333 m^2 以上的玉米、大豆、花生。

三、基本要求

(1)记载翔实的田间档案。包括田块面积、土壤类型、种植历史、作物生育期农事操作过程(土壤耕作、播种、移栽、施肥、灌溉和病虫害防治等时期、方法、投工、投资)、自然灾害情况、作物的理论产量、实际产量和经济效益核算等。

(2)任务到班、责任到人、教师指导、学生管理、阶段考核及综合评分。

四、作业

每人完成一篇实习报告。

五、考核评估

根据田间档案记载情况、平时农事操作、作物产量和实习报告等进行综合考核。

附录
几种主要农作物调查记载标准

一、冬小麦调查记载标准

(一)物候期

1. 播种期

记载播种的日期,某年某月某日。

2. 出苗期

全田 50%以上的幼苗露出地面 2 cm 时为出苗期。

3. 分蘖期

全田 50%以上的植株第 1 个分蘖露出叶鞘,长达 0.5～1 cm 时为分蘖期。

越冬分蘖存活百分率:结冻前在全田(或小区内)选 3～5 个具有代表性的地段,每地段固定包括 2～3 行(以播种工具确定行数,并参见实习三),每行取 1 m 长麦垄,并数清各样段的分蘖,求其平均数。翌年小麦返青时,原地各样段求平均分蘖数,按以下公式计算:

越冬分蘖存活百分率=返青期样段平均分蘖数÷越冬前样段平均分蘖数×100%

4. 返青期

50%的植株显绿,开始恢复生长。当年新长出的叶片由叶鞘长出 1～2 cm 时为返青期。

5. 起身期

50%的植株由匍匐状开始直立生长,年后第 1 个伸长叶鞘显著伸长,其叶耳和年前最后一叶的叶耳距离(即叶耳距)为 1.5 cm 左右。穗分化时期达到 2 棱期。

6. 拔节期

全田 50%的植株主茎基部第 1 伸长节间露出地面 1.5～2 cm 为拔节期。

7. 挑旗期

50%植株的旗叶叶片全部伸出叶鞘为挑旗期。

8. 抽穗期

50%植株的穗子顶端(不连芒)由叶鞘伸出 1/3 时为抽穗期。棒状穗以叶鞘侧面露出 1/2 时为准。

9. 开花期

50%麦穗中上部小穗开花为开花期。

10. 成熟期

成熟期按成熟程度分为 3 个时期。

(1)乳熟期:50%麦穗的籽粒接近正常大小,呈绿黄色,籽粒内充满乳状液。

(2)蜡熟期:50%麦穗的籽粒大小、颜色接近正常,内部呈蜡状。易被指甲划破,腹沟带绿色。

(3)完熟期:籽粒坚硬,手搓不碎,用牙咬时有清脆的声音。籽粒呈现各品种特有的颜色。

11. 收获期

正式收获的日期,某年某月某日。

(二)生育性状

1. 个体性状调查

小麦栽培试验生育期间的调查需取样后在室内进行。取样时在田间进行多点随机取样,回到室内后一般分别取样本数量为 20～30 株。

(1)株高。室内生育期间调查株高,从分蘖节量到把叶片拉直后的最长叶尖为准,求出平均数,以 cm 计。

(2)单株分蘖数。把全部样本逐个数清单株分蘖数(包括主茎),并求出平均数,以个/株表示。

(3)单株次生根。把全部样本逐个数清分蘖节处的次生根条数(包括胚芽鞘处的次生根),并求其平均数。

(4)主茎展开叶及可见叶数。计数全部样本每个单株的主茎可见叶和展开叶数,并记载。

(5)分蘖叶片数。计数样本单株的各级分蘖叶片数,并记载。

(6)单株叶片长宽。把单株叶片逐个分别测量其长和宽(展开叶),以 cm 计。

(7)单株叶面积。小麦叶面积由长(L)乘上叶宽(W)被 1.2 除得之。样本的所有叶均求出叶面积,然后累加,被样本数除之即得单株叶面积。

2. 群体性状调查

(1)基本苗。一般在出苗后到三叶期以前定点,确定基本苗。根据试验小区或田块面积的大小,一般取 3～4 个点,样点面积为 0.5～1 m^2(取 2～4 行)。

(2)群体总茎数。一般在确定的样点内,定期数清所有的分蘖数,换算成每平方米或每公顷茎数。

(3)群体叶面积指数。叶面积指数是指绿色叶面积与土地面积之比,一般用下列公式求得:

$$叶面积指数=\frac{平均单株叶面积(cm^2)\times 基本苗(万株/hm^2)}{10\,000(m^2/hm^2)}$$

在实际工作中,计算单株叶面积的方法很多。如计算法、重量法、仪器测量法等。计算法是逐个把叶片量出长和宽求之,数据较多,计算烦琐。重量法目前常用,也较简便(见实习三)。

(4)群体干物质积累调查。先求出单株干物重,然后根据基本苗换算成每公顷干物重。在实际操作时,生育期间的调查往往和单株性状及叶面积的样本是同一个样本,不再另取样。其他项目做完后,剪掉根系(从分蘖节处)洗净,在 105 ℃的条件下杀死,在 80 ℃条件下烘干 24 h

称重。在收获时计算最后的干物重,最好分成两份样本:一份为参考样本,另一份为测干物质样本,这样可以减少干叶的损失。计算方法见实习三。

测定干物质积累量和叶面积以后,可以计算净光合生产率。

$$净光合生产率(g/m^2\cdot d)=\frac{W_2-W_1}{\frac{S_1+S_2}{2}\times 间隔天数}$$

式中的 W_1、W_2 和 S_1、S_2 分别为 2 次测定的干物质和面积。

第(2)~(4)项的调查时间为越冬前、起身、拔节、抽穗期等。

3. 考种及产量性状调查

(1)株高。由分蘖节量至穗顶部(不连芒)。

(2)单株有效穗数。单株能结实的穗数。

(3)各节间长、粗度。根据试验要求,可测定主茎基部节间长度和直径(第 1、第 2 节间)和主茎各节间长度。

(4)穗长。测定样本各单株的所有穗,从穗轴基部量至穗顶(不连芒),以 cm 计。

(5)总小穗数。分别记述单株各个有效穗的总小穗数(包括不孕小穗和结实小穗)。

(6)不孕小穗数。样本单株各个有效穗的不孕小穗。

(7)结实粒数。样本单株每个穗的结实粒数。

(8)千粒重。样本做完以上各项后脱粒,用清洁的种子分 2 组各数 500 粒,分别称重(2 组误差不得超过其平均数的 5%),如符合要求,则 2 组的平均数乘以 2 即为样本千粒重。

(9)秆谷比。样本的秸秆和籽实重量的比值。籽实重量为 1,秸秆重是籽实重的倍数。

(10)经济系数。指经济产量占总生物学产量的比值,用百分数或小数表示,如 0.45 或 45%。

二、玉米调查记载标准

(一)田间调查

1. 播种期

记载播种的日期,某年某月某日。

2. 出苗期

全田 50%的幼苗出土的日期。

3. 拔节期

全田 50%的植株靠近地面茎秆,用手摸有节,茎节总长度 2~3 cm 为拔节期。

4. 抽雄期

全田 50%的植株雄穗尖端露出旗叶叶鞘的日期。

5. 开花期

全田 50%的植株雄穗开始开花的日期。

6. 吐丝期

全田50%的植株雌穗花丝吐出的日期。

7. 成熟期

全田90%的植株苞叶变黄而松散，籽粒硬化，粒色固定的日期。

8. 生育期

从出苗到成熟的总天数。

9. 生长速度

出苗后至抽穗每7～15 d测量一次，每区固定取样20株，测量自地面至最长叶顶端的平均长度，以cm表示。

10. 幼苗干重

定苗时每区取50株，称量幼苗的烘干重，求得平均值，以g表示。

11. 株高

开花后每区测20株，自地面至雄穗顶端的平均高度，以cm表示。

12. 穗位高度

与株高同时测定，自地面至最上部果穗着生节的平均高度，以cm表示。

13. 茎粗

与以上2项同时测定，植株地上部第3节间扁面的平均直径，以cm表示。

14. 双穗率

全田单株2个果穗(指结实的)以上的植株占全区植株的百分数。

15. 单株出现穗数

每株出现的果穗的总数(包括结实和不结实的果穗。)

16. 空株率

全田不结穗或有穗而无籽粒植株的百分率。

17. 折断率

全田因风、虫及其他灾害倒折植株的百分数(以果穗以下折断为准)。

18. 倒伏度

植株倒伏的程度分4级：0(直立)；1(倾斜30°)；2(倾斜60°)；3(全部倒伏)。

19. 倒伏率

全田倒伏植株占全部植株的百分数。

20. 黑穗病株率

全田染病植株占全部植株的百分数。

21. 螟虫株率

全田被螟虫危害的植株占全部植株的百分数。

22. 叶面积

叶面积指绿叶面积，是表示绿色植株进行光合作用的主要器官——绿叶大小的参数。

单叶的叶面积(cm^2)＝叶片中脉长度(cm)×叶片最大宽度(cm)×0.7

上式中的0.7实际数值为0.695 83，为计算系数。即用求积仪测量的实际面积与长×宽的面积比例。

单株叶面积(cm^2)＝全株各叶片中脉长度与最大宽度乘积之和(cm^2)×0.7。

每公顷叶面积(m^2)＝平均单株叶面积(cm^2)×每公顷株数÷10000(cm^2/m^2)

上式中平均单株叶面积的计算通常需在20株以上。

在叶面积测定过程中，应将测定植株始终固定，对其绿叶面积予以系统测定，一般每隔7～10 d测定1次。但在某一措施(如施肥、灌水)实施后或受某种特殊条件影响后，均应及时测定叶面积的变化，而不必受7～10 d的限制。

23. 叶面积指数

叶面积指数表示单位土地面积上的绿叶面积。其计算如下：

叶面积指数＝每公顷叶面积(m^2)÷10 000(m^2)

24. 光合势

光合势是指在一定土地面积上一定时期内，每天绿色面积的总和。

$$\text{光合势}(m^2\cdot d/m^2)=\frac{LA_1(m^2/m^2)+LA_2(m^2/m^2)}{2}\times\text{该时期的总天数}(d)$$

式中，LA_1为某一时期开始时的绿叶面积，LA_2为某一时期结束时的绿叶面积。光合势和叶面积的单位分母中的m^2也可以是hm^2。全生育期的光合势应等于全生育期中各时期光合势的总和。

25. 净同化率

净同化率是指通过光合作用进行干物质生产的效率，是反映光合作用能力的指标，即1 m^2绿叶面积工作一天实际累积的干物质的克数。其计算公式如下：

$$\text{净同化率}(g/m^2\cdot d)=\frac{\text{某时期内增加的干物质重量}(g/m^2)}{\text{该时期的光合势}(m^2\cdot d/m^2)}$$

测定净同化率的取样株数，通常每次处理20株以上，取样区内应不包括受边际影响的植株，每次取样的生长情况应力求接近。测定时，将取样植株齐地面砍下，在105 ℃烘箱中杀青30 min，然后降低至80 ℃烘干至恒重时称其干物质重，如风干乘一系数0.86即得干物质重。

26. 根系分布

每次处理取代表性植株1株，挖一个80 cm深的剖面，绘制根的分布图。

27. 根量

每次处理取代表性植株一株，测定不同土壤层次(0～20 cm、20～40 cm、40～60 cm和60～80 cm)根的重量，取样面积为单株营养面积的1/4。然后换算成单株不同层次的根重，以g表示。

(二)室内考种

每处理取 20 穗(第一穗),逐穗测定以下内容:

1. 果穗长度

果穗基部至顶端的长度(cm)。

2. 穗粗

测量果穗自基部开始 1/3 长度处的直径(cm)。

3. 秃尖率

求算秃尖长度占果穗长度的百分比(%)。

4. 每穗行数

计数果穗中部的籽粒行数。

5. 果穗重

风干果穗的重量(g)。

6. 穗轴重

把风干后的果穗脱粒,称量穗轴重量(g)。

7. 穗轴

穗轴重÷果穗重×100%

8. 穗粒重

风干后脱粒,称量果穗上全部籽粒重(g)。

9. 百粒重

自脱粒的种子中随机取 2 份 100 粒种子,称重并计算平均数(g)。如 2 份种子重量的差值与 2 份平均数的商超过 5%,则需做第 3 份,取 2 份重量相近的平均数。

三、水稻调查记载标准

(一)田间调查项目

1. 播种期

记载播种的日期,某年某月某日。

2. 出苗期

用目测法,50%秧苗第 1 片真叶突破胚芽鞘时,为出苗期。

3. 成苗率

播种前用木板或其他代用品在秧田内围成边长 20 cm 的正方形框,播种后记下框内的种子数目,再在这个框内检查秧苗的数目。按下列公式计算:

$$成苗率=\frac{秧苗数}{播种粒数\times种子发芽率}\times100\%$$

4. 秧苗高度

在拔秧时检查，自茎基部至拉直的最高叶尖的高度(cm)。

5. 秧苗粗度

拔秧时随机选取 10 株秧苗，将苗平行紧靠在一起，量秧苗基部(离根 1 cm 处)的宽度，连续做 3 次，共 30 株，求平均每株的宽度(cm)。

6. 秧苗叶片数目

拔秧时分别记载可见叶片数和展开叶片数。

7. 烂秧情况

记载烂秧百分率和原因。烂秧百分率根据播种密度和成苗数估计。

8. 移栽期

×月×日。

9. 返青期

移栽后，全小区 50%以上植株的叶色由黄转绿，向上伸展时为返青期(×月×日)。

10. 分蘖期

全小区有 50%植株第 1 分蘖露出叶鞘时为分蘖期(×月×日)。

11. 最高分蘖数

在插秧返青后，每周数一次总分蘖数，至分蘖数下降时为止，得出最高分蘖数。取样方法为在一块地(或小区)中按对角线法选 3～5 个点，以各穴的每株平均分蘖数为代表，求出每株最高分蘖数。

12. 最高分蘖时期

达最高分蘖的日期(×月×日)。

13. 有效分蘖率

在最高分蘖期调查每穴蘖数(包括主茎)的基础上，在黄熟时调查有效分蘖数(包括主茎)。选点法同前，凡未抽穗或抽穗而不结实的为无效分蘖。根据下列公式计算：

有效分蘖率＝各穴有效分蘖数÷每穴最高分蘖期总分蘖数×100%

14. 拔节期

50%植株地上第 1 节间伸长达 1.5～2.0 cm 时为拔节期(×月×日)。

15. 抽穗期

50%的穗顶部露出剑叶鞘时为抽穗期(×月×日)。

16. 成熟期

籼稻 80%以上穗的穗轴变黄时为成熟期。籼稻 90%以上的稻穗显现品种固有色泽，且谷粒硬度已达到指甲不易压碎的程度为成熟期(×月×日)。

17. 收获期

收割的日期(×月×日)。

18. 倒伏情况

(1)倒伏时间(×月×日)。发生倒伏及每次风雨后记载，至成熟时再最后记载一次。

(2)倒伏程度。“直”，倾斜 0°～15°。

“斜”，倾斜 15°～40°。

“倒”，倾斜 45°，穗部触地。

“伏”，全部伏地。

(3)倒伏面积。最后一次记载倒伏面积占小区面积的百分率。

19. 株高

黄熟期时，用对角线法取有代表性的 10～20 穴，测量单株自地面到穗顶(不连芒)的高度(每穴株高以该穴最高穗的高度为准)。

(二)室内考种项目

在成熟期取 5～10 穴植株稻株，逐穴(或逐株)测定以下内容，并取其平均数。

1. 穗长

由穗节至穗顶(不带芒)的长度(cm)。

2. 每穗粒数

包括每穗上的饱满粒、空秕粒及已脱落的粒数。

3. 每穗粒重

将 5～10 穴植株的穗子脱粒称重，除以总穗数求得平均值。

4. 单株籽粒重

取 10～20 株的平均值(g)。

5. 千粒重

随机取干稻谷 1 000 粒称其重量(g)，重复 3 次，取平均值。

6. 空秕率

$$空秕率=\frac{每穗平均总粒数-每穗平均饱满粒数}{每穗平均总粒数}\times 100\%$$

应注意：(1)谷粒充实程度不及 2/3 的均按空秕粒；(2)已脱落的籽粒以结实粒计算。

(三)水稻栽培常用记载项目及表格

1. 水稻秧田栽培措施记载表

地号	面积/m^2	品种	前茬作物名称	前茬施肥情况	土壤质地
地下水位/m	有机质/(g/kg)	pH	速效氮/(mg/kg)	速效磷/(mg/kg)	速效钾/(mg/kg)

整地作业	耕田日期		耕田深度/cm		耕田方法			
	做畦日期		做畦宽度/m		做畦沟宽/m		沟深/m	

施肥情况	基肥	日期	种类	数量/(kg/m^2)	施肥方法
	追肥	日期	种类	数量/(kg/m^2)	施肥方法

种子处理	发芽率/%	晒种	选种	药剂消毒	浸种			催芽		
					开始日期	天数	方法	开始日期	天数	方法

育秧方式		播种日期		播种量/(kg/m^2)	

秧田管理	灌溉情况				排水情况		
	生育时期	日期	天气特点		生育时期	日期	天气特点
	除草情况						

病虫害防治	病虫名称	发生日期	为害状况	防治方法	防治效果
烂秧情况	烂秧类型				
	烂秧原因				
	烂秧程度				
其他情况					
拔秧日期					

2．水稻本田栽培措施记载表

地号	面积/hm^2	品种	前茬作物名称	前茬施肥情况	土壤质地
地下水位/m	有机质/(g/kg)	pH	速效氮/(mg/kg)	速效磷/(mg/kg)	速效钾/(mg/kg)

	作业名称	日期	深度/cm	方法	质量
耕地整地					

		日期	种类	数量/(kg/hm^2)	施肥方法
施肥情况	基肥				
	追肥	日期	种类	数量/(kg/hm^2)	施肥方法

	灌溉情况			排水情况		
田间管理	生育时期	深度/cm	秧苗生长情况	生育时期	起止日期	秧苗生长情况
	中耕除草情况					
	生育时期（日期）	深度/cm	除草方法			

续表

<table>
<tr><td rowspan="4">病虫害防治</td><td>病虫名称</td><td>发生日期</td><td>为害状况</td><td>防治方法</td><td>防治效果</td></tr>
<tr><td></td><td></td><td></td><td></td><td></td></tr>
<tr><td></td><td></td><td></td><td></td><td></td></tr>
<tr><td></td><td></td><td></td><td></td><td></td></tr>
<tr><td rowspan="2">倒伏情况</td><td>倒伏日期</td><td>倒伏程度</td><td>倒伏原因</td><td colspan="2">防止倒伏的补救方法</td></tr>
<tr><td></td><td></td><td></td><td colspan="2"></td></tr>
<tr><td colspan="2">其他情况</td><td colspan="4"></td></tr>
<tr><td colspan="2">收获日期</td><td></td><td colspan="2">产量/(kg/hm^2)</td><td></td></tr>
</table>

3. 水稻生育性状记载表

可参照小麦考察相关表格(略)。